CHIMIE ORGANIQUE

ÉLÉMENTAIRE

LEÇONS PROFESSÉES A LA FACULTÉ DE MÉDECINE

PAR

Édouard GRIMAUX

Agrégé de la Faculté de Médecine
Professeur à l'École polytechnique et à l'Institut agronomique, etc.

CINQUIÈME ÉDITION REVUE ET AUGMENTÉE

AVEC FIGURES DANS LE TEXTE

PARIS

ANCIENNE LIBRAIRIE GERMER BAILLIÈRE ET Cᵉ

FÉLIX ALCAN, ÉDITEUR

108, BOULEVARD SAINT-GERMAIN, 108

1889

CHIMIE ORGANIQUE

ÉLÉMENTAIRE

DU MÊME AUTEUR

Chimie inorganique élémentaire. Leçons professées à la Faculté de médecine. 1 vol. in-18; 5º édition, revue et augmentée. Librairie Félix-Alcan, 1889.   5 fr.

Lavoisier (1743-1794) d'après sa correspondance, ses manuscrits, ses papiers de famille, et d'autres documents inédits. 1 beau vol. in-8º cavalier, avec 10 gravures en taille-douce et en typographie hors texte, 1888. Librairie Félix Alcan.   15 fr.

Théories et notations chimiques. Librairie Dunod. 1 vol. in-18, 1884.   5 fr.

Coulommiers. — Imp. P. Brodard et Gallois.

CHIMIE ORGANIQUE

ÉLÉMENTAIRE

LEÇONS PROFESSÉES A LA FACULTÉ DE MÉDECINE

PAR

Édouard GRIMAUX

Agrégé de la Faculté de Médecine,
Professeur à l'École polytechnique et à l'Institut agronomique, etc.

CINQUIÈME ÉDITION, REVUE ET AUGMENTÉE

AVEC FIGURES DANS LE TEXTE

PARIS

ANCIENNE LIBRAIRIE GERMER BAILLIÈRE ET Cie

FÉLIX ALCAN, EDITEUR

108, BOULEVARD SAINT-GERMAIN, 108

1889

CHIMIE ORGANIQUE

ÉLÉMENTAIRE

INTRODUCTION

COMPOSÉS ORGANIQUES — ATOMICITÉ HOMOLOGIE — ANALYSE ORGANIQUE — ISOMÉRIE

1. Le nom de *Chimie organique* fut donné primitivement à cette partie de la science qui comprend l'étude des espèces chimiques extraites des organes des végétaux ou des animaux, la connaissance de leurs propriétés et de leurs métamorphoses. Aujourd'hui que des composés du même ordre ont été obtenus artificiellement à l'aide des minéraux, une telle définition devient insuffisante, et l'on doit entendre par chimie organique l'étude de tous les composés renfermant le carbone au nombre de leurs éléments.

Le carbone est donc le principe qui caractérise les composés organiques; il y est associé à un petit nombre de corps simples, hydrogène, oxygène ou azote, et ces éléments, par la différence de leurs proportions et de leur arrangement, fournissent à eux seuls la presque totalité des composés organiques. En outre, le soufre, le phosphore, presque tous les métalloïdes, les métaux eux-mêmes, contribuent à la formation de nombreuses espèces chimiques dérivées du carbone, que leur production soit due à la nature ou aux recherches du laboratoire.

Il est essentiel de ne pas oublier la distinction nécessaire entre les substances organiques et les substances organisées ; les premières sont des espèces chimiques distinctes, jouissant des caractères des composés définis ; les secondes sont des mélanges complexes, constitués par des organes ou des fragments d'organes qui ont été doués de la vie, et dont nous ne réaliserons jamais la synthèse, comme des feuilles, la peau, les écorces, le sang, etc. L'étude en appartient aux biologistes plutôt qu'aux chimistes.

Les premiers composés organiques furent retirés de la nature animale ou végétale : tels sont l'acide oxalique, l'acide gallique, l'acide citrique, l'urée, etc., mais le nombre de ceux qui ont été créés artificiellement dépasse de beaucoup celui des corps fournis par la nature, et on en connaît aujourd'hui plusieurs milliers. Comment le chimiste peut-il se reconnaître dans cette foule de composés ? comment se fait-il que quatre éléments seulement, par la diversité de leur groupement, fournissent une telle quantité de dérivés distincts ? Nous en trouvons l'explication dans les considérations de l'*atomicité* ou *équivalence des atomes* et de l'*homologie*.

2. Atomicité. — Nous avons indiqué, dans notre *Chimie inorganique*, que certaines lois président aux relations des éléments entre eux, que les atomes des corps simples ont une puissance de combinaison propre à chacun d'eux, appelée *atomicité* (voyez p. 290 et suivantes). Rappelons ici ces notions en les étendant à l'étude des composés que fournit le carbone.

Un atome d'hydrogène, un atome de chlore, se combinent pour former la molécule de l'acide chlorhydrique HCl [1]; ils s'équivalent, ils se saturent l'un par l'autre, ils ont la même puissance de combinaison, c'est-à-dire la même atomicité. Si nous prenons l'oxygène, et que nous considérions la molécule de l'eau, H^2O, nous voyons que l'oxygène fixe deux atomes d'hydrogène, tandis que le chlore n'en fixe qu'un; il a une puissance de combinaison double de celle du chlore, il est diatomique, et le chlore est monoatomique, l'hydrogène étant pris pour unité. De même, dans l'ammoniaque AzH^3, l'azote est triatomique; quant au carbone, il est tétratomique, c'est ce que montre la formule du gaz des marais, CH^4. Dans cette combinaison, le carbone ayant fixé quatre atomes d'hydrogène ne peut se combiner à aucun autre élément, *il est saturé;* il est également saturé, quand l'hydrogène est remplacé par des atomes de même valeur, comme dans les dérivés chlorés du gaz des marais CH^3Cl, CH^2Cl^2, $CHCl^3$, CCl^4, qui sont des combinaisons saturées.

En outre, le carbone peut être saturé par des éléments polyatomiques; par exemple, dans l'oxychlorure de carbone, $COCl^2$, le carbone tétratomique a fixé deux atomes de chlore monoatomique et un atome d'oxygène diatomique.

En disant que le carbone est un élément tétratomique, nous indiquons sa puissance maximum de combinaison; il existe des molécules dans lesquelles le car-

1. Nous supposons connues de nos lecteurs les notions d'atomes et de molécules. On peut les revoir dans notre Chimie inorganique, p. 62, *Détermination des poids moléculaires par les densités de vapeur;* p. 71, *Détermination des poids atomiques,* et, p. 112, *Lois des chaleurs spécifiques.*

bone n'est pas saturé et fonctionne comme élément diatomique : tel est l'oxyde de carbone CO. Mais, dans ce composé, le carbone garde sa puissance de combinaison, il peut encore fixer soit deux éléments monoatomiques, comme le chlore, en donnant l'oxychlorure de carbone $COCl^2$, soit un élément diatomique, comme l'oxygène, pour fournir l'acide carbonique $CO, O = CO^2$.

Quand on parle de l'azote comme élément triatomique, on indique seulement sa capacité de saturation par rapport à l'hydrogène, car il peut fixer d'autres éléments et se comporter comme un corps pentatomique : ainsi dans le chlorhydrate d'ammoniaque, AzH^4Cl, l'azote se saturant par cinq éléments monoatomiques est pentatomique. Comme le carbone, il manifeste donc deux puissances de saturation. Il en est de même du phosphore qui est triatomique dans l'hydrogène phosphoré PhH^3, dans le trichlorure de phosphore $PhCl^3$, et pentatomique dans le pentachlorure $PhCl^5$, dans l'oxychlorure, $PhOCl^3$.

Pour nous résumer, l'hydrogène, le chlore, le brome, l'iode, sont monoatomiques ; l'oxygène, le soufre sont diatomiques ; l'azote, le phosphore, l'arsenic, l'antimoine sont tantôt triatomiques, tantôt pentatomiques ; le carbone, dont la tétratomicité indique la puissance maximum de saturation, fonctionne aussi comme élément diatomique. Pour les éléments qui manifestent ainsi des puissances de combinaison variant avec les conditions de la réaction, il est à remarquer que cette atomicité marche par deux ; on ne connaît pas une seule combinaison organique dans laquelle l'azote soit diatomique ou tétratomique, aucune dans laquelle le carbone fonctionne comme élément triatomique.

Ces notions, dont l'aridité apparente disparaît à mesure qu'on les applique à l'histoire des composés organiques, se complètent par la considération de l'atomicité des radicaux ou groupes d'éléments à laquelle elles conduisent.

3. Prenons pour exemple le gaz des marais monochloré ou chlorure de méthyle, CH^3Cl; par rapport à l'atome de chlore qui est monoatomique, le groupe CH^3 qui le sature est également monoatomique, puisque la molécule CH^3Cl est saturée. CH^3, en effet, est composé d'un atome de carbone tétratomique, et seulement de trois atomes d'hydrogène; une atomicité du carbone reste donc vacante, et c'est pour cela que le groupe CH^3 est saturé par un atome de chlore monoatomique dans CH^3Cl.

Si nous traitons par la potasse ce chlorure de méthyle CH^3Cl, nous aurons l'équation suivante :

$$CH^3Cl + KHO = CH^3,OH + KCl$$

Que s'est-il passé? Le chlore du chlorure de méthyle s'est emparé du métal de la potasse pour former du chlorure de potassium; d'autre part, dans la potasse, l'oxygène était saturé par un atome potassium et un atome hydrogène. Perdant l'atome de potassium qui s'est combiné au chlore, l'oxygène n'est plus saturé, et fixe alors le groupe monoatomique CH^3, pour former le composé CH^3,OH, alcool méthylique dans lequel l'oxygène est saturé par un atome d'hydrogène et par le groupe monoatomique CH^3. Le groupe CH^3 s'est donc transporté dans la molécule KHO en remplaçant le potassium. Dans un grand nombre de réactions, on voit ainsi des groupes hydrocarbonés se transporter intacts dans les molécules et leur imprimer une physionomie commune; le groupe CH^3, par exemple, caractérise la série méthylique. A ces groupes, on a donné le nom de *radicaux;* quoiqu'ils ne constituent pas des molécules, qu'ils ne soient pas isolables, ils ne doivent pas moins être pris en considération.

Reprenons l'équation ci-dessus : dans la potasse, $KOH = O \begin{cases} -K \\ -H \end{cases}$ l'oxygène diatomique est saturé par le potassium et l'hydrogène; en perdant l'atome de métal, l'oxygène n'est plus saturé, et le groupe -O-H est monoatomique; de même CH^3 est monoatomique, parce que le carbone n'y est plus saturé, et possède une atomicité non satisfaite. Ces deux groupes se soudent donc l'un par le carbone, l'autre par l'oxygène, et l'alcool méthylique est ainsi constitué.

$$C \begin{cases} -H \\ -H \\ -H \\ -OH. \end{cases}$$

Arriver à marquer dans une molécule les rapports des éléments entre eux, c'est là le progrès le plus récent de la science, et cette formule développée de l'alcool méthylique est ce qu'on appelle une *formule de constitution.*

Pour les molécules simples qui ne renferment qu'un petit nombre d'atomes de carbone, il est facile d'en trouver la constitution; une telle recherche présente souvent de grandes difficultés, lorsqu'il s'agit de molécules complexes. Du reste, s'il est essentiel d'indiquer cette conséquence intéressante de l'atomicité, néanmoins il faut bien se garder d'abuser de ces formules dans l'enseignement élémentaire.

4. Ces groupes hydrocarbonés, ces radicaux comme le méthyle CH^3 ne sont pas isolés et ne sont pas isolables; ils se transportent dans les molécules, et, par la considération de leur atomicité, on arrive à comprendre

comment le carbone se soude à lui-même et à de l'hydrogène, pour donner naissance aux hydrocarbures desquels on dérive toutes les substances organiques.

Étant donné le carbure CH^4, gaz des marais ou hydrure de méthyle, peut-il exister un carbure C^2H^8? Évidemment non, car le carbone dans CH^4 étant saturé, deux molécules CH^4 ne sauraient se combiner, et c'est par un autre mécanisme qu'a lieu la formation des autres hydrocarbures saturés.

Soit le chlorure de méthyle CH^3Cl, ou l'iodure CH^3I qui se prête plus facilement aux doubles décompositions; traitons-le par le sodium. Deux molécules de CH^3I perdent leur iode à l'état d'iodure de sodium; deux groupes monoatomiques CH^3 étant mis en liberté, se soudent l'un à l'autre et donnent le carbure $CH^3,CH^3 = C^2H^6$:

$$CH^3I + CH^3I + 2Na = CH^3,CH^3 + 2NaI.$$

Chaque molécule d'iodure de méthyle perdant son iode, laisse un groupe CH^3 dans lequel l'atome de carbone est incomplètement saturé, et possède une atomicité vacante; les deux atomes de carbone de chaque groupe CH^3 se fixent alors l'un à l'autre, en se saturant réciproquement, et fournissent un carbure d'hydrogène saturé, l'hydrure d'éthyle, ou diméthyle, C^2H^6, dont la constitution est bien simple; elle est représentée par la formule :

$$\begin{array}{l} CH^3 \\ CH^3 \end{array} = C^2H^6$$

où nous voyons les 4 atomicités de chaque atome de carbone saturées, trois par l'hydrogène, la quatrième par l'autre atome de carbone.

De même, si l'on traite le dérivé iodé de l'hydrure d'éthyle (iodure d'éthyle) $\begin{matrix} CH^3 \\ CH^2I \end{matrix}$ mélangé avec l'iodure de méthyle CH^3I par le sodium, on a :

$$\begin{matrix} CH^3 \\ CH^2I \end{matrix} \quad + \quad CH^3I \quad + \quad 2Na \quad = \quad 2NaI \quad + \quad \begin{matrix} CH^3 \\ CH^2 \\ CH^3 \end{matrix}$$

Iodure d'éthyle.	Iodure de méthyle.	Sodium.	Iodure de sodium.	Méthyl-éthyle.

et ce composé

$$\begin{matrix} CH^3 \\ CH^2 \\ CH^3 \end{matrix} = C^3H^8$$

est également un hydrocarbure saturé. De même peuvent prendre naissance les hydrocarbures supérieurs renfermant un plus grand nombre d'atomes de carbone, et l'on comprend par ces exemples en vertu de quels principes le carbone s'accumule dans les molécules en se soudant à lui-même [1].

5. **Homologie.** — Considérons les trois formules des hydrocarbures que nous venons de citer,

$$CH^4, \quad C^2H^6, \quad C^3H^8,$$

nous voyons qu'une formule générale les comprend tous; ils renferment n atomes de carbone, et $2n + 2$ atomes d'hydrogène. En effet, dans le carbure C^3H^8,

---

1. La doctrine de l'atomicité ou *valence des atomes* a été l'objet de sérieuses critiques; il n'en est pas moins vrai qu'elle a été un merveilleux instrument de découvertes et qu'elle facilite singulièrement l'enseignement de la chimie organique. On peut voir, à ce sujet, ce que j'en ai dit dans mon petit livre : *Théories et notations chimiques,* publié en 1881.

n est égal à 3, l'hydrogène est $2 \times 3 + 2 = 8$. Le carbure supérieur qui renferme six atomes de carbone sera (n étant égal à 6) C^6H^{14}, 14 étant $6 \times 2 + 2$. Nous concevons ainsi toute une série d'hydrocarbures représentés par la formule générale C^nH^{2n+2}, étant tous saturés; tels sont C^4H^{10}, hydrure de butyle, C^5H^{12}, hydrure d'amyle, C^6H^{14}, hydrure d'hexyle; et grâce à cette formule générale, nous savons la formule de chacun d'eux, sans que nous ayons besoin de l'apprendre. Remarquons de plus que ces hydrocarbures forment une série de corps doués d'un ensemble de propriétés communes, et différant d'un terme à l'autre par plus ou moins un atome de carbone et deux atomes d'hydrogène, c'est-à-dire par CH^2; ainsi $C^2H^6 + CH^2 = C^3H^8$; $C^8H^{18} - 2\,CH^2 = C^6H^{14}$, etc.; une telle série constitue ce qu'on appelle une série de termes homologues.

Les corps homologues sont des composés remplissant les mêmes fonctions chimiques et ne différant entre eux que par plus ou moins CH^2, et cette considération de l'homologie a une importance telle, qu'elle permet de prévoir la plus grande partie des propriétés de chacun des termes de la série, l'un de ces termes étant connu; cette conclusion ressort des faits suivants :

Le chlorure de méthyle CH^3Cl peut s'obtenir par l'action du chlore sur le gaz des marais CH^4; ce chlorure de méthyle, chauffé longtemps avec une solution de potasse caustique, se transforme en alcool méthylique ou hydrate de méthyle et en chlorure de potassium :

$$CH^3,Cl \; + \; KOH \; = \; CH^3,OH \; + \; KCl.$$

CH^3,Cl	KOH	CH^3,OH	KCl
Chlorure de méthyle.	Potasse.	Alcool méthylique.	Chlorure de potassium.

1.

De même tous les hydrocarbures saturés C^nH^{2n+2} soumis à l'action du chlore, donnent des dérivés monochlorés qui sont des éthers chlorhydriques et qui se convertissent en alcools homologues de l'alcool méthylique, rangés comme lui sous la formule générale $C^nH^{2n+2}O$. Si nous choisissons pour exemple le cinquième terme de la série des hydrocarbures saturés, l'hydrure d'amyle C^5H^{12}, on en dérivera un chlorure $C^5H^{11}Cl$, et, de celui-ci, un alcool, l'alcool amylique $C^5H^{12}O$. La notion de l'homologie des hydrocarbures nous fait donc prévoir les corps qu'on en peut dériver, et la formule de ceux-ci; bien plus, elle nous permet de connaître à l'avance une partie de leurs propriétés physiques. On a remarqué, en effet, pour les alcools de cette série, que chaque addition de CH^2 élève le point d'ébullition de 19°.environ. Connaissant le point d'ébullition de l'alcool ordinaire C^2H^6O, qui est de 78°, et voulant connaître celui de l'alcool amylique $C^5H^{12}O$, nous aurons $3 \times 19°$, à ajouter à 78°, puisque $3CH^2 + C^2H^6O = C^5H^{12}O$, et nous trouverons 135° au lieu de 132° qui est le point d'ébullition donné par l'expérience.

Ce n'est pas une loi rigoureusement exacte, mais elle est d'une grande utilité en permettant de connaître les points d'ébullition de ces alcools avec une approximation suffisante, sans qu'on soit obligé de charger la mémoire de chiffres difficiles à retenir. Ainsi rien que par la notion de l'homologie, nous avons déjà appris la formule de tous les hydrocarbures saturés, de tous leurs dérivés monochlorés, des alcools correspondants, et le point d'ébullition approximatif de ceux-ci.

6. **Analyse organique.** — Ces principes nécessaires étant posés, il est utile, avant d'entrer dans l'histoire des composés organiques, d'indiquer comment on arrive à déterminer leur composition centésimale et à

établir le poids de leur molécule. Il n'est pas besoin d'entrer dans tous les détails de l'analyse organique, qu'on apprendrait mieux en une heure de laboratoire qu'en les lisant dans une description de plusieurs pages ; il importe seulement de savoir sur quels principes repose l'analyse organique, et quelle est sa marche générale.

L'analyse organique est basée sur ce fait que toute matière renfermant du carbone et de l'hydrogène, chauffée à une température élevée avec de l'oxyde de cuivre, est entièrement brûlée, tout le carbone se transformant en acide carbonique, tout l'hydrogène se transformant en eau ; par conséquent, ayant un poids donné de matière organique, si on la brûle avec de l'oxyde de cuivre, qu'on recueille à part et qu'on pèse l'eau et l'acide carbonique produits, on en déduira la quantité de carbone et d'hydrogène que renfermait le poids donné de la substance, et on arrivera par de simples proportions à la teneur centésimale de cette substance en carbone et en hydrogène.

L'oxygène se dose par différence ; la détermination de l'azote exige une opération spéciale.

Pour doser le carbone et l'hydrogène, on prend un tube de verre vert peu fusible, de 60 à 70 centimètres de long, fermé à un bout en une pointe effilée et qu'on entoure d'une feuille de clinquant pour qu'il résiste à l'action de la chaleur ; on y introduit une couche d'oxyde de cuivre récemment calciné de 10 centimètres de long, puis la matière organique bien séchée et mélangée avec de l'oxyde de cuivre, et on finit de remplir le tube avec de l'oxyde de cuivre pur. Cela fait, on place le tube sur une grille à combustion et, par son extrémité ouverte, on le met en communication à l'aide d'un bouchon fermant bien avec un tube en U, préalablement pesé et rempli de pierre ponce imbibée d'acide sulfurique, destinée à retenir l'eau produite par la combustion. Le tube en U est suivi d'un tube à boules de Liebig, renfermant une solution de potasse caustique, et avec lequel il est relié par un tube de caoutchouc; le tube à boules de Liebig est terminé par un petit tube en U renfermant de la ponce sulfurique et destiné à retenir la petite quantité d'eau que le courant d'air chaud pourrait enlever à la solution de potasse. L'appareil étant ainsi monté, on chauffe progressivement le tube à analyse en commençant par l'extrémité qui est en communication avec le tube à eau, de manière à en porter toutes les parties au rouge. La matière organique se brûle, l'eau produite est recueillie dans le premier tube en U; l'acide carbonique dans le tube plein de potasse. Lorsque l'opération est terminée, on brise la pointe effilée du tube à analyse, et l'on y adapte un tube de caoutchouc en communication avec un gazomètre plein d'oxygène. Le tube à analyse étant maintenu au rouge, les dernières portions de matière organique qui n'auraient pas été en contact avec l'oxyde de cuivre et auraient échappé à son action, sont entièrement comburées dans le courant d'oxygène et transformées en eau et en acide carbonique.

L'augmentation de poids du tube en U et celle du poids du tube de Liebig indiquent la quantité d'eau et d'acide carbonique fournis par le poids de matière employée. Sachant que l'acide carbonique renferme 27,27 pour 100 de carbone, l'eau, 11,11 pour 100 d'hydrogène, nous connaissons la proportion de ces deux éléments renfermés dans le poids de la substance brûlée et par un simple calcul nous arrivons à sa composition centésimale.

Soit une substance qui ait donné 40 pour 100 de carbone et 6,67 d'hydrogène; du moment qu'on a constaté qu'elle ne renferme ni azote, ni chlore, ni brome, etc., la différence entre 46,67 et 100 représente l'oxygène, qui se dose toujours indirectement, et la composition totale de cette substance sera :

$$C = 40,00$$
$$H = 6,67$$
$$O = 53,33$$
$$\overline{\quad 100,00 \quad}$$

Bien entendu que, si une substance oxygénée renferme en outre de l'azote, du chlore, du brome ou d'autres éléments, on ne peut doser l'oxygène par différence qu'après avoir déterminé la proportion de tous les autres éléments.

Divers procédés permettent de déterminer la quantité d'azote renfermée dans une matière organique.

L'un d'eux, que nous relaterons brièvement, consiste à décomposer la matière de façon à recueillir l'azote libre, à mesurer le volume de l'azote et à déduire le poids du volume : il est basé sur ce principe que, toute matière azotée étant brûlée avec de l'oxyde de cuivre, l'azote se dégage en partie libre, en partie à l'état de bioxyde d'azote, et que ce dernier, en passant sur du cuivre métallique chauffé au rouge, perd son oxygène et se transforme en azote pur.

A cet effet, on introduit dans un tube à analyse du bicarbonate de soude, puis de l'oxyde de cuivre mélangé avec la matière organique pesée avec soin, de nouvel oxyde de cuivre, et finalement de la tournure de cuivre. Le tube à combustion, fermé à l'une de ses extrémités, est par l'autre en communication avec la cuve à mercure à l'aide d'un long tube recourbé. Cela fait, on chauffe une portion du bicarbonate de soude, qui dégage de l'acide carbonique par lequel tout l'air de l'appareil est balayé; lorsqu'il ne reste plus d'air dans le tube, ce que l'on reconnaît à ce que les gaz dégagés sont entièrement absorbables par la potasse, on arrête le dégagement d'acide carbonique, on place une éprouvette pleine de mercure sur la cuve et on chauffe le tube à analyse progressivement en commençant par porter au rouge le cuivre métallique, puis l'oxyde de cuivre mélangé avec la matière. Quand celle-ci est entièrement brûlée, qu'il n'arrive plus d'azote dans l'éprouvette placée sur le mercure, on chauffe de nouveau le bicarbonate de soude, dont l'acide carbonique balaye alors l'azote restant dans le tube et le chasse dans l'éprouvette. Celle-ci renferme donc un mélange d'azote et de gaz carbonique; on y introduit de la potasse qui absorbe l'acide carbonique, et le gaz restant est alors constitué seulement par l'azote de la substance organique; on le mesure à l'aide d'une cloche graduée, et de son volume on déduit son poids.

7. Détermination de la molécule. — Les procédés de l'analyse organique élémentaire indiquent la composition centésimale des corps, mais ne font pas connaître leur formule, leur poids moléculaire. Que nous ayons trouvé pour un acide la composition suivante :

$$
\begin{array}{lr}
C = & 40,00 \\
H = & 6,67 \\
O = & \underline{53,33} \\
& 100,00
\end{array}
$$

nous arriverons par des proportions à voir que ces chiffres peuvent être représentés (le poids atomique du carbone étant 12, celui de l'hydrogène étant 1, et celui de l'oxygène étant 16) par 2 atomes de carbone, 4 d'hydrogène et 2 d'oxygène, c'est-à-dire par la formule $C^2H^4O^2$, mais ils le seraient aussi bien par $C^4H^8O^4$

ou par un de ses multiples, la composition centésimale restant la même; laquelle de ces formules faut-il choisir? En d'autres termes, quel est son poids moléculaire?

Nous avons montré, dans notre *Chimie inorganique*, comment on détermine le poids d'une molécule soit par des considérations d'ordre chimique, soit par la détermination de la densité de vapeur quand la substance est volatile.

Dans ce dernier cas, on obtient son poids moléculaire en multipliant sa densité de vapeur par 28,88. Ce que présente la formule :

$$DV \times 28,88 = PM.$$

Nous pouvons nous servir de cette formule sans rappeler la série des raisonnements qui y conduisent et que nous avons exposés avec détails. (*Chimie inorganique*, p. 67.)

Si nous prenons la densité de vapeur du corps que nous considérons, nous trouvons qu'elle est égale à 2,077; en appliquant la formule précédente, nous avons $2,077 \times 28,88 = 60$.

Le poids moléculaire de ce corps qui est l'acide acétique étant 60 et sa composition centésimale étant connue, nous aurons, pour établir sa formule, à poser les proportions suivantes, qui nous indiqueront combien il y a de carbone, d'oxygène et d'hydrogène dans la molécule pesant 60.

$$100 : 40,00 :: 60 : x$$
$$100 : 6,67 :: 60 : y$$
$$100 : 53,33 :: 60 : z$$

Effectuant les calculs, nous trouvons $x = 24$, $y = 4$, $z = 32$, c'est-à-dire que la molécule d'acide acétique, pesant 60, renferme en poids 24 de carbone, 4 d'hydrogène, 32 d'oxygène. Or, 24 de carbone, c'est 2 atomes de carbone (l'atome pesant 12), 4 d'hydrogène représentent 4 atomes d'hydrogène, et 32 d'oxygène représentent 2 atomes de ce corps; la molécule de l'acide acétique est donc représentée par la formule $C^2H^4O^2$.

8. **Isomérie.** — Lorsque des corps différents présentent la même composition centésimale, on dit qu'ils sont *isomères*.

Si les corps isomères ont des molécules de poids différent, ils sont isomères par polymérie; ainsi le carbure C^4H^8 qui a la même composition centésimale que le carbure C^2H^4 est un polymère de ce dernier.

S'ils ont le même poids moléculaire et qu'ils diffèrent par leurs propriétés, ils sont *isomères* par *métamérie*. Cette métamérie, qu'on appelle plus simplement isomérie, se présente fréquemment et joue un rôle important dans l'histoire des dérivés du carbone.

Quelquefois les corps isomères remplissent des fonctions différentes; ainsi l'alcool ordinaire et l'oxyde de méthyle sont représentés par la formule brute C^2H^6O; dans d'autres cas, les corps isomères remplissent la même fonction; ainsi l'on connaît deux alcools butyliques $C^4H^{10}O$, s'oxydant l'un et l'autre pour donner des acides butyriques isomères $C^4H^8O^2$.

L'isomérie des corps qui présentent la même composition centésimale et le même poids moléculaire dépend de l'arrangement différent des atomes dans la molécule. Ce sont ces différences que les formules de constitution tendent à représenter; ainsi, l'isomérie de l'alcool éthylique et de l'oxyde de méthyle est indiquée par les deux formules :

<table>
<tr><td style="text-align:center">$CH^3\text{-}CH^2\text{-}OH$
Alcool éthylique.</td><td style="text-align:center">$CH^3\text{-}O\text{-}CH^3$
Oxyde de méthyle.</td></tr>
</table>

CHAPITRE PREMIER

HYDROCARBURES SATURÉS — ALCOOL MÉTHYLIQUE ET DÉRIVÉS

Hydrocarbures saturés. — Gaz des marais ou hydrure de méthyle. — Alcool méthylique. — Éther méthylique. — Chlorure de méthyle. — Chloroforme. — Bromure et iodure de méthyle.

9. Hydrocarbures saturés C^nH^{2n+2}. — Les hydrocarbures saturés dont le gaz des marais CH^4 est le premier terme constituent une série homologue de corps représentés par la formule générale C^nH^{2n+2}, et dont les termes ne diffèrent les uns des autres que par nCH^2. Ils ont de grandes analogies de propriétés; peu attaquables par les réactifs, ils ne fixent directement aucun élément, puisqu'ils sont saturés; traités par le chlore, ils fournissent des produits de substitutions. Les dérivés monochlorés se comportent comme des éthers chlorhydriques et, sous l'influence de réactifs appropriés, donnent naissance à des alcools homologues. Ainsi :

$$CH^4 + Cl^2 = CH^3Cl + HCl$$

Hydrure de méthyle.   Chlore.   Chlorure de méthyle.   Acide chlorhydrique.

$$CH^3Cl + KHO = CH^4O + KCl$$

Chlorure de méthyle.   Potasse.   Alcool méthylique.   Chlorure de potassium.

$$C^2H^6 \quad + \quad Cl^2 \quad = \quad C^2H^5Cl \quad + \quad HCl$$

Hydrure d'éthyle.   Chlore.   Chlorure d'éthyle.   Acide chlorhydrique.

$$C^2H^5Cl \quad + \quad KHO \quad = \quad C^2H^6O \quad + \quad KCl$$

Chlorure d'éthyle.   Potasse.   Alcool éthylique.   Chlorure de potassium.

Les premiers termes des hydrocarbures saturés sont gazeux à la température ordinaire; à partir du cinquième terme, l'hydrure d'amyle C^5H^{12} qui bout à 30°, ils se présentent sous la forme de liquides mobiles, insolubles dans l'eau, dont le point d'ébullition et la densité s'élèvent à mesure que la molécule se complique. Différents procédés permettent de les préparer : on les rencontre dans la nature; ils constituent, par leur mélange, les huiles de pétrole d'Amérique, desquelles MM. Cahours et Pelouze ont retiré toute la série de ces homologues depuis l'hydrure de butyle, C^4H^{10}, qui bout vers 0°, jusqu'au quinzième terme, $C^{15}H^{32}$, qui bout entre 255 et 260°.

A une température plus élevée, la distillation des pétroles fournit des carbures solides, qu'on retire également de la tourbe, des schistes bitumineux et du boghead d'Écosse, et qui constituent la *paraffine*. La paraffine est un mélange de carbures solides de la formule C^nH^{2n+2}, son point de fusion varie entre 50 et 60°. Comme tous les hydrocarbures saturés, elle présente une grande résistance à l'action des réactifs, de là son nom (*parum affinis*).

La paraffine est insoluble dans l'eau, soluble dans l'alcool et l'éther bouillants, la benzine, etc. On en fabrique des bougies translucides qui ont l'aspect des bougies de cire. Dissoute dans une huile volatile, elle sert à enduire les murs sur lesquels elle forme une couche imperméable qui les protège contre l'humidité.

10. Pétrole. — Le mélange des hydrocarbures saturés constitue, comme nous l'avons dit, le pétrole brut. Pour en retirer les diverses parties utilisables, on distille le pétrole brut dans des cornues en fer; on recueille d'abord entre 30° et 75° l'*éther de pétrole*, liquide très inflammable, produisant avec l'air des mélanges explosifs. Entre 75 et 150°, on recueille l'*essence minérale*, très inflammable, employée pour l'éclairage, la fabrication des vernis et comme dissolvant des corps gras : quant au liquide, qui distille entre 150 et 280°, il constitue le *photogène*, ou huile de pétrole ordinaire, employé comme huile à brûler. Entre 280 et 400°, on recueille des huiles lourdes, qui par une seconde rectification se partagent en photogène, en huiles épaisses employées pour le graissage des machines et en un résidu d'où, par refroidissement, se sépare la paraffine qu'on purifie par turbinage, compression, puis par des lavages à l'acide sulfurique, à l'eau, et enfin par une filtration à chaud sur du noir animal.

11. Dans diverses réactions, il se produit des hydrocarbures saturés isomères de ceux qui constituent les pétroles. Ces isoméries résultent de la différence de position des groupes hydrocarbonés dans la molécule. On comprend, par exemple, qu'il puisse exister deux hydrocarbures C^4H^{10}; l'un $CH \begin{cases} CH^3 \\ CH^3, \\ CH^3 \end{cases}$ dans lequel un atome de carbone est saturé par trois groupes CH^3 et par un atome d'hydrogène; l'autre sera $\begin{matrix} H^2\text{-}CH^3 \\ CH^2\text{-}CH^3 \end{matrix}$ formé par l'union de deux groupes éthyle $C^2H^5 = CH^2\text{-}CH^3$.

12. Hydrure de méthyle (*gaz des marais, hydro-*

gène protocarboné) CH⁴. — Ce gaz, découvert par Volta, se rencontre dans la vase des marais, où il est produit par la putréfaction des matières organiques ; il constitue l'air inflammable qui sort de terre dans un grand nombre de pays, comme en Perse, en Chine, aux environs de la mer Caspienne, etc., et fait partie des gaz qui se dégagent des sources de pétrole d'Amérique et du Canada. Souvent il s'accumule en quantités considérables dans les galeries des mines de houille : c'est le *feu grisou* ou *terrou* des mineurs.

On le prépare en chauffant dans une cornue 2 parties d'acétate de potassium cristallisé, 2 parties de potasse caustique et 3 parties de chaux vive, et recueillant le gaz sur la cuve à mercure.

$$C^2H^3O^2K \quad + \quad KHO \quad = \quad CO^3K^2 \quad + \quad CH^4$$

| Acétate de potassium. | Potasse. | Carbonate de potassium. | Hydrure de méthyle. |

La synthèse en a été réalisée par l'action de l'hydrogène naissant sur le tétrachlorure de carbone (Melsens), et celle du sulfure de carbone et de l'hydrogène sulfuré sur le cuivre chauffé au rouge (Berthelot).

L'hydrure de méthyle est un gaz incolore, inodore, d'une densité de 0,5576, peu soluble dans l'eau. Il est irrespirable, mais n'agit pas comme corps délétère. Il brûle à l'air avec une flamme pâle ; s'il est mélangé avec une quantité suffisante d'oxygène ou d'air et qu'on allume ce mélange, la combustion a lieu avec une vive explosion. C'est ce qui arrive dans les galeries des mines, quand le feu grisou s'y accumulant se mêle à l'air et forme avec lui un mélange explosif qui s'allume au contact des lampes et détone violemment. Les explosions de feu grisou sont de terribles accidents qui ont amené et amèneront encore la mort d'un grand nombre de travailleurs; pour remédier à ce danger imminent, Davy a inventé la lampe des mineurs, qui porte à juste titre le nom de *lampe de Davy.*

Elle se compose d'une lampe ordinaire renfermée dans une espèce de cage en toile métallique; elle est basée sur ce double principe que la combinaison du feu grisou et de l'air n'a lieu qu'à une température élevée, et d'autre part que des gaz enflammés traversant une toile métallique se refroidissent à une température telle, qu'ils s'éteignent et que la combustion ne peut plus avoir lieu.

Quand un mélange détonant de feu grisou et d'air arrive au contact de la flamme dans la lampe de Davy, la petite portion qui pénètre dans la lampe détone seule, mais les gaz enflammés ne traversent pas la toile et la combinaison ne se propage pas au dehors; par le fait de la détonation, la lampe elle-même s'éteint et avertit ainsi les mineurs de la présence du feu grisou dans l'air des galeries.

Un mélange de 4 volumes de chlore et de 2 volumes d'hydrure de méthyle, exposé à la lumière directe du soleil, détone avec violence en produisant de l'acide chlorhydrique et du charbon.

$$CH^4 \ + \ 4Cl \ = \ C \ + \ 4HCl$$

Hydrure de méthyle.   Chlore.   Charbon.   Acide chlorhydrique.

A la lumière diffuse, il se produit différents dérivés chlorés, suivant les proportions relatives des deux corps; à volumes égaux, il se forme du chlorure de méthyle CH^3Cl; par un excès de chlore, du chlorure de méthyle chloré, CH^2Cl^2, du chlorure bichloré ou chloroforme $CHCl^3$, et finalement du perchlorure de carbone CCl^4.

13. Alcool méthylique (*esprit de bois, hydrate de méthyle*) CH^4O. — Le chlorure de méthyle obtenu par l'action du chlore à la lumière diffuse sur l'hydrure de méthyle étant traité par des bases, comme la potasse, l'oxyde d'argent hydraté, se transforme en hydrate de méthyle ou alcool méthylique $CH^4O = CH^3,OH$ (Berthelot).

L'alcool méthylique ou *esprit de bois* se rencontre dans les produits de la distillation sèche du bois; il fut découvert par Taylor en 1812 et caractérisé comme alcool en 1833 par MM. Dumas et Péligot.

On le retire industriellement des liquides que fournit la distillation sèche du bois.

Les produits bruts de cette distillation ne renferment qu'un pour cent environ d'alcool méthylique; on les rectifie au bain-marié en ne recueillant que le premier dixième, et on distille plusieurs fois ce produit sur de la chaux vive. Puis on le traite par l'eau qui dissout l'esprit de bois, et on sépare par décantation les huiles insolubles dans l'eau. On distille la solution aqueuse en ne prenant que les premières portions, l'esprit de bois étant plus volatil que l'eau. Pour le débarrasser de celle-ci, on le soumet à une nouvelle distillation sur de la chaux vive.

A l'état de pureté, l'alcool méthylique est un liquide incolore, mobile, doué d'une odeur spiritueuse, d'une densité inférieure à celle de l'eau (0,798 à 20°). Il bout à 66° sous la pression normale, il est inflammable et brûle avec une flamme pâle, il se dissout dans l'eau, l'alcool et l'éther, il dissout les huiles grasses, les essences, un grand nombre de résines.

Sous l'influence du noir de platine, il s'oxyde en donnant naissance à de l'acide formique CH^2O^2, qui représente de l'alcool méthylique dont 2 atomes d'hydrogène monoatomique sont remplacés par un atome d'oxygène diatomique.

$$CH^3,OH \quad + \quad O^2 \quad = \quad CHO,OH \quad + \quad H^2O$$

Alcool méthylique. — Oxygène. — Acide formique. — Eau.

Lorsqu'il est chauffé avec un acide, il y a double décomposition; il se produit de l'eau aux dépens de l'atome d'hydrogène basique de l'acide et du groupe OH de l'alcool méthylique; d'autre part, le groupe CH³ remplace l'hydrogène basique de l'acide, et le corps qui prend naissance constitue un éther. Exemples :

$$CH^3,OH \quad + \quad HCl \quad = \quad CH^3Cl \quad + \quad H^2O$$

Alcool méthylique. — Acide chlorhydrique. — Chlorure de méthyle. — Eau.

$$CH^3,OH \quad + \quad C^2H^3O^2,H \quad = \quad C^2H^3O^2,CH^3 \quad + \quad H^2O$$

Alcool méthylique. — Acide acétique. — Acétate de méthyle. — Eau.

On voit que l'alcool méthylique représente une molécule d'eau dans laquelle le groupe CH³ remplace un atome d'hydrogène.

$$\left.\begin{array}{c} H \\ H \end{array}\right\} O \qquad\qquad \left.\begin{array}{c} CH^3 \\ H \end{array}\right\} O$$

Eau   Alcool méthylique.

Ce groupe est monoatomique; il diffère, en effet, de l'hydrocarbure saturé CH⁴ par un atome d'hydrogène en moins qui le saturait.

Si l'on remarque que l'alcool méthylique et ses éthers s'obtiennent en prenant pour point de départ le gaz des marais, et si l'on compare les formules de ces corps,

$$CH^3,H \qquad CH^3,Cl \qquad CH^3,OH \qquad CH^3,C^2H^3O^3$$

Hydrure   Chlorure   Hydrate   Acétate
de méthyle.   de méthyle.   de méthyle.   de méthyle.

on constate que dans tous existe le groupe CH^3, qui, par des réactions successives, se transporte intact d'une molécule à l'autre. Ce groupe CH^3, commun à un grand nombre de corps de fonctions diverses, leur imprime donc un même caractère; c'est un *radical*, le radical *méthylique*, propre aux composés de la série méthylique.

De même à chaque hydrocarbure saturé C^nH^{2n+2} correspond un groupe monoatomique, un *radical alcoolique;* ainsi l'éthyle C^2H^5, dérivé de l'hydrure d'éthyle C^2H^6, que nous trouvons dans l'alcool ordinaire ou hydrate d'éthyle C^2H^5,OH, dans les éthers, etc.; l'amyle C^5H^{11}, qui caractérise la série amylique, et qui existe dans l'hydrure d'amyle, C^5H^{12}, l'hydrate d'amyle, C^5H^{11},OH, etc.

14. Oxyde de méthyle. — Le remplacement d'un atome d'hydrogène dans l'eau par le radical CH^3 donne l'alcool méthylique; le remplacement des deux atomes d'hydrogène par ce même radical fournit l'éther méthylique proprement dit ou oxyde de méthyle.

$$\left.\begin{array}{l} CH^3 \\ CH^3 \end{array}\right\} O = C^2H^6O.$$

On obtient ce composé en chauffant l'alcool méthylique avec l'acide sulfurique; il représente deux molécules d'alcool méthylique, moins une molécule d'eau :

$$CH^3,OH \ + \ CH^3,OH \ = \ \left.\begin{array}{l} CH^3 \\ CH^3 \end{array}\right\} O \ + \ H^2O$$

Alcool   Alcool   Oxyde   Eau.
méthylique.   méthylique.   de méthyle.

A tous les radicaux monoatomiques correspondent des oxydes analogues ou éthers proprement dits, dérivés de la même manière de deux molécules d'alcool, moins une molécule d'eau, et rangés sous la formule générale $(C^nH^{2n+1})^2O$. L'oxyde de méthyle est un gaz incolore dont l'histoire a peu d'intérêt pour nous; il n'en est pas de même de son homologue supérieur, l'oxyde d'éthyle :

$$\left.\begin{array}{c} C^2H^5 \\ C^2H^5 \end{array}\right\} O = C^4H^{10}O,$$

car ce n'est autre que l'éther ordinaire, improprement appelé éther sulfurique. En traitant de celui-ci, nous aurons l'occasion d'étudier la théorie de l'éthérification, et les propriétés générales des oxydes de radicaux alcooliques.

15. **Chlorure de méthyle** ou *éther méthyl-chlorhydrique* CH^3Cl. — Ce composé, qu'on a réussi à préparer par l'action ménagée du chlore sur le gaz des marais, s'obtient d'ordinaire en chauffant l'alcool méthylique (1 partie) avec 2 parties de sel marin et 3 parties d'acide sulfurique concentré, c'est-à-dire avec un mélange qui fournit de l'acide chlorhydrique. Il se dégage du chlorure de méthyle gazeux, incolore, d'une odeur éthérée, ne se condensant que par un froid très intense, en un liquide bouillant déjà à 22° au-dessous de zéro, très soluble dans l'alcool, assez soluble dans l'eau. Le point le plus intéressant de son histoire, c'est que, soumis à l'action du chlore, il donne, suivant la proportion de chlore et la durée de la réaction, différents produits de substitution chlorés, le chlorure de méthyle monochloré ou chlorure de méthylène CH^2Cl^2, le chlorure de méthyle bichloré ou chloroforme $CHCl^3$, et, finalement, le tétrachlorure de carbone CCl^4.

M. C. Vincent est parvenu à le préparer industriellement en utilisant les vinasses provenant de la distillation des mélasses de betteraves après leur fermentation. Les vinasses évaporées à sec donnent, comme résidu, du carbonate de potasse et du charbon, et comme produits volatils de l'alcool méthylique, de l'ammoniaque et de la triméthylamine ou ammoniaque triméthylée $(CH^3)^3Az$ (voy., plus loin, *Ammoniaques composées*). La triméthylamine est reçue dans l'acide chlorhydrique, auquel elle se combine, et le chlorhydrate obtenu est chauffé à 360°; il se détruit en donnant du chlorure de méthyle et de la diméthylamine :

$$Az(CH^3)^3,HCl \quad = \quad CH^3Cl \quad + \quad AzH(CH^3)^2$$

Chlorhydrate   Chlorure   Diméthylamine.
de triméthylamine.   de méthyle.

Les gaz traversent de l'acide chlorhydrique qui retient la diméthylamine, tandis que le chlorure de méthyle est refoulé par des pompes, dans des réservoirs où il se liquéfie. Quant au chlorhydrate de diméthylamine, il est chauffé à 350° et donne de nouveau chlorure de méthyle et de la monométhylamine :

$$AzH(CH^3)^2,HCl \quad = \quad CH^3Cl \quad + \quad AzH^2,CH^3$$

Chlorhydrate   Chlorure   Monométhylamine.
de dyméthylamine.   de méthyle.

La monométhylamine est de même combinée à l'acide chlorhydrique et fournit un chlorhydrate qui, fortement chauffé, se dédouble en chlorure de méthyle et ammoniaque :

$$AzH^2CH^3,HCl \quad = \quad CH^3Cl \quad + \quad AzH^3$$

Chlorhydrate   Chlorure   Ammoniaque.
de monométhylamine.   de méthyle.

Le chlorure de méthyle est utilisé pour la production du froid. On l'emploie aussi pour remplacer l'iodure de méthyle dans la fabrication des couleurs d'aniline.

16. **Chlorure de méthylène** CH^2Cl^2. — Ce composé, qui se forme dans la chloruration du chlorure de méthyle ou dans l'action de l'hydrogène naissant sur le chloroforme $CHCl^3$, est un liquide dense, bouillant à 40°, et d'une odeur analogue à celle du chloroforme. On l'a conseillé comme anesthésique, mais M. J. Regnauld a reconnu que le composé vendu comme chlorure de méthylène et vanté comme anesthésique est un mélange de 4 volumes de chloroforme et d'un volume d'alcool méthylique. MM. J. Regnauld et Villejean ont reconnu que le chlorure de méthylène pur, loin de pouvoir être employé comme anesthésique, est une substance dangereuse qui amène un état de contracture persistant et des crises épileptiformes.

17. CHLOROFORME (*chlorure de méthyle bichloré, éther méthyl-chlorhydrique bichloré*) $CHCl^3$. — Ce composé important fut découvert en 1831, en même temps par Soubeiran en France, Liebig en Allemagne, Guthrie en Amérique.

Pour l'obtenir, on a recours à une réaction plus avantageuse que l'action du chlore sur le chlorure de méthyle; on traite l'alcool ordinaire par le chlorure de chaux.

Le chlore que fournit le chlorure de chaux convertit l'alcool en chloral C^2HCl^3O (voy. § 51), et, sous l'influence de la chaux en excès, le chloral se dédouble en chloroforme et acide formique.

$$C^2HCl^3O + H^2O = CHCl^3 + CH^2O^2$$

Chloral. Eau. Chloroforme. Acide formique.

Comme le chlorure de chaux est en même temps un oxydant, l'acide formique se détruit et passe à l'état d'acide carbonique.

$$CH^2O^3 \quad + \quad O \quad = \quad CO^3 \quad + \quad H^2O$$

Acide formique.   Acide carbonique.   Eau.

La transformation finale de l'alcool en chloroforme et acide carbonique est donc représentée par l'équation

$$C^4H^6O + Cl^6 + O^2 = CHCl^3 + CO^3 + 3HCl + H^2O$$

Alcool.   Chloroforme.

qui rend compte du rôle du chlorure de chaux tout à la fois chlorurant et oxydant.

On délaye 10 kil. de chlorure de chaux et 3 kil. de chaux éteinte dans 60 litres d'eau, on introduit le lait calcaire dans un alambic dont il doit remplir au plus le tiers de la capacité, on ajoute 2 kil. d'alcool à 85°, on lute les jointures de l'appareil et on chauffe vivement. La réaction se déclare à 80° ; aussitôt qu'elle est en train et que le col du chapiteau commence à s'échauffer, on retire le feu. La distillation s'effectue d'elle-même ; lorsqu'elle s'arrête, on chauffe de nouveau jusqu'à ce que le liquide qui passe ne possède plus l'odeur du chloroforme. A ce moment, il a distillé environ trois litres de liquide ; après vingt-quatre heures de repos, celui-ci se sépare en deux couches dont la supérieure, aqueuse, est réservée pour une nouvelle opération, et dont l'inférieure est du chloroforme mélangé de chlore, d'alcool et d'acide chlorhydrique. On décante le chloroforme impur, on le lave avec de l'eau pour enlever l'alcool, avec une solution de carbonate de soude pour fixer l'acide chlorhydrique et le chlore, puis on le rectifie au bain-marie sur le chlorure de calcium.

La grande quantité d'acide carbonique, qui se forme en même temps, fait boursoufler le mélange; c'est pour cela qu'on emploie un vaste alambic et qu'on retire le feu au moment où se déclare la réaction.

L'acétone C^3H^6O (voy. § 54) donne aussi du chloroforme quand on la traite par le chlorure de chaux; le chloroforme ainsi préparé est souillé de divers corps chlorés dont il est difficile de le débarrasser.

On prépare aussi du chloroforme pur en décomposant l'hydrate de chloral cristallisé par un alcali (voy. chloral, § 51).

$$C^3H^3Cl^3O^2 \quad + \quad KHO \quad = \quad CHCl^3 \quad + \quad CHO^2K$$

Hydrate de chloral.	Potasse.	Chloroforme.	Formiate de potassium.

L'alcool méthylique et l'acide acétique à l'état de pureté ne donnent pas de chloroforme sous l'influence de chlorure de chaux, contrairement à l'opinion longtemps répandue. Si l'on a obtenu du chloroforme avec ces corps, c'est qu'ils étaient impurs et renfermaient de l'acétone.

18. *Propriétés.* — Le chloroforme pur est un liquide très mobile, doué d'une odeur éthérée particulière, d'une saveur d'abord piquante, puis sucrée. Sa densité est de 1,48, c'est-à-dire à peu près une fois et demie celle de l'eau; malgré sa densité élevée, la goutte de chloroforme ne pèse que 25 milligrammes, 20 gouttes pesant 50 centigrammes; cela provient de ce que la goutte du chloroforme est très petite.

Il bout à 60°,8; il est rangé à tort parmi les substances inflammables, car il ne brûle que très difficilement; une mèche de coton imprégnée de chloroforme brûle avec une flamme rouge bordée de vert et très fuligineuse. Il se dissout dans 100 fois son poids d'eau, à laquelle il communique sa saveur sucrée; il est très soluble dans l'alcool et dans l'éther. Il dissout le soufre, le phosphore, le brome, l'iode, les corps gras, et en général toutes les matières organiques riches en carbone. L'action prolongée du chlore le transforme en tétrachlorure de carbone CCl^4, bouillant à 77°.

Dirigée dans un tube de verre ou de porcelaine chauffé au rouge, la vapeur de chloroforme se détruit en donnant du charbon et de l'acide chlorhydrique.

Bouilli avec une solution alcoolique de potasse, il se décompose avec formation de chlorure et de formiate de potassium.

$$CHCl^3 \ + \ 4KHO \ = \ 3KCl \ + \ CHC^2K \ + \ 2H^2O.$$

Chloroforme.   Hydrate   Chlorure   Formiate   Eau.
de potassium.   de potassium.   de potassium.

Le chloroforme pur s'altère spontanément en présence de l'air, sous l'influence de la lumière. Il dégage des vapeurs acides, très piquantes, formées de gaz chlorhydrique et de chlorure de carbonyle $COCl^2$.

$$CHCl^3 \ + \ O \ = \ COCl^2 \ + \ HCl$$

Chloroforme.   Oxygène.   Chlorure   Acide
de carbonyle.   chlorhydrique.

M. J. Regnauld, qui a démontré la cause de cette altération du chloroforme, a reconnu que l'alcool ordinaire préserve le chloroforme, même quand celui-ci n'en renferme que $\frac{1}{1000}$.

Pur, il est insoluble dans l'acide sulfurique et ne se colore pas au contact de cet agent; s'il noircit par l'acide sulfurique, c'est qu'il renferme des produits étrangers qui peuvent agir fâcheusement sur l'économie. Il ne précipite l'azotate d'argent que s'il est souillé d'acide chlorhydrique laissé par une purification incomplète, ou provenant de sa décomposition spontanée. Le chloroforme pur ne doit donc pas troubler la solution d'azotate d'argent, noircir par l'acide sulfurique, ou être attaqué par le sodium.

19. **Action physiologique du chloroforme.** — Le chloroforme, appliqué sur les muqueuses et même sur la peau revêtue de son épiderme, agit comme irritant. Il cause une cuisson vive accompagnée de rougeur et même de vésication. Étendu d'eau, il amène la rubéfaction, et consécutivement un certain degré d'anesthésie locale. Absorbé par les voies digestives, il produit des phénomènes d'ébriété; introduit dans la circulation par les voies respiratoires, il agit comme anesthésique puissant. Il porte son action tout à la fois sur le système nerveux et sur le sang avec lequel il est entraîné, et dont il empêche l'hématose; cette action sur le sang est moins profonde que celle qu'il exerce sur le système nerveux, car, dans les cas de mort, celle-ci a lieu presque toujours par syncope, rarement par asphyxie.

Le chloroforme, usité comme révulsif et anesthésique local, est surtout employé comme anesthésique général dans un grand nombre d'affections douloureuses, ou pour les opérations chirurgicales; ses propriétés anesthésiques furent signalées, en 1847, par Flourens en France et Simpson en Angleterre.

Après l'absorption, le chloroforme se trouve dans le sang, surtout dans le foie et la matière cérébrale; il est éliminé avec toutes les sécrétions, même la sécrétion lactée.

20. *Recherche du chloroforme dans le sang.* — Les

organes des animaux empoisonnés par le chloroforme possèdent à un haut degré l'odeur de cet agent, lorsqu'il a été employé en quantité notable ; pour mettre sa présence hors de doute et le reconnaître lorsqu'il n'existe qu'en faible proportion dans le sang comme après l'ingestion du chloral, on a recours au procédé suivant : Le sang étant placé dans un ballon chauffé à 4° au bain-marie, on y dirige à l'aide d'un soufflet un courant d'air, qui en traversant le liquide se charge de vapeur de chloroforme, puis arrive dans un tube de verre vert porté au rouge à l'aide d'une grille à combustion (fig. 1). Les vapeurs de chloroforme à cette température se décomposent en produisant de l'acide chlorhydrique, qui se rend dans un verre à pied renfermant une solution d'azotate d'argent. La formation du précipité si caractéristique de chlorure d'argent indique la présence de l'acide chlorhydrique, et par conséquent celle du chloroforme. Ce mode opératoire est très sensible, et permet de déceler l'existence de petites quantités de chloroforme dans le sang.

21. Bromure de méthyle. Bromoforme. — Au bromure de méthyle CH^3Br, liquide incolore qui bout environ à 13°, correspond un dérivé bibromé $CHBr^3$, le bromoforme, analogue du chloroforme.

On prépare le bromoforme en ajoutant peu à peu du brome à une solution refroidie de 1 partie de potasse dans 1 partie d'alcool méthylique, jusqu'à ce que le liquide commence à se colorer. Il se sépare une couche dense de bromoforme qu'on décante, qu'on lave et que l'on rectifie, après l'avoir desséché sur du chlorure de calcium. C'est un liquide limpide, d'une densité de 2,13, bouillant à 152°. Une solution alcoolique de potasse le décompose à l'ébullition en bromure et formiate de potassium.

Fig. 1. — Recherche du chloroforme.

22. Iodure de méthyle. Iodoforme. — L'iodure de méthyle CH^3I, qui se prête plus facilement aux doubles décompositions que le chlorure, est un liquide incolore, d'une odeur agréable, bouillant à 43°. On l'obtient en ajoutant peu à peu 100 parties d'iode à un mélange de 45 parties d'alcool méthylique et de 10 parties de phosphore amorphe, et distillant le tout après un contact de quelques heures.

L'iode et le phosphore se combinent pour donner un iodure de phosphore, que l'alcool méthylique décompose en iodure de méthyle et acide phosphoreux.

$$PhI^3 \;+\; 3\,(CH^3, OH) \;=\; 3\,(CH^3I) \;+\; PhO^3H^3$$

Iodure de phosphore.	Alcool méthylique.	Iodure de méthyle.	Acide phosphoreux.

L'iodure de méthyle biiodé ou *iodoforme* CHI^3 prend naissance par l'action de l'iode sur l'alcool en présence d'un alcali : c'est une réaction analogue à celle du chlorure de chaux.

Pour le préparer on ajoute une partie d'alcool et une partie d'iode à une solution de trois parties de carbonate de soude dans dix parties d'eau : on chauffe le mélange à 60°-80°, bientôt il se sépare de l'iodoforme. On le recueille, on ajoute de nouveau du carbonate de soude, de l'alcool, et on chauffe en faisant passer un courant de chlore, pour mettre en liberté l'iode qui était à l'état d'iodure de sodium, et qui réagissant sur l'alcool fournit un second précipité d'iodoforme.

L'iodoforme est en tables hexagonales jaunes, fusibles à 115°-120°; son odeur est forte et désagréable, il est insoluble dans l'eau. Comme il renferme 90 pour 100 de son poids d'iode, il a été préconisé à l'intérieur dans les affections où les iodiques sont prescrits; son usage ne s'est pas généralisé. C'est un agent antiseptique; on l'emploie dans le traitement des plaies de mauvaise nature.

Les combinaisons que forme l'alcool méthylique avec les acides azotique, sulfurique, phosphorique, etc. (éthers méthyliques), n'ayant pas par elles-mêmes d'intérêt direct, nous les passerons sous silence. En traitant des éthers plus importants dérivés de l'alcool ordinaire ou hydrate d'éthyle, nous aurons l'occasion d'étudier les propriétés générales de cet ordre de composés.

CHAPITRE II

ALCOOL ÉTHYLIQUE

Hydrure d'éthyle. — Alcool. — Fermentation. — Boissons fermentées. — Alcoométrie.

23. Hydrure d'éthyle C^2H^6. — L'hydrocarbure saturé C^2H^6 représente deux groupes CH^3 intimement soudés, puisqu'il provient de l'action du sodium sur l'iodure de méthyle :

$$CH^3I \;+\; CH^3I \;+\; 2Na \;=\; 2NaI \;+\; \begin{matrix} CH^3 \\ CH^3 \end{matrix} = C^2H^6.$$

Iodure   Iodure   Sodium.   Iodure   Hydrure d'éthyle.
de méthyle. de méthyle.   de sodium.

En perdant un atome d'hydrogène, il constitue le radical éthyle $\begin{matrix} CH^3 \\ CH^2 \end{matrix} = C^2H^5$, monoatomique et qui caractérise la série éthylique.

L'hydrure d'éthyle prend également naissance dans l'action de l'eau sur le zinc-éthyle, composé qui se forme par l'action du zinc sur l'iodure d'éthyle :

$$2(C^2H^5I) \;+\; 2Zn \;=\; (C^2H^5)^2Zn \;+\; ZnI^2$$

Iodure d'éthyle.   Zinc.   Zinc-éthyle.   Iodure de zinc.

$$(C^2H^5)^2Zn \;+\; H^2O \;=\; 2C^2H^6 \;+\; ZnO$$

Zinc-éthyle.   Eau.   Hydrure   Oxyde
                            d'éthyle.   de zinc.

C'est un gaz incolore, qui se transforme en chlorure d'éthyle ou éther chlorhydrique C^2H^5Cl par l'action du chlore à la lumière diffuse; c'est là le point intéressant de son histoire.

24. Alcool (*hydrate d'éthyle, alcool éthylique*) C^2H^6O. — Le radical éthyle C^2H^5 étant monoatomique peut se combiner à un groupe également monoatomique OH, résidu de l'eau H^2O, ou, ce qui revient au même, remplacer un atome d'hydrogène de l'eau.

$$\left.\begin{array}{c} H \\ H \end{array}\right\} O \qquad\qquad \left.\begin{array}{c} C^2H^5 \\ H \end{array}\right\} O$$

Ce composé $C^2H^5OH = C^2H^6O$, hydrate d'éthyle, n'est autre que l'alcool ordinaire.

L'alcool se forme dans l'acte dit de la fermentation par la transformation de la glucose, ou des sucres qui peuvent se convertir en glucose. C'est au XIVe siècle qu'Arnaud de Villeneuve le retira du vin par distillation. Raymond Lulle fit connaître le moyen de rectifier l'alcool et de le concentrer par des distillations répétées sur le carbonate de potasse.

La synthèse totale en a été opérée de différentes manières; le chlorure d'éthyle peut être transformé en alcool, et comme il s'obtient avec l'hydrure d'éthyle, qui lui-même dérive du gaz des marais, et que la synthèse de celui-ci a été faite à l'aide du sulfure de carbone, de l'hydrogène sulfuré et du cuivre, on voit que l'alcool peut s'obtenir à l'aide des éléments de la nature minérale (Berthelot). — De même le gaz éthylène C^2H^4, gaz oléfiant, une des parties constituantes du gaz d'éclairage, étant agité avec de l'acide sulfurique concentré, finit par s'y combiner; le produit de la réaction qu'on appelle acide sulfovinique ou éthylsulfurique, étant distillé avec de l'eau, se dédouble en acide sulfurique et en alcool qui passe à la distillation. (Hennel, Berthelot.)

Ces réactions, qui montrent les ressources de la science arrivant à reconstituer des composés produits jusque-là par la nature organisée, n'ont qu'un intérêt scientifique ; le procédé par lequel s'obtient l'alcool est celui qu'on connaît depuis longtemps : transformation des matières sucrées en liquides alcooliques, et distillation de ces liquides pour en retirer l'alcool plus ou moins étendu d'eau.

La transformation des jus sucrés en liquides alcooliques a lieu dans l'acte de la fermentation, phénomène qui a longtemps exercé la sagacité des chercheurs. Aujourd'hui ce qu'on entend par ce nom ne rappelle en rien l'origine du mot, qui indiquait seulement un des phénomènes extérieurs de la métamorphose des sucres en alcool. Il vient, en effet, de *fervere*, bouillir ; l'étymologie est la même que celle d'*effervescence ;* il servait à l'origine à désigner le bouillonnement, l'ébullition pour ainsi dire occasionnée par le dégagement de gaz qui accompagne la fermentation.

On doit entendre par fermentation vraie une réaction chimique, dans laquelle un composé organique (matière fermentescible) se modifie, se transforme dans un sens déterminé sous l'influence d'un être organisé vivant, végétal ou animal, qu'on appelle le ferment et qui ne fournit rien de sa propre substance.

La fermentation alcoolique se produit sous l'influence d'êtres organisés, de nature végétale, les levurés, qui appartiennent à la famille des Champignons, du genre *Saccharomyces*. L'espèce qui se développe dans la bière en fermentation est le *Saccharomyces cerevisiæ* ou levure de bière ; elle est formée de cellules rondes ou ovoïdes de 8 à 9 millièmes de millimètre dans leur plus grand diamètre. Le ferment alcoolique du vin, dont les germes se trouvent sur la peau des raisins, est appelé *Saccharomyces ellipsoidus* ; il est formé de cellules ellipsoïdales de 6 millièmes de millimètre de longueur sur 4 millièmes de largeur. Semés dans un jus sucré, en présence de phosphates et de sels ammoniacaux, ils se développent et se multiplient par bourgeonnement ; en même temps qu'a lieu ce développement, la glucose se détruit, et l'acide carbonique, l'alcool, apparaissent au sein du mélange. 94 parties de glucose sur 100 se dédoublent en alcool et acide carbonique suivant l'équation :

$$C^6H^{12}O^6 = 2(C^2H^6O) + 2CO^2$$

Les six autres parties contribuent, d'une part, à fournir de la glycérine ($3^p,5$) et de l'acide succinique ($0^p,6$ environ), qui sont des termes constants de la fermentation alcoolique (Pasteur), d'autre part à nourrir la levure qui augmente de poids et renferme plus de cellulose, dont elle a emprunté les éléments au sucre.

Il se produit en outre dans la fermentation alcoolique de petites quantités d'alcool à poids moléculaires plus élevés ; alcools propylique, isobutylique, amylique, de l'aldéhyde, de l'acide acétique, etc. Ces principes, dont la proportion varie suivant la nature du jus sucré soumis à la fermentation, ne fournit au plus que $\frac{1}{1500}$ du volume total.

Les levures ne sont pas des agents indispensables de la fermentation alcoolique : la cellule vivante, en dehors de l'oxygène de l'air, peut remplir les mêmes fonctions. Ainsi des fruits, dont la peau est saine, abandonnés dans une atmosphère privée d'oxygène, renferment bientôt de l'alcool qui a pris naissance par transformation du sucre sous l'influence des cellules du fruit. Une plante qu'on fait vivre dans une atmosphère d'azote fabrique également de l'alcool. (Muntz.)

Tous les jus sucrés, comme le jus de raisin, celui de la betterave, de la canne à sucre, le moût obtenu par la transformation de la fécule des grains en glucose, donnent de l'alcool sous l'influence des levures, et constituent alors des boissons fermentées. Pour en retirer l'alcool, on les soumet à la distillation.

Les appareils à l'aide desquels on distille les alcools dans l'industrie, et dont la première idée est due à Édouard Adam, sont arrivés à un degré de perfection tel que, par une seule distillation, on obtient de suite des alcools à 95 degrés centésimaux.

25. L'appareil Champonnois, employé dans les distilleries agricoles, se compose de quatre parties principales : une chaudière, une colonne disposée au-dessus de la chaudière, un analyseur et un réfrigérant condensateur. La colonne placée au-dessus de la chaudière est formée de dix-sept tronçons cylindriques, de même forme et de même disposition, qui peuvent s'engager les uns dans les autres. Chacun est formé d'un disque portant à l'extrémité du diamètre une ouverture où s'introduisent des tubes *trop-pleins*, verticaux, alternativement placés et par où les vapeurs condensées retombent dans la partie inférieure de l'appareil. Au centre des disques, se trouve un large ajutage un peu plus élevé que les tubes verticaux et recouvert d'une capsule renversée dont les bords descendent de 1 centimètre au-dessus du bord de l'ajutage. De cette manière, les vapeurs qui arrivent par l'ajutage sont obligées de passer entre les bords de la capsule et la surface du disque, où elles barbotent à travers le liquide amené par le tube vertical supérieur. Au sommet de l'appareil se trouve l'*analy-*

seur, contenant un serpentin plat, disposé en spirales et formé de lames distantes d'environ 1 centimètre.

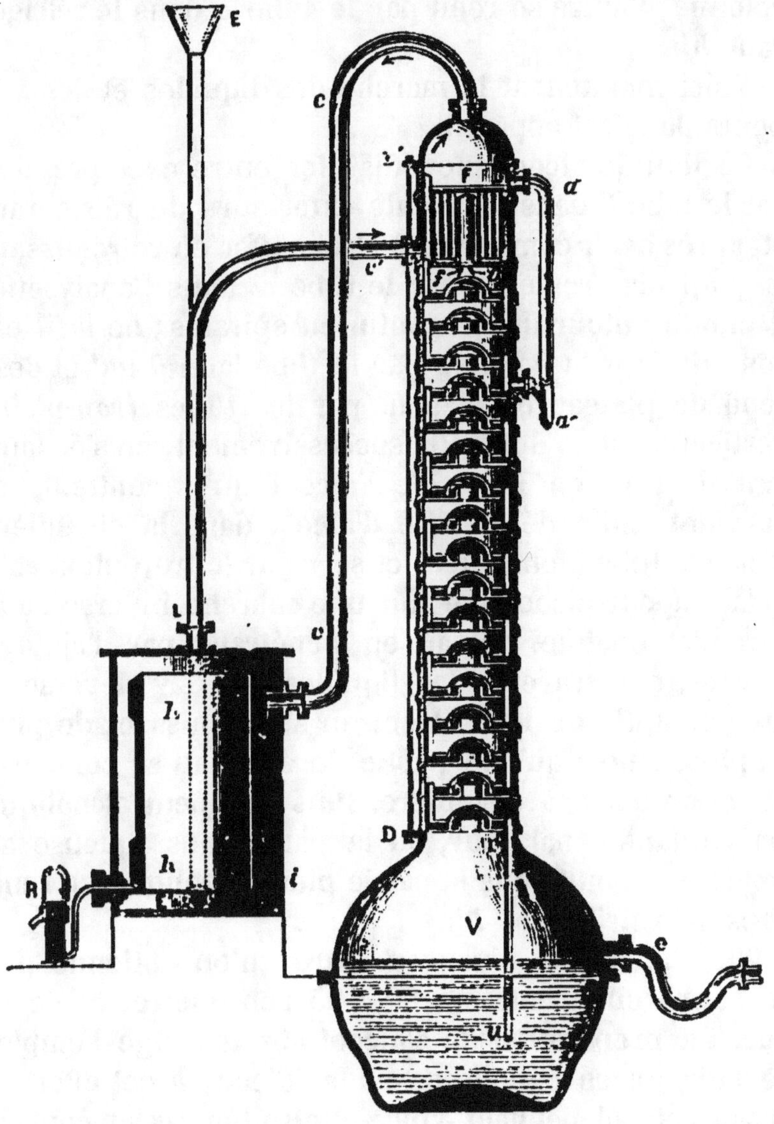

Fig. 2. — Appareil Champonnois pour la distillation des jus fermentés.

Les vapeurs qui s'élèvent passent dans l'intérieur de ce serpentin, autour duquel circule le liquide introduit dans l'appareil. Une partie des vapeurs alcooliques se condense dans le serpentin et reflue dans la colonne; l'autre se rend par le tube *c* dans le réfrigérant *hh*.

Voici maintenant la marche des liquides et des vapeurs dans cet appareil.

Le liquide alcoolique à distiller entre avec pression par le tube E dans l'enceinte extérieure du réfrigérant et, après avoir commencé à s'échauffer en refroidissant les vapeurs, remonte par le tube *c'* dans l'analyseur; il monte autour du serpentin en spirales; de là il est conduit dans la colonne par le tube latéral *aa'* et descend de plateau en plateau par les tubes *trop-pleins* verticaux : il se dépouille successivement, en s'échauffant de plus en plus, de l'alcool qu'il contient, et parvient enfin débarrassé d'alcool dans la chaudière V par le tube plongeur *u*, et sort par le trop-plein *e*.

La vapeur alcoolique suit une marche inverse : elle parcourt chaque plateau en pénétrant par l'ajutage central, elle traverse les liquides qui s'y déversent, les dépouille de leur alcool en s'enrichissant de plus en plus, tandis qu'une partie de son eau se condense et reflue dans la chaudière. Puis la vapeur alcoolique arrive dans l'analyseur, où la partie plus aqueuse se condense, tandis que la partie plus alcoolique se rend dans le réfrigérant *hh*.

26. L'alcool le plus concentré qu'on obtienne par ces appareils renferme 90 à 95 centimètres d'alcool pur. La préparation de l'alcool absolu exige l'emploi de substances chimiques avides d'eau; à cet effet on laisse l'alcool pendant vingt-quatre heures en contact avec de la chaux vive, on le distille sur la chaux, puis on lui fait subir une nouvelle distillation sur une petite quantité de baryte anhydre.

On constate facilement la présence de l'eau dans l'alcool en y ajoutant du sulfate de cuivre anhydre; le sulfate de cuivre anhydre est blanc et possède la propriété de bleuir au contact de l'eau en reconstituant du sulfate de cuivre ordinaire; dans l'alcool absolu, il ne change pas de couleur.

27. L'alcool absolu est un liquide incolore, très fluide, plus mobile que l'eau, d'une densité de 0,794 à 15°. Il bout à 78°. Sa saveur est âcre et brûlante, son odeur faible ; il est très inflammable. Il s'épaissit à — 100° et se solidifie à — 130°,5. Il absorbe rapidement l'humidité de l'air, car il a une grande affinité pour l'eau : lorsqu'on le mêle à ce liquide, il y a élévation de température, et on constate après le refroidissement qu'il y a eu contraction. Le maximum de contraction a lieu par l'addition de 52,3 volumes d'alcool à 47,7 volumes d'eau à 15°; le mélange occupe 96,35 volumes au lieu de 100 volumes. Cette affinité de l'alcool pour l'eau est telle, qu'il l'enlève aux substances organisées avec lesquelles on le met en contact. Il coagule l'albumine, ce qui le rend propre à la conservation des pièces anatomiques ; et c'est pour cette raison qu'injecté dans les veines il détermine la mort.

Il dissout un grand nombre de corps : des gaz, tels que l'oxygène, le cyanogène, l'acide carbonique, les hydrocarbures gazeux, qui sont plus solubles dans l'alcool que dans l'eau, des corps simples : l'iode, le brome, etc., les acides borique, phosphorique, les acides organiques, la potasse, la soude, l'ammoniaque, la plupart des alcaloïdes ; des sels, comme le perchlorure de fer, le bichlorure de mercure, l'iodure de potassium, de fer, l'iodure mercurique, quelques azotates, les essences, plusieurs résines, etc.

Sous l'influence des agents oxydants, il subit deux

ordres de réaction, tout d'abord il perd 2 atomes d'hydrogène qui s'éliminent à l'état d'eau, en fournissant de l'aldéhyde (*alcool déshydrogéné*) :

$$C^3H^6O \quad + \quad O \quad = \quad H^2O \quad + \quad C^3H^4O$$
Alcool.   Oxygène.   Eau.   Aldéhyde.

et, si l'oxydation est plus énergique, les 2 atomes d'hydrogène sont remplacés par un atome d'oxygène pour former de l'acide acétique :

$$C^3H^6O \quad + \quad O^3 \quad = \quad H^2O \quad + \quad C^3H^4O^3$$
Alcool.   Oxygène.   Eau.   Acide acétique.

Les oxydants énergiques, comme l'acide chromique, le brûlent complètement en produisant de l'acide carbonique et de l'eau, et la réaction s'accomplit avec une énergie telle, que si l'on projette de l'alcool sur quelques cristaux d'acide chromique, l'excès d'alcool s'enflamme immédiatement ; la réaction est la même avec l'acide chlorique.

L'acide azotique, à une douce chaleur, donne avec l'alcool, indépendamment de l'aldéhyde et de l'acide acétique, de l'éther azoteux ou azotite d'éthyle.

Quand on chauffe l'alcool avec une solution d'azotate d'argent ou d'azotate de mercure additionnée d'acide azotique, on observe une vive réaction ; il se dépose des précipités très explosifs qui constituent le fulminate d'argent ou le fulminate de mercure (p. 105).

Distillé avec le chlorure de chaux, il fournit du chloroforme. Par l'action prolongée du chlore sur l'alcool absolu, on obtient le chloral C^4HCl^3O, qui représente de l'alcool dont 2 atomes d'hydrogène ont été enlevés à l'état d'acide chlorhydrique et dont trois autres sont remplacés par 3 atomes de chlore (§ 64).

Chauffé avec les acides chlorhydrique, bromhydrique,

iodhydrique ou avec les acides oxygénés, il donne des *éthers*, représentant les acides correspondants dont l'hydrogène basique est remplacé par l'éthyle C^2H^5 (§ 00).

Avec l'acide sulfurique, il forme, suivant les proportions du mélange et la température, soit de l'acide éthyl-sulfurique $SO^4HC^2H^5$, soit de l'éther $C^4H^{10}O$, soit du gaz éthylène C^2H^4.

Nous reviendrons sur ces diverses réactions de l'alcool en étudiant les corps auxquels elles donnent naissance.

L'alcool dissout le sodium, un atome de sodium remplaçant un atome d'hydrogène :

$$C^2H^5,OH \quad + \quad Na \quad = \quad C^2H^5,ONa \quad + \quad H$$
$$\text{Alcool.} \qquad \text{Sodium.} \qquad \text{Éthylate} \qquad \text{Hydrogène.}$$
$$\text{de sodium.}$$

L'alcool, outre ses usages industriels et économiques, est très employé pour la préparation de divers médicaments; chargé par macération ou lixiviation des principes actifs des substances médicamenteuses, il fournit les teintures alcooliques : celles-ci portent le nom d'alcoolats, quand l'alcool a été distillé avec les plantes fraîches.

28. Boissons fermentées. — VIN. — Le vin est le liquide obtenu par la fermentation du jus de raisin; on le prépare en foulant les raisins, les soumettant au pressoir et abandonnant le moût sucré à la fermentation spontanée dans des locaux dont la température ne doit pas être inférieure à 15 degrés. Après la fermentation, le vin s'éclaircit lentement, en déposant les matières étrangères qui le rendaient trouble, et qui constituent la lie. On le soutire, et quelque temps après on procède au collage, c'est-à-dire qu'on ajoute du blanc d'œuf ou de la gélatine qui, se coagulant sous l'influence du tannin, forment un précipité floconneux insoluble, par lequel est entraînée la matière albuminoïde encore en suspension dans le liquide.

Pour préparer les vins rouges, il ne faut presser les raisins qu'après la fermentation; celle-ci doit s'opérer au contact de la pellicule du raisin, qui fournit la matière colorante, soluble seulement à la faveur de l'alcool.

Outre l'eau et l'alcool, le vin renferme des matières azotées et albuminoïdes, des matières colorantes, des matières grasses, de la glycérine, de l'acide succinique, de la crème de tartre, des sels minéraux, chlorures, phosphates, sulfates, du tannin, etc.; de plus, des substances volatiles, qui donnent au vin, les unes l'odeur vineuse propre à tous les vins, les autres le bouquet spécial qui caractérise les différents vins. La proportion d'alcool que renferment les vins est très variable; ainsi le porto contient 15 à 16 d'alcool absolu pour 100 volumes de vin; le vin de Bordeaux n'en renferme que 9 à 10 p. 100.

29. EAUX-DE-VIE. — Les eaux-de-vie sont des liqueurs renfermant 40 à 50 pour 100 d'alcool absolu, et qui proviennent de la distillation de jus fermentés. Outre l'alcool, elles contiennent des principes volatils divers en quantité si petite qu'on ne peut les isoler, et qui impriment aux eaux-de-vie leurs propriétés particulières.

On distingue : les *eaux-de-vie de vin*, désignées d'une façon générique sous le nom de *cognac;* les *eaux-de-vie de marc, de fécule, de betterave,* auxquelles des huiles essentielles communiquent un goût désagréable; le *rhum* et le *tafia,* préparés aux Antilles, le premier avec le moût fermenté de la canne à sucre, le second avec les mélasses provenant de la fabrication du sucre; *l'eau-de-vie de cerises noires* ou *kirsch*, provenant des cerises écrasées, fermentées, et distillées avec le noyau ; le kirsch contient de l'essence d'amandes amères et de l'acide cyanhydrique ; le *rack* des Orientaux, préparé par la saccharification et la fermentation du riz.

Les eaux-de-vie additionnées de sucre et aromatisées constituent les liqueurs de table.

30. BIÈRE. — L'orge ne contient pas de principe sucré, mais lorsqu'elle a germé, elle renferme un principe particulier, amorphe, insoluble dans l'alcool, la *diastase*, sous l'influence de laquelle l'amidon de l'orge peut être converti en glucose. La première opération de la fabrication de la bière consiste à étendre l'orge gonflée d'eau en couches minces à une température d'environ 15 degrés ; l'orge ne tarde pas à germer ; c'est là ce qu'on appelle le *maltage*. Comme l'humidité et la température nécessaires au maltage se rencontrent surtout au printemps, les bières maltées à cette époque sont regardées comme supérieures ; on les désigne sous le nom de *bière de mars*. Lorsque le germe a atteint les 2/3 de la longueur des grains d'orge, on arrête la germination en séchant le grain à l'étuve ; puis on le réduit en une poudre grossière que l'on délaye dans l'eau à 60 degrés où, sous l'influence de la diastase, l'amidon se change en glucose. Ce jus sucré, ce moût est soumis à l'ébullition avec du houblon, qui non seulement lui communique son goût amer et aromatique, mais encore lui donne la propriété de se conserver. Le moût houblonné, étant refroidi à une basse température (vers 3°), est additionné de levure de bière provenant d'opérations antérieures, et à l'aide de laquelle la fermentation s'établit. On se procure de la levure de bière en recueillant les écumes et les exprimant dans des sacs.

La bière contient de l'eau, de l'alcool, de l'acide carbonique, de la dextrine, de la glucose non fermentée, une matière azotée albuminoïde et des sels minéraux; sa richesse alcoolique est faible, environ 3 p. 100 d'alcool absolu. Les parties solubles de la bière sont appelées *Extrait de malt;* il en existe 5 à 8 p. 100.

31. ACTION PHYSIOLOGIQUE DE L'ALCOOL. — Appliqué sur la peau dépouillée de l'épiderme, l'alcool, suivant son degré de concentration, amène une sensation de brûlure plus ou moins forte suivie d'un état inflammatoire qui le fait employer pour modifier la surface des plaies de mauvaise nature. Introduit dans la circulation, il produit l'ivresse en stimulant les centres nerveux et occasionne en même temps des symptômes d'asphyxie.

Qué devient l'alcool dans l'organisme? D'après quelques observateurs, il serait entièrement éliminé par la respiration et la sécrétion cutanée; mais pour mettre hors de doute une telle opinion, il faudrait retrouver dans les sécrétions la totalité de l'alcool ingéré, ce qui n'a pas été fait. Il semble que l'alcool est éliminé en partie sans altération, et que l'autre portion s'oxyde en fournissant de l'aldéhyde et de l'acide carbonique.

32. **Alcoométrie.** — Lorsqu'un liquide ne renferme que de l'eau et de l'alcool, on en connaît la richesse en alcool absolu en en prenant la densité, à l'aide d'un aréomètre. Gay-Lussac a imaginé un aréomètre ou alcoomètre dit alcoomètre centésimal, gradué de telle sorte que chaque degré indique immédiatement en centièmes le volume d'alcool absolu contenu dans le liquide. Si l'alcoomètre plongé dans un liquide alcoolique, à la température de 15°, affleure au chiffre 85, par exemple, c'est que le liquide examiné contient 85 p. 100 en volume d'alcool absolu. L'indication n'est

exacte qu'à 15°, température à laquelle l'alcoomètre a été gradué; mais, comme il est difficile de ramener exactement à 15° la température du liquide, on a recours à des tables de correction indiquant le degré exact de la richesse alcoolique à toutes les températures et pour tous les degrés de l'alcoomètre. On peut se dispenser de l'emploi de ces tables, à l'aide de la formule de correction donnée par Francœur. Soit d le nombre de degrés indiqué par l'alcoomètre immergé dans le liquide, soit t le nombre de degrés de température au-dessus ou au-dessous de 15°, on trouve le degré que marquerait l'alcoomètre à 15°, en multipliant t par 0,4 et ajoutant le produit au degré lu sur l'alcoomètre, si l'on opère au-dessous de 15°; en le retranchant si l'on opère au-dessus de cette température. Par exemple, un esprit marque 82° à la température de 10°, quelle est sa richesse réelle, ou, en d'autres termes, quel degré x marquerait-il à la température de 15°? En appliquant la formule $x = d$ plus ou moins $t \times 0,4$, on aura :

$$x = 82 + 5° \times 0,4 = 84°,$$

5 étant la différence entre 10° et 15°. Si, au contraire, on cherche la richesse d'un alcool qui marque 88° à 22° centésimaux, on a :

$$x = 88° - 7° \times 0,4 = 85°,2,$$

7° étant la différence entre 22°, température à laquelle on opère, et 15°, température à laquelle doit être ramenée l'observation.

Les boissons fermentées non distillées, comme le vin, la bière, le cidre, renferment en solution des principes solides qui en font varier la densité; aussi ne peut-on pas déterminer directement leur richesse au moyen de l'alcoomètre. Pour éviter l'influence des corps en solution, on distille le liquide à moitié, on prend le degré alcoométrique du produit distillé qui renferme tout l'alcool primitivement contenu dans le liquide, et l'on divise par deux le degré observé.

Pour prendre la densité de l'alcool, on se servait autrefois de l'aréomètre de Cartier, qui marque zéro dans l'eau pure, et 44° dans l'alcool absolu : ses indications sont quelquefois employées dans le commerce. 33° Cartier correspondent à 84° de l'alcoomètre de Gay-Lussac; et 40° Cartier à 90°.

33. Avant la découverte des aréomètres, on jugeait la qualité des eaux-de-vie par un essai qu'on appelait la *preuve de Hollande*. Une bonne eau-de-vie, après avoir été agitée fortement dans un vase à moitié plein, fait la *perle* ou le *chapelet*, c'est-à-dire qu'elle forme un cercle non interrompu de petites bulles qui viennent se ranger contre la paroi du vase, à la surface du liquide. Le nom de *trois-six* donné dans le commerce à l'alcool à 85° vient de ce que pour obtenir de l'eau-de-vie *preuve de Hollande*, il faut ajouter, à 3 volumes d'alcool à 85°, 3 volumes d'eau pour donner 6 volumes de cette eau-de-vie.

CHAPITRE III

ÉTHERS ÉTHYLIQUES

Éther ordinaire. — Théorie de l'éthérification. — Éthers mixtes.
— Éthers éthyliques. — Propriétés générales des éthers. —
Mercaptan.

34. Éther ordinaire (*oxyde d'éthyle*) $C^4H^{10}O$. — Ce
composé, appelé communément et à tort éther sulfurique, est analogue à l'oxyde de méthyle; il représente
une molécule d'eau, dont 2 atomes d'hydrogène sont
remplacés par deux fois le radical éthyle C^2H^5 :

$$H^2O \qquad \left. \begin{array}{c} C^2H^5 \\ C^2H^5 \end{array} \right\} O = C^4H^{10}O.$$

Eau.   Éther.

Il prend naissance dans l'action à 140° de l'acide
sulfurique sur l'alcool. Le procédé opératoire consiste
à chauffer dans une cornue un mélange de 9 parties
d'acide sulfurique concentré et de 5 parties d'alcool
à 90°, et à faire arriver dans ce mélange maintenu entre
140 et 145° un filet continu d'alcool, réglé de manière
que le liquide de la cornue reste en ébullition, en
occupant le même niveau. Dans le récipient soigneusement refroidi, il passe un mélange d'eau, d'éther et
d'un peu d'alcool (fig. 3). Lorsqu'une partie d'acide
sulfurique a éthérifié 60 parties d'alcool, il commence
à noircir, et dégage de petites quantités d'acide sul-

fureux. L'éther recueilli dans le récipient est décanté, lavé avec un lait de chaux pour enlever l'acide sulfureux, puis avec de l'eau pure, et finalement rectifié au bain-marie à plusieurs reprises sur le chlorure de calcium.

Fig. 3. — Préparation de l'éther ordinaire.

La molécule de l'éther renfermant $C^4H^{10}O$, et celle de l'alcool C^2H^6O, on voit que l'éther prend naissance par la soustraction des éléments d'une molécule d'eau à deux molécules d'alcool :

$$C^2H^6O + C^2H^6O - H^2O = C^4H^{10}O.$$

Alcool.   Alcool.   Eau.   Éther.

Aussi crut-on longtemps que la formation de l'éther est une simple déshydratation due à l'affinité de l'acide sulfurique pour l'eau, mais le procédé opératoire que nous venons de décrire prouve qu'une telle interprétation est erronée ; en effet, toute l'eau provenant de l'alcool distille avec l'éther, elle n'est donc pas retenue par l'acide sulfurique ; de plus, une quantité relativement faible d'acide sulfurique éthérifie une grande quantité d'alcool.

M. Williamson a montré que l'éthérification s'exécute en deux phases et en a donné la théorie suivante. Tout d'abord, lorsque l'alcool est en contact avec l'acide sulfurique, il s'y combine molécule pour molécule en éliminant une molécule d'eau, et produisant de l'acide éthyl-sulfurique :

$$C^2H^5,OH \quad + \quad SO^4H^2 \quad = \quad SO^4H,C^2H^5 \quad + \quad H^2O$$

Alcool.   Acide sulfurique.   Acide éthylsulfurique.   Eau.

C'est là la première phase de l'éthérification, puis cet acide éthylsulfurique chauffé à 140° en présence d'un excès d'alcool se dédouble en régénérant de l'acide sulfurique, et formant de l'éther :

$$SO^4H,C^2H^5 \quad + \quad C^2H^5,OH \quad = \quad SO^4H^2 \quad + \quad \left. \begin{array}{l} C^2H^5 \\ C^2H^5 \end{array} \right\} O$$

Acide éthylsulfurique.   Alcool.   Acide sulfurique.   Éther.

L'acide sulfurique mis en liberté dans cette seconde phase de la réaction, réagissant sur l'alcool qui arrive dans la cornue, donne de nouvel acide éthylsulfurique, qui, à son tour, au contact d'un excès d'alcool, se transforme en éther, en mettant encore l'acide sulfurique en liberté, lequel réagit sur l'alcool, et ainsi de suite; c'est un cercle continu de décompositions et de recompositions successives. D'après cette théorie, l'acide éthylsulfurique qui existe dans la cornue au commencement de l'opération n'est pas le même que celui qui s'y trouve à un autre moment. Ce fait important a été prouvé par Williamson de la manière suivante : On dissout dans l'acide sulfurique de l'alcool amylique $C^5H^{12}O$, il se forme de l'acide amylsulfurique analogue à l'acide éthylsulfurique :

$$C^5H^{11},OH + SO^4H^2 = SO^4H,C^5H^{11} + H^2O$$

| Alcool amylique. | Acide sulfurique. | Acide amyl-sulfurique. | Eau. |

On introduit cet acide amylsulfurique dans la cornue de l'appareil à préparer de l'éther et l'on y fait arriver un filet continu d'alcool, en chauffant à 140° : l'alcool décompose l'acide amylsulfurique avec production d'un oxyde mixte d'amyle et d'éthyle, qui passe à la distillation, et avec régénération d'acide sulfurique :

$$SO^4H,C^5H^{11} + C^2H^5,OH = SO^4H^2 + \left. \begin{matrix} C^5H^{11} \\ C^2H^5 \end{matrix} \right\} O$$

| Acide amyl-sulfurique. | Alcool. | Acide sulfurique. | Oxyde d'amyle et d'éthyle. |

Puis l'alcool continuant à arriver au contact de l'acide sulfurique, il se fait de l'acide éthylsulfurique et subséquemment de l'éther ordinaire $C^4H^{10}O$, et, si l'on interrompt l'opération, on constate que dans la cornue il ne reste que de l'acide éthylsulfurique et non plus de l'acide amylsulfurique, qui s'y trouvait au début de la réaction. Cette expérience ne laisse aucun doute sur le mode de production de l'éther par l'acide sulfurique.

L'éther prend encore naissance dans d'autres conditions.

1° Quand on chauffe l'alcool avec l'acide phosphorique, l'acide arsénique, le chlorure de zinc.

2° Par l'action de l'oxyde d'argent sur l'iodure d'éthyle (Wurtz) :

$$2(C^2H^5I) \quad + \quad Ag^2O \quad = \quad \left.\begin{matrix} C^2H^5 \\ C^2H^5 \end{matrix}\right\} O \quad + \quad 2AgI$$

Iodure	Oxyde	Éther.	Iodure
d'éthyle.	d'argent.		d'argent.

3° Par l'action de l'iodure d'éthyle sur l'éthylate de sodium ou alcool sodé :

$$\left.\begin{matrix} C^2H^5 \\ Na \end{matrix}\right\} O \quad + \quad C^2H^5I \quad = \quad \left.\begin{matrix} ^2H^5 \\ C^2H^5 \end{matrix}\right\} O \quad + \quad NaI$$

Alcool sodé.	Iodure	Éther.	Iodure
	d'éthyle.		de sodium.

35. *Propriétés.* — L'éther pur est un liquide incolore, très mobile, doué d'une odeur spéciale, caractéristique; il est plus léger que l'eau : sa densité est de 0,723 à 12°; vingt gouttes d'éther pèsent 0gr,26; il bout à 35° sous la pression normale. Parfaitement pur, il ne se solidifie à aucune température. (Franchimont.)

L'eau en dissout un dixième de son volume; réciproquement l'éther dissout un peu d'eau, 1/36 seulement; il se mélange en toutes proportions avec l'alcool et l'esprit de bois. Il dissout les corps gras, les huiles, les résines, l'iode, le brome, des sels minéraux : chlorure de fer, chlorure mercurique, chlorure d'or, azotate de mercure. Il est très combustible; sa vapeur est excessivement inflammable, très dense, et gagne très rapidement les parties inférieures de l'atmosphère, aussi ne doit-on pas manier de l'éther dans des appartements où existe un foyer, même à une grande distance. Cette vapeur dans les lieux clos forme avec l'air un mélange détonant; il est prudent de ne pas pénétrer avec une lumière dans les lieux où l'on conserve des quantités notables d'éther.

36. Action de l'éther sur l'organisme. — Comme toutes les substances qui se réduisent en vapeur à une température peu élevée, l'éther appliqué sur la peau produit une réfrigération qui peut aller jusqu'à l'anesthésie locale. Introduit dans les voies digestives, il amène une excitation suivie de sédation qui le fait prescrire journellement contre la gastralgie, la crampe d'estomac, l'hépatalgie, etc.

Lorsqu'il pénètre dans la circulation par les voies respiratoires, il occasionne d'abord des phénomènes d'ébriété, bientôt suivis de symptômes d'engourdissement et de stupeur; au bout de six à huit minutes, l'anesthésie générale est ordinairement obtenue. Les propriétés anesthésiques de l'éther et son emploi dans les opérations chirurgicales ont été indiqués par Jackson en 1847.

37. Éthers mixtes. — Puisque l'oxyde d'éthyle est formé par un atome d'oxygène saturé par deux radicaux éthyle C^2H^5, on comprend l'existence de composés dans lesquels les radicaux alcooliques sont différents. Ces corps sont des oxydes mixtes ou éthers mixtes, tels sont : l'oxyde d'amyle et d'éthyle $\left.\begin{array}{l}C^5H^{11}\\C^2H^5\end{array}\right\}$ O, dont nous avons parlé plus haut, l'oxyde de méthyle et d'éthyle $\left.\begin{array}{l}CH^3\\C^2H^5\end{array}\right\}$ O, etc. Ces éthers mixtes s'obtiennent facilement par l'action d'un iodure de radical alcoolique sur un alcool sodé, ainsi :

$$CH^3ONa \ + \ C^2H^5I \ = \ \left.\begin{array}{l}CH^3\\C^2H^5\end{array}\right\} O \ + \ NaI$$

Alcool méthylique sodé.	Iodure d'éthyle.	Oxyde de méthyle et d'éthyle.	Iodure de sodium.

$$C^2H^5ONa \quad + \quad C^5H^{11}I \quad = \quad \left. {C^2H^5 \atop C^5H^{11}} \right\} O \quad + \quad NaI$$

Alcool sodé.   Iodure   Oxyde d'amyle   Iodure
                      d'amyle.   et d'éthyle.   de sodium.

Un grand nombre de ces éthers mixtes sont connus ; ils sont sans usage.

L'éther ordinaire et les éthers mixtes dérivant de deux molécules d'alcool moins une molécule d'eau, peuvent directement ou indirectement reprendre les éléments de l'eau et régénérer les alcools.

$$\left. {C^2H^5 \atop C^2H^5} \right\} O \quad + \quad H^2O \quad = \quad 2(C^2H^6O)$$

Éther.   Eau.   Alcool.

$$\left. {C^5H^{11} \atop C^2H^5} \right\} O \quad + \quad H^2O \quad = \quad C^5H^{12}O \quad + \quad C^2H^6O$$

Éther éthyl-   Eau.   Alcool   Alcool
amylique.   amylique.   éthylique.

38. Éthers éthyliques. — Les éthers éthyliques résultent de la combinaison des acides avec l'alcool, combinaison qui s'effectue avec élimination d'une ou de plusieurs molécules d'eau.

Avec les acides monobasiques, c'est-à-dire les acides qui n'ont qu'un atome d'hydrogène remplaçable par un métal, la combinaison a lieu par l'addition d'une molécule d'alcool et d'une molécule d'acide, et séparation d'une molécule d'eau :

$$C^2H^5,OH \quad + \quad HCl \quad = \quad C^2H^5Cl \quad + \quad H^2O$$

Alcool.   Acide   Chlorure   Eau.
                     chlorhydrique.   d'éthyle.

$$C^2H^5,OH \quad + \quad C^2H^4O^2 \quad = \quad C^2H^3O^2,C^2H^5 \quad + \quad H^2O$$

Alcool.   Acide acétique.   Acétate d'éthyle.   Eau.

Avec les acides polybasiques, la réaction se passe entre une molécule d'acide et n molécules d'alcool, moins n molécules d'eau :

$$PhO^4H^3 \; + \; C^2H^5,OH \; = \; PhO^4 \left\{ \begin{array}{l} H^2 \\ C^2H^5 \end{array} \right. \; + \; H^2O$$

Acide phosphorique.   Alcool.   Phosphate monoéthylique.

$$PhO^4H^3 \; + \; 2(C^2H^5,OH) \; = \; PhO^4 \left\{ \begin{array}{l} H \\ (C^2H^5)^2 \end{array} \right. \; + \; 2H^2O$$

Phosphate diéthylique.

$$PhO^4H^3 \; + \; 3(C^2H^5,OH) \; = \; PhO^4(C^2H^5)^3 \; + \; 3H^2O$$

Phosphate triéthylique.

A chaque acide polybasique correspond donc, avec le même alcool, un nombre d'éthers égal au nombre d'atomes d'hydrogène basique.

On voit, à l'inspection des formules précédentes, que les éthers peuvent également être considérés comme résultant du remplacement de l'hydrogène basique de l'acide par le radical monoatomique éthyle C^2H^5. Les éthers dérivés des acides monobasiques sont neutres (chlorure d'éthyle, acétate d'éthyle); ceux qui proviennent des acides polybasiques sont acides, lorsque tous les atomes d'hydrogène basique ne sont pas remplacés par l'éthyle. Ainsi le phosphate monoéthylique est l'acide éthylphosphorique bibasique, le phosphate diéthylique est l'acide diéthylphosphorique monobasique; le phosphate triéthylique est neutre, l'acide phosphorique étant un acide tribasique.

Les éthers obtenus avec les hydracides, tels que le chlorure d'éthyle C^2H^5Cl, le bromure C^2H^5Br, sont quelquefois appelés simples, tandis qu'on nomme éthers composés ceux qui, provenant d'acides oxygénés comme l'acide acétique, renferment de l'oxygène au nombre de leurs éléments : acétate d'éthyle $C^2H^3O^2$, C^2H^5. Mais il n'y a pas lieu de conserver une telle distinction, le mode de génération des uns et des autres étant identique.

Les éthers peuvent s'obtenir directement en chauffant l'acide et l'alcool, mais inversement, lorsqu'on les chauffe à une température élevée avec un excès d'eau, ils se dédoublent en régénérant l'acide et l'alcool; ainsi l'acétate d'éthyle maintenu à 100° avec de l'eau donne de l'acide acétique et de l'alcool :

$$C^2H^3O^2, C^2H^5 \quad + \quad H^2O \quad = \quad C^2H^4O^2 \quad + \quad C^2H^6O$$

Éther acétique.   Eau.   Acide acétique.   Alcool.

D'autre part, l'éther acétique se formant dans l'action de l'acide acétique sur l'alcool, avec élimination d'eau, suivant l'équation inverse :

$$C^2H^5, OH \quad + \quad C^2H^3O^2, H \quad = \quad C^2H^3O^2, C^2H^5 \quad + \quad H^2O$$

Alcool.   Acide acétique.   Éther acétique.   Eau.

il y a dans la production des éthers deux réactions en sens contraire qui tendent à se contre-balancer, et, à l'inspection de ces deux équations, elles paraissent contradictoires; mais il faut tenir compte de l'influence des masses mises en présence, et qui déterminent, suivant leurs rapports, la réaction dans un sens ou dans un autre.

En effet, l'alcool étendu d'eau, étant chauffé avec de l'acide acétique, ne donne pas lieu à la formation d'éther acétique. Celui-ci prend naissance au contraire avec de l'alcool absolu et de l'acide acétique pur $C^4H^4O^2$, en même temps qu'il se produit de l'eau; mais l'eau réagit à son tour sur l'éther formé, et il arrive un moment où les différentes forces en jeu s'équilibrent, et où l'éthérification s'arrête, alors que tout l'alcool et l'acide ne sont pas transformés. Il y a donc une limite à l'éthérification dans l'action réciproque des acides et des alcools (Berthelot et Péan de Saint-Gilles). Aussi, pour arriver à leur transformation totale en éthers, emploie-t-on des procédés indirects, dans lesquels on élimine l'influence de l'eau. Les plus usités sont les suivants :

1° On distille l'acide qu'on veut éthérifier avec l'alcool et l'acide sulfurique (on remplace souvent l'acide par son sel de soude, qui est décomposé par l'excès d'acide sulfurique).

2° On dissout l'acide dans l'alcool, et on y fait passer un courant d'acide chlorhydrique; puis on distille, quand l'alcool est saturé de gaz chlorhydrique.

3° On fait réagir l'iodure d'éthyle sur le sel d'argent, de plomb, de potassium ou de sodium de l'acide :

$$C^2H^3O^2Na \quad + \quad C^2H^5I \quad = \quad C^2H^3O^2,C^2H^5 \quad + \quad NaI$$

| Acétate de sodium. | Iodure d'éthyle. | Acétate d'éthyle. | Iodure de sodium. |

Les éthers chauffés avec de l'eau peuvent, avons-nous dit, s'en assimiler les éléments et régénérer l'alcool et l'acide primitifs. Ce dédoublement, difficile pour certains éthers, se produit plus sûrement par l'action des alcalis; l'alcool est mis en liberté, et l'acide se trouve à l'état de sel alcalin :

$$C^2H^3O^2,C^2H^5 \quad + \quad NaOH \quad = \quad C^2H^3O^2Na \quad + \quad C^2H^6O$$

| Acétate d'éthyle. | Soude. | Acétate de sodium. | Alcool. |

Ce phénomène de décomposition des éthers par les alcalis porte le nom de *saponification*.

Tout ce que nous venons de dire des éthers éthyliques, mode de génération, dédoublement, procédés d'obtention, est général, et s'applique à tous les éthers des alcools monoatomiques, c'est-à-dire aux éthers des alcools qui représentent, comme l'hydrate d'éthyle, une molécule d'eau dont un atome d'hydrogène est remplacé par un radical monoatomique hydrocarboné.

Des faits qui précèdent, nous voyons que l'on désigne, sous le nom d'*éthers*, deux séries de corps analogues, mais qui ne peuvent être confondus :

1° Les éthers proprement dits, qui sont des oxydes de radicaux alcooliques, comme l'oxyde d'éthyle ou éther ordinaire ${C^2H^5 \atop C^2H^5}\Big\}\, O$, l'oxyde d'amyle et d'éthyle ou éther amyl-éthylique ${C^2H^5 \atop C^5H^{11}}\Big\}\, O$. Ces éthers sont formés par l'union de deux molécules d'un même alcool ou de deux alcools différents, avec élimination d'une molécule d'eau :

$$C^2H^5,OH \;+\; C^2H^5,OH \;=\; (C^2H^5)^2O \;+\; H^2O$$

| Alcool éthylique. | Alcool éthylique. | Éther éthylique. | Eau. |

$$C^2H^5,OH \;+\; C^5H^{11},OH \;=\; {C^2H^5 \atop C^5H^{11}}\Big\}\, O \;+\; H^2O$$

| Alcool éthylique. | Alcool amylique. | Éther amyl-éthylique. |

2° Les éthers provenant de l'union des acides et des alcools, avec élimination d'eau. Une molécule d'acide agit sur *n* molécules d'alcool et s'y unit en mettant en liberté *n* molécules d'eau, *n* étant égal à 1 avec les acides monobasiques, à 1 ou 2 avec les acides bibasiques, à 1, 2 ou 3 avec les acides tribasiques.

Tous ces éthers ont pour caractère commun, pour propriété essentielle, de pouvoir se dédoubler dans certaines circonstances, en fixant de l'eau et régénérant les alcools et les acides dont ils dérivent.

Les éthers éthyliques provenant d'acides organiques seront décrits avec les acides eux-mêmes ; nous ne ferons ici que l'histoire des plus importants des éthers éthyliques à acides minéraux.

39. Chlorure d'éthyle (*éther chlorhydrique*) C^2H^5Cl. — On sature l'alcool de gaz chlorhydrique, on abandonne le mélange vingt-quatre heures à lui-même, puis on le distille ; il se dégage un mélange de gaz chlorhydrique et de chlorure d'éthyle qu'on fait passer dans un flacon laveur renfermant une solution alcaline, et dont la température doit être supérieure à 15°, pour que le chlorure d'éthyle, qui bout à 11°, ne s'y condense pas. Le chlorure d'éthyle traverse ensuite un tube rempli de fragments de chlorure de calcium qui le déshydrate, et il est recueilli dans un récipient soigneusement refroidi.

Au-dessous de 11°, le chlorure d'éthyle est un liquide incolore, mobile, d'une odeur agréable, soluble en toutes portions dans l'alcool, peu soluble dans l'eau, qui en dissout seulement 1/50 de son poids ; il brûle avec une flamme blanche bordée de vert.

En faisant arriver dans un grand ballon, au fond duquel se trouve une couche d'eau, un courant de chlore et de chlorure d'éthyle, et dirigeant sur le ballon la lumière solaire réfléchie, on obtient des dérivés chlorés du chlorure d'éthyle ; ce sont : le *chlorure d'éthyle monochloré* $C^2H^4Cl^2$, le *chlorure d'éthyle bichloré* $C^2H^3Cl^3$, homologue supérieur du chloroforme, le *chlorure trichloré* $C^2H^2Cl^4$, et le *chlorure tétrachloré* C^2HCl^5. On a employé comme anesthésiques locaux les produits de cette action qui distillent entre 110 et 140°, et qui sont un mélange du dérivé trichloré et du dérivé tétrachloré, mais ces corps, difficiles à préparer, ne présentent pas d'avantages sur le chloroforme. Par l'action prolongée du chlore sur le chlorure d'éthyle, on obtient le dérivé perchloré C^2Cl^6, ou *sesquichlorure de carbone*. Ce corps forme des cristaux incolores, d'une odeur camphrée, fondant à 162°, entrant en ébullition à 182°. Il a été usité pendant une épidémie de choléra, pour combattre les phénomènes de la période algide, à la dose de 25 centigrammes toutes les demi-heures, et, suivant les expérimentateurs, cet agent aurait très souvent amené de bons résultats.

40. Bromure d'éthyle (*éther bromhydrique*) C^2H^5Br. — Liquide incolore, dense, qui bout à 40°,7 ; il s'obtient par l'action simultanée du phosphore amorphe et du brome sur l'alcool.

41. Iodure d'éthyle (*éther iodhydrique*) C^2H^5I. — Dans les réactions l'iodure d'éthyle se comporte comme le chlorure d'éthyle et le bromure, mais il est plus facile à manier, et se prête mieux aux doubles décompositions que ses congénères. Aussi est-il d'un fréquent usage dans les laboratoires pour introduire le groupe éthyle dans d'autres molécules.

Il résulte de l'action simultanée de l'iode et du phosphore sur l'alcool ; comme la réaction serait trop vive, si l'on mettait immédiatement les trois corps en contact, on opère de la manière suivante (fig. 4) :

Dans un grand ballon, chauffé au bain-marie, on introduit 7 parties de phosphore et 35 parties d'alcool ; le ballon est en communication avec une allonge renfermant 23 parties d'iode entremêlé de fragments de verre, reliée à un réfrigérant de Liebig disposé en sens inverse, de manière à permettre aux vapeurs de refluer dans le ballon. On chauffe : les vapeurs d'alcool s'élèvent dans l'allonge, y dissolvent une petite quantité d'iode, se condensent et retombent dans le ballon, entraînant ainsi un peu d'iode, qui, rencontrant l'alcool et le phosphore, se transforme en iodure d'éthyle ; l'action se fait ainsi lentement et progressivement. Lorsque les

Fig. 4. — Préparation de l'iodure d'éthyle.

vapeurs qui se condensent retombent incolores, c'est qu'il n'y a plus d'iode dans l'allonge, et l'opération est terminée. On distille alors au bain-marie pour recueillir l'iodure d'éthyle, on le lave à l'eau pour lui enlever l'excès d'alcool, et on le sèche sur le chlorure de calcium.

L'iodure d'éthyle récemment préparé est un liquide incolore, d'une odeur éthérée ; il se colore en brun par suite d'une décomposition partielle et de mise en liberté d'un peu d'iode. Il est presque deux fois aussi dense que l'eau (1,975); il bout à 72°. Tandis que le chlorure et le bromure d'éthyle ne décomposent les sels d'argent qu'à une température élevée, il agit facilement sur eux, souvent à froid, en produisaut de l'iodure d'argent et des éthers, ainsi :

$$C^2H^3O^2Ag \quad + \quad C^2H^5I \quad = \quad C^2H^5O^2,C^2H^5 \quad + \quad AgI$$

Acétate d'argent. — Iodure d'éthyle. — Éther acétique. — Iodure d'argent.

Avec l'oxyde d'argent, il donne de même de l'iodure d'argent et de l'oxyde d'éthyle ou éther ordinaire. C'est donc un agent précieux, puisqu'il permet de remplacer dans les sels d'argent le métal par de l'éthyle, et de fournir ainsi les éthers (Wurtz); il réagit également, mais avec moins de rapidité, sur les sels de sodium, de potassium, de plomb, etc. L'acétate de potassium chauffé à 100° avec l'iodure d'éthyle fournit de l'éther acétique et de l'iodure de potassium.

Lorsque, dans des conditions convenables, l'iodure d'éthyle est chauffé avec certains métaux, il se produit un iodure métallique, et le groupe *éthyle* C^2H^5 se combine à une autre portion du métal employé :

$$2(C^2H^5I) \quad + \quad Zn^2 \quad = \quad \left.\begin{matrix} C^2H^5 \\ C^2H^5 \end{matrix}\right\} Zn \quad + \quad ZnI^2$$

Iodure d'éthyle. — Zinc. — Zinc-éthyle. — Iodure de zinc.

Ces combinaisons des métaux et des groupes hydrocarbonés sont appelées organo-métalliques (§ 57).

Chauffé en vases clos avec de l'ammoniaque, l'iodure d'éthyle donne des iodhydrates d'ammoniaques composées :

$$C^2H^5I \quad + \quad AzH^3 \quad = \quad C^2H^5,AzH^3,HI$$

Iodure d'éthyle. — Ammoniaque. — Iodhydrate d'éthylamine.

(Voy. *Ammoniaques composées*, § 53.)

4.

Cette propriété de l'iodure d'éthyle d'entrer facilement en réaction, de réagir sur les sels, l'ammoniaque, les métaux, pour introduire le radical alcoolique C^2H^5, appartient également aux autres iodures de radicaux alcooliques ; aussi ces iodures alcooliques sont-ils d'un fréquent usage dans les recherches de laboratoire.

42. Azotite d'éthyle (*éther azoteux*) $AzO^2C^2H^5$. — Cet éther fut découvert en 1681 par Kunkel ; on le prépare en chauffant de l'acide azotique avec de l'amidon, et dirigeant les vapeurs nitreuses dans un flacon renfermant 2 parties d'alcool à 85° et 1 partie d'eau. Le flacon est entouré d'eau froide, et en communication avec un récipient bien refroidi.

L'éther azoteux qui se condense dans le récipient, est un liquide jaunâtre, d'une odeur de pomme de reinette, entrant en ébullition déjà à 18°. Il est d'une conservation difficile, surtout lorsqu'il est humide. L'eau chaude le décompose immédiatement, avec production d'alcool, d'acide azotique et de bioxyde d'azote : il se dissout dans l'alcool en toutes proportions.

L'éther azoteux est quelquefois employé en médecine ; pour l'usage, on le mélange à son poids d'alcool, c'est là l'éther nitreux alcoolisé, ce que les anciens pharmacologistes appelaient l'*esprit de nitre dulcifié*. On prescrit ce mélange à la dose de 30 grammes comme diurétique ; il dissout très bien le copahu et sert à l'administration de ce médicament. Il est peu usité en France.

43. Nitréthane. — Le nitréthane est un isomère de l'azotite d'éthyle qu'on obtient en faisant réagir l'iodure d'éthyle sur l'azotite d'argent. C'est un liquide incolore, réfringent, d'une odeur éthérée, qui bout à 113°-114°. Traité par l'acide acétique et le fer, il donne une ammoniaque composée (§ 55), l'éthylamine $AzH^2-C^2H^5$.

L'isomérie du nitréthane et de l'azotite d'éthyle peut être représentée par les formules suivantes :

$$C^2H^5\text{-}AzO^2 \qquad\qquad C^2H^5\text{-}O\text{-}AzO$$

Nitréthane.   Azotite d'éthyle.

la transformation du nitréthane en éthylamine vient du remplacement de deux atomes d'oxygène par deux atomes d'hydrogène, le mélange d'acide acétique et de fer étant une source d'hydrogène :

$$C^2H^5\text{-}AzO^2 \; + \; H^6 \; = \; 2H^2O \; + \; C^2H^5\text{-}AzH^2$$

Nitréthane.   Hydrogène.   Eau.   Éthylamine.

44. Azotate d'éthyle (*éther azotique, éther nitrique*) $AzO^3C^2H^5$. — On chauffe doucement un mélange de un volume d'acide azotique d'une densité de 1,40 et deux volumes d'alcool à 90°, auquel on a ajouté 1 ou 2 grammes d'azotate d'urée pour détruire les vapeurs nitreuses qui donneraient de l'azotite d'éthyle. Au liquide distillé, on ajoute de l'eau; il se sépare une couche dense d'éther azotique, qu'on lave avec une solution alcaline, qu'on fait digérer ensuite sur du chlorure de calcium pour le déshydrater, et qu'on rectifie. Ce composé bout à 86°; il est bon de n'en préparer que 100 ou 150 grammes à la fois, car sa vapeur détone violemment quand elle est surchauffée.

Chauffé avec de l'ammoniaque, il donne de l'azotate d'ammoniaque, et une ammoniaque composée, l'éthylamine :

$$AzO^3C^2H^5 \; + \; 2(AzH^3) \; = \; C^2H^5,AzH^2 \; + \; AzO^3AzH^4$$

Éther azotique.   Ammoniaque.   Éthylamine.   Azotate d'ammonium.

45. Acide éthyl-sulfurique (*acide sulfovinique*) $SO^4HC^2H^5$. — L'acide sulfurique ajouté à de l'alcool refroidi s'y combine avec formation d'acide éthyl-sulfurique.

$$SO^4H^2 \quad + \quad C^2H^5,OH \quad = \quad SO^4 \left\{ \begin{array}{l} H \\ C^2H^5 \end{array} \right. \quad + \quad H^2O$$

Acide sulfurique.	Alcool éthyl-sulfurique.	Acide éthyl-sulfurique.	Eau.

La solution acide qui contient un excès d'acide sulfurique est saturée par la baryte; le sulfate de baryte insoluble se précipite, tandis que l'éthyl-sulfate reste en solution; on les sépare par la filtration et, à la solution d'éthyl-sulfate, on ajoute goutte à goutte de l'acide sulfurique. La baryte se précipite à l'état de sulfate, et la liqueur ne renferme plus en solution que de l'acide éthyl-sulfurique.

Cet acide est peu stable, car, par la simple ébullition de sa solution aqueuse, il se dédouble en alcool et en acide sulfurique. Chauffé à 140° avec de l'alcool, il donne de l'éther ou oxyde d'éthyle, comme nous l'avons vu, et l'acide sulfurique est régénéré. Il donne des sels bien définis; les éthyl-sulfates ou sulfovinates sont solubles et inaltérables à l'air; comme l'acide lui-même, ils se décomposent par l'ébullition de leur solution aqueuse en sulfates, acide sulfurique et alcool :

$$(SO^4,C^2H^5)^2Ba + 2H^2O = SO^4Ba + 2(C^2H^6O) + SO^4H^2$$

Éthyl-sulfate de baryum.	Eau.	Sulfate de baryum.	Alcool.	Acide sulfurique.

Le sulfovinate de soude est employé comme purgatif léger.

46. Sulfate d'éthyle $SO^4(C^2H^5)^2$. — Cet éther résulte de la substitution de deux groupes C^2H^5 aux deux atomes d'hydrogène de l'acide sulfurique SO^4H^2. On l'obtient en chauffant à 150° du sulfate d'argent et de l'iodure d'éthyle :

$$SO^4Ag^2 \quad + \quad 2C^2H^5I \quad = \quad SO^4(C^2H^5)^2 \quad + \quad 2AgI$$

Sulfate   Iodure   Sulfate   Iodure
d'argent.   d'éthyle.   d'éthyle.   d'argent.

C'est un liquide incolore, oléagineux, bouillant à 208°. Chauffé avec de l'alcool, il donne de l'acide éthyl-sulfurique et de l'éther :

$$SO^4(C^2H^5)^2 \quad + \quad C^2H^5\text{-}OH \quad = \quad SO^4 \begin{cases} C^2H^5 \\ H \end{cases} + \quad (C^2H^5)^2O$$

Sulfate   Alcool.   Acide   Éther.
d'éthyle.   éthyl-sulfurique.

On comprend par conséquent que, dans l'action de l'acide sulfurique sur l'alcool, il se forme surtout de l'éther et très peu de sulfate d'éthyle. De petites quantités de ce corps se produisent dans la préparation de l'éther, et se rencontrent dans les résidus de l'opération; il y prend naissance en vertu de l'équation :

$$SO^4H,C^2H^5 \quad + \quad C^2H^5OH \quad = \quad SO^4(C^2H^5)^2 \quad + \quad H^2O.$$

Acide   Alcool.   Sulfate d'éthyle.   Eau.
éthyl-sulfurique.

Nous n'avons parlé de ce corps que pour citer un éther dérivant d'un acide polybasique : nous passerons sous silence les autres éthers de l'éthyle à acides minéraux, phosphates, borates, silicates.

47. Mercaptan (*sulfhydrate d'éthyle*) $C^2H^6S = C^2H^5, SH$. — On sait que le soufre, dans un certain nombre de composés, manifeste les mêmes affinités que l'oxygène, et peut lui être comparé; l'hydrogène sulfuré H^2S formé de 2 volumes d'hydrogène et d'un volume de vapeur de soufre est analogue à l'eau H^2O

formée de 2 volumes d'hydrogène et d'un volume d'oxygène. Le soufre peut également remplacer l'oxygène dans l'alcool : le composé $C^2H^6S = C^2H^5$, SH sulfhydrate d'éthyle est une sorte d'alcool sulfuré.

Le sulfhydrate d'éthyle se produit par l'action d'un courant de chlorure d'éthyle sur une solution alcoolique de sulfhydrate de potassium :

$$C^2H^5Cl \quad + \quad KHS \quad = \quad C^2H^5,SH \quad + \quad KCl$$

Chlorure d'éthyle.   Sulfhydrate de potassium.   Sulfhydrate d'éthyle.   Chlorure de potassium.

C'est un liquide incolore, bouillant à 36°, d'une odeur fétide, rappelant celle des oignons ; quoique neutre aux papiers réactifs, il fait la double décomposition avec quelques oxydes, et les combinaisons métalliques qu'il forme sont analogues aux sels. Sa réaction caractéristique est celle qu'il exerce sur l'oxyde de mercure [1], avec lequel il donne immédiatement un corps blanc cristallisé :

$$2(C^2H^5,SH) \quad + \quad HgO \quad = \quad (C^2H^5S)^2Hg'' \quad + \quad H^2O$$

Sulfhydrate d'éthyle.   Oxyde mercurique.   Mercaptide mercurique.   Eau.

Cette propriété a fait donner au sulfhydrate d'éthyle le nom de *mercaptan (mercurium captans)*.

De même que le sulfhydrate d'éthyle correspond à l'alcool, de même à l'éther ordinaire $\left.{C^2H^5 \atop C^2H^5}\right\}$ O correspond un *sulfure d'éthyle* $\left.{C^2H^5 \atop C^2H^5}\right\}$ S, liquide incolore,

---

1. Le mercure est un élément diatomique; aussi prend-il la place de deux atomes d'hydrogène dans deux molécules de sulfhydrate d'éthyle, qu'il soude ensemble.

d'une odeur désagréable, bouillant à 91° et produit par l'action du chlorure d'éthyle sur le sulfure de potassium K^2S :

$$2(C^2H^5Cl) \quad + \quad K^2S \quad = \quad \left. \begin{matrix} C^2H^5 \\ C^2H^5 \end{matrix} \right\} S \quad + \quad 2KCl$$

Chlorure d'éthyle.	Sulfure de potassium.	Sulfure d'éthyle.	Chlorure de potassium.

A tous les alcools correspondent des mercaptans, et des sulfures de radicaux alcooliques.

CHAPITRE IV

ALCOOLS (suite) — AMMONIAQUES COMPOSÉES
RADICAUX ORGANO-MÉTALLIQUES

Alcools homologues de l'hydrate de méthyle. — Alcool cétylique,
ou éthal. — Blanc de baleine. — Cires. — Propriétés générales des alcools : alcools primaires, secondaires, tertiaires. —
Ammoniaques composées. — Radicaux organo-métalliques.

48. Alcools $C^nH^{2n+2}O$. — Aux hydrocarbures homologues de l'hydrure de méthyle, correspondent des
alcools homologues de l'hydrate de méthyle CH^4O,
rangés par suite sous la formule $C^nH^{2n+2}O$, et différant
d'un terme à l'autre par plus ou moins CH^2.

Comme à partir de l'hydrure de butyle C^4H^{10}, chaque
terme de la série des hydrocarbures saturés comprend
deux ou plusieurs isomères, à ceux-ci correspondent
des dérivés isomères. La série des alcools $C^nH^{2n+2}O$
offre donc de nombreux cas d'isomérie dont nous
devons nous borner à signaler l'existence, sans pouvoir citer tous ceux qui sont connus.

Tous les alcools possibles correspondant aux hydrocarbures connus n'ont pas été isolés, mais la théorie
fait prévoir leurs formules, et même une partie de leurs
propriétés. On connaît aussi des alcools dont les hydrocarbures saturés correspondants ne sont pas encore
préparés.

Une grande partie des alcools $C^nH^{2n+2}O$ se rencontrent avec l'alcool ordinaire, dans les eaux-de-vie de marc, de pommes de terre, de betterave, de grains; cette série comprend :

L'alcool propylique ou *tritylique* (*hydrate de propyle*) $C^3H^8O = C^3H^7$, OH, retiré des eaux-de-vie de marc, bouillant à 96°, donnant par oxydation l'acide propionique, $C^3H^6O^2$.

L'alcool butylique (*hydrate de butyle*) $C^4H^{10}O$, qui existe sous deux modifications isomères : l'une, bouillant à 115°, donne par oxydation l'acide butyrique ordinaire $C^4H^8O^2$, elle se prépare par des procédés complexes; l'autre, qui bout à 109°, a été découverte par M. Wurtz dans les alcools de betterave; son produit d'oxydation est un acide $C^4H^8O^2$ (*acide isobutyrique*) isomère de l'acide butyrique ordinaire.

L'alcool amylique (*hydrate d'amyle*) $C^5H^{12}O$; c'est la partie la plus abondante des résidus de la distillation des eaux-de-vie de pommes de terre; il bout à 132°, est insoluble dans l'eau et possède une odeur désagréable. Par oxydation, il donne l'acide valérique ou valérianique, $C^5H^{10}O^2$, identique à celui qu'on retire de la racine de valériane. On connaît trois autres alcools amyliques donnant par oxydation des acides $C^5H^{10}O^2$ isomères du précédent.

Distillé avec le chlorure de zinc, l'alcool amylique perd une molécule d'eau, et fournit un hydrocarbure liquide, bouillant vers 35°, *l'amylène* de la formule C^5H^{10}.

L'alcool hexylique $C^6H^{14}O$, retiré des alcools de marc de raisin; il bout à 155°, et par oxydation se transforme en acide caproïque $C^6H^{12}O^2$.

L'alcool heptylique $C^7H^{16}O$; il a la même origine que le précédent; il bout à 165°, et par oxydation se convertit en acide œnanthylique $C^7H^{14}O^2$.

Ce sont ces différents alcools qui communiquent un goût et une odeur désagréables aux eaux-de-vie de marc, de grains, de pommes de terre, etc.

L'*alcool octylique* $C^8H^{18}O$; il bout à 190° ; son éther acétique existe dans l'essence retirée par distillation des fruits de l'*Heraclium spondylium* (achante d'Allemagne, Ombellifères). Sous l'influence des agents oxydants, il fournit un acide $C^8H^{16}O^2$.

Il existe aussi divers isomères de ces alcools fournissant des acides isomères par oxydation.

M. Kraft vient d'obtenir quelques nouveaux termes de la série, par transformation des acides gras correspondants : il a pu les purifier en les distillant sous une pression réduite : ils se présentent en cristaux :

Noms.		Fusion.	Ébullition sous une pression de 15 millim.
Alcool décylique.	$C^{10}H^{22}O$	70°	119°
Alcool dodécylique.	$C^{12}H^{26}O$	24°	143°,5
Alcool tétradécylique.	$C^{14}H^{30}O$	38°	167°

49. L'*alcool cétylique*, ou *éthal* $C^{16}H^{34}O$. Il existe dans le blanc de baleine à l'état d'éther palmitique, palmitate de cétyle. Le blanc de baleine, étant $C^{32}H^{64}O^2$, se dédouble par la fusion avec la potasse en éthal et palmitate de potasse :

$$C^{32}H^{64}O^2 \quad + \quad KHO \quad = \quad C^{16}H^{34}O \quad + \quad C^{16}H^{31}O^2K$$

Palmitate de cétyle.   Potasse.   Alcool cétylique.   Palmitate de potasse.

L'éthal est solide, blanc, cristallin, inodore, insipide, fusible à 48°. Sous une pression de 15 millimètres, il bout à 180°. Il s'oxyde difficilement par les agents d'oxydation ordinaires, mais il fournit un acide en remplaçant deux atomes d'hydrogène par un d'oxygène,

comme les autres alcools, quand on le chauffe avec de
la potasse à 250°. Cet acide est l'acide palmitique :

$$C^{16}H^{34}O \quad + \quad KHO \quad = \quad C^{16}H^{31}O^2K \quad + \quad H^4$$

$$\text{Éthal.} \qquad\qquad \text{Potasse.} \qquad\qquad \text{Palmitate} \qquad\qquad \text{Hydrogène.}$$
$$\text{de potasse.}$$

Il donne des éthers avec les acides. L'éther palmiti-
que ou palmitate de cétyle $C^{32}H^{64}O^2 = C^{16}H^{31}O^2, C^{16}H^{33}$
n'est autre que le blanc de baleine ou *spermaceti*,
partie concrète d'une huile qui remplit les sinus cra-
niens des cachalots et d'autres cétacés. Purifié par
plusieurs cristallisations dans l'alcool, le blanc de
baleine se présente sous l'aspect de paillettes nacrées,
fusibles à 49°.

Le blanc de baleine entre dans la composition de
quelques cérats, du cold-cream.

L'alcool octodécylique $C^{18}H^{38}O$ fond à 59° et bout à
210°,5 sous une pression de 15 millimètres (Kraft).

50. L'*alcool cérylique* $C^{27}H^{56}O$ et l'*alcool myricique*
$C^{30}H^{62}O$ existent : le premier, à l'état d'éther cérotique
dans la cire de Chine; le second, à l'état d'éther palmitique dans la cire d'abeilles. L'alcool cérylique $C^{27}H^{56}O$
fond à 79°; chauffé avec de la chaux potassée, il donne
l'acide correspondant, l'acide cérotique $C^{27}H^{54}O^2$. L'alcool myricique $C^{30}H^{62}O$ est cristallin, fusible à 85°; par
la chaux potassée, il fournit l'acide mélissique $C^{30}H^{60}O^2$.

51. CIRES. — Les cires sont des matières solides à la
température ordinaire, facilement fusibles, insolubles
dans l'eau, se rapprochant des corps gras par leur
aspect, mais en différant essentiellement par leur
constitution, tous les corps gras étant des éthers de la
glycérine. On connaît un grand nombre de matières
cireuses produites soit par des animaux, soit par des
végétaux.

La cire de Chine est une sécrétion qu'on recueille sur plusieurs arbres, et qui provient de la piqûre d'une espèce de *coccus*. Elle ressemble au blanc de baleine; purifiée par plusieurs cristallisations dans l'alcool bouillant, elle fond à 82° et constitue alors le cérotate de céryle $C^{54}H^{108}O^2 = C^{27}H^{54}O^2,C^{27}H^{55}$. Fondue avec de la potasse, la cire de Chine se dédouble en cérotate de potasse et alcool cérylique.

La cire d'abeilles est un mélange d'acide cérotique, $C^{27}H^{54}O^2$, appelé autrefois *cérine*, et de palmitate de myricyle ou myricine. Elle fond vers 62°; lorsqu'on la traite par l'alcool bouillant, on lui enlève l'acide cérotique, tandis que le palmitate de myricyle reste insoluble.

Le *palmitate de myricyle* $C^{46}H^{92}O^2 = C^{16}H^{31}O^2,C^{30}H^{61}$, fond à 71° ou 72°. Soumis à l'ébullition avec une solution alcoolique concentrée de potasse, il se dédouble en palmitate de potasse et alcool myricique $C^{30}H^{62}O$.

52. Propriétés générales des alcools. — Les alcools que nous venons de passer en revue sont dits monoatomiques, parce qu'ils ne renferment qu'un atome d'hydrogène en dehors du radical, hydrogène remplaçable soit par un métal, comme dans le méthylate de sodium CH^3ONa, soit par un autre radical alcoolique, comme dans l'oxyde d'éthyle $\left.\begin{matrix} C^2H^5 \\ C^2H^5 \end{matrix}\right\} O$. On voit qu'ils sont caractérisés par un groupe hydrocarboné, fixé au groupe OH; ainsi C^2H^5,OH hydrate d'éthyle, CH^3,OH hydrate de méthyle. Le groupe hydrocarboné étant C^nH^{2n+1}, on peut également représenter ces alcools par la formule générale C^nH^{2n+1},OH.

Leurs propriétés générales sont :

1° De perdre une molécule d'eau pour deux molécules d'alcool et de produire ainsi un oxyde :

$$2(C^2H^5,OH) \quad - \quad H^2O \quad = \quad C^4H^{10}O$$
Alcool.   Éther.

$$2(C^5H^{11},OH) \quad - \quad H^2O \quad = \quad C^{10}H^{22}O$$
Alcool amylique.   Éther amylique.

2° Sous certaines influences, de perdre une molécule d'eau pour une molécule d'alcool, et de fournir un hydrogène carboné C^nH^{2n} :

$$C^2H^6O \quad - \quad H^2O \quad = \quad C^2H^4$$
Alcool.   Éthylène.

$$C^6H^{12}O \quad - \quad H^2O \quad = \quad C^5H^{10}$$
Alcool amylique.   Amylène.

3° De se combiner avec les acides, en éliminant de l'eau, et de produire ainsi des éthers.

On peut diviser les alcools monoatomiques en trois classes :

1. *Les alcools primaires.* — Ce sont ceux que nous avons étudiés. Soumis à des influences oxydantes, ils perdent 2 atomes d'hydrogène pour donner une aldéhyde, et ensuite remplacent ces deux atomes d'hydrogène par un atome d'oxygène, en produisant un acide :

$$C^5H^{11}O \quad + \quad O \quad = \quad C^5H^{10}O \quad + \quad H^2O$$
Alcool amylique.   Aldéhyde valérique.

$$C^5H^{12}O \quad + \quad O^2 \quad = \quad C^5H^{10}O^2 \quad + \quad H^2O$$
Alcool amylique.   Acide valérique.

On les a appelés *alcools primaires* parce qu'on peut, d'après leur constitution, les rapporter à l'alcool méthylique ou hydrate de méthyle CH^3-OH et les représenter comme de l'alcool méthylique dont un atome d'hydrogène est remplacé par un radical hydrocarboné. Ainsi il est permis de considérer l'alcool ordinaire C^2H^5-OH comme de l'alcool méthyl-méthylique CH^3-CH^2-OH ; de même l'alcool propylique C^3H^7-OH est de l'alcool éthyl-méthylique C^2H^5-CH^2-OH. Tous les alcools primaires renferment donc un groupe CH^2OH, et c'est ce groupe qui en perdant deux atomes d'hydrogène pour donner une aldéhyde, et en remplaçant ces deux atomes d'hydrogène par un atome d'oxygène, fournit un acide.

2. *Les alcools secondaires.* — Ces corps sont ainsi appelés parce qu'ils représentent de l'alcool méthylique dont 2 atomes d'hydrogène sont remplacés par 2 groupes hydrocarbonés.

Ainsi, il existe un alcool C^3H^7-OH, isomère de l'alcool propylique, et qui est de l'alcool diméthyl-méthylique CH $\begin{cases} CH^3 \\ CH^3 \\ OH \end{cases}$. Par l'oxydation, ces alcools peuvent perdre deux atomes d'hydrogène et donner un corps analogue aux aldéhydes, une *acétone* (voy. § 64) ; mais cette acétone diffère des aldéhydes en ce qu'elle ne fixe pas un atome d'oxygène pour donner un acide.

Les alcools secondaires ont été découverts et caractérisés par M. Friedel. On les obtient d'une façon générale en fixant de l'hydrogène sur une acétone. Ils forment une série de termes isomères des termes de la série des alcools primaires.

3. *Les alcools tertiaires.* — Ils représentent de l'alcool méthylique dont les 3 atomes d'hydrogène du groupe CH^3 sont remplacés par 3 radicaux alcooliques ; tel est l'alcool tertiaire $C^4H^{10}O$ ou *triméthyl-carbinol*, isomère des alcools butyliques et dont la constitution est donnée par la formule C $\begin{cases} CH^3 \\ CH^3 \\ CH^3 \\ OH \end{cases}$. Ces alcools ne

donnent à l'oxydation ni aldéhyde ni acétone, mais leur molécule est détruite et fournit des acides dont la molécule renferme moins de carbone. Ils ont été découverts par Boutlerow et se produisent dans une réaction complexe.

53. Ammoniaques composées. — Les combinaisons précédentes, alcools, éthers, résultant toutes de la substitution des radicaux alcooliques à l'hydrogène de l'eau ou à celui des acides, sont neutres ou acides. Les radicaux alcooliques peuvent également remplacer l'hydrogène de l'ammoniaque pour produire des dérivés basiques, se comportant comme de véritables alcalis : ce sont les *ammoniaques composées* ou *amines* découvertes par Wurtz en 1849.

L'ammoniaque étant AzH^3, le remplacement de 1, 2 ou 3 atomes d'hydrogène par les radicaux alcooliques fournit les ammoniaques *primaires, secondaires* ou *tertiaires;* ainsi :

Ammoniaques.

Primaires....	$Az\begin{cases} H \\ H \\ H \end{cases}$	$Az\begin{cases} CH^3 \\ H \\ H \end{cases}$	$Az\begin{cases} C^2H^5 \\ H \\ H \end{cases}$	$Az\begin{cases} C^5H^{11} \\ H \\ H \end{cases}$
	Ammoniaque.	Méthylamine.	Éthylamine.	Amylamine.
Secondaires..	$Az\begin{cases} H \\ H \\ H \end{cases}$	$Az\begin{cases} CH^3 \\ CH^3 \\ H \end{cases}$	$Az\begin{cases} C^2H^5 \\ C^2H^5 \\ H \end{cases}$	$Az\begin{cases} C^5H^{11} \\ C^5H^{11} \\ H \end{cases}$
	Ammoniaque.	Diméthylamine.	Diéthylamine.	Diamylamine.
Tertiaires....	$Az\begin{cases} H \\ H \\ H \end{cases}$	$Az\begin{cases} CH^3 \\ CH^3 \\ CH^3 \end{cases}$	$Az\begin{cases} C^2H^5 \\ C^2H^5 \\ C^2H^5 \end{cases}$	$Az\begin{cases} C^5H^{11} \\ C^5H^{11} \\ C^5H^{11} \end{cases}$
	Ammoniaque.	Triméthylamine.	Triéthylamine.	Triamylamine.

On se rappelle qu'une théorie célèbre, la théorie de l'ammonium, admet dans les sels ammoniacaux l'existence du groupe AzH^4 comparable au potassium, et que le chlorure d'ammonium AzH^4Cl peut être rapproché du chlorure de potassium, que la solution d'ammoniaque paraît être un hydrate d'ammonium AzH^4OH, analogue à l'hydrate de potassium KOH, mais se dédoublant par la concentration en AzH^3 et H^2O. Eh bien, ce qui donne de l'appui à cette théorie, c'est qu'il existe des ammoniaques composées représentant l'hydrate d'ammonium hypothétique, dont les 4 atomes d'hydrogène de l'ammonium sont remplacés par des radicaux alcooliques; ces corps sont appelés *bases ammoniées* :

$$Az \begin{cases} H \\ H \\ H \\ H \end{cases} OH \qquad Az \begin{cases} CH^3 \\ CH^3 \\ CH^3 \\ CH^3 \end{cases} OH \qquad Az \begin{cases} C^2H^5 \\ C^2H^5 \\ C^2H^5 \\ C^2H^5 \end{cases} OH \quad \text{etc.}$$

Hydrate d'ammonium.   Hydrate de tétraméthyl-ammonium.   Hydrate de tétréthyl-ammonium.

Tous ces groupes, formés d'un atome d'azote uni à quatre radicaux alcooliques, se comportent comme des métaux; ils ne sont pas plus isolables que l'ammonium AzH^4, mais leurs hydrates sont stables, et fournissent des sels, comme le fait l'hydrate de potassium.

$$KHO \quad + \quad HCl \quad = \quad KCl \quad + \quad H^2O$$

Hydrate de potassium.   Acide chlorhydrique.   Chlorure de potassium.   Eau.

$$Az(C^2H^5)^4,OH \quad + \quad HCl \quad = \quad Az(C^2H^5)^4Cl \quad + \quad H^2O$$

Hydrate de tétréthyl-ammonium.   Acide chlorhydrique.   Chlorure de tétréthyl-ammonium.   Eau.

Ces sels ont les mêmes relations avec les sels ammoniacaux, que leurs hydrates avec l'hydrate d'ammonium :

$$AzH^4,Cl \qquad\qquad Az(C^2H^5)^4Cl$$

Chlorure d'ammonium.   Chlorure de tétréthyl-ammonium.

Les procédés employés pour l'obtention des ammoniaques composées permettent d'introduire dans une même molécule d'ammoniaque des radicaux identiques ou différents, de telle sorte qu'en variant les radicaux qui sont nombreux, on arrive à produire une quantité considérable d'ammoniaques composées; leurs noms, dérivant des radicaux qui y sont introduits, sont très longs, et leur longueur paraît encore plus effrayante quand on ne connaît pas le mécanisme de leur formation; ainsi on a les ammoniaques secondaires :

$$Az \begin{cases} CH^3 \\ C^2H^5 \\ H \end{cases} \qquad Az \begin{cases} C^2H^5 \\ C^5H^{11} \\ H \end{cases} \qquad Az \begin{cases} CH^3 \\ C^5H^{11} \\ H \end{cases}$$

Méthyl-éthylamine.   Éthyl-amylamine.   Méthyl-amylamine.

Les ammoniaques tertiaires :

$$Az \begin{cases} C^2H^5 \\ C^2H^5 \\ C^5H^{11} \end{cases} \qquad Az \begin{cases} C^2H^5 \\ C^5H^{11} \\ C^5H^{11} \end{cases} \qquad Az \begin{cases} CH^3 \\ C^2H^5 \\ C^5H^{11} \end{cases}$$

Diéthyl-amylamine.   Éthyl-diamylamine.   Méthyléthyl-amylamine.

Pour les bases ammoniées, ou hydrates d'ammoniums composés qui peuvent renfermer quatre radicaux différents, le nom est encore plus complexe; tel est *l'hydrate de métyl-éthyl-propyl-amylammonium* :

$$Az \begin{cases} CH^3 \\ C^2H^5 \\ C^3H^7 \\ C^5H^{11} \end{cases} OH.$$

Dans la série des ammoniaques composées, il y a de nombreuses isoméries produites par la diversité des radicaux introduits dans la molécule; telles sont l'éthylamine et la diméthylamine; la triméthylamine, la propylamine et la méthyléthylamine, etc. :

$$\text{Az} \begin{cases} C^2H^5 \\ H^2 \end{cases} = C^2H^7Az$$

Éthylamine.

$$\text{Az} \begin{cases} CH^3 \\ CH^3 \\ H \end{cases} = C^2H^7Az$$

Diméthylamine.

$$\text{Az} \begin{cases} CH^3 \\ CH^3 \\ CH^3 \end{cases} = C^3H^9Az$$

Triméthylamine.

$$\text{Az} \begin{cases} CH^3 \\ C^2H^5 \\ H \end{cases} = C^3H^9Az$$

Méthyléthylamine.

$$\text{Az} \begin{cases} C^3H^7 \\ H \\ H \end{cases} = C^3H^9Az$$

Propylamine.

54. Modes d'obtention des amines. — Les ammoniaques primaires se forment : 1° par l'action de la potasse sur les éthers cyaniques :

$$COAzC^2H^5 + 2(KHO) = CO^3K^2 + AzH^2,C^2H^5$$

| Cyanate d'éthyle. | Potasse. | Carbonate de potasse. | Éthylamine. |

2° Par l'action de la potasse sur les urées composées. L'urée ordinaire $COAz'H^4$ traitée par la potasse donne 2 molécules d'ammoniaques; de même les urées composées monosubstituées, dans les mêmes conditions, fournissent une molécule d'ammoniaque composée et une molécule d'ammoniaque :

$$COAz^2H^3(C^2H^5) + 2(KHO) = CO^3K^2 + AzH^2,C^2H^5 + AzH^3$$

Éthylurée. — Potasse. — Carbonate de potasse. — Éthylamine. — Ammoniaque.

3° Par l'action à chaud, en vases clos, des chlorures, bromures et iodures de radicaux alcooliques sur l'ammoniaque :

$$C^2H^5I + AzH^3 = C^2H^5,AzH^2,HI$$

Iodure d'éthyle. — Ammoniaque. — Iodhydrate d'éthylamine.

Ce dernier procédé est général : il permet de préparer les amines secondaires, tertiaires et les bases ammoniées, découvertes par Hofmann.

Les amines secondaires résultent en effet de l'action des iodures alcooliques sur une amine primaire :

$$C^2H^5I + Az \begin{Bmatrix} C^2H^5 \\ H^2 \end{Bmatrix} = \left(Az \begin{Bmatrix} (C^2H^5)^2 \\ H \end{Bmatrix} \right) HI$$

Iodure d'éthyle. — Éthylamine. — Iodhydrate de diéthylamine.

$$C^2H^5I + Az \begin{Bmatrix} C^5H^{11} \\ H^2 \end{Bmatrix} = \left(Az \begin{Bmatrix} C^5H^{11} \\ C^2H^5 \\ H \end{Bmatrix} \right) HI$$

Iodure d'éthyle. — Amylamine. — Iodhydrate d'amyléthylamine.

Les amines tertiaires se forment par l'action des iodures sur les amines secondaires :

$$C^2H^5I + Az \begin{Bmatrix} C^2H^5 \\ C^2H^5 \\ H \end{Bmatrix} = Az(C^2H^5)^3,HI$$

Iodure d'éthyle. — Diéthylamine. — Iodhydrate de triéthylamine.

Le même mécanisme fournit à l'état d'iodures les bases ammoniées ou hydrates d'ammoniums composés :

$$C^2H^5I \quad + \quad Az(C^2H^5)^3 \quad = \quad Az(C^2H^5)^4,I$$

Iodure d'éthyle.   Triéthylamine.   Iodure de tétréthyl-ammonium.

Ces iodures d'ammoniums, traités par l'oxyde d'argent humide, donnent la base correspondante :

$$Az(C^2H^5)^4I \quad + \quad AgHO \quad = \quad Az(C^2H^5)^4,OH \quad + \quad AgI$$

Iodure de tétréthyl-ammonium.   Hydrate d'argent.   Hydrate de tétréthyl-ammonium.   Iodure d'argent.

En outre, certaines ammoniaques composées se produisent par la distillation sèche de diverses matières azotées; le sang, la corne, la peau fournissent de la méthylamine, de la butylamine. La triméthylamine existe dans le *Chenopodium vulvaria*, dans la saumure de harengs, etc.

D'après les données qui précèdent, chacun peut retrouver facilement les formules et les noms de toutes les ammoniaques composées à radicaux C^nH^{2n+1}, connues ou possibles, puisqu'il suffit de remplacer par ces radicaux l'hydrogène de l'ammoniaque et de l'hydrate d'ammonium : il est donc inutile de s'arrêter à l'histoire de chacune d'elles; il suffit de signaler les principales propriétés de deux ou trois de ces amines, dont les réactions sont un lien de plus entre la chimie organique et la chimie minérale.

55. La *méthylamine*, $CH^3Az = Az \begin{cases} CH^3 \\ H^2, \end{cases}$ s'obtient à l'état de pureté par l'action de la potasse sur le cyanate de méthyle (éther méthylcyanique). Ses propriétés

sont presque identiques avec celles de l'ammoniaque : c'est un gaz incolore, d'une odeur ammoniacale, très soluble dans l'eau, qui en dissout, à 12°, 1153 fois son volume. La solution aqueuse présente les caractères de la solution d'ammoniaque; sa saveur est caustique, sa réaction fortement alcaline. Elle précipite les oxydes métalliques et dissout l'oxyde de cuivre, en se colorant fortement en bleu; elle donne des fumées blanches de chlorhydrate lorsqu'on en approche une baguette de verre mouillée d'acide chlorhydrique; à tous ces caractères, on pourrait confondre la méthylamine avec l'ammoniaque, si l'on se contentait d'un examen superficiel. Néanmoins, on arrive à séparer ces deux bases en les transformant en chlorhydrates, reprenant ceux-ci par l'alcool absolu, dans lequel le chlorhydrate de méthylamine est soluble.

La *diméthylamine* $AzH(CH^3)^2$ est liquide, et bout dès 8°; elle est fortement alcaline.

La *triméthylamine* $Az(CH^3)^3$ s'obtient en grande quantité dans la distillation sèche des vinasses de betteraves, où elle se forme par la décomposition d'un alcaloïde existant dans le jus de betteraves, la *bétaïne*. Elle bout à 9°; elle a une odeur forte de poisson gâté. Son chlorhydrate chauffé à 350° donne du chlorure de méthyle CH^3Cl, entre autres produits de décomposition.

L'*éthylamine* $C^2H^7Az = Az \begin{cases} C^2H^5 \\ H^2 \end{cases}$ est liquide, très caustique; elle bout à 18°, ses propriétés la raprochent de la méthylamine.

L'hydrate de *tétréthylammonium* $Az(C^2H^5)^4,OH$ s'isole par l'action de l'oxyde d'argent humide sur l'iodure correspondant, obtenu en traitant la triéthylamine $Az(C^2H^5)^3$ par l'iodure d'éthyle C^2H^5I. Cet hydrate est une masse blanche, cristalline, déliquescente; il est aussi caustique, aussi énergique que la potasse, dont il offre l'aspect; il absorbe l'acide carbonique de l'air et n'est pas déplacé de ses sels par la potasse. Par l'action de la chaleur, il se décompose en eau, gaz éthylène C^2H^4 et triéthylamine $Az(C^2H^5)^3$.

L'hydrate de tétraméthylammonium a le même aspect, les mêmes propriétés.

56. L'azote appartient à une famille de métalloïdes entre lesquels on constate de grandes analogies; comme lui, le phosphore, l'arsenic, l'antimoine, sont tantôt triatomiques, tantôt pentatomiques. Leurs combinaisons hydrogénées se rapprochent de l'ammoniaque :

AzH^3	PhH^3	AsH^3	SbH^3
Ammoniaque.	Hydrogène phosphoré.	Hydrogène arsénié.	Hydrogène antimonié.

Comme l'azote, ils fournissent des combinaisons organiques correspondant à leurs dérivés hydrogénés, dont l'hydrogène est remplacé par des radicaux alcooliques :

$Ph(C^2H^5)^3$	$As(C^2H^5)^3$	$Sb(C^2H^5)^3$
Triéthylphosphine.	Triéthylarsine.	Triéthylstibine.

On connaît également des composés constitués comme les hydrates d'ammoniums quaternaires :

$Ph(C^2H^5)^4,OH$	$Sb(C^2H^5)^4,OH$
Hydrate de tétréthylphosphonium.	Hydrate de tétréthylstibonium.

Les corps de cet ordre sont très nombreux, et leur histoire n'est pas entièrement calquée sur celle des amines, à cause des propriétés spéciales que leur impriment les métalloïdes qu'ils renferment. De plus, il existe beaucoup de combinaisons des radicaux alcooliques avec l'antimoine et l'arsenic, combinaisons douées d'une physionomie particulière et de réactions qui les rapprochent des composés organo-métalliques. Nous ne pouvons ici que signaler leur existence.

57. Composés organo-métalliques. — Unis à des métaux, les radicaux alcooliques donnent des composés dits *organo-métalliques*. Ces corps sont nombreux; nous nous contenterons de parler du zinc-éthyle fréquemment employé pour introduire le radical éthyle dans les molécules.

Le *zinc-éthyle* $Zn\begin{cases} C^2H^5 \\ C^2H^5 \end{cases}$ est constitué par deux groupes monoatomiques C^2H^5, fixés à un atome de zinc, élément diatomique; c'est donc un corps saturé.

On l'obtient en traitant l'iodure d'éthyle par la tournure de zinc, en présence d'une petite quantité d'alliage de zinc et de sodium qui détermine la réaction. On introduit le tout dans un ballon chauffé au bain-marie, et mis en communication avec un réfrigérant de Liebig disposé en sens inverse, pour permettre aux vapeurs de refluer dans l'appareil. Quand tout l'iodure d'éthyle est transformé, on distille en recueillant le zinc-éthyle dans un récipient à long col, où l'on a préalablement remplacé l'air par du gaz d'éclairage.

C'est un liquide incolore, mobile, très réfringent, bouillant à 118°, s'enflammant aussitôt qu'il arrive au contact de l'air en produisant des vapeurs blanches d'oxyde de zinc. L'eau le décompose en donnant de l'hydrure d'éthyle et de l'oxyde de zinc :

$$Zn(C^2H^5)^2 \quad + \quad H^2O \quad = \quad 2(C^2H^6) \quad + \quad ZnO$$

Zinc-éthyle.	Eau.	Hydrure d'éthyle.	Oxyde de zinc.

Il se prête facilement aux doubles décompositions; ainsi, traité par le trichlorure de phosphore, il fournit de la triéthylphosphine :

$$2PhCl^3 \quad + \quad 3Zn(C^2H^5)^3 \quad = \quad 2Ph(C^2H^5)^3 \quad + \quad 3ZnCl^3$$

Trichlorure de phosphore.	Zinc-éthyle.	Triéthyl-phosphine.	Chlorure de zinc.

On a aussi préparé le zinc-méthyle $Zn(CH^3)^2$, le zinc-amyle $Zn(C^5H^{11})^2$, le mercure-éthyle $Hg(C^2H^5)^2$, le plomb-tétréthyle $Pb(C^2H^5)^4$, etc. Plusieurs de ces composés sont très vénéneux.

CHAPITRE V

PRODUITS D'OXYDATION DES ALCOOLS MONOATOMIQUES

Radicaux acides. — Aldéhydes. — Aldéhyde ordinaire. — Aldéhyde trichlorée ou chloral. — Acétones. — Acides monobasiques. — Acide formique.

58. Radicaux acides. — Tous les corps que nous avons étudiés jusqu'à présent renferment des radicaux hydrocarbonés; par l'oxydation des alcools primaires, on donne naissance à des corps caractérisés par la présence de radicaux oxygénés qui se transportent par des doubles décompositions dans les molécules, absolument comme les radicaux seulement hydrocarbonés. Les radicaux oxygénés ou radicaux acides dérivent des radicaux hydrocarbonés par substitution d'un atome d'oxygène à 2 atomes d'hydrogène :

$$CH^3,OH$$
Hydrate
de méthyle.

$$CHO,OH$$
Hydrate de formyle
(acide formique).

$$C^2H^5,OH$$
Hydrate
d'éthyle.

$$C^2H^3O,OH$$
Hydrate d'acétyle
(acide acétique).

Les groupes CHO formyle, C^2H^3O acétyle, sont des radicaux acides; étant monoatomiques, ils se substituent dans les molécules en remplaçant un atome d'hydrogène et en donnant des hydrures, des hydrates, des chlorures, des azotures, etc., analogues à ceux des radicaux alcooliques. Par conséquent, les formules de ces corps se déduisent facilement des hydrures, hydrates, chlorures, azotures, etc., correspondants.

Exemples :

$$C^2H^5,H \qquad\qquad C^2H^3O,H$$
Hydrure d'éthyle.   Hydrure d'acétyle.

$$C^2H^5Cl \qquad\qquad C^2H^3O,Cl$$
Chlorure d'éthyle.   Chlorure d'acétyle.

$$C^2H^5,AzH^2 \qquad\qquad C^2H^3O,AzH^2$$
Azoture d'éthyle   Azoture d'acétyle
(éthylamine).   (acétamide).

Comme les dérivés des radicaux hydrocarbonés, ces corps constituent des séries homologues rangées sous de mêmes formules générales.

59. Aldéhydes (*hydrures de radicaux acides*). — Les aldéhydes sont les premiers produits d'oxydation des alcools primaires; elles se forment quand, sous l'influence d'un agent oxydant, les alcools perdent 2 atomes d'hydrogène; par l'action prolongée des oxydants, elles fixent elles-mêmes un atome d'oxygène en produisant un acide; elles sont donc intermédiaires entre un alcool et son acide :

$$C^2H^6O \qquad C^2H^4O \qquad C^2H^4O^2$$
Alcool.   Aldéhyde.   Acide acétique.

Ce sont des hydrures de radicaux acides :

$$C^2H^4O \quad = \quad C^2H^3O,H$$
Aldéhyde.   Hydrure
d'acétyle.

A chaque alcool primaire correspond une aldéhyde; nous étudierons seulement l'aldéhyde ordinaire correspondant à l'alcool éthylique.

60. Aldéhyde (*hydrure d'acétyle*) C^4H^4O. — On oxyde l'alcool à l'aide d'un mélange de bichromate de potasse et d'acide sulfurique; les produits de la réaction sont recueillis dans de l'éther anhydre, entouré d'un mélange réfrigérant, et qu'on sature ensuite de gaz ammoniac sec. Celui-ci se combine avec l'aldéhyde; les cristaux d'aldéhyde-ammoniaque sont insolubles dans l'éther, on les sépare par la filtration et on les abandonne pendant quelques heures à l'air libre pour les sécher, puis on les décompose avec précaution dans un appareil distillatoire, par de l'acide sulfurique étendu. L'aldéhyde distille; elle traverse un tube rempli de chlorure de calcium où elle se déshydrate, et est recueillie dans un récipient soigneusement refroidi.

L'aldéhyde est un liquide incolore, d'une odeur désagréable, plus légère que l'eau (densité $= 0,8055$ à 0°). Elle bout à 21°; elle est soluble en toutes proportions dans l'eau, l'alcool et l'éther.

L'aldéhyde se combine avec le gaz ammoniac sec; l'aldéhyde-ammoniaque, ou acétylure d'ammonium C^4H^4O,AzH^4 est un corps cristallisé, soluble dans l'eau et que les acides décomposent facilement.

Elle s'unit aux bisulfites alcalins, tels que le bisulfite de sodium SO^4NaH, le bisulfite d'ammonium; ces combinaisons sont cristallisées, solubles dans l'eau, insolubles dans un excès de bisulfite; les alcalis et les acides les détruisent en mettant l'aldéhyde en liberté.

Les deux réactions qui dominent l'histoire de l'aldéhyde sont les suivantes :

1° Dérivant de l'alcool moins H^2, elle peut le régénérer en fixant de nouveau 2 atomes d'hydrogène :

$$C^3H^4O \quad + \quad H^2 \quad = \quad C^3H^6O.$$
Aldéhyde.   Hydrogène.   Alcool.

Cette transformation a été réalisée par Wurtz, en mettant une solution aqueuse d'aldéhyde au contact de l'amalgame de sodium, et maintenant la liqueur acide par de petites quantités d'acide chlorhydrique.

2° Elle fixe un atome d'oxygène pour se transformer en acide acétique :

$$C^2H^4O \quad + \quad O \quad = \quad C^2H^4O^2$$
Aldéhyde.   Oxygène.   Acide
acétique.

Les agents oxydants, acide chromique, acide azotique, azotate d'argent, opèrent facilement cette oxydation. L'aldéhyde, chauffée avec une solution d'azotate d'argent additionnée de quelques gouttes d'ammoniaque, se convertit en acide acétique aux dépens de l'oxygène de l'oxyde d'argent, et l'argent réduit se dépose, sous forme d'une couche miroitante, sur les parois du ballon.

L'aldéhyde traitée par un courant de chlore sec donne, entre autres produits, du chlorure d'acétyle C^2H^3OCl (Wurtz).

En présence de l'eau, le chlore transforme l'aldéhyde en chloral ou aldéhyde trichlorée C^2HCl^3O (Wurtz et Vogt).

Additionnée d'une très petite quantité d'acide chlorhydrique ou d'anhydride sulfureux, l'aldéhyde se convertit en un polymère, la *paraldéhyde*, fusible à 10°,5, distillant à 124°, mais se transformant de nouveau en aldéhyde par la distillation.

En laissant au contact 1 partie d'aldéhyde, 1 partie d'eau et 2 parties d'acide chlorhydrique pendant quelques jours, à une basse température, M. Wurtz a transformé l'aldéhyde en un polymère $C^4H^8O^2$, l'*aldol*, différent de la paraldéhyde en ce qu'il ne régénère pas l'aldéhyde par distillation. Ce corps, qui n'appartient plus à la série de l'aldéhyde, est un corps de fonction mixte, moitié alcool, moitié aldéhyde. Il est visqueux et réfringent. L'aldol fournit un grand nombre de dérivés intéressants dont la molécule renferme 4 atomes de carbone.

Les aldéhydes homologues de l'aldéhyde ordinaire, et représentées par la formule générale $C^nH^{2n}O$, ont les mêmes propriétés générales; elles dérivent d'un alcool primaire par oxydation, peuvent régénérer cet alcool en fixant 2 atomes d'hydrogène, et donnent un acide en s'unissant à un atome d'oxygène : toutes forment des combinaisons cristallisées avec les bisulfites [1].

On peut préparer les aldéhydes par un procédé général, qui consiste à distiller le sel de chaux de l'acide dont on veut obtenir l'aldéhyde, avec du formiate de chaux (Piria) :

$$(C^2H^3O^2)^2Ca \quad + \quad (CHO^2)^2Ca \quad = \quad 2CO^3Ca \quad + \quad 2C^2H^4O$$

| Acétate de chaux. | Formiate de chaux. | Carbonate de chaux. | Aldéhyde. |

61. Chloral (*aldéhyde trichlorée, hydrure de trichlor-acétyle*) $C^2HCl^3O = C^2Cl^3O,H$. — A l'aldéhyde, ou hydrure d'acétyle, se rattache le chloral qui est l'hydrure de trichloracétyle. Non seulement on est parvenu à transformer l'aldéhyde en chloral par l'action du chlore dans des conditions déterminées, mais

1. Ces propriétés caractérisent la fonction *aldéhyde;* elles appartiennent également aux aldéhydes d'autres séries, comme l'aldéhyde benzoïque, C^7H^6O, l'aldéhyde cuminique, $C^{10}H^{12}O$, etc.

encore les relations de l'aldéhyde et du chloral sont prouvées par les réactions de celui-ci. En effet, de même que l'aldéhyde fixe un atome d'oxygène en se convertissant en acide acétique, de même le chloral, sous les influences oxydantes, s'unit à un atome d'oxygène en fournissant de l'acide trichloracétique (Kolbe) :

$$C^2H^4O \quad + \quad O \quad = \quad C^2H^4O^2$$

Aldéhyde.   Oxygène.   Acide acétique.

$$C^2HCl^3O \quad + \quad O \quad = \quad C^2HCl^3O^2$$

Chloral.   Oxygène.   Acide trichloracétique.

Traité par l'hydrogène naissant, le chloral subit une substitution inverse, et remplace son chlore par de l'hydrogène pour se transformer en aldéhyde (Melsens, Personne) :

$$C^2HCl^3O \quad + \quad H^6 \quad + \quad C^4H^4O \quad + \quad 3HCl$$

Chloral.   Hydrogène.   Aldéhyde.   Acide chlorhydrique.

Le chloral fut découvert par Liebig en 1832. On dirige un courant de chlore sec dans l'alcool absolu refroidi à 0° au commencement de l'opération, et qu'on chauffe légèrement à la fin : le courant de chlore doit être prolongé jusqu'à ce que le liquide, qui d'abord s'était séparé en deux couches, soit redevenu homogène; il faut environ douze à quinze heures pour convertir en chloral 200 grammes d'alcool. Le produit final est du chloral impur, on l'agite plusieurs fois avec de l'acide sulfurique, on le distille sur ce corps, puis on le soumet à une nouvelle distillation sur la chaux, et on recueille les portions qui passent entre 94° et 99°.

Le chloral anhydre C^4HCl^3O est liquide, incolore,

d'une odeur pénétrante; ses vapeurs sont très irritantes; il bout à 94°. Comme l'aldéhyde, il s'unit aux bisulfites alcalins, et réduit la solution d'azotate d'argent en donnant de l'acide trichloracétique $C^2HCl^3O^2$.

Abandonné à l'air humide ou mêlé avec de l'eau, il s'hydrate; le chloral hydraté C^2HCl^3O,H^2O est en beaux cristaux blancs, durs, fondant à 48°, entrant en ébullition à 97°, possédant à la température ordinaire une tension de vapeur suffisante pour se sublimer lentement comme le camphre. Distillé avec de l'acide sulfurique, il perd de l'eau et passe de nouveau à l'état de chloral anhydre.

A la température ordinaire, les alcalis dédoublent le chloral anhydre ou hydraté en chloroforme et en formiate alcalin :

$$C^2HCl^3O \quad + \quad KHO \quad = \quad CHCl^3 \quad + \quad CHO^2K$$

<table>
<tr><td>Chloral.</td><td>Potasse.</td><td>Chloroforme.</td><td>Formiate
de potasse.</td></tr>
</table>

Le chloral hydraté est le seul qu'on emploie en médecine.

62. ACTION PHYSIOLOGIQUE DU CHLORAL. — Le chloral traité par les alcalis se décompose en chloroforme et en formiate alcalin; subira-t-il le même dédoublement en présence du sang, qui est un liquide alcalin? Tel est le problème que se posa Liebreich, et qui lui donna l'idée d'essayer l'action physiologique du chloral sur l'organisme; il constata que ce corps agit comme hyposthénisant et sédatif, et admit qu'il se décompose dans l'organisme, comme le faisait prévoir la théorie. De nombreux expérimentateurs reconnurent bientôt l'action sédative du chloral : mais plusieurs nièrent sa décomposition en chloroforme et formiate en se basant sur ces deux faits : 1° que l'action du chloral est différente de celle du chloroforme; 2° que le sang des animaux qui ont absorbé du chloral n'exhale pas l'odeur si pénétrante du chloroforme.

Ce dernier argument tombe devant les expériences de M. Personne; celui-ci a constaté que le sang mêlé de chloral et chauffé à 40° n'exhale pas l'odeur du chloroforme qui y est masquée par l'odeur propre du sang, et que cependant on peut y constater la présence du chloroforme par le procédé décrit précédemment (voy. § 20). Si, au contraire, le chloral est ajouté à un autre liquide alcalin, l'albumine du blanc d'œuf, et qu'on chauffe le tout à 40°, immédiatement on perçoit l'odeur propre du chloroforme. Néanmoins, le chloral paraît aussi agir par son action propre : en effet on a pu constater sa présence dans l'urine, et de plus, on trouve dans ce liquide un acide particulier, l'acide *uro-chloralique* $C^7H^{11}Cl^3O^6$, produit de transformation du chloral dans l'organisation (Musculus et Mering).

Le chloral est un médicament aujourd'hui très employé; on le prescrit comme un sédatif précieux, amenant facilement le sommeil dans les affections nerveuses, dans l'insomnie; récemment il a été conseillé contre le tétanos, de manière à maintenir le malade sous son influence pendant 15 ou 20 jours.

63. Acétones. — Les acétones sont des corps d'une fonction spéciale, analogue à celle des aldéhydes, car elles peuvent fixer de l'hydrogène pour donner des alcools. Comme les alcools produits par l'hydrogénation des acétones sont des alcools secondaires, divers chimistes ont donné le nom d'aldéhydes secondaires aux acétones.

Ces corps diffèrent essentiellement des aldéhydes proprement dites, en ce qu'ils ne se transforment pas, comme le font celles-ci, en acides renfermant le même nombre d'atomes de carbone, par simple fixation d'oxygène.

Il nous suffira, pour faire connaître les propriétés et la structure des acétones, de faire l'histoire du terme le moins élevé, qu'on nomme *acétone* sans épithète et qui est, pour ainsi dire, le type de la fonction.

64. ACÉTONE C^3H^6O. — On distille, dans une cornue de grès, de l'acétate de chaux sec, et l'on rectifie au bain-marie, sur du chlorure de calcium, le produit de la distillation, en recueillant les portions qui passent entre 50° et 60°. Celles-ci, par une nouvelle distillation, fournissent l'acétone pure, bouillant à 56°. Dans cette réaction, une molécule d'acétate de chaux se dédouble en carbonate de chaux et en acétone [1] :

$$(C^3H^3O^2)^2Ca \quad = \quad CO^3Ca \quad + \quad C^3H^6O$$

Acétate de chaux.   Carbonate de chaux.   Acétone.

L'acétone est une combinaison d'acétyle et de méthyle; on peut la comparer à l'aldéhyde :

$$C^3H^3O,H \qquad C^3H^3O,CH^3 = C^3H^6O$$

Hydrure d'acétyle (aldéhyde).   Méthylure d'acétyle (acétone).

Cette relation est démontrée par la synthèse de l'acétone, qui prend aussi naissance dans l'action du chlorure d'acétyle sur le zinc-méthyle :

$$2(C^3H^3O,Cl) \quad + \quad Zn(CH^3)^2 \quad = \quad ZnCl^2 \quad + \quad 2C^3H^6O$$

Chlorure d'acétyle.   Zinc-méthyle.   Chlorure de zinc.   Acétone.

---

1. Le calcium étant diatomique se substitue à 2 atomes d'hydrogène de 2 molécules d'acide acétique, qui est monobasique; il soude ensemble ces deux molécules pour former l'acétate de chaux.

Si nous cherchons la constitution du radical acétyle, nous voyons qu'il est $\begin{matrix} CH^3 \\ \dot{C}=O \end{matrix}$ et dérive par oxydation de l'éthyle $\begin{matrix} CH^3 \\ \dot{C}H^3 \end{matrix}$; l'acétone est donc $\begin{matrix} CH^3 \\ \dot{C}=O \\ CH^3 \end{matrix}$, c'est-à-dire une molécule d'oxyde de carbone CO diatomique, saturée par deux groupes méthyle.

Cette formule est prouvée par une synthèse de l'acétone, qui se produit dans l'action du chlorure de carbonyle $COCl^2$ sur le sodium-méthyle :

$$COCl^2 \quad + \quad 2(NaCH^3) \quad = \quad CO \begin{cases} CH^3 \\ CH^3 \end{cases} \quad + \quad 2NaCl$$

Chlorure de carbonyle.	Sodium-méthyle.	Acétone.	Chlorure de sodium.

L'acétone est un liquide incolore, d'une odeur éthérée, d'une densité à $0°$ de 0,814 ; elle bout à $56°$, et se dissout en toutes proportions dans l'eau, l'alcool et l'éther ; elle se combine avec les bisulfites. Sous l'influence de l'hydrogène naissant, elle en fixe 2 atomes et donne un alcool secondaire, l'alcool isopropylique C^3H^8O (Friedel). Inversement l'alcool isopropylique, par une oxydation ménagée, régénère de l'acétone. Quand on soumet l'acétone à l'action des oxydants, elle se détruit avec production d'acide carbonique, d'acide acétique et d'eau :

$$C^3H^6O \quad + \quad O^4 \quad = \quad CO^2 \quad + \quad C^2H^4O^2 \quad + \quad H^2O$$

L'acétone traitée par le chlore ou le brome se convertit en dérivés chlorés ou bromés ; la pentachloracétone C^3HCl^5O et la pentabromacétone C^3HBr^5O, appelée aussi *bromoxaforme*, se forment non seulement au moyen de l'acétone, mais encore dans l'action du chlore ou du brome sur divers corps appartenant à d'autres séries, l'acide citrique, l'acide pyrotartrique, etc. Les dérivés chlorés et bromés de l'acétone ont une odeur forte et irritante.

64 bis. Les acétones se produisent par la distillation du sel de chaux d'un acide monobasique :

$$(C^3H^5O^2)^2Ca = CO^3Ca + C^5H^{10}O$$

Propionate de chaux. — Carbonate de chaux. — Acétone propionique.

Les formules des acétones correspondant à chaque acide sont faciles à trouver, puisqu'elles résultent de l'union de 2 molécules d'acide monobasique, moins une molécule d'acide carbonique et une molécule d'eau :

$$2(C^3H^6O^2) - CO^2 - H^2O = C^5H^{10}O$$

Acide propionique. — Acide carbonique. — Eau. — Acétone propionique.

Toutes représentent une molécule d'oxyde de carbone unie à deux radicaux alcooliques :

$$CO \left\{ \begin{matrix} C^2H^5 \\ C^2H^5 \end{matrix} \right. = C^5H^{10}Oz$$

Acétone propionique ou propione.

Les acétones qui renferment deux radicaux alcooliques identiques, unis à l'oxyde de carbone, sont dites normales; elles dérivent de deux molécules d'un même acide.

Elles sont dites *mixtes*, lorsque les radicaux sont différents, telle est l'éthyl-acétone $C^4H^8O = CO \left\{ \begin{matrix} C^2H^5 \\ CH^3 \end{matrix} \right.$

Les acétones mixtes dérivent de deux molécules d'acides monobasiques différents :

$$C^3H^6O^2 \; + \; C^2H^4O^2 \; - \; CO^2 \; - \; H^2O \; = \; C^4H^8O$$

Acide propionique. Acide acétique. Acide carbonique. Eau. Éthyl-acétone.

On les prépare par la distillation sèche d'un mélange des sels de chaux des deux acides; quelques-unes ont été obtenues, comme l'acétone ordinaire, dans l'action des chlorures d'acides sur les composés organo-métalliques :

$$2(C^2H^3OCl) \; + \; Zn(C^2H^5)^2 \; = \; ZnCl^2 \; + \; 2\left(CO \left\{ \begin{matrix} CH^3 \\ C^2H^5 \end{matrix} \right. \right)$$

Chlorure d'acétyle. Zinc-éthyle. Chlorure de zinc. Éthylure d'acétyle (éthylacétone).

Toutes les acétones sous l'influence de l'hydrogène naissant fixent 2 atomes de cet élément pour donner des alcools secondaires.

65. **Acides monobasiques.** — Aux alcools primaires $C^nH^{2n+2}O$ se rattachent les acides monobasiques $C^nH^{2n}O^2$.

Nous avons vu que ce sont des hydrates de radicaux oxygénés, comparables aux hydrates de radicaux hydrocarbonés ou alcools; les formules suivantes montrent ces relations :

$$C^2H^5,OH \qquad\qquad C^2H^3O,OH$$

Hydrate d'éthyle (alcool).   Hydrate d'acétyle (acide acétique).

Ils sont plus nombreux que les alcools décrits jusqu'à ce jour. Quelques-uns s'obtiennent par l'oxydation directe des alcools; la plupart se trouvent tout formés dans la nature, à l'état libre ou à l'état de combinaisons; d'autres se préparent par des procédés généraux ou particuliers.

Le premier terme est l'acide formique CH^2O^2 dérivé de l'alcool méthylique; il bout à 100°; à mesure qu'on s'élève dans la série, le point d'ébullition des homologues s'élève de 19 à 20° environ par chaque addition de CH^2; les termes inférieurs sont liquides; les acides supérieurs, plus riches en carbone, sont solides et ne distillent sans altération que si l'on opère la distillation dans le vide. Les acides gras présentent de nombreux cas d'isomérie, comme les alcools primaires : ainsi l'on connait deux acides butyriques $C^4H^8O^2$, quatre acides valérianiques $C^5H^{10}O^2$, etc.

Les acides $C^nH^{n2}O$ sont communément appelés acides de la série grasse, parce qu'un grand nombre d'entre eux se rencontrent dans les corps gras; tous sont monobasiques, ils ne renferment qu'un atome d'hydrogène remplaçable par un métal.

66. Acide formique CH^2O^2. — Dérivé par oxydation de l'alcool méthylique, l'acide formique existe à l'état libre dans la nature et prend naissance dans un grand nombre de réactions. Il est sécrété par les fourmis rouges, les chenilles processionnaires; il constitue le suc de l'ortie brûlante. Il est un terme constant de l'oxydation énergique de matières organiques très complexes : l'amidon, le sucre, les substances albuminoïdes. Pendant longtemps on s'est procuré l'acide formique en oxydant l'amidon par le peroxyde de manganèse et l'acide sulfurique.

Sa synthèse a été opérée de différentes manières : 1° par l'action d'un acide ou d'un alcali sur l'acide cyanhydrique (Pelouze) :

$$CAzH \; + \; H^2O \; + \; KHO \; = \; CHO^2K \; + \; AzH^3$$

| Acide | Eau. | Potasse. | Formiate | Ammoniaque. |
| cyanhydrique. | | | de potassium. | |

cette réaction a une importance générale (voy. § 77); 2° par l'union directe de la potasse en solution concentrée et de l'oxyde de carbone, renfermés dans des ballons scellés et chauffés à 100° pendant 70 heures (Berthelot) :

$$CO + KHO = CHO^2K$$

Oxyde de carbone.   Potasse.   Formiate potassique.

Le procédé d'obtention seul employé consiste à chauffer vers 100° l'acide oxalique et la glycérine par parties égales, jusqu'à ce qu'il ne se dégage plus d'acide carbonique. A ce moment on distille, en remplaçant par de l'eau le liquide qui passe à la distillation, et lorsque celui-ci n'est plus acide, on arrête l'opération. Le produit distillé est une solution étendue d'acide formique ; après l'avoir saturé par le carbonate de plomb, on le filtre et on l'évapore. On dessèche avec soin le formiate de plomb et on l'introduit dans une cornue tubulée légèrement chauffée, et où l'on dirige un courant d'hydrogène sulfuré bien sec ; il se forme du sulfure de plomb, et l'acide formique, complètement pur et privé d'eau, passe dans le récipient.

L'acide formique provient du dédoublement de l'acide oxalique en acide formique et en acide carbonique :

$$C^2H^2O^4 = CH^2O^2 + CO^2$$

Acide oxalique.   Acide formique.   Acide carbonique.

et comme dans la cornue on retrouve intacte toute la glycérine employée et qui peut servir à de nouvelles opérations, la glycérine ne paraît avoir joué qu'un rôle de présence ; c'est là une erreur que l'on reconnaît en analysant le phénomène : d'abord il se produit un formiate de glycérine et de l'acide carbonique ; et par l'ébullition prolongée avec l'eau cet éther formique de la glycérine se dédouble en acide formique qui passe dans le récipient, et en glycérine qui reste dans la cornue (Tollens et A. Henninger).

L'acide formique est incolore, liquide, doué de propriétés acides très énergiques. Appliqué sur la peau, il la désorganise comme le ferait un acide minéral. Il bout à 100°, et se solidifie à + 1°. Sa densité à 0° est de 1,2227. Il se mêle à l'eau en toutes proportions.

Chauffé avec de l'acide sulfurique, il se décompose en eau et en oxyde de carbone :

$$CH^2O^2 \quad = \quad H^2O \quad + \quad CO$$

Acide   Eau.   Oxyde
formique.   de carbone.

Il réduit l'azotate d'argent en lui empruntant de l'oxygène, et en se transformant en eau et acide carbonique :

$$CH^2O^2 \quad + \quad O \quad = \quad CO^2 \quad + \quad H^2O$$

Acide   Oxygène.   Acide   Eau.
formique.   carbonique.

Les formiates sont des sels cristallisés; chauffés avec un excès d'hydrate de potasse, ils dégagent de l'hydrogène et se transforment en oxalates :

$$2(CHO^3K) \quad = \quad C^2O^4K^2 \quad + \quad H^2$$

Formiate   Oxalate   Hydrogène.
de potasse.   de potasse.

Le formiate d'ammonium CHO²,AzH⁴ est cristallisé en prismes réunis en faisceaux; chauffé brusquement à 200°, il se dédouble en acide cyanhydrique et en eau :

$$CHO^2,AzH^4 \quad = \quad 2H^2O \quad + \quad CAzH$$

Formiate   Eau.   Acide cyan-
d'ammonium.   hydrique.

Tout corps dérivant, comme l'acide cyanhydrique, du sel ammoniacal d'un acide monobasique par perte de 2 molécules d'eau, est ce qu'on appelle un *nitrile*, et réciproquement tous les nitriles, en s'assimilant directement ou indirectement 2 molécules d'eau, régénèrent le sel ammoniacal d'un acide monobasique ou ses constituants; ainsi l'acide cyanhydrique est le nitrile de l'acide formique, et nous avons vu plus haut que, traité par la potasse, il se transforme en formiate de potasse et en ammoniaque (voy. *Nitriles*, § 91).

Parmi les éthers formiques, le formiate d'éthyle est le seul employé dans les arts; c'est l'essence de rhum artificielle, qui sert à fabriquer des liqueurs alcooliques vendues sous le nom de rhum. Il est préparé par la distillation d'un mélange de formiate de soude, d'alcool et d'acide sulfurique : le liquide distillé est neutralisé par un lait de chaux, décanté et rectifié.

CHAPITRE VI

ACIDES MONOBASIQUES (SUITE)

Acide acétique. — Vinaigre. — Acétates. — Éthers acétiques. —
Chlorure d'acétyle. — Anhydride acétique. — Acides homologues de l'acide formique.

67. Acide acétique (*hydrate d'acétyle*) $C^4H^4O^4$. —
Connu dès la plus haute antiquité, l'acide acétique
constitue la partie essentielle du vinaigre; il se produit par l'oxydation de l'alcool, oxydation qui s'accomplit par les agents oxydants, ou dans l'acte de la fermentation acétique; plusieurs substances organiques
complexes, le sucre, l'amidon, le bois, la gomme, fournissent de l'acide acétique, quand on les soumet à la
distillation sèche.

La synthèse de l'acide acétique peut s'effectuer au
moyen de l'alcool méthylique; on transforme cet alcool
en iodure et celui-ci en cyanure en le chauffant avec
du cyanure de potassium. Le cyanure de méthyle
CH^3,CAz bouilli avec de la potasse donne de l'ammoniaque et de l'acétate de potassium :

$$CH^3,CAz \; + \; KHO \; + \; H^2O \; = \; C^2H^3O^2K \; + \; AzH^3$$

Cyanure   Potasse.   Eau.   Acétate   Ammoniaque.
de méthyle.   de potassium.

L'acide acétique consommé dans les arts porte différents noms, suivant sa concentration, sa pureté, son
origine : vinaigre, acide pyroligneux, etc.

68. *Vinaigre.* — Le vinaigre renferme en moyenne 6 p. 100 d'acide acétique. On le prépare, soit par la fermentation acide des liqueurs alcooliques, et c'est le vin qui fournit le meilleur vinaigre de table ; soit en étendant d'eau l'acide acétique fourni par la distillation sèche du bois : il porte alors le nom de *vinaigre de bois.*

Le procédé suivi à Orléans pour la fabrication du vinaigre consiste à introduire, dans des futailles ordinaires d'une contenance de 230 litres environ, 80 litres de vinaigre et 10 litres du vin qu'on veut acidifier : on laisse réagir pendant huit jours, et l'on réajoute 10 litres de vin, à deux ou trois reprises, à huit jours d'intervalle. Une semaine après la dernière addition, on soutire 40 litres de vinaigre et l'on recommence de la même manière. On choisit de préférence des vins d'un an, renfermant moins de 10 p. 100 d'alcool. Un excès d'alcool en effet entraverait la fermentation. Les vins plus alcooliques doivent être étendus d'eau avant l'acétification.

La fermentation acide des liqueurs spiritueuses est due, suivant M. Pasteur, à l'existence d'un ferment spécial, organisé, qui se développe à la surface des liquides alcooliques, toutes les fois qu'ils sont abandonnés au contact de l'air, en présence de matières albuminoïdes.

Ce ferment (*Mycoderma aceti*) emprunte l'oxygène à l'air, et le fixe sur l'alcool qui se convertit en acide acétique ; il ne peut vivre sans le contact de l'air ; aussi, lorsqu'on vient à le submerger, il périt et l'acétification s'arrête. Cette puissance oxydante du *Mycoderma aceti* est telle, qu'il peut même oxyder l'alcool, jusqu'à le transformer en acide carbonique et en eau. Cette action est moins vive en présence d'un excès de vinaigre; c'est pour cela qu'à Orléans l'acétification du vin s'opère toujours dans des cuves où se trouve déjà une grande quantité de vinaigre.

Les vinaigres de table sont ou des vinaigres de vin, ou des vinaigres de bois. Les premiers renferment toutes les matières solides des vins; aussi les distingue-t-on facilement des vinaigres de bois, qui ne laissent aucun résidu à l'évaporation. Les seconds ne renferment que de l'eau et de l'acide acétique, et sont sans inconvénient pour la santé.

Le vinaigre est sujet à être falsifié. Souvent on l'étend d'eau; on reconnaît sa richesse en acide acétique au moyen de l'acidimétrie, en mesurant quelle quantité d'alcali sature une quantité donnée de vinaigre; les bons vinaigres d'Orléans renferment 6 p. 100 d'acide acétique $C^4H^4O^4$.

Les falsificateurs y ajoutent fréquemment des acides minéraux, acide chlorhydrique, sulfurique, ou des matières âcres, comme le poivre, le piment. On décèle ces dernières en distillant le vinaigre : le produit distillé est faible, peu acide, tandis que l'extrait possède un goût âcre, qui révèle l'introduction d'un corps étranger. Si le vinaigre distillé précipite l'azotate d'argent, c'est qu'il a été additionné d'acide chlorhydrique; on ne peut directement ajouter l'azotate d'argent au vinaigre sans le distiller, le vinaigre de vin contenant normalement des chlorures. Pour l'acide sulfurique, on dévoile sa présence en évaporant le vinaigre à consistance d'extrait, reprenant par l'alcool qui ne dissout pas les sulfates; la solution alcoolique précipite par les sels solubles de baryte, si le vinaigre a été falsifié par l'acide sulfurique.

Le vinaigre de vin sert, en pharmacie, à préparer les vinaigres médicinaux. Étendu d'eau, il est rafraîchissant, diurétique et sudorifique. Il est usité aussi comme révulsif en frictions ou en pédiluves. Les vinaigres dits de toilette sont des mélanges d'acide acétique, d'alcool et de substances aromatiques.

69. *Acide acétique du bois.* — L'acide acétique consommé dans les arts provient en plus grande partie de la distillation sèche des bois. Le produit brut, mélange de goudron et d'une partie aqueuse acide, est rectifié; les premières portions sont mises à part, pour en retirer l'alcool méthylique ou esprit de bois, puis les portions suivantes (acide pyroligneux brut) sont saturées par un lait de chaux. La solution d'acétate de chaux impur étant additionnée d'une solution de sulfate de soude, il se précipite du sulfate de chaux que l'on sépare par filtration. La liqueur renfermant de l'acétate de soude est évaporée à siccité, et laisse un résidu (pyrolignite de soude brut) coloré en brun par des matières empyreumatiques; on le chauffe à 250°, température à laquelle se détruisent les substances goudronneuses, sans que l'acétate de soude soit altéré. Le produit de ce grillage est repris par l'eau, et la solution concentrée à chaud donne des cristaux d'acétate de soude pur. On verse sur ces cristaux un tiers environ de leur poids d'acide sulfurique à 66°; il se forme du sulfate de soude qui se dépose, et de l'acide acétique que l'on décante et que l'on purifie par une distillation. On obtient ainsi l'acide acétique ordinaire du commerce qui marque 7 à 8 degrés Baumé et renferme environ 40 p. 100 d'acide acétique $C^4H^4O^4$. Étendu d'une nouvelle quantité d'eau, il constitue le vinaigre de bois.

En redistillant l'acide acétique, recueillant à part les deux derniers tiers et les rectifiant de nouveau sur l'acétate de soude desséché, on obtient un acide acétique qui se concrète en grande partie par le froid. On décante les parties liquides, et le résidu solide est formé d'acide acétique pur $C^4H^4O^4$, appelé aussi acide acétique glacial ou cristallisable.

L'acétate de cuivre, distillé dans une cornue de grès, fournit de l'acide acétique cristallisable, qu'on purifie par une nouvelle distillation; ce produit, désigné sous le nom de *vinaigre radical*, n'est pas chimiquement pur; il est toujours mélangé de petites quantités d'acétone C^3H^6O.

70. L'acide acétique $C^4H^4O^4$ est appelé cristallisable, parce qu'il se solidifie au-dessous de 16° et se prend en grandes lames brillantes. Il bout à 118°; sa densité à 0° est supérieure à celle de l'eau, mais les mélanges d'eau et d'acide acétique présentent des densités qui ne diminuent pas progressivement avec l'augmentation d'eau; ainsi une solution renfermant 80 parties d'acide acétique et 20 parties d'eau possède une densité supérieure à celle de l'acide acétique lui-même.

L'odeur de l'acide acétique est piquante; il est très corrosif, et, mis en contact avec la peau, il désorganise rapidement l'épiderme. Sa vapeur est inflammable et brûle avec une flamme pâle.

Le chlore remplace l'hydrogène de l'acide acétique; on connaît les dérivés chlorés suivants :

$C^4H^3ClO^4$	$C^4H^2Cl^2O^4$	$C^4HCl^3O^4$
Acide mono- chloracétique.	Acide bichlor- acétique.	Acide tri- chloracétique.

Ces acides chlorés, dont nous n'avons pas à faire l'étude, jouent un grand rôle dans l'histoire de la science; l'acide trichloracétique fut le premier corps où l'on constata la substitution du chlore à l'hydrogène, atome par atome, et sa découverte ouvrit aux recherches un nouveau champ d'expériences (Dumas).

Le brome donne également des dérivés bromés de l'acide acétique.

Les chlorures de phosphore transforment l'acide acétique ou hydrate d'acétyle en chlorure d'acétyle (voy. *Chlorure d'acétyle*, § 73).

L'acide acétique fabriqué par la distillation du bois sert surtout à la production des acétates.

71. Acétates. — L'acide acétique étant monobasique, les acétates neutres représentent une molécule d'acide dont l'atome d'hydrogène basique est remplacé par un métal monoatomique, ou 2 molécules d'acide acétique dont les 2 atomes d'hydrogène basique sont remplacés par un métal diatomique :

$$C^2H^3O^2H \qquad C^2H^3O^2K \qquad (C^2H^3O^2)^2Pb$$

Acide acétique.	Acétate de potasse.	Acétate neutre de plomb.

Il existe en outre des acétates basiques, combinaisons d'acétates neutres et d'oxydes métalliques.

72. ACÉTATE D'AMMONIAQUE $C^2H^3O^2,AzH^4$. — On sature de l'acide acétique cristallisable avec du gaz ammoniac; l'acétate d'ammoniaque cristallise en aiguilles radiées, déliquescentes, d'une saveur âcre. La solution aqueuse de ce sel est employée en médecine; on la produit directement en saturant, par du carbonate d'ammoniaque, de l'acide acétique étendu d'eau et marquant 3° au pèse-acide. Cette solution est un liquide incolore, marquant 5° au pèse-acide, neutre au papier de tournesol, d'une odeur légèrement ammoniacale et d'une saveur urineuse. On la désigne ordinairement sous le nom d'*esprit de Mindererus*, mais le véritable esprit de Mindererus, tel qu'on l'obtenait autrefois, est différent. On saturait du vinaigre concentré par du carbonate d'ammoniaque provenant de la distillation sèche de la corne de cerf, par conséquent impur et mélangé d'huiles empyreumatiques ; les anciens désignaient ce carbonate d'ammoniaque sous le nom d'esprit volatil de corne de cerf.

L'acétate d'ammoniaque est rapidement absorbé, puis éliminé par la peau et les reins, dont il augmente les sécrétions ; à ce titre, on le prescrit dans la variole, la scarlatine, lorsque l'éruption se fait difficilement ; dans certaines affections bronchiques, dans la pneumonie comme diminuant la dyspnée ; on l'emploie pour combattre les phénomènes de l'ivresse. Dose : depuis quelques gouttes jusqu'à 30 et même 60 grammes, étendues d'eau sucrée.

73. ACÉTATE DE POTASSE $C^4H^3O^4K$. — Ce sel (*terre foliée de tartre* des anciens) existe dans la sève d'un grand nombre de végétaux ; c'est une masse feuilletée, très légère, très déliquescente, soluble dans l'alcool. On le prépare facilement en saturant du vinaigre par du carbonate de potasse, et évaporant. On l'emploie comme diurétique à la dose de 1 à 4 grammes. L'acétate de soude a les mêmes propriétés ; il est presque inusité.

L'acétate de potasse se trouve dans la sève de presque toutes les plantes. Dans la calcination des bois, il se transforme en carbonate de potasse.

74. ACÉTATES DE FER. — Ils ne sont pas usités en médecine, mais les arts industriels en consomment de grandes quantités.

On désigne, sous le nom de *pyrolignite de fer*, une solution d'acétate ferrique, qu'on prépare en laissant en contact pendant quelques semaines de l'acide pyroligneux brut et des rognures de tôle. Le pyrolignite de fer est employé dans les ateliers de teinture pour colorer les étoffes en jaune et pour mordancer celles qui doivent être teintes en noir.

75. ACÉTATES DE CUIVRE. — *L'acétate neutre, verdet cristallisé* ou *cristaux de Vénus* $(C^2H^3O^3)^2$ $Cu+H^2O$, cristallise par refroidissement, lorsqu'on a mélangé des solutions chaudes de sulfate de cuivre et d'acétate de chaux, et qu'on a filtré la solution pour séparer le sulfate de chaux : ce sont de beaux cristaux, d'un vert bleuâtre, solubles dans cinq fois leur poids d'eau bouillante.

Le *verdet de Montpellier* ou *vert-de-gris* est un mélange de divers acétates basiques de cuivre. On abandonne à l'air des lames de cuivre empilées avec du marc de raisin, l'alcool s'oxyde, passe à l'état d'acide acétique qui attaque le cuivre, et, au bout de quinze jours à trois semaines, les lames du métal sont recouvertes d'une couche de vert-de-gris; on détache celui-ci et on le pétrit avec un peu de vinasse pour le mettre en boules qu'on dessèche ensuite au soleil.

L'acétate neutre sert à la préparation du vinaigre radical; l'acétate basique est employé en médecine comme escharotique, contre les ulcérations des paupières, les excroissances syphilitiques : tous deux sont consommés dans la peinture à l'huile. On les a longtemps considérés comme très vénéneux et l'on a attribué à l'ingestion d'acétate de cuivre des accidents causés par des aliments vinaigrés, conservés dans des vases de cuivre. (Voyez *Chimie inorganique*, page 437.)

Le vert-de-gris, soumis à l'ébullition avec une solution d'acide arsénieux, s'y combine; le composé d'arsénite et d'acétate neutre de cuivre qui en résulte est une belle couleur verte, insoluble dans l'eau; c'est le *vert de Schweinfurt*. On en consomme des quantités notables pour la coloration des papiers peints, des étoffes légères, des fleurs artificielles.

C'est un poison violent comme tous les composés arsenicaux; on cite un grand nombre d'empoisonnements survenus chez des individus habitant des appartements tendus de papiers colorés au vert de Schweinfurt, et chez les ouvrières qui fabriquent des robes avec des gazes vertes, sur lesquelles la matière colorante est mal fixée; le vert de Schweinfurt, se détachant facilement de l'étoffe et se répandant dans l'air ambiant, est absorbé par les voies respiratoires.

76. Acétates de plomb. — L'*acétate de plomb* $(C^2H^3O^2)^2 Pb + 3H^2O$ cristallise avec 3 molécules d'eau. Appelé autrefois *sel* ou *sucre de Saturne,* il s'obtient industriellement par la dissolution de la litharge dans l'acide acétique. Il est en cristaux transparents, légèrement efflorescents, solubles dans une partie et demie d'eau froide; sa saveur d'abord sucrée et astringente laisse un arrière-goût métallique fort désagréable. Il est quelquefois prescrit, à la dose de 1 à 10 centigrammes, pour combattre les sueurs des phtisiques, les diarrhées rebelles. Il est usité dans la fabrication du chromate de plomb ou jaune de chrome par double décomposition avec le chromate de potasse.

On emploie aussi l'acétate de plomb pour préparer la solution d'acétate d'alumine très usitée dans l'industrie des toiles peintes comme mordant; on traite l'acétate de plomb par le sulfate d'alumine.

Il y a plusieurs acétates basiques de plomb : l'acétate sexbasique $(C^2H^3O^2)^2Pb,5PbO,H^2O$ constitue à l'état de solution la majeure partie de l'*extrait de Saturne.* On fait bouillir 9 parties d'eau avec 3 parties d'acétate neutre de plomb, et 1 partie de litharge, jusqu'à ce que celle-ci soit dissoute. La liqueur marquant 35° à l'aréomètre de Baumé est l'extrait de

Saturne des pharmacies. Elle est décomposée par le gaz carbonique en carbonate de plomb ou céruse qui se précipite, et en acétate neutre qui reste en solution et n'est pas attaqué par l'acide carbonique. La fabrication industrielle de la céruse par le procédé de Thenard est basée sur cette réaction.

L'addition d'eau de rivière à l'extrait de Saturne donne l'*eau blanche*, ou *eau de Goulard*, d'un usage si fréquent comme résolutive, siccative et astringente. L'aspect laiteux de l'eau de Goulard est dû à des sulfates, carbonates et chlorures de plomb, insolubles et en suspension dans le liquide; ils sont produits par l'action des sels que renferment les eaux de source sur le sous-acétate de plomb.

77. Éthers acétiques. — Les éthers acétiques des alcools monoatomiques correspondent aux acétates neutres, un radical hydrocarboné remplaçant l'hydrogène basique de l'acide :

$$C^2H^3O,OH \qquad C^2H^3O,OC^2H^5$$

Acide acétique. Acétate d'éthyle.

Ainsi que nous l'avons vu en parlant des éthers éthyliques, ils dérivent d'une molécule d'un alcool et d'une molécule d'acide acétique, moins une molécule d'eau.

On peut également les rapporter à une molécule d'eau, dont les deux hydrogènes sont remplacés l'un par un radical alcoolique, l'autre par un radical acide. La formule de l'éther acétique écrite ainsi :

$$\left. \begin{array}{l} C^2H^5 \\ C^2H^3O \end{array} \right\} O$$

indique ce rapprochement.

L'*acétate d'éthyle* ou *éther acétique* proprement dit

se produit lorsqu'on chauffe au bain de sable un mélange de 10 parties d'acétate de sodium, 6 parties d'alcool et 15 parties d'acide sulfurique. La substance brute est additionnée d'un lait de chaux, séchée sur le chlorure de calcium et rectifiée.

L'acétate d'éthyle est liquide, incolore, d'une odeur agréable, moins dense que l'eau (0,910 à 0°). Il bout à 74°. Il se dissout dans 7 parties d'eau; le chlorure de calcium le sépare de sa solution aqueuse. La potasse le dédouble facilement en acétate et alcool; il se décompose lentement sous l'influence de l'humidité.

On a employé l'éther acétique en frictions contre le rhumatisme et les névralgies.

L'*acétate d'éthyle* ou *éther amylacétique* a pour formule $C^4H^{10}O^2 = C^4H^3O^2,C^2H^5$; il bout à 136°; il possède une odeur agréable de poires. La parfumerie et la confiserie en usent, sous le nom d'essence artificielle de poires, pour aromatiser des eaux de toilette et des bonbons.

78. Chlorure d'acétyle C^4H^3OCl. — Il représente la combinaison d'un atome de chlore et du radical mono-atomique *acétyle* C^4H^3O. Il offre avec l'acide acétique les mêmes relations que le chlorure d'éthyle avec l'alcool :

$$C^2H^5,OH \qquad\qquad C^2H^5Cl$$

Alcool   Chlorure d'éthyle.
(hydrate d'éthyle).

$$C^4H^3O,OH \qquad\qquad C^4H^3OCl$$

Acide acétique   Chlorure d'acétyle.
(hydrate d'acétyle).

Comme, par la nature de son radical oxygéné, il est moins stable que le chlorure d'éthyle, et que l'eau le décompose en acide acétique et en acide chlorhydrique, il ne peut être obtenu par l'action de l'acide chlorhydrique sur l'hydrate d'acétyle, action qui, avec les alcools, fournit les éthers chlorhydriques. En remplaçant l'acide chlorhydrique par le perchorure de phosphore, on évite la production d'eau et l'acide acétique se transforme en chlorure d'acétyle [1] :

$$C^2H^3O,OH + PhCl^5 = C^2H^3OCl + PhOCl^3 + HCl$$

Acide acétique.	Perchlorure de phosphore.	Chlorure d'acétyle.	Oxychlorure de phosphore.	Acide chlorhydrique.

Le perchlorure de phosphore réagissant trop violemment sur l'acide acétique, on lui préfère le trichlorure de phosphore, qu'on ajoute peu à peu à de l'acide acétique cristallisable. La réaction se fait à froid, et quand elle est terminée, on décante la couche inférieure formée d'acide phosphoreux, et on rectifie au bain-marie le chlorure d'acétyle :

$$PhCl^3 + 3C^2H^4O^2 = 3C^2H^3OCl + PhO^3H^3$$

Trichlorure de phosphore.	Acide acétique.	Chlorure d'acétyle.	Acide phosphoreux.

Le chlore, dans certaines conditions, donne du chlorure d'acétyle en agissant sur l'aldéhyde ou hydrure d'acétyle; il se dégage de l'acide chlorhydrique.

Le chlorure d'acétyle est liquide, incolore, mobile, d'une odeur piquante. Il bout à 55°; ses vapeurs sont très irritantes.

Ses réactions sont intéressantes, car elles permettent

---

[1]. Le perchlorure de phosphore agit de même sur les alcools :

$$C^5H^{11},OH + PhCl^5 = C^5H^{11}Cl + PhOCl^3 + HCl$$

Hydrate d'amyle.	Perchlorure de phosphore.	Chlorure d'amyle.	Oxychlorure de phosphore.	Acide chlorhydrique.

d'introduire le radical acétyle dans les molécules. Les mêmes réactions appartiennent à tous les chlorures de radicaux acides.

L'eau, les alcalis, le décomposent immédiatement :

$$C^3H^3OCl \quad + \quad H^2O \quad = \quad C^3H^3O,OH \quad + \quad HCl$$

Chlorure d'acétyle.   Eau.   Acide acétique.   Acide chlorhydrique.

Les alcools agissent comme l'eau en produisant des éthers acétiques :

$$C^3H^3OCl \quad + \quad C^5H^{11},OH \quad = \quad C^3H^3O,OC^5H^{11} \quad + \quad HCl$$

Chloruré d'acétyle.   Alcool amylique.   Acétate d'amyle.   Acide chlorhydrique.

Avec l'ammoniaque, il y a double décomposition : production d'acide chlorhydrique qui se combine à l'excès d'ammoniaque et d'une *amide*, provenant de l'introduction du radical acétyle dans l'ammoniaque :

$$C^3H^3OCl \quad + \quad 2AzH^3 \quad = \quad Az \left\{ \begin{matrix} C^2H^3O \\ H^2 \end{matrix} \right. \quad + \quad AzH^4Cl$$

Chlorure d'acétyle.   Ammoniaque.   Acétamide (azoture d'acétyle).   Chlorhydrate d'ammoniaque.

Excepté l'acide formique, dont la molécule moins stable est détruite par le perchlorure de phosphore en acide chlorhydrique et oxyde de carbone, tous les acides monoatomiques, à quelque série qu'ils appartiennent, fournissent des chlorures d'acides ayant les mêmes propriétés caractéristiques, se comportant comme le chlorure d'acétyle avec l'eau, les alcools et l'ammoniaque.

Aux acides polyatomiques correspondent également des chlorures d'acides dont la structure est moins simple, mais qui sont doués de réactions analogues.

79. Anhydride acétique (*acide acétique anhydre*) $(C^2H^3O)^2O$. — Quand on traite l'acétate de potassium bien sec par le chlorure d'acétyle, il se forme du chlorure de potassium, et un composé, l'*anhydride acétique*, qui prend naissance d'après l'équation :

$$C^2H^3O,Cl \ + \ C^2H^3O,OK \ = \ KCl \ + \ \left.\begin{array}{l} C^2H^3O \\ C^2H^3O \end{array}\right\} O$$

| Chlorure d'acétyle. | Acétate de potassium. | Chlorure de potassium. | Anhydride acétique. |

D'après cette formule, on voit que ce corps est analogue à l'éther ordinaire ou oxyde d'éthyle

$$\left.\begin{array}{l} C^2H^5 \\ C^2H^5 \end{array}\right\} O$$

Il peut être considéré comme un oxyde d'acétyle. Il dérive de l'union de deux molécules d'acide acétique avec élimination d'une molécule d'eau, de même que l'éther dérive de l'union de deux molécules d'alcool, avec perte d'une molécule d'eau. Aussi, quand on le traite par l'eau, il s'y dissout lentement en se convertissant en acide acétique; c'est donc l'anhydride acétique ou acide acétique anhydre :

$$\left.\begin{array}{l} C^2H^3O \\ C^2H^3O \end{array}\right\} O \ + \ H^2O \ = \ 2(C^2H^4O^2)$$

| Anhydride acétique. | Eau. | 2 molécules d'acide acétique. |

L'anhydride acétique est un liquide mobile, incolore, très réfringent, d'une odeur vive; il bout à 137°.

Les autres acides monobasiques donnent également des anhydrides par une réaction analogue. De plus, on peut obtenir des anhydrides mixtes dérivant de deux acides différents; ainsi le chlorure d'acétyle et le propionate de potassium donnent l'anhydride acéto-propionique ou oxyde d'acétyle et de propionyle :

$$C^3H^3O,Cl \quad + \quad C^3H^5O,OK \quad = \quad KCl \quad + \quad \left. \begin{matrix} C^3H^3O \\ C^3H^3O \end{matrix} \right\} O$$

<table>
<tr><td>Chlorure
d'acétyle.</td><td>Propionate
de potassium.</td><td>Chlorure
de potassium.</td><td>Anhydride
acétyl-propionique.</td></tr>
</table>

80. Acides de la série grasse. — Les principaux acides de la série grasse, homologues de l'acide formique et de l'acide acétique, sont les suivants :

Acide propionique, $C^3H^6O^2$. — Il se produit par l'oxydation de l'alcool propylique, par la fermentation de la glycérine étendue d'eau sous l'influence de la levure de bière et par l'action de la potasse sur le cyanure d'éthyle, $C^3H^5Az = C^3H^5,CAz$, qui est le nitrile de l'acide propionique, c'est-à-dire qui représente le propionate d'ammonium, moins 2 molécules d'eau :

$$C^3H^5,CAz \quad + \quad H^2O \quad + \quad KHO \quad = \quad C^3HO^4 \quad + \quad AzH^3$$

<table>
<tr><td>Cyanure
d'éthyle.</td><td>Eau.</td><td>Potasse.</td><td>Propionate
de potasse.</td><td>Ammo-
niaque.</td></tr>
</table>

Il bout à 146°; son odeur rappelle à la fois celles de l'acide acétique et de l'acide butyrique.

Acide butyrique, $C^4H^8O^2$. — Cet acide existe dans le beurre, où il a été découvert par Chevreul. Les matières sucrées, dans l'acte de la fermentation butyrique, en fournissent de grandes quantités. On utilise cette transformation pour le préparer. La fermentation butyrique suit la fermentation lactique.

On dissout dans treize litres d'eau bouillante 3 kilog. de sucre, 15 grammes d'acide tartrique, puis, au bout de quelques jours, on ajoute 120 grammes de vieux fromage, 4 kilog. de lait caillé et 1500 grammes de craie en poudre. Dans ces conditions, le ferment lactique se développe aux dépens des matières albumi-noïdes que lui fournissent le fromage et le lait; quant à la craie, elle sature l'acide lactique à mesure de sa production, le ferment lactique ne vivant pas dans un milieu acide. Au bout de dix jours, à une température de 35°, le tout est converti en lactate de chaux, en même temps qu'il s'est produit de la mannite et de l'alcool. Si l'on abandonne le mélange à lui-même à la même température, en remplaçant l'eau qui s'est éva-porée, le lactate de chaux, sous l'influence d'un nou-veau ferment, subit la fermentation butyrique, qui s'accomplit avec dégagement d'hydrogène et d'acide carbonique. Le ferment butyrique est un infusoire en baguettes cylindriques isolées, se développant dans les milieux privés d'oxygène libre.

$$2(C^3H^6O^3) \ = \ C^4H^8O^3 \ + \ 2CO^2 \ + \ H^4$$

Acide lactique.   Acide butyrique.   Acide carbonique.   Hydrogène.

Au bout de trois semaines, la transformation du lac-tate en butyrate est achevée. Le butyrate est dissous dans l'eau, et traité par une solution de carbonate de soude; le carbonate de chaux se précipite et la solution de butyrate de soude, après avoir été concentrée par la chaleur, est additionnée d'acide sulfurique; la plus grande partie de l'acide butyrique se sépare sous forme d'une couche huileuse que l'on décante et que l'on rectifie.

L'acide butyrique est liquide, incolore, d'une odeur très désagréable de beurre rance, moins dense que l'eau dans laquelle il est soluble, mais l'addition d'un sel neutre (chlorure de sodium, sulfate de soude) sé-pare l'acide butyrique de sa solution aqueuse. Il bout à 164°.

Son éther éthylique, le *butyrate d'éthyle* $C^4H^7O^3$, C^2H^5, se prépare par la distillation d'un mélange d'alcool, d'acide butyrique et d'un peu d'acide sulfurique; c'est un liquide incolore qui s'emploie dans la parfumerie et la confiserie, sous le nom d'*essence d'ananas*, dont il possède l'odeur agréable.

Acide valérique, $C^5H^{10}O^2$. — Il se rencontre dans la racine de valériane. L'oxydation de l'alcool amylique, ou huile de pommes de terre, $C^5H^{12}O$, par le bichromate de potasse et l'acide sulfurique, le fournit facilement. Il est incolore, fluide, d'une odeur désagréable; il bout à 175°, et est soluble dans l'eau.

Le *valérate d'amyle* $C^5H^9O^2$,C^5H^{11} a une odeur de pommes très agréable; il constitue l'*essence de pommes* artificielle.

Acide caproïque, $C^6H^{12}O^2$. — Il bout à 203°, il existe dans le beurre de vache, le beurre de coco.

Acide œnanthylique, $C^7H^{14}O^2$. — Il bout à 212°, c'est un produit d'oxydation de l'huile de ricin.

Acide caprylique, $C^8H^{16}O^2$. — Il existe dans le beurre de vache et le beurre de coco; il est solide, fond à 30° et bout à 236°.

Acide pélargonique, $C^9H^{18}O^2$. — On l'extrait de l'huile volatile de *Pelargonium roseum*. Il bout à 266°.

Acide caprique, $C^{10}H^{20}O^2$. — On le trouve à l'état de caprate d'amyle, dans les résidus de la distillation de l'alcool amylique; il fond à 57° et bout à 270°.

Acide laurique, $C^{12}H^{22}O^2$. — Il s'extrait des baies de laurier, et fond à 43°.

Acide myristique, $C^{14}H^{28}O^2$. — Il se retire du beurre de muscade; il fond à 53°.

Acide palmitique, $C^{16}H^{32}O^2$. — Il fond à 62°. A l'état de palmitate de cétyle, il constitue le blanc de baleine ; l'huile de palme est essentiellement formée de tripalmitate de glycérine, ou tripalmitine. Presque tous les corps gras renferment de la tripalmitine.

Acide margarique, $C^{17}H^{34}O^2$. — Il fond à 60°. A l'état de margarine ou éther margarique de la glycérine, il se rencontre dans la plupart des huiles et des graisses.

Acide stéarique, $C^{18}H^{36}O^2$. — Il fond à 69°, et forme à l'état de stéarine la plus grande partie des corps gras solides.

Ces trois acides s'obtiennent par la saponification des corps gras (voy. *Glycérine*). Ce sont des mélanges d'acides palmitique, margarique et stéarique, où domine ce dernier, qui constituent la bougie dite stéarique. Les savons sont des stéarates et palmitates de soude et de potasse.

Acide arachique, $C^{20}H^{40}O^2$, fusible à 75°, et *Acide bénique*, $C^{22}H^{44}O^2$, fusible à 76°. Tous deux sont retirés de l'huile de ben.

Acide cérotique, $C^{27}H^{54}O^2$. — Il fond à 78°; il forme la partie de la cire d'abeilles, appelée autrefois *cérine*, qui se dissout dans l'alcool bouillant. La cire de Chine est un cérotate de céryle.

Acide mélissique, $C^{30}H^{60}O^2$. — Il est fusible à 88°. On l'obtient en fondant avec la potasse l'alcool myricique $C^{30}H^{62}O$, qui existe à l'état de palmitate dans la cire d'abeilles.

81. Tels sont les acides de la série grasse $C^nH^{2n}O^2$; ils dérivent des alcools monoatomiques primaires $C^nH^{2n+2}O$. Leurs réactions sont les mêmes ; ils sont monobasiques, et donnent naissance à des éthers ; traités par le perchlorure de phosphore, ils se convertissent en chlorures d'acides. Ils représentent un

radical acide substitué dans l'eau à un atome d'hydrogène :

$$CHO,OH \qquad C^3H^3O,OH \qquad C^3H^5O,OH$$

Hydrate   Hydrate   Hydrate
de formyle.   d'acétyle.   de propionyle.

Si l'on considère avec soin ces formules, on voit qu'on peut les décomposer, et que toutes renferment un groupe $CO,OH = CO^2H$. Ce groupe est uni à l'hydrogène dans l'acide formique, à un radical alcoolique dans les autres acides :

$$CHO,OH = H,CO^2H \qquad\qquad C^2H^3O,OH = CH^3,CO^2H$$

Acide formique.   Acide acétique ou méthylformique.

$$C^3H^5O,OH = C^2H^5,CO^2H \qquad\qquad C^4H^2O,OH = C^3H^7,CO^2H$$

Acide propionique   Acide butyrique
ou éthylformique.   ou propylformique, etc.

Tous les acides organiques monobasiques, quels qu'ils soient, sont donc constitués par l'union d'un radical hydrocarboné et du groupe CO^2H ; et toutes les fois que le groupe CO^2H existe dans un corps quelconque, ce corps fait fonction d'acide. Les acides monobasiques ne renferment qu'un groupe CO^2H ; les acides bibasiques que nous verrons plus loin en renferment deux, etc. La basicité d'un acide organique est indiquée par le nombre de groupes CO^2H qui existent dans sa molécule.

Nous avons vu que les alcools primaires renferment un groupe CH^2,OH ; c'est ce groupe qui, perdant 2 atomes d'hydrogène et les remplaçant par un atome d'oxygène, se convertit en un groupe $CO,OH = CO^2H$.

$$CH^3 - CH^2 - OH \qquad\qquad CH^3 - CO - OH$$

Alcool éthylique.   Acide acétique.

C'est ainsi qu'un alcool primaire se convertit en acide; et que, connaissant la constitution de l'un de ces corps, nous pouvons déduire celle de l'autre.

La synthèse des acides gras peut se faire au moyen de l'alcool moins riche en carbone en préparant l'éther cyanhydrique de celui-ci et l'hydratant à l'ébullition soit par la potasse, soit par les acides.

$$C^2H^5,CAz \;+\; 2H^2O \;+\; HCl \;=\; C^2H^5,CO^2H \;+\; AzH^4Cl$$

Cyanure d'éthyle. Eau. Acide chlorhydrique. Acide propionique. Chlorure d'ammonium.

On remplace ainsi le groupe CAz des cyanures par le groupe CO²H des alcools primaires (voy., plus loin, *Nitriles*, § 91).

CHAPITRE VII

DÉRIVÉS DES ACIDES GRAS

Dérivés amidés des acides gras : Glycocolle, Acide hippurique,
Sarcosine, Alanine, Leucine, etc. — Amides et nitriles.

82. Dérivés amidés des acides gras. — L'acide acétique et ses homologues, traités par le chlore ou le
brome, fournissent des dérivés de substitution monochlorés ou monobromés. Si nous considérons l'un de
ces corps, l'acide monobromacétique par exemple, et
que nous le comparions au bromure d'éthyle

$$\begin{matrix} CH^2Br \\ CO^2H \end{matrix} \qquad \begin{matrix} CH^2Br \\ CH^3 \end{matrix}$$

$$\text{Acide} \qquad\qquad \text{Bromure}$$
$$\text{bromacétique.} \qquad \text{d'éthyle.}$$

nous voyons que, dans ces deux corps, le brome est
fixé à un groupe CH^2 ou, ce qui revient au même,
remplace un atome d'hydrogène dans un groupe CH^3.

Or, comme nous l'avons dit en parlant des ammoniaques composées (§ 53), le chlorure, le bromure, l'iodure d'éthyle, chauffés avec de l'ammoniaque, donnent
naissance à des ammoniaques composées, qui résultent
du remplacement de l'atome de chlore, de brome ou
d'iode par le groupe AzH^2 :

$$\begin{matrix} CH^2Br \\ CH^3 \end{matrix} \;+\; AzH^3 \;=\; \begin{matrix} CH^2,AzH^2 \\ CH^3 \end{matrix} \;+\; HBr$$

$$\begin{matrix} \text{Bromure} \\ \text{d'éthyle.} \end{matrix} \quad \text{Ammoniaque.} \quad \text{Éthylamine.} \quad \begin{matrix} \text{Acide} \\ \text{bromhydrique.} \end{matrix}$$

De même, si l'on chauffe avec l'ammoniaque l'acide chloracétique ou bromacétique, on remplace le chlore ou le brome par le groupe AzH^2, et l'on obtient un nouveau composé, qui représente de l'acide acétique dont un atome d'hydrogène est remplacé par le groupe AzH^2; c'est l'acide amido-acétique :

$$\begin{matrix} CH^2Br \\ CO^2H \end{matrix} \quad + \quad AzH^3 \quad = \quad \begin{matrix} CH^3,AzH^2 \\ CO^2H \end{matrix} \quad + \quad HBr$$

Acide bromacétique.   Ammoniaque.   Acide amido-acétique.   Acide bromhydrique.

Les acides homologues de l'acide acétique donnent également des dérivés chlorés ou bromés; acide chloropropionique $C^3H^5ClO^2$, acide chlorobutyrique $C^4H^7ClO^2$, acide chlorovalérique $C^5H^9ClO^2$, que l'ammoniaque transforme en dérivés amidés.

Ces acides amidés présentent un grand intérêt; avant que leur constitution eût été dévoilée par leur reproduction synthétique, ils avaient été découverts dans les liquides de l'organisme, ou obtenus par transformation des matières albuminoïdes.

Le premier terme de la série, l'acide amido-acétique, n'est autre que le glycocolle ou sucre de gélatine.

83. Glycocolle (*Acide amido-acétique, sucre de gélatine*) $C^2H^5AzO^2 = \begin{matrix} CH^2AzH^2 \\ CO^2H \end{matrix}$. — Braconnot le découvrit en 1820, dans l'action de l'acide sulfurique sur la gélatine, et lui donna le nom de *sucre de gélatine*. Depuis, on l'obtint dans le dédoublement de l'acide hippurique, des acides de la bile, de l'acide urique.

La synthèse en a été faite en même temps par M. Cahours et par MM. Perkin et Duppa, au moyen de l'acide acétique monochloré ou monobromé.

Pour obtenir le glycocolle avec la gélatine, on soumet celle-ci à l'ébullition, pendant plusieurs heures, avec de l'acide sulfurique étendu ; on sature la liqueur par le carbonate de baryte pour séparer l'acide sulfurique à l'état de sulfate insoluble, on filtre, et la liqueur aqueuse, abandonnée à l'évaporation spontanée, laisse déposer des cristaux de glycocolle.

Il cristallise en prismes rhomboïdaux, d'une saveur sucrée, fusibles à 170°, solubles dans quatre fois leur poids d'eau, très peu solubles dans l'alcool, insolubles dans l'éther.

D'après sa constitution, le glycocolle nous apparait comme moitié base analogue aux ammoniaques composées, moitié acide monobasique :

$$C^2H^3(AzH^2)O^2 = \left\{ \begin{array}{l} CH^3,AzH^2 \\ \dot{C}O^2H \end{array} \right.$$

Glycocolle.

Aussi s'unit-il aux acides et aux oxydes : avec ces derniers, il fournit de véritables sels, tels sont les glycocollates d'argent, $C^2H^2(AzH^2)O^2Ag = \dfrac{CH^2AzH^2}{\dot{C}O^2Ag}$, de baryum, de zinc, de cuivre, de plomb : le remplacement du métal par un radical alcoolique fournit des éthers glycocolliques ou acétamiques, comme le glycocollate d'éthyle $C^2H^2(AzH^2)O^2,C^2H^5$.

En présence des acides, il joue le rôle d'une base ; on connait le chlorhydrate $C^2H^3(AzH^2)O^2,HCl$, l'azotate, l'oxalate, etc.

Dans l'ammoniaque ou les ammoniaques composées, l'hydrogène fixé à l'azote est remplaçable par des radicaux alcooliques (*amines*), ou par des radicaux acides, comme on l'observe avec les *amides* (voy. § 91). Une substitution du même genre peut s'opérer dans le groupe AzH^2 du glycocolle ; ainsi, le remplacement d'un atome d'hydrogène par le méthyle CH^3 fournit le méthyl-glycocolle ou sarcosine ; tandis que l'introduction du radical benzoyle C^7H^5O de l acide benzoïque fournit le benzoyl-glycocolle ou acide hippurique.

AzH^3	AzH^2,CH^3	$AzH^2(C^7H^5O)$
Ammoniaque.	Méthylamine.	Benzamide.
CH^2AzH^2 $\dot{C}O^2H$	$CH^2AzH(CH^3)$ $\dot{C}O^2H$	$CH^2AzH(C^7H^5O)$ $\dot{C}O^2H$
Glycocolle.	Méthylglycocolle (sarcosine).	Benzoylglycocolle (acide hippurique).

84. ACIDE HIPPURIQUE (*benzoyl-glycocolle*) $C^9H^9AzO^3$. — Cette substance s'obtient par synthèse en traitant le glycocolle argentique par le chlorure de benzoyle [1], ou la benzamide par l'acide monochloracétique :

$$C^2H^4AzO^2,Ag + C^7H^5OCl + C^9H^9AzO^3 + AgCl$$

Glycocolle argentique.	Chlorure de benzoyle.	Acide hippurique.	Chlorure d'argent.

$$C^7H^5O,AzH^2 + C^2H^3ClO^2 = C^9H^9AzO^3 + HCl$$

Benzamide.	Acide chloracétique.	Acide hippurique.	Acide chlorhydrique.

Le benzoylglycocolle, ou acide hippurique, se rencontre dans l'urine de l'homme, mais en petite quantité ; un homme adulte n'émet pas plus de 40 centigrammes d'acide hippurique en vingt-quatre heures. Il augmente notablement après l'ingestion des mûres,

---

1. Le chlorure de benzoyle C^7H^5OCl est un corps analogue au chlorure d'acétyle et formé dans l'action du perchlorure de phosphore sur l'acide benzoïque $C^7H^6O^2$, qui est un acide monobasique comme l'acide acétique. La benzamide C^7H^5O,AzH^2 résulte du remplacement de l'hydrogène de l'ammoniaque par le radical benzoyle C^7H^5O de l'acide benzoïque. Elle est analogue à l'acétamide (voy. § 91).

des prunes, des baies de myrtille, probablement parce que ces substances renferment des dérivés benzoïques ou cinnamiques, car l'acide benzoïque et l'acide cinnamique, introduits dans l'économie, s'y transforment en acide hippurique qui est éliminé avec les urines. On ne sait rien de certain sur la proportion de l'acide hippurique émis dans les différents états pathologiques; il paraît augmenter dans le diabète et les fièvres intenses. L'urine des herbivores est riche en acide hippurique, qu'on extrait de la façon suivante : on concentre l'urine et on l'additionne de deux à trois fois son poids d'acide chlorhydrique; au bout de douze heures, il se sépare de l'acide hippurique fortement coloré, on le dissout dans la soude, on y ajoute un peu de chlorure de chaux pour détruire la plus grande partie des matières colorantes, on le précipite de nouveau par l'acide chlorhydrique, et l'on finit de le purifier par une cristallisation dans l'eau bouillante en présence de noir animal.

Il cristallise en longs prismes incolores, peu solubles dans l'eau froide, très solubles dans l'eau bouillante et dans l'alcool. Il est monobasique; les hippurates sont cristallisables.

A la distillation sèche, il se détruit en fournissant de l'acide cyanhydrique, de l'acide benzoïque, etc.

Soumis à l'ébullition avec des acides ou des alcalis, il s'assimile les éléments de l'eau, et se dédouble en glycocolle et acide benzoïque :

$$C^9H^9AzO^3 \ + \ H^2O \ = \ C^7H^6O^3 \ + \ C^2H^3(AzH^2)O^2$$

| Acide hippurique. | Eau. | Acide benzoïque. | Glycocolle. |

Pendant la fermentation de l'urine, ce même dédoublement a lieu; et dans les urines anciennes on ne trouve plus d'acide hippurique, mais bien de l'acide benzoïque.

85. *Recherche de l'acide hippurique.* — Pour constater la présence de l'acide hippurique dans l'urine, on évapore celle-ci à consistance sirupeuse, on ajoute un excès d'acide chlorhydrique et on fait recristalliser le dépôt dans une petite quantité d'eau bouillante. On reconnaît que ces cristaux sont bien de l'acide hippurique : 1° en constatant leur forme cristalline au microscope; 2° en les chauffant jusqu'à 250° dans un petit tube; ils dégagent de l'acide cyanhydrique, dont l'odeur se perçoit facilement; 3° en les traitant dans une petite capsule par de l'acide azotique concentré, évaporant à siccité et chauffant rapidement le résidu sec dans un petit tube; il se dégage alors de la nitrobenzine qui possède l'odeur d'amandes amères.

Plusieurs autres homologues de l'acide benzoïque (acide toluique, acide cuminique) se transforment dans l'organisme en acides homologues de l'acide hippurique, et constitués comme lui :

$$C^7H^5O,OH$$
Acide benzoïque.

$$C^2H^3O^2,AzH(C^7H^5O)$$
Acide hippurique
(benzoyl-glycocolle).

$$C^8H^7O,OH$$
Acide toluique.

$$C^2H^3O^2,AzH(C^8H^7O)$$
Acide tolurique
(toluyl-glycocolle).

$$C^{10}H^{11}O,OH$$
Acide cuminique.

$$C^2H^3O^2,AzH(C^{10}H^{11}O)$$
Acide cuminurique
(cuminyl-glycocolle).

86. **MÉTHYLGLYCOCOLLE** (*sarcosine*) $C^3H^7AzO^2$. — Le remplacement d'un atome d'hydrogène du groupe AzH^2 du glycocolle par un radical alcoolique fournit de nombreux composés, entre autres le méthylglycocolle ou sarcosine :

$$C^3H^7AzO^2 = \begin{matrix} CH^2,AzH(CH^3) \\ CO^2H \end{matrix}$$

Sarcosine.

On l'obtient par une réaction analogue à celle qui donne le glycocolle, en chauffant l'acide chloracétique avec la méthylamine au lieu de le chauffer avec l'ammoniaque :

$$C^2H^3ClO^2 + 2AzH^3 = C^2H^3(AzH^2)O^2 + AzH^4Cl$$

Acide chloracétique.   Ammoniaque.   Glycocolle.   Chlorhydrate d'ammoniaque.

$$C^2H^3ClO^2 + 2AzH^2CH^3 = C^2H^3(AzHCH^3)O^2 + AzH^3(CH^3)Cl$$

Acide chloracétique.   Méthylamine.   Méthylglycocolle.   Chlorhydrate de méthylamine.

Cette synthèse a dévoilé la constitution de la sarcosine, qu'on avait obtenue précédemment par la décomposition d'un alcali cristallisé, la créatine, qui se rencontre dans les muscles. Soumise à l'ébullition avec dix fois son poids d'hydrate de baryte, la créatine s'assimile les éléments de l'eau, et se dédouble en sarcosine et en urée :

$$C^4H^9Az^3O^2 + H^2O = C^3H^7AzO^2 + COAz^2H^4$$

Créatine.   Eau.   Sarcosine.   Urée.

En prolongeant l'ébullition, l'urée se détruit elle-même avec dégagement d'acide carbonique et d'ammoniaque ; lorsque le liquide en ébullition n'a plus d'odeur ammoniacale, on le filtre, on sépare l'excès de baryte par un courant de gaz carbonique, on filtre de nouveau, et la liqueur évaporée donne des cristaux de sarcosine.

La sarcosine est en larges feuillets incolores et transparents, fort solubles dans l'eau, très peu solubles dans l'alcool, insolubles dans l'éther. Elle joue le rôle d'une base vis-à-vis des acides. On connaît le chlorhydrate, le chloroplatinate et le sulfate de sarcosine.

87. Homologues du glycocolle. — Aux acides gras homologues de l'acide acétique correspondent des acides amidés homologues du glycocolle. Les termes principaux de la série sont les suivants, dont nous rapprochons les formules de celles des acides dont ils dérivent :

$C^2H^4O^2$

Acide acétique.

$C^2H^3(AzH^2)O^2$

Acide amido-acétique (glycocolle).

$C^3H^6O^2$

Acide propionique.

$C^3H^5(AzH^2)O^2$

Acide amido-propionique (alanine).

$C^5H^{10}O^2$

Acide valérique.

$C^5H^9(AzH^2)O^2$

Acide amido-valérique (butalanine).

$C^6H^{12}O^2$

Acide caproïque.

$C^6H^{11}(AzH^2)O^2$

Acide amido-caproïque (leucine).

Ces composés ont les propriétés générales du glycocolle; comme lui, ils renferment un groupe AzH^2 et un groupe CO^2H; ils sont moitié bases, moitié acides et peuvent jouer ce double rôle :

$CH^2(AzH^2)$
CO^2H

Glycocolle.

CH^3
$CH(AzH^2)$
CO^2H etc.

Alanine.

Tous ces corps (excepté l'alanine) se rencontrent dans l'organisme; ils paraissent être des produits de désassimilation, et il est intéressant de constater que l'élimination de l'azote se fait par l'intermédiaire de corps de même fonction et de constitution voisine : ce sont ou des acides amidés, ou des amides comme l'urée et l'acide urique lui-même.

88. ALANINE $C^3H^5(AzH^2)O^2$. — Elle a été obtenue par l'action simultanée de l'acide chlorhydrique et de l'acide cyanhydrique sur l'aldéhyde ; elle résulte de la fixation d'une molécule d'eau et d'une molécule d'acide cyanhydrique sur une molécule d'aldéhyde (Strecker) :

$$C^2H^4O \;+\; CAzH \;+\; H^2O \;=\; C^3H^5(AzH^2)O$$

Aldéhyde.　　Acide cyanhydrique.　　Eau.　　Alanine.

On peut la préparer avec l'acide chloropropionique et l'ammoniaque, comme on prépare le glycocolle avec l'acide chloracétique et l'ammoniaque :

$$C^3H^5ClO^2 \;+\; 2AzH^3 \;=\; C^3H^5(AzH^2)O^2 \;+\; AzH^4Cl$$

Acide chloropropionique.　　Ammoniaque.　　Alanine.　　Chlorhydrate d'ammoniaque.

Elle cristallise en aiguilles dures, groupées en étoiles, insolubles dans l'éther, solubles dans l'eau, peu solubles dans l'alcool. Soumise à la distillation sèche, elle se dédouble en éthylamine et acide carbonique :

$$C^3H^5(AzH^2)O^2 \;=\; CO^2 \;+\; C^3H^5,AzH^4$$

Alanine.　　Acide carbonique.　　Éthylamine.

89. BUTALANINE $C^5H^9(AzH^2)O^2$. — Gorup-Besanez l'a découverte dans la rate et dans le pancréas. Pour l'en extraire, on hache le tissu des organes, on l'épuise par l'eau froide et on porte à l'ébullition de manière à coaguler l'albumine ; le liquide filtré et évaporé à con-

sistance sirupeuse abandonne, au bout de quelques jours, un mélange de butalanine et de leucine. On dissout les cristaux dans l'alcool bouillant, la butalanine moins soluble se sépare la première sous forme de cristaux prismatiques incolores.

On la prépare artificiellement avec l'acide chlorovalérique et l'ammoniaque (Cahours). La distillation sèche la décompose en acide carbonique et butylamine $C^4H^9AzH^2$.

90. LEUCINE $C^6H^{11}(AzH^2)O^2$. — Proust la découvrit en 1818, dans le vieux fromage, et l'appela oxyde caséeux; Fourcroy l'avait signalée dans le gras de cadavre, et désignée sous le nom d'aposépédine. La leucine prend naissance dans la putréfaction du fromage, du gluten, dans l'action de l'acide sulfurique ou de la potasse sur diverses matières azotées, telles que la chair musculaire, la laine, la gélatine, le blanc d'œuf, la corne. Dans ces réactions, elle est souvent accompagnée de glycocolle et de tyrosine.

La leucine existe dans les organes de l'homme et des animaux, dans le foie, le pancréas, le suc pancréatique, la rate, la glande thyroïde, la salive, les glandes salivaires, le tissu pulmonaire. Elle est identique avec le corps que Gorup-Besanez avait retiré du thymus et appelé *thymine*.

On la rencontre aussi dans les urines des albuminuriques et celles des malades atteints de fièvre typhoïde, de variole et d'atrophie aiguë du foie. On l'extrait de ces organes en opérant comme nous l'avons dit en parlant de la butalanine.

Pour se procurer de la leucine, on fait bouillir des rognures de corne avec 4 parties d'acide sulfurique concentré et 12 parties d'eau pendant trente-six heures, on sature par un lait de chaux, on fait bouillir encore

vingt-quatre heures, on filtre, on ajoute au liquide
filtré un très léger excès d'acide sulfurique, on filtre
de nouveau, et on concentre la liqueur. Il se dépose
d'abord des cristaux de tyrosine en groupes mamelonnés, puis des lames de leucine. On lave les cristaux avec un peu d'alcool, puis on les fait recristalliser
dans l'eau bouillante, la tyrosine se sépare la première,
et les eaux mères renferment de la leucine presque pure.

La leucine s'obtient synthétiquement avec l'acide
bromocaproïque $C^6H^{11}BrO^2$ et l'ammoniaque.

Elle cristallise en lamelles blanches, grasses au
toucher, sans odeur; elle fond à 170°. Doucement
chauffée, elle se sublime, mais par l'application d'une
brusque chaleur elle se dédouble en acide carbonique
et amylamine $C^5H^{11}AzH^2$.

La leucine, fondue avec de la potasse, fournit de
l'acide valérique.

91. Amides et nitriles. — Les radicaux acides, de
même que les radicaux alcooliques, se substituent à
l'hydrogène de l'ammoniaque; ces azotures acides sont
appelés *amides*. On ne connaît encore que les composés correspondant aux ammoniaques primaires et
secondaires :

$$Az \begin{cases} H \\ H \\ H \end{cases} \qquad Az \begin{cases} C^2H^3O \\ H \\ H \end{cases} \qquad Az \begin{cases} C^2H^3O \\ C^2H^3O \\ H \end{cases}$$

Ammoniaque.   Acétamide   Diacétamide
        (amide primaire).   (amide secondaire).

Les amides primaires, dont seules nous parlerons, se
produisent dans l'action des éthers ou des chlorures
d'acides sur l'ammoniaque :

$$C^2H^3OCl \; + \; 2AzH^3 \; = \; Az \begin{cases} C^2H^3O \\ H^2 \end{cases} \; + \; AzH^4Cl$$

Chlorure   Ammoniaque.   Acétamide.   Chlorure
d'acétyle.   d'ammonium.

$$C^2H^3O^2,C^2H^5 \ + \ AzH^3 \ = \ Az \begin{cases} C^2H^3O \\ H^2 \end{cases} + \ C^2H^5,OH$$

Acétate d'éthyle.   Ammoniaque.   Acétamide.   Alcool.

Elles représentent un sel ammoniacal moins une molécule d'eau, et, de fait, on peut les obtenir par la déshydratation de sels ammoniacaux :

$$C^2H^3O^2,AzH^4 \ - \ H^4O \ = \ Az \begin{cases} C^2H^3O \\ H^2 \end{cases}$$

Acétate   Eau.   Acétamide.
d'ammonium.

Aussi leur caractère principal est de pouvoir régénérer un sel ammoniacal en fixant les éléments de l'eau : ainsi l'acétamide, chauffée à une température élevée avec de l'eau, se convertit en acétate d'ammoniaque.

La décomposition des amides se fait plus facilement lorsqu'on les traite par un alcali; dans ce cas, il se dégage de l'ammoniaque, et l'acide du sel ammoniacal se retrouve à l'état de sel alcalin :

$$C^2H^3O,AzH^2 \ + \ KHO \ = \ C^2H^3O^2K \ + \ AzH^3$$

Acétamide.   Potasse.   Acétate   Ammoniaque.
de potasse.

Les radicaux acides peuvent aussi se substituer à l'hydrogène des ammoniaques composées :

$$2(CH^3,AzH^2) \ + \ C^2H^3O,Cl \ = \ Az \begin{cases} CH^3 \\ C^2H^3O \\ H \end{cases} + \ CH^3,AzH^2,HCl$$

Méthylamine.   Chlorure   Méthyl-   Chlorhydrate
d'acétyle.   acétamide.   de méthylamine.

Les corps ainsi formés sont moitié *amines*, moitié *amides* : on les appelle *alcalamides*. En fixant de l'eau, ils régénèrent l'acide et une ammoniaque composée :

$$\text{Az} \begin{cases} CH^3 \\ C^2H^3O \\ H \end{cases} + \quad KHO \quad = \quad C^2H^3O^2K \quad + \quad CH^3,AzH^2$$

Méthylacétamide.   Potasse.   Acétate   Méthylamine.
de potassium.

Les amides primaires de la série grasse, homologues de l'acétamide, étant distillées avec de l'anhydrite phosphorique, perdent une molécule d'eau, et les corps qui dérivent de cette déshydratation constituent les *nitriles*. Les nitriles sont identiques avec les cyanures de radicaux alcooliques ou éthers cyanhydriques (voy. § 104).

$$C^2H^3O,AzH^2 \quad - \quad H^2O \quad = \quad C^2H^3Az \quad = \quad CH^3,CAz$$

Acétamide.   Eau.   Nitrile acétique.
ou cyanure de méthyle.

Les nitriles diffèrent donc des sels ammoniacaux correspondants, par deux molécules d'eau qu'ils ont en moins; inversement en s'assimilant $2H^2O$, ils régénèrent les sels ammoniacaux :

$$C^2H^3Az \quad + \quad 2H^2O \quad = \quad C^2H^3O^3,AzH^4$$

Nitrile   Eau.   Acétate
acétique.   d'ammoniaque.

Cette fixation a lieu plus rapidement par l'ébullition des nitriles avec la potasse; l'acide est alors à l'état de sel de potasse, et l'ammoniaque se dégage :

$$C^2H^3Az \quad + \quad KHO \quad + \quad H^2O \quad = \quad C^2H^3O^2K \quad + \quad AzH^3$$

Nitrile   Potasse.   Eau.   Acétate   Ammoniaque.
acétique.   de potasse.

Cette réaction est très importante, car elle permet de préparer tous les acides de la série grasse au moyen des éthers cyanhydriques, qu'on peut obtenir avec les iodures alcooliques et le cyanure de potassium (§ 104).

La déshydratation des sels ammoniacaux et la formation de nitriles s'opèrent souvent par simple distillation, sans l'intervention d'un agent déshydratant comme l'acide phosphorique. Le formiate d'ammoniaque chauffé brusquement à 200° perd deux molécules d'eau et se convertit en son nitrile :

$$CHO^3, AzH^4 \quad - \quad 2H^2O \quad = \quad CAzH$$

Formiate	Eau.	Nitrile
d'ammonium.		formique.

Le nitrile formique, premier terme de la série homologue des nitriles des acides gras, n'est autre que l'acide cyanhydrique avec lequel nous étudierons les nombreux composés du cyanogène.

CHAPITRE VIII

COMPOSÉS DU CYANOGÈNE

Cyanogène. — Acide cyanhydrique. — Cyanures métalliques. —
Ferrocyanures. — Cyanures alcooliques. — Fulminates.

92. Cyanogène. — L'acide cyanhydrique, nitrile de
l'acide formique, nous conduit de l'étude des acides
gras à celle des nombreuses combinaisons du cyanogène. Dans l'acide cyanhydrique $CAzH$, l'atome de
carbone tétratomique est saturé par un atome d'azote
triatomique, et par un atome d'hydrogène :

$$CAzH = C \begin{cases} \equiv Az \\ -H \end{cases}$$

En perdant un atome d'hydrogène, l'acide cyanhydrique laisse un groupe non saturé, CAz cyanogène [1],
qui fonctionne comme radical monoatomique et existe
à ce titre dans une foule de composés, comme $CAzK$
cyanure de potassium, CAz,C^2H^5 cyanure d'éthyle, etc.
Deux groupes CAz monoatomiques s'unissant l'un à
l'autre fournissent le cyanure de cyanogène ou cyanogène libre $(CAz)^2 = C^2Az^2$.

Le groupe CAz se comporte dans un grand nombre

---

1. Le nom de cyanogène s'applique au groupe CAz dans ses
combinaisons : ainsi on dit que le cyanure de potassium est une
combinaison de cyanogène et de potassium. Employé seul, il
désigne le dicyanogène, ou cyanure de cyanogène 2 (CAz).

de réactions comme un corps simple dont les affinités se rapprochent de celles du chlore; c'est le premier exemple d'un radical composé fonctionnant comme un élément. Ses propriétés ont été découvertes par Gay-Lussac. On l'écrit souvent $Cy = CAz$. Ainsi CyK cyanure de potassium pour $CAzK$, $CyNa$ pour $CAzNa$.

Les cyanures métalliques se produisent toutes les fois que des matières azotées sont calcinées au contact des alcalis. Lorsqu'on dirige un courant d'air atmosphérique dans un mélange incandescent de baryte caustique et de charbon, l'azote de l'air se combine avec le charbon et la masse renferme du cyanure de baryum.

Le cyanogène libre ou dicyanogène, $Cy^2 = C^2Az^2$, se rencontre dans les gaz qui se dégagent des hauts fourneaux où l'on traite le minerai de fer par la houille. L'oxalate d'ammoniaque soumis à la distillation sèche se dédouble en eau et en cyanogène :

$$C^2O^4(AzH^4)^2 \quad = \quad 4H^2O \quad + \quad (CAz)^2$$

Oxalate neutre d'ammonium.   Eau.   Cyanogène.

Le procédé d'obtention habituel consiste à distiller le cyanure de mercure bien sec dans une petite cornue de verre, on recueille le gaz sur le mercure :

$$(CAz)^2Hg \quad = \quad Hg \quad + \quad (CAz)^2$$

Cyanure mercurique.   Mercure.   Cyanogène.

Le cyanogène est un gaz incolore, d'une odeur piquante qui rappelle celle des amandes amères, d'une densité de 1,8054 par rapport à l'air; l'eau en absorbe 4 fois 1/2, l'alcool 23 fois son volume.

Entre 25° et 30° au-dessous de zéro, il se liquéfie, et

par un froid plus intense il se prend en une masse solide, cristalline, radiée, qui ressemble à de la glace et fond à — 34°.

Il brûle avec une flamme pourpre sur les bords, en produisant de l'acide carbonique et de l'azote. Sa solution aqueuse se décompose rapidement à la lumière; il se dépose des flocons noirs d'une matière mal déterminée, appelée acide azulmique, et il reste en solution de l'urée, du carbonate, du cyanhydrate et de l'oxalate d'ammoniaque.

En présence du potassium, il se comporte exactement comme le chlore. Si dans une petite cloche courbe renversée sur le mercure et à moitié remplie de cyanogène, on introduit un petit morceau de potassium et qu'on chauffe, il y a combinaison directe, et la combinaison s'effectue avec dégagement de lumière :

$$(CAz)^2 \quad + \quad K^2 \quad = \quad 2(CAzK)$$

Cyanogène.   Potassium.   Cyanure
                                        de potassium.

Le carbonate de potasse chauffé au rouge dans une atmosphère de cyanogène se convertit en cyanure et en cyanate : cette réaction est analogue à celle du chlore qui fournit du chlorure et de l'hypochlorite :

$$Cl^2 \quad + \quad CO^3K^2 \quad = \quad KCl \quad + \quad KClO \quad + \quad CO^2$$

Chlore.   Carbonate   Chlorure   Hypochlorite   Acide
          de potasse. de potassium. de potasse.   carbonique.

$$Cy^2 \quad + \quad CO^3K^2 \quad = \quad KCy \quad + \quad KCyO \quad + \quad CO^2$$

Cyanogène. Carbonate   Cyanure   Cyanate   Acide
            de potasse. de potassium. de potasse.   carbonique.

93. Acide cyanhydrique (*Acide prussique*) CAzH. — Il existe dans les eaux distillées de laurier-cerise, d'amandes amères et des fruits à noyaux, dans le suc de la racine du *Jatropha manihot*. La distillation sèche des substances azotées et l'oxydation par l'acide azotique de certains composés organiques fournissent de l'acide cyanhydrique.

Le formiate d'ammonium chauffé brusquement à 2/X;° se dédouble suivant l'équation :

$$CHO^3,AzH^4 \quad - \quad 2H^2O \quad = \quad CAzH$$

Formiate	Eau.	Acide
d'ammoniaque.		cyanhydrique.

On le prépare complètement pur et anhydre, en distillant un mélange de 16 parties de ferrocyanure de potassium pulvérisé, de 7 parties d'acide sulfurique concentré et de 14 parties d'eau. On emploie une cornue dont le col est relevé et muni d'un long tube *a*, également incliné, pour que les vapeurs se condensent et refluent dans la cornue. Le tube *a* se rend dans un tube plus large *b*, renfermant des fragments de chlorure de calcium, et en communication avec un flacon à deux tubulures B rempli également de chlorure de calcium, et plongé dans de l'eau tiède maintenue à 30° pour que les vapeurs d'acide cyanhydrique ne s'y arrêtent pas. L'autre tubulure du flacon B est munie d'un tube abducteur *c*, qui conduit l'acide cyanhydrique dans un matras à long col, entouré d'un mélange réfrigérant, C.

On chauffe la cornue, l'acide cyanhydrique mélangé d'eau distille, la plus grande partie de l'eau se condense dans le col de la cornue, les portions qu'entraîne l'acide cyanhydrique sont retenues par le chlorure de calcium; et l'acide cyanhydrique anhydre se condense dans le récipient [1]. (Fig. 5.)

1. Voir les équations de la réaction, § 99.

Quand on veut avoir de l'acide cyanhydrique aqueux,
il suffit de chauffer le mélange de ferrocyanure, d'acide
sulfurique et d'eau jusqu'à ce que la moitié du liquide
ait distillé; on le reçoit dans un récipient fortement
refroidi.

Fig. 5. — Préparation de l'acide cyanhydrique anhydre.

L'acide cyanhydrique, qui est quelquefois employé
en médecine, est d'une conservation presque impos-
sible et d'un difficile maniement; aussi a-t-on conseillé
d'opérer comme il suit, pour avoir instantanément une
solution d'acide cyanhydrique titrée sans avoir recours
à la distillation. A une solution de 9 parties d'acide
tartrique on ajoute 4 parties de cyanure de potassium,
il se précipite de la crème de tartre; on décante le
liquide, qui est une solution d'acide cyanhydrique renfermant une petite quantité de crème de tartre.

Anhydre, l'acide cyanhydrique est liquide, incolore, d'une densité de 0,7058 à 18°. Il se solidifie à — 14°, et bout à 26°,1. Il se mêle à l'eau en toutes proportions; il est soluble dans l'alcool, son odeur est celle de l'essence d'amandes amères. Il se décompose spontanément, surtout sous l'influence de la lumière; des traces d'acides minéraux le rendent plus stable.

Comme il est le nitrile de l'acide formique, c'est-à-dire le formiate d'ammoniaque moins deux molécules d'eau, il régénère les éléments de ce sel sous l'influence des acides ou des alcalis. Quand on le mélange avec de l'acide chlorhydrique concentré, il s'échauffe, et se convertit en chlorhydrate d'ammoniaque et acide formique (Pelouze) :

$$CAzH + 2H^2O + HCl = CH^2O^2 + AzH^4Cl$$

| Acide cyanhydrique. | Eau. | Acide chlorhydrique. | Acide formique. | Chlorhydrate d'ammoniaque. |

Un courant de gaz chlorhydrique, dirigé dans de l'acide cyanhydrique anhydre, s'y combine; l'existence de ce chlorhydrate d'acide cyanhydrique $CAzH,HCl$, prouve qu'il se comporte quelquefois comme une base; l'acide bromhydrique et l'acide iodhydrique fournissent des composés analogues. (A. Gautier.)

Avec les oxydes métalliques, il fait la double décomposition comme le fait l'acide chlorhydrique :

$$2HCl + HgO = HgCl^2 + H^2O$$

| Acide chlorhydrique. | Oxyde mercurique. | Chlorure mercurique. | Eau. |

$$2CyH + HgO = HgCy^2 + H^2O$$

| Acide cyanhydrique. | Oxyde mercurique. | Cyanure mercurique. | Eau. |

Les réactions suivantes sont caractéristiques, et permettent de déceler la présence de l'acide cyanhydrique.

Avec l'azotate d'argent, il donne un précipité de cyanure d'argent, blanc, caillebotté, soluble dans l'ammoniaque, ressemblant au chlorure, mais s'en distinguant en ce qu'il est soluble dans l'acide azotique bouillant.

En présence des alcalis, il précipite les sels de fer : en opérant comme il suit, on caractérise l'acide cyanhydrique par la production de bleu de Prusse.

Au liquide qui renferme de l'acide cyanhydrique, on ajoute un peu de potasse caustique, puis quelques gouttes de sulfate ferreux contenant du sulfate ferrique. Il se forme un précipité qu'on traite par l'acide chlorhydrique en excès; celui-ci dissout l'oxyde ferrique qui s'était déposé, et laisse apparaître la couleur bleu foncé du liquide, due au bleu de Prusse en suspension.

Un procédé très sensible consiste à faire passer l'acide cyanhydrique à l'état de sulfocyanate d'ammonium, ce qui se fait en chauffant sur un verre de montre quelques gouttes de la solution cyanhydrique avec du sulfhydrate d'ammoniaque jusqu'à décoloration. Le sulfocyanate d'ammonium, additionné d'une goutte d'un sel ferrique, donne une coloration rouge de sang intense, due à du sulfocyanure ferrique. Cette réaction permet de reconnaître l'acide cyanhydrique alors qu'il ne peut plus être décelé à l'état de bleu de Prusse.

94. ACTION DE L'ACIDE CYANHYDRIQUE SUR L'ÉCONOMIE. — L'acide cyanhydrique est un des poisons les plus violents que l'on connaisse; à la dose de 5 centigrammes en une seule fois, il peut amener la mort chez l'homme; versé sur la langue, instillé sur l'œil, ou absorbé par les voies respiratoires, il amène les mêmes effets. Lorsqu'on en respire de petites quantités, il cause des douleurs de poitrine très vives, et un sentiment d'oppression qui dure plusieurs heures;

à une dose plus élevée, il occasionne la mort, après avoir déterminé de violents accès tétaniques; enfin, il agit à dose foudroyante, et l'individu empoisonné succombe deux ou cinq minutes après l'ingestion du poison. Chez les animaux de petite taille, la mort est instantanée. Suivant M. Coye, l'acide cyanhydrique n'a pas d'action spéciale sur le système nerveux; il agit sur l'appareil circulatoire, et la mort arrive par suspension des mouvements du cœur; les convulsions qu'on observe quelquefois résultent du défaut d'afflux du sang à la moelle épinière.

On a introduit l'acide cyanhydrique dans la thérapeutique, comme calmant dans les toux nerveuses, l'asthme, la coqueluche, etc.; l'acide cyanhydrique médicinal renferme en poids 1 partie d'acide cyanhydrique pour 8 parties et demie d'eau, ou 1 volume d'acide pour 6 volumes d'eau. D'après les observations dues à Becquerel, il paraît que l'acide cyanhydrique est un mauvais médicament, sans aucune influence contre les maladies pour lesquelles on l'a recommandé.

On ne connaît pas de véritable contrepoison de l'acide cyanhydrique; le chlore, l'ammoniaque, qui fournissent avec lui des composés presque aussi vénéneux, ont été conseillés, mais s'ils ont donné de bons résultats, c'est qu'ils ont agi comme excitants et non comme contrepoisons. Le seul procédé efficace contre les empoisonnements par l'acide cyanhydrique ou les cyanures consiste en affusions froides le long de la colonne vertébrale et sur l'occiput.

Dans l'empoisonnement par l'acide cyanhydrique, ou par les substances qui lui doivent leur action toxique (eau distillée de laurier-cerise, d'amandes amères), les organes et surtout l'estomac, exhalent, la plupart du temps, l'odeur des amandes amères. Dans ce cas, on peut isoler l'acide cyanhydrique avec ses réactions caractéristiques. A cet effet, dans une cornue en communication avec un récipient refroidi par de la glace, on introduit l'estomac et son contenu, on ajoute de l'eau distillée, et on chauffe de manière que le quart du liquide passe dans le récipient. Tout l'acide cyanhydrique contenu dans les organes distille, et on le reconnaît non seulement à l'odeur, mais encore en le transformant en bleu de Prusse et en sulfocyanate ferrique, d'après les procédés indiqués plus haut. — Si l'empoisonnement paraît avoir eu lieu par un cyanure métallique, on doit ajouter de l'acide acétique au contenu de la cornue, avant de procéder à la distillation. Il est essentiel de s'assurer que l'estomac ne renfermait pas de ferrocyanure de potassium, sel non vénéneux, et qu'on a quelquefois administré comme médicament, car le ferrocyanure en présence des acides de l'estomac pourrait fournir de l'acide cyanhydrique qui passerait à la distillation. Quand l'estomac renferme du ferrocyanure, les eaux de lavage de cet organe fournissent immédiatement la coloration du bleu de Prusse par l'addition d'un sel ferrique.

95. Cyanures métalliques. — CYANURE DE POTASSIUM CyK. — On calcine au rouge dans une cornue de grès le ferrocyanure de potassium ou prussiate jaune de potasse; quand la cornue est refroidie, on la brise et l'on trouve une masse noire composée de charbon, de carbure de fer, et de cyanure de potassium; on pulvérise cette masse, et on l'épuise par l'alcool de 80 centièmes bouillant qui dissout le cyanure et l'abandonne par l'évaporation.

Il s'obtient moins pur, mais plus économiquement, avec un mélange intime de trois parties de carbonate de potasse et de 8 parties de ferrocyanure de potassium, que l'on chauffe au rouge dans un creuset de fer; il se dégage de l'acide carbonique, et la potasse se combinant au cyanogène donne tout à la fois du cyanure et du cyanate. Ceux-ci fondent en une masse incolore, tandis que le fer se dépose au fond du creuset. On décante la masse liquide qui se solidifie immédiatement, et qui constitue le cyanure de potassium fondu des photographes.

Le cyanure de potassium cristallise en cubes, il est très soluble dans l'eau, assez soluble dans l'alcool ordinaire, insoluble dans l'alcool absolu. Sa solution aqueuse s'altère rapidement en fournissant de l'ammoniaque, de l'acide cyanhydrique, du formiate et du carbonate de potasse. Sa saveur est âcre, alcaline et amère; son odeur est celle de l'acide cyanhydrique. Il est très vénéneux.

Chauffé avec un oxyde métallique facilement réductible, comme l'oxyde de plomb, il s'empare de son oxygène, passe à l'état de cyanate de potassium $CAzOK$, et met le métal en liberté; cette propriété réductrice du cyanure de potassium le fait employer dans les essais au chalumeau. Fondu avec du soufre, il se convertit en sulfocyanate $CAzSK$.

Le cyanure de potassium dissout le chlorure d'argent : à ce titre, il est usité dans l'art de la photographie; il dissout aussi le cyanure d'argent, et le cyanure double qui en résulte est employé pour l'argenture galvanique.

Le cyanure de potassium est un poison presque aussi énergique que l'acide cyanhydrique; il amène la mort à la dose de quelques centigrammes. Trousseau l'a conseillé en lotions (50 centigrammes pour 100 grammes) pour combattre les névralgies et les migraines.

96. Cyanure de zinc $ZnCy^2$. — Blanc, insoluble dans l'eau et l'alcool, il se précipite par l'addition d'une solution de sulfate de zinc à une solution de cyanure de potassium. Il a été employé comme antispasmodique.

97. Cyanure de mercure $HgCy^2$. — A une solution aqueuse et étendue d'acide cyanhydrique, on ajoute de l'oxyde de mercure finement pulvérisé, en ayant la précaution de ne pas saturer entièrement l'acide, car un excès d'oxyde de mercure fournirait de l'oxycyanure mercurique. Par la concentration de la solution, le cyanure de mercure cristallise sous forme de petits prismes à base carrée, incolores, opaques, solubles dans l'eau, l'alcool et l'éther.

Le cyanure de mercure a été conseillé comme antisyphilitique pour combattre les affections rebelles; d'après certains auteurs, il serait plus avantageux que le sublimé corrosif. La liqueur antisyphilitique· de Chaussier contient 2 centigrammes de cyanure mercurique pour 30 grammes d'eau distillée; on la prescrit aux mêmes doses que la liqueur de Van Swieten.

98. Ferrocyanures. — Le cyanure de potassium dissout le cyanure d'argent, le cyanure de zinc. Dans ces cyanures doubles, on peut constater la présence des deux métaux constituants à l'aide des réactifs; il est d'autres cyanures doubles, au contraire, dans lesquels un des métaux est dissimulé, tels sont : les ferrocyanures et les ferricyanures, dans lesquels les réactifs ordinaires du fer n'indiquent pas la présence de cet élément,

Le ferrocyanure de potassium, point de départ de tous les ferrocyanures, a pour formule à l'état anhydre $(FeCy^6)K^4$.

Par double décomposition avec les sels métalliques, il remplace le potassium par d'autres métaux; ainsi on a le ferrocyanure d'argent $(FeCy^6)Ag^4$, le ferrocyanure de baryum $(FeCy^6)Ba^2$ (le baryum étant diatomique, deux atomes de ce métal valent quatre atomes de potassium). En traitant le ferrocyanure de potassium par l'acide chlorhydrique, on obtient le ferrocyanure d'hydrogène ou acide ferrocyanhydrique $(FeCy^6)H^4$. A l'inspection de ces formules, on voit qu'un groupe $FeCy^6$ s'est transporté intact dans les divers composés, et qu'il fonctionne comme un radical tétratomique; à ce radical tétratomique, composé de 6 groupes cyanogène et d'un atome de fer, on a donné le nom de ferrocyanogène ou cyanofer; ses combinaisons avec les métaux sont les ferrocyanures ou cyanoferrures.

99. **FERROCYANURE DE POTASSIUM** (*prussiate de potasse*). — Il est fabriqué industriellement par la calcination des matières animales azotées, comme les cheveux, la peau, le sang desséché, les vieux cuirs, etc., avec le carbonate de potasse, épuisement de la masse calcinée par l'eau, et addition de sulfate ferreux à la solution. Dans la calcination, le charbon et l'azote des matières animales fournissent du cyanogène, tandis que l'excès de charbon réduit le carbonate de potasse avec dégagement d'oxyde de carbone et mise en liberté de potassium qui s'unit au cyanogène. Les liqueurs provenant du lavage de la masse calcinée renferment alors du cyanure de potassium que le sulfate ferreux transforme en ferrocyanure :

$$6(CyK) \;+\; SO^4Fe \;=\; FeCy^6K^4 \;+\; SO^4K^2$$

| Cyanure | Sulfate | Ferrocyanure | Sulfate |
| de potassium. | ferreux. | de potassium. | de potasse. |

Les solutions de ferrocyanure sont concentrées par l'évaporation, et le sel qui se dépose est purifié par de nouvelles cristallisations.

Le ferrocyanure de potassium cristallise avec trois molécules d'eau; sa formule est $FeCy^6K^4 + 3H^2O$. Ses cristaux, souvent très volumineux, sont des prismes à base carrée, jaune citron, tendres, flexibles, d'un éclat vitreux, d'une saveur tout à la fois salée et amère. Il est soluble dans deux parties d'eau bouillante, insoluble dans l'alcool; à 100°, il perd son eau de cristallisation, et se présente sous l'aspect d'une poudre blanche. Il fond, au-dessous du rouge, en un méla ge de cyanure de potassium KCy et de carbure de fer; cette réaction permet de préparer le cyanure de potassium pur. Chauffé avec du carbonate de potasse, il se décompose en fer métallique et en cyanure impur mélangé de cyanate (cyanure de potassium fondu).

Avec l'acide sulfurique, il se comporte différemment, suivant la concentration de l'acide et la température de la réaction.

L'acide sulfurique étendu le convertit à froid en acide ferrocyanhydrique $FeCy^6H^4$:

$$FeCy^6K^4 \quad + \quad 2(SO^4H^2) \quad = \quad FeCy^6H^4 \quad + \quad 2SO^4K^2$$

Ferrocyanure de potassium.	Acide sulfurique.	Acide ferro-cyanhydrique.	Sulfate de potasse.

Si l'on chauffe, il se produit de l'acide cyanhydrique, du sulfate de potasse et du ferrocyanure ferroso-potassique $(FeCy^6)FeK^2$; c'est à l'aide de cette réaction qu'on prépare l'acide cyanhydrique.

Elle a lieu en trois phases : tout d'abord l'acide sulfurique met de l'acide ferrocyanhydrique en liberté, comme précédemment, mais à la température où l'on opère, l'acide sulfurique décompose en même temps l'acide ferrocyanhydrique :

$$FeCy^6H^4 \quad + \quad SO^4H^2 \quad = \quad SO^4Fe \quad + \quad 6(CyH)$$

Acide ferro-cyanhydrique.	Acide sulfurique.	Sulfate ferreux.	Acide cyanhydrique.

et le sulfate ferreux, au contact du ferrocyanure de potassium *en excès*, donne du sulfate de potasse et du ferrocyanure ferroso-potassique :

$$FeCy^6K^4 \quad + \quad SO^4Fe \quad = \quad SO^4K^2 \quad + \quad (FeCy^6)K^2Fe$$

Ferrocyanure de potassium. — Sulfate ferreux. — Sulfate de potasse. — Ferrocyanure ferroso-potassique.

Enfin le ferrocyanure de potassium chauffé avec l'acide sulfurique concentré dégage de l'oxyde de carbone; c'est là un des modes d'obtention de ce corps. L'acide cyanhydrique formé sous l'influence de l'eau et de l'acide sulfurique donne du sulfate d'ammonium et de l'oxyde de carbone :

$$2CAzH \quad + \quad SO^4H^2 \quad + \quad H^2O \quad = \quad SO^4(AzH^4)^2 \; . + \quad 2CO$$

Traité en solution aqueuse par un courant de chlore, il donne du chlorure et du ferricyanure de potassium :

$$2(FeCy^6K^4) \quad + \quad Cl^2 \quad = \quad 2KCl \quad + \quad Fe^2Cy^{12}K^6$$

Ferrocyanure de potassium. — Chlore. — Chlorure de potassium. — Ferricyanure de potassium.

La solution de ferrocyanure de potassium précipite la plupart des sels métalliques; le ferrocyanure de cuivre $FeCy^6Cu^2,3H^2O$ est rouge marron; le ferrocyanure de zinc $FeCy^6Zn^2,3H^2O$ est blanc. Avec les sels ferreux, le précipité est blanc, bleuissant à l'air et constitué, comme nous l'avons dit, par du ferrocyanure ferroso-potassique; avec les sels ferriques, le ferrocyanure de potassium donne un précipité bleu de ferrocyanure ferrique ou bleu de Prusse :

$$3(FeCy^6K^4) \quad + \quad 2Fe^2Cl^6 \quad = \quad (FeCy^6)^3Fe^4 \quad + \quad 12KCl$$

Ferrocyanure potassique. — Chlorure ferrique. — Ferrocyanure ferrique. — Chlorure de potassium.

100. Ferrocyanure ferrique (*bleu de Prusse*) $(FeCy^6)^3Fe^4 + 18H^2O$. Il renferme 18 molécules d'eau, dont on ne peut le priver par la chaleur sans le décomposer en partie; il prend naissance toutes les fois qu'on ajoute un sel ferrique à un ferrocyanure soluble, ou qu'un cyanure est en présence d'un mélange de sels ferriques et ferreux.

Le bleu de Prusse est en masses d'un bleu foncé, inodores, insipides, dont la cassure offre un reflet cuivré. Il est insoluble dans l'eau, l'alcool, l'éther, les acides faibles, les huiles : il se dissout dans l'acide oxalique en conservant sa couleur; cette solution est employée comme encre bleue.

La potasse en sépare de l'oxyde ferrique hydraté, tandis que du ferrocyanure de potassium reste en dissolution.

Le ferrocyanure de potassium est employé dans la teinture et l'impression; lorsqu'on veut colorer un tissu par le bleu de Prusse, on commence par y imprimer de l'hydrate ferrique, puis on le passe dans un bain de ferrocyanure de potassium et d'acide chlorhydrique, c'est-à-dire dans une solution d'acide ferrocyanhydrique, qui se convertit en bleu de Prusse en présence de l'hydrate ferrique. Le bleu de Prusse lui-même est usité dans la fabrication des papiers peints, dans la peinture à l'huile, l'azurage du papier; la couleur qu'il fournit sur les fibres textiles est assez solide et au contact des acides, mais ne résiste pas au savon et surtout aux alcalis.

Le prussiate de potasse entre dans la composition d'une poudre très explosible (poudre blanche), formée de prussiate de potasse, de chlorate de potasse et de sucre. Cette poudre, qui détone par le choc, est surtout destinée à charger des fourneaux de mines, des torpilles, etc.

Il n'est pas vénéneux. On a vanté comme fébrifuge un mélange d'urée et de prussiate de potasse, sous le nom impropre d'hydrocyanate de potasse et d'urée; cette préparation est tombée en désuétude, comme tous les prétendus succédanés des sels de quinine. Il agit surtout comme diurétique prescrit à la même dose que l'azotate de potasse. Le bleu de Prusse, également préconisé contre les fièvres intermittentes, est inusité.

101. *Acide ferrocyanhydrique* $FeCy^6H^4$. — Il est aux ferrocyanures ce que l'acide cyanhydrique est aux cyanures : il se précipite sous forme de paillettes minces et blanches, par l'addition d'acide chlorhydrique à une solution concentrée de prussiate de potasse. Il est soluble dans l'eau et l'alcool; il se décompose rapidement à l'air par absorption d'oxygène en acide cyanhydrique et bleu de Prusse.

102. Ferricyanures. — Lorsqu'on dirige un courant de chlore dans une solution de ferrocyanure de potassium, la réaction a lieu dans le sens suivant :

$$2(FeCy^3K^4) \quad + \quad Cl^2 \quad = \quad (Fe^2Cy^{12})K^6 \quad + \quad 2KCl$$

| Ferrocyanure de potassium. | Chlore. | Ferricyanure de potassium. | Chlorure de potassium. |

Deux molécules de ferrocyanure se sont doublées avec perte de deux atomes de potassium. Le ferricyanure de potassium représente, en d'autres termes, un groupement hexatomique Fe^2Cy^{12}, lié à 6 atomes de potassium : ce groupement, comme le ferrocyanogène, se transporte dans d'autres molécules et constitue de même un radical appelé ferricyanogène. Dans les ferricyanures, il est uni à six atomes de métaux monoatomiques, ou à trois atomes de métaux diatomiques :

Ferricyanure de sodium,................ $Fe^2Cy^{12}Na^6$
—   de baryum (diatomique)... $Fe^2Cy^{12}Ba^3$
—   de calcium (diatomique)... $Fe^2Cy^{12}Ca^3$

Il existe de même un acide ferricyanhydrique $Fe^2Cy^{12}H^6$.

103. FERRICYANURE DE POTASSIUM. — On le prépare par l'action d'un courant de chlore sur une solution de ferrocyanure, jusqu'à ce que celle-ci ne précipite plus les sels ferriques. Par évaporation et concentration de la liqueur, il cristallise en grands prismes rhomboïdaux obliques, d'un rouge foncé, solubles dans l'eau, insolubles dans l'alcool. Chauffé à la flamme d'une bougie, il brûle avec vivacité en pétillant et lançant des étincelles d'oxyde de fer.

Sa solution aqueuse est d'un jaune foncé. En présence de la potasse et d'un corps oxydable, il agit comme oxydant; l'oxygène de la potasse se porte sur la matière oxydable, et le potassium se combinant au ferricyanure le fait passer à l'état de ferrocyanure : ainsi une solution d'hydrate de plomb dans la potasse, chauffée à l'ébullition avec du ferricyanure de potassium, donne du peroxyde de plomb et du ferrocyanure :

$$2KHO + PbH^2O^2 + Fe^2Cy^{12}K^6 = PbO^2 + 2H^2O + 2(FeCy^6K^4)$$

Potasse.	Hydrate de plomb.	Ferricyanure de potassium.	Peroxyde de plomb.	Eau.	Ferrocyanure de potassium.

Il ne précipite pas les sels ferriques; avec les sels ferreux, il fournit un ferricyanure ferreux, d'un beau bleu, qui est employé comme le bleu de Prusse, et désigné sous le nom de *bleu de Turnbull*. Le ferrocyanure et le ferricyanure sont des réactifs journellement employés pour déceler les sels de fer :

	Sels ferreux.	Sels ferriques.
Ferrocyanure de potassium.	Les précipite en blanc bleuâtre.	Les précipite en bleu foncé.
Ferricyanure de potassium.	Les précipite en bleu foncé.	Ne les précipite pas.

Les ferrocyanures et ferricyanures sont très nombreux : on connaît d'autres cyanures doubles analogues, tels sont les cobalticyanures, les platinacyanures, etc.

104. Éthers cyanhydriques ou Nitriles. — L'acide cyanhydrique ou cyanure d'hydrogène est le nitrile de l'acide formique, c'est-à-dire du formiate d'ammonium moins deux molécules d'eau; à tous les homologues de l'acide formique correspondent des nitriles, dérivés de la même manière des sels ammoniacaux et homologues de l'acide cyanhydrique, tel est l'acétonitrile :

$$C^2H^3O^2AzH^4 \quad + \quad 2H^2O \quad = \quad C^2H^3Az$$

Acétate d'ammonium.   Eau.   Acétonitrile.

Ces nitriles sont identiques avec les cyanures de radicaux alcooliques, improprement appelés *éthers cyanhydriques*, car ils n'ont pas les propriétés générales des éthers et ne régénèrent pas par saponification l'acide cyanhydrique et l'alcool; l'acétonitrile C^2H^3Az est le même corps que le cyanure de méthyle. Les cyanures alcooliques se produisent dans l'action des iodures alcooliques sur le cyanure de potassium :

$$CH^3I \quad + \quad CAzK \quad = \quad CH^3,CAz \quad + \quad KI$$

Iodure de méthyle.   Cyanure de potassium.   Cyanure de méthyle.   Iodure de potassium.

Comme ils dérivent de sels ammoniacaux par perte de deux molécules d'eau, les nitriles peuvent reprendre cette eau et régénérer le sel dont ils proviennent :

$$C^2H^3Az \quad + \quad 2H^2O \quad = \quad C^2H^3O^2,AzH^4$$

Acétonitrile (cyanure de méthyle).   Eau.   Acétate d'ammonium.

Cette fixation d'eau n'a pas lieu directement, mais se produit sous l'influence des alcalis ou des acides minéraux; dans le premier cas, c'est alors un sel de potassium que l'on obtient, et de l'ammoniaque se dégage :

$$C^2H^3Az + H^2O + KHO = C^2H^3O^2K + AzH^3$$

Acétonitrile   Eau.   Potasse.   Acétate   Ammo-
(cyanure   de potasse.   niaque.
de méthyle).

Si l'on emploie des acides, celui-ci se combine avec l'ammoniaque, et l'acide organique est obtenu à l'état de liberté :

$$C^2H^3Az + 2H^2O + HCl = C^2H^4O^2 + AzH^4Cl$$

Acétonitrile.   Eau.   Acide   Acide   Chlorure
                          chlorhydrique. acétique.   d'ammonium.

Cette réaction, comme nous l'avons dit, est très importante, car elle est générale. Elle permet de faire la synthèse d'acides organiques au moyen de corps moins riches en carbone. Ainsi l'iodure de méthyle CH^3I et le cyanure de potassium $CAzK$ donnent le cyanure de méthyle ou acétonitrile, que l'on convertit par la potasse en acétate de potassium. On a donc passé de l'alcool méthylique à l'acide acétique.

Soumis à l'action de l'hydrogène naissant, les nitriles en fixent quatre atomes et se convertissent en amines primaires :

$$CAzH + H^4 = CH^3,AzH^2$$

Acide cyanhydrique   Méthylamine.
(nitrile formique).

$$C^2H^3Az + H^4 = C^2H^5,AzH^2$$

Acétonitrile.   Éthylamine.

Les éthers cyanhydriques sont des liquides incolores, vénéneux; le cyanure de méthyle bout à 82°; le cyanure d'éthyle ou propionitrile bout à 96°, etc., etc.

104 bis. On connaît des isomères des éthers cyanhydriques qui se forment par l'action des iodures alcooliques sur le cyanure d'argent (Gautier) ou par l'action d'une solution d'amine primaire sur un mélange de chloroforme et de potasse (Hofmann). On a donné à ces isomères le nom de *carbylamines*. Ils diffèrent des autres cyanures en ce que, par l'action des alcalis, ils se dédoublent en formiate alcalin et en ammoniaque composée :

$$C^2H^3Az \ + \ KHO \ + \ H^2O \ = \ CHO^2K \ + \ C^2H^7Az$$

Méthyl-carbylamine.   Potasse.   Eau.   Formiate de potasse.   Éthylamine.

L'isomérie de ces cyanures peut être représentée par les formules de constitution suivante :

$$C \overset{\textstyle -}{\underset{\textstyle \equiv}{}} \begin{matrix} CH^3 \\ Az \end{matrix} \qquad\qquad Az \overset{\textstyle =}{\underset{\textstyle -}{}} \begin{matrix} C \\ CH^3 \end{matrix}$$

Acétonitrile.   Méthyl-carbylamine.

105 FULMINATES. — Pendant longtemps on a considéré les fulminates comme dérivant du cyanure de méthyle, dont 1 atome d'hydrogène serait remplacé l'un par le groupe AzO^2, les deux autres par des métaux :

$CHHH,CAz$

Cyanure de méthyle.

$C(AzO^2)AgAg,CAz$

Fulminate d'argent.

Depuis on a constaté que le fulminate de mercure donne avec l'acide chlorhydrique du chlorure de mercure, du chlorhydrate d'hydroxylamine [1] et de l'acide carbonique; on a alors considéré les fulminates comme dérivant d'un corps non encore isolé, l'acide fulminique, dont la formule serait :

$$C = Az\text{-}OH$$
$$C = Az\text{-}OH$$

Les fulminates métalliques seraient alors :

$$\begin{array}{ll} C = Az\text{-}OAg & C = Az\text{-}O \\ C = Az\text{-}OAg & C = Az\text{-}O \end{array} Hg$$

Fulminate d'argent.   Fulminate de mercure.

La réaction de l'acide chlorhydrique est représentée par l'équation suivante :

$$\begin{array}{l} C=Az\text{-}O \\ C=Az\text{-}O \end{array} Hg + 4HCl + 4H^2O = HgCl^2 + 2(AzH^2\text{-}OH,HCl) + 2CO^2$$

Fulminate de   Chlorhydrate
mercure.   d'hydroxylamine.

Le fulminate de mercure fut découvert en 1800 par Howard. On le prépare en faisant dissoudre à froid 3 parties de mercure dans 36 parties d'acide azotique, et ajoutant en deux fois 34 parties d'alcool à l'azotate acide de mercure ainsi formé. Après la première addition, la réaction commence d'elle-même, on la modère en versant dans le mélange la seconde portion d'alcool. Bientôt elle s'arrête, et il se dépose un précipité blanc et cristallisé de fulminate de mercure. Ce corps doit

---

1. L'hydroxylamine ou oxyammoniaque $AzH^3O = Az \genfrac{}{}{0pt}{}{- OH}{= H^2}$ est un corps analogue à l'ammoniaque qui a été découvert dans les produits de la réduction de l'azotite d'éthyle; on a décrit ses sels, mais on n'a pas isolé le corps à l'état de pureté : à l'état libre, il se décompose facilement en azote, eau et ammoniaque :

$$3(AzH^3O) = AzH^3 + 2Az + 3H^2O$$

être manié avec la plus grande précaution, car il détone très facilement par le choc ; il entre dans la composition fulminante des amorces de fusils et d'obus.

En remplaçant, dans l'opération précédente, le mercure par l'argent, on obtient le fulminate d'argent encore plus explosible. Par double décomposition, il fournit d'autres fulminates également très explosibles.

Les homologues de l'alcool ordinaire, dans les mêmes conditions, ne fournissent ni fulminates, ni composés semblables.

CHAPITRE IX

HYDROCARBURES DIATOMIQUES — GLYCOLS

Éthylène et homologues. — Glycols. — Éthers du glycol ordinaire (glycol monochlorhydrique, oxyde d'éthylène, acide
éthylène-sulfureux ou iséthionique). — Taurine. — Ammoniaques oxyéthyléniques. — Névrine ou choline et lécithine. —
Glycols homologues.

106. Hydrocarbures C^nH^{2n}. — Nous avons vu que
les hydrocarbures saturés C^nH^{2n+2}, en perdant un
atome d'hydrogène, fournissent des radicaux hydrocarbonés ou radicaux alcooliques monoatomiques de
la formule C^nH^{2n+1}; ainsi le méthyle CH^3 dérive de
l'hydrure de méthyle CH^4, l'éthyle C^2H^5 dérive de l'hydrure d'éthyle C^2H^6.

Ces radicaux alcooliques fonctionnent intacts dans
les éthers, les alcools, etc. En subissant le remplacement de 2 atomes d'hydrogène par 1 atome d'oxygène, ils se convertissent en radicaux oxygénés ou
radicaux acides, qui existent dans les aldéhydes, les
amides.

Au radical méthyle se rapportent les composés cya-
nogénés, car le radical cyanogène CAz n'est autre que
le méthyle CH^3, dont les 3 atomes d'hydrogène sont
remplacés par 1 atome d'azote triatomique. Les formules suivantes rappellent les relations des corps que
nous avons étudiés jusqu'à présent, et qui renferment

les radicaux monoatomiques, ou intacts ou modifiés par substitution :

CH^3	CH^3,H	C^2H^5	C^2H^5,H	C^2H^5,OH
Radical méthyle.	Hydrure de méthyle.	Radical éthyle.	Hydrure d'éthyle.	Hydrate d'éthyle (alcool).

CHO	CHO,H	C^2H^3O	C^2H^3O,H	C^2H^3O,OH
Radical formyle.	Hydrure de formyle (aldéhyde formique).	Radical acétyle.	Hydrure d'acétyle.	Hydrate d'acétyle (acide acétique).

CAz	CAz,H
Radical cyanogène.	Acide cyanhydrique.

Les radicaux alcooliques, comme l'éthyle, le méthyle, etc., sont monoatomiques, avons-nous dit, car ils dérivent, par perte d'un atome d'hydrogène, des hydrocarbures saturés.

Si ces mêmes hydrocarbures perdent 2 atomes d'hydrogène, le groupe hydrocarboné qui en résultera sera diatomique :

$$C^2H^6 - H^2 = C^2H^4, \qquad C^3H^8 - H^2 = C^3H^6$$

Ces radicaux diatomiques constituent une série d'hydrocarbures qui existent à l'état de liberté, excepté le radical CH^2 qui dériverait de l'hydrocarbure CH^4 par perte de deux atomes d'hydrogène. Ce groupe CH^2 fonctionne dans divers composés, comme dans le chlorure CH^2Cl^2, l'iodure CH^2I^2; mais il ne paraît pas stable, et toutes les fois qu'on cherche à l'isoler, il se double et se transforme en éthylène C^2H^4.

L'éthylène est le premier terme de cette série d'hydrocarbures dans lesquels le nombre d'atomes d'hydrogène est double de celui des atomes du carbone, et que comprend la formule générale C^nH^{2n}.

Ils se combinent à 2 éléments ou à 2 groupes monoatomiques ou à un élément diatomique :

$$C^2H^4 \qquad C^2H^4Cl^2 \qquad C^2H^4\!\!\left\langle{}^{OH}_{OH}\right. \qquad C^2H^4O$$

Éthylène.   Chlorure d'éthylène.   Hydrate d'éthylène.   Oxyde d'éthylène.

ou ce qui revient au même, se substituent à deux atomes d'hydrogène. Ainsi dans l'hydrate d'éthylène $C^2H^4\!\!\left\langle{}^{OH}_{OH}\right.$, le groupement diatomique éthylène a pris la place de 2 atomes d'hydrogène de deux molécules d'eau.

Les hydrates de ces hydrocarbures sont les glycols ou alcools diatomiques, découverts par A. Wurtz, et dont l'histoire se lie intimement à celle des hydrocarbures C^nH^{2n} (voy. GLYCOLS, § 112).

107. **Éthylène.** — L'éthylène C^2H^4, appelé aussi gaz oléfiant ou hydrogène bicarboné, se forme dans la distillation sèche d'une foule de substances organiques, corps gras, résines, caoutchouc. Il est une des parties constituantes du gaz d'éclairage.

On se le procure dans les laboratoires en chauffant une partie d'alcool avec cinq parties d'acide sulfurique, dans un ballon en communication avec un flacon laveur plein de potasse, pour retenir un peu d'acide sulfureux et d'acide carbonique, qui se dégagent à la fin de la réaction : on recueille le gaz éthylène sur la cuve à eau.

Dans cette réaction, il se forme d'abord de l'acide éthylsulfurique qui se décompose par l'action ultérieure d'une forte chaleur :

$$SO^4H^2 + C^2H^5,OH = SO^4\!\left\{{}^{H}_{C^2H^5}\right. + H^2O$$

Acide sulfurique.   Alcool.   Acide éthylsulfurique.   Eau.

$$SO^4\!\left\{{}^{H}_{C^2H^5}\right. = SO^4H^2 + C^2H^4$$

Acide éthylsulfurique.   Acide sulfurique.   Éthylène.

L'éthylène diffère donc de l'alcool par une molécule d'eau :

$$C^2H^4,OH \quad - \quad H^2O \quad = \quad C^2H^4$$

Alcool.   Eau.   Éthylène.

L'éthylène est gazeux, incolore, d'une odeur éthérée, d'une densité de 0,9784 ; il brûle avec une flamme très éclairante ; il est peu soluble dans l'eau ; l'alcool en absorbe environ 3 volumes 1/2 à zéro.

Agité longtemps avec l'acide sulfurique, il s'y combine et la liqueur contient de l'acide éthylsulfurique ; chauffé au bain-marie et en vases clos avec de l'acide iodhydrique, il s'y unit en produisant de l'iodure d'éthyle. Ces réactions permettent d'opérer la synthèse de l'alcool avec l'éthylène. (Berthelot.)

A la température ordinaire, il fixe 2 atomes de chlore, de brome ou d'iode ; avec ce dernier corps, la combinaison n'a lieu que sous l'influence directe des rayons solaires. En renversant sur la cuve à eau une éprouvette contenant volumes égaux de chlore et d'éthylène, on voit bientôt l'eau remonter dans l'éprouvette ; les deux gaz se sont combinés et sont remplacés par des gouttelettes huileuses de chlorure d'éthylène ; cette propriété de fournir un corps huileux en se combinant au chlore a fait donner le nom de *gaz oléfiant* à l'éthylène par les chimistes qui l'ont découvert.

Si l'on introduit rapidement dans une éprouvette deux volumes de chlore et un volume d'éthylène et qu'on en approche une flamme, le mélange prend feu ; le chlore passe à l'état d'acide chlorhydrique, et du charbon se dépose sur les parois de l'éprouvette.

108. GAZ D'ÉCLAIRAGE. — Les gaz d'éclairage sont des mélanges en proportions variables d'hydrogène,

d'hydrure de méthyle CH^4 et d'éthylène C^2H^4. La distillation des matières grasses fournit un gaz composé environ de 3 parties d'hydrogène, 37 d'éthylène et 56 d'hydrure de méthyle pour 100. Le gaz de la distillation de la houille ne contient que 4 pour 100 d'éthylène, 35 de gaz des marais et 50 d'hydrogène ; les autres gaz qu'il renferme sont de l'azote et de l'acide carbonique.

109. **Chlorure d'éthylène** $C^2H^4Cl^2$. — Découvert par quatre chimistes hollandais et appelé aussi liqueur des Hollandais, le chlorure d'éthylène est l'éther dichlorhydrique du glycol. Il est liquide, incolore, d'une odeur éthérée agréable ; sa densité est de 1,256 à 12° ; il bout à 82°. Il réagit sur les sels des acides organiques en produisant des éthers du glycol :

$$C^2H^4Cl^2 \ + \ 2(C^2H^3O^2Ag) \ = \ C^2H^4(C^2H^3O^2)^2 \ + \ 2AgCl$$

| Chlorure d'éthylène. | Acétate d'argent. | Diacétate d'éthylène (glycol diacétique). | Chlorure d'argent. |

Réaction entièrement semblable à celle de tous les éthers chlorhydriques :

$$C^2H^5Cl \ + \ C^2H^3O^2Ag \ = \ C^2H^5,C^2H^3O^2 \ + \ AgCl$$

| Chlorure d'éthyle. | Acétate d'argent. | Acétate d'éthyle. | Chlorure d'argent. |

Soumis à l'ébullition avec une solution alcoolique de potasse, il perd les éléments de l'acide chlorhydrique et donne de l'éthylène chloré :

$$C^2H^4Cl^2 \ + \ KHO \ = \ C^2H^3Cl \ + \ KCl \ + \ H^2O$$

| Chlorure d'éthylène. | Potasse. | Éthylène chloré. | Chlorure de potassium. | Eau. |

L'éthylène chloré C^2H^3Cl est liquide ; il se comporte

comme l'éthylène et fixe directement 2 atomes de chlore :

$$C^2H^3Cl \quad + \quad Cl^2 \quad = \quad C^2H^3Cl,Cl^2$$

Éthylène chloré.   Chlore.   Chlorure d'éthylène chloré.

Le chlorure d'éthylène chloré soumis à l'action de la potasse perd également les éléments de l'acide chlorhydrique et donne l'éthylène bichloré :

$$C^2H^3Cl,Cl^2 \quad - \quad HCl \quad = \quad C^2H^2Cl^2$$

Chlorure d'éthylène chloré.   Acide chlorhydrique.   Éthylène bichloré.

L'éthylène bichloré fixe de même 2 atomes de chlore pour fournir le chlorure d'éthylène bichloré $C^2H^2Cl^2,Cl^2$ qui, sous l'influence de la potasse, perd de l'acide chlorhydrique et se convertit en éthylène trichloré C^2HCl^3; et ainsi de suite jusqu'aux termes qui ne renferment plus d'hydrogène, le protochlorure de carbone C^2Cl^4 et le sesquichlorure C^2Cl^6.

110. Bromure d'éthylène $C^2H^4Br^2$. — On dirige un courant de gaz éthylène dans des flacons contenant du brome; quand le gaz n'est plus rapidement absorbé, on lave le liquide bromé avec une solution faible de potasse, on le dessèche sur le chlorure de calcium, et on le rectifie. Le bromure d'éthylène bout à 129° et se solidifie à 8°; il se prête mieux aux doubles décompositions que le chlorure et il est le point de départ du glycol et de ses combinaisons. Par l'action successive de la potasse et du brome, il fournit une série de bromures et de dérivés bromés, analogues aux dérivés du chlorure d'éthylène.

On connaît aussi l'*iodure d'éthylène* $C^2H^4I^2$, qui est cristallisé et fond à 73°.

111. Homologues de l'éthylène. — Les hydrocarbures homologues de l'éthylène sont :

Le *propylène* C^3H^6, gaz incolore; le *butylène* C^4H^8, qui bout à 3°; l'*amylène* C^5H^{10}, qui bout vers 35° et qu'on prépare en distillant l'alcool amylique avec du chlorure de zinc. L'amylène a été essayé comme anesthésique, mais il ne présente aucun avantage sur les autres anesthésiques; il est du reste très difficile de l'obtenir à l'état de pureté absolue.

L'*hexylène* C^6H^{12}, qui bout de 68 à 70°; l'*heptylène* C^7H^{14}, l'*octylène* C^8H^{16}, etc. Dans la série de ces hydrocarbures on constate de nombreux cas d'isomérie.

Tous ces hydrocarbures non saturés jouissent des propriétés principales de l'éthylène; ils donnent des chlorures, des bromures qu'on peut transformer en glycols.

112. Glycols (*alcools diatomiques*). — Un hydrocarbure C^nH^{2n} en se combinant à deux groupes monoatomiques OH, ou ce qui revient au même en se substituant à 2 atomes d'hydrogène de 2 molécules d'eau, donne naissance à un glycol :

$$\text{H-O-H} \qquad\qquad C^2H^4\!\!<^{\text{O-H}}_{\text{O-H}}\ .$$
$$\text{H-O-H}$$

2 molécules   Glycol
d'eau.   (hydrate d'éthylène).

Nous savons que tous les alcools monoatomiques, comme l'alcool méthylique, sont caractérisés par un groupe OH, uni à un groupe hydrocarboné ou radical monoatomique.

Les glycols dans lesquels deux groupes OH sont unis à un radical diatomique sont donc deux fois alcools, et toutes leurs réactions portent le cachet de cette double fonction.

Le *glycol ordinaire, dihydrate d'éthylène* ou *glycol éthylénique* $C^2H^6O^2 = C^2H^4 \begin{cases} OH \\ OH \end{cases}$ est le premier terme de cette série due à M. Wurtz.

On l'obtient de la manière suivante : On traite l'acétate d'argent par le bromure d'éthylène; il se forme du bromure d'argent et du glycol diacétique ou diacétate éthylénique :

$$C^2H^4Br^2 + 2(C^2H^3O^2Ag) = C^2H^4 \begin{cases} C^2H^3O^2 \\ C^2H^3O^2 \end{cases} + 2AgBr$$

Bromure d'éthylène. — Acétate d'argent. — Diacétate éthylénique. — Bromure d'argent.

On distille le produit de la réaction en recueillant les portions qui passent entre 140° et 200° et qui renferment le glycol diacétique, et on les chauffe à 100° pendant quelques heures avec une solution concentrée de baryte caustique, qui saponifie l'éther diacétique du glycol :

$$C^2H^4 \begin{cases} C^2H^3O^2 \\ C^2H^3O^2 \end{cases} + BaH^2O^2 = C^2H^4 \begin{cases} OH \\ OH \end{cases} + (C^2H^3O^2)^2Ba$$

Diacétate d'éthylène. — Hydrate de baryum. — Glycol. — Acétate de baryum.

On remplace ordinairement l'acétate d'argent par une solution alcoolique d'acétate de potasse, en maintenant en ébullition le mélange de bromure d'éthylène et d'acétate de potasse jusqu'à ce qu'il ne se dépose plus de bromure de potassium.

Le glycol est liquide, incolore, inodore, un peu sirupeux, d'une densité de 1,125 à 0°; sa saveur est sucrée. Il bout à 197°. A peine soluble dans l'éther, il est soluble en toute proportion dans l'eau et l'alcool. Il dissout la potasse, le chlorure de sodium, le chlorure mercurique.

Si nous considérons la formule de constitution du

glycol qui se dérive de celles de l'éthylène et du bromure d'éthylène,

$$CH^2 \qquad CH^2Br \qquad CH^2,OH$$
$$CH^2 \qquad CH^2Br \qquad CH^2,OH$$

Éthylène.   Bromure   Glycol.
                      d'éthylène.

nous voyons qu'il renferme 2 fois le groupe CH^2,OH
des alcools primaires (§ 52). Par conséquent il subira
deux fois les réactions que présente un alcool monoatomique, comme l'alcool méthylique. C'est ce que nous
observons, si nous comparons son oxydation à celle de
l'alcool méthylique. Tandis que ce dernier donne un
seul acide en remplaçant 2 atomes d'hydrogène du
groupe CH^2,OH par un atome d'oxygène, le glycol
peut subir cette oxydation d'abord sur un seul groupe
CH^2,OH, ce qui fournit de l'acide glycollique $C^2H^4O^3$,
puis sur le second groupe CH^2,OH, ce qui donne de
l'acide oxalique $C^2H^2O^4$. Les équations suivantes représentent cette transformation :

$$CH^3,OH \quad + \quad O^2 \quad = \quad CHO,OH \quad + \quad H^2O$$

Alcool   Oxygène.   Acide   Eau.
méthylique.   formique.

$$CH^2,OH$$
$$CH^2,OH \quad + \quad O^2 \quad = \quad \begin{array}{l} CO,OH \\ CH^2,OH \end{array} \quad + \quad H^2O$$

Glycol.   Oxygène.   Acide   Eau.
                                glycollique.

$$CH^2,OH$$
$$CH^2,OH \quad + \quad O^4 \quad = \quad \begin{array}{l} CO,OH \\ CO,OH \end{array} \quad + \quad 2H^2O$$

Glycol.   Oxygène.   Acide   Eau.
                                oxalique.

De plus, les formules de constitution des acides
obtenus montrent que l'acide glycollique est un corps
de fonction mixte, moitié acide, moitié alcool, tandis

que l'acide oxalique renfermant deux groupes CO^2H est un acide bibasique.

C'est aussi en vertu de son caractère de double alcool que le glycol fournit avec les acides chlorhydrique, bromhydrique ou iodhydrique, deux séries d'éthers :

$$C^2H^4\!\!\begin{cases}OH\\OH\end{cases} \qquad C^2H^4\!\!\begin{cases}Cl\\OH\end{cases} = \begin{matrix}CH^2Cl\\CH^2OH\end{matrix} \qquad C^2H^4Cl^2 = \begin{matrix}CH^2Cl\\CH^2Cl\end{matrix}$$

Glycol.   Glycol monochlorhy-drique.   Glycol dichlorhydrique (chlorure d'éthylène).

Ces éthers sont comparables au chlorure de méthyle, et dérivent comme celui-ci du remplacement du groupe OH par un atome de chlore :

$$CH^3,OH \qquad\qquad CH^3Cl$$

Alcool méthylique.   Chlorure de méthyle.

Le bromure et l'iodure d'éthylène sont les éthers dibromhydrique et diiodhydrique du glycol.

Pour la même raison, le glycol donne deux séries d'éthers avec les acides oxygénés. Comparons leur formation à celle des éthers de la série grasse, elle se fait en vertu des mêmes lois :

$$CH^3OH + C^2H^4O^2 = C^2H^3O^2,CH^3 + H^2O$$

Alcool méthylique.   Acide acétique.   Acétate de méthyle.   Eau.

$$C^2H^4\!\!\begin{cases}OH\\OH\end{cases} + C^2H^4O^2 = C^2H^4\!\!\begin{cases}C^2H^3O^2\\OH\end{cases} + H^2O$$

Glycol.   Acide acétique.   Glycol monoacétique.   Eau.

$$C^2H^4\!\!\begin{cases}OH\\OH\end{cases} + 2(C^2H^4O^2) = C^2H^4\!\!\begin{cases}C^2H^3O^2\\C^2H^3O^2\end{cases} = 2H^2O$$

Glycol.   Acide acétique.   Glycol diacétique.   Eau.

On a décrit un grand nombre d'éthers du glycol; on les obtient par des procédés généraux.

Les éthers monoacides, comme le glycol monoacétique, monobutyrique, monochlorhydrique, se produisent par l'action directe du glycol sur l'acide. Avec l'acide butyrique, valérique, etc., on chauffe en vases clos à 200° le mélange des deux corps; l'acide chlorhydrique réagit à la température ordinaire.

Les éthers diacides, comme le glycol diacétique, dibutyrique, se forment par l'action du chlorure ou du bromure d'éthylène sur les sels d'argent correspondants.

Il existe aussi des éthers mixtes du glycol provenant de la réaction de deux acides différents, tels sont : le glycol acétochlorhydrique $C^2H^4 {< \atop {Cl \atop C^2H^3O^2}}$, le glycol acétobutyrique $C^2H^4 {< \atop {C^2H^3O^2 \atop C^4H^7O^2}}$.

Le premier s'obtient par l'action d'un courant de gaz chlorhydrique sur un mélange d'acide acétique et de glycol :

$$C^2H^4 {< \atop {OH \atop OH}} + HCl + C^2H^4O^2 = C^2H^4 {< \atop {Cl \atop C^2H^3O^2}} + 2H^2O$$

| Glycol. | Acide chlorhydrique. | Acide acétique. | Glycol acétochlorhydrique. | Eau. |

Ce glycol acétochlorhydrique, chauffé avec un sel d'argent comme le butyrate, donne du chlorure d'argent et un nouvel éther mixte :

$$C^2H^4 {< \atop {Cl \atop C^2H^3O^2}} + C^4H^7O^2Ag = C^2H^4 {< \atop {C^2H^3O^2 \atop C^4H^7O^2}} + AgCl$$

| Glycol acétochlorhydrique. | Butyrate d'argent. | Glycol acétobutyrique. | Chlorure d'argent. |

On voit que le nombre des éthers du glycol peut être considérable. Tous ces éthers ont les mêmes réactions générales; traités par la potasse ou la baryte, ils s'assimilent les éléments de l'eau et régénèrent le glycol et les acides.

L'un d'eux cependant a des réactions spéciales sur lesquelles il faut nous arrêter; c'est le glycol monochlorhydrique.

113. Glycol monochlorhydrique $C^2H^4 \big\langle {Cl \atop OH} = {CH^2,Cl \atop CH^2,OH}$

Produit de l'action directe de l'acide chlorhydrique sur le glycol, il est liquide, incolore et bout de 128° à 130°. Sa formule est celle de l'alcool éthylique monochloré :

$$C^2H^5,OH \qquad\qquad C^2H^4 \big\langle {Cl \atop OH}$$

Alcool.   Glycol monochlorhydrique.

Mis en présence d'eau et d'amalgame de sodium, mélange qui dégage de l'hydrogène, il élimine son chlore à l'état d'acide chlorhydrique et le remplace par un atome d'hydrogène pour se convertir en alcool. (Lourenço.)

Chauffé légèrement avec une solution de potasse caustique, il ne passe pas à l'état de glycol, mais perd simplement les éléments de l'acide chlorhydrique pour donner l'oxyde d'éthylène (§ 114) :

$$C^2H^4 \big\langle {Cl \atop OH} \; + \; KHO \; = \; KCl \; + \; H^2O \; + \; C^2H^4O$$

Glycol monochlorhydrique.   Potasse.   Chlorure de potassium.   Eau.   Oxyde d'éthylène.

En outre, il se prête aux doubles décompositions comme les éthers chlorhydriques des alcools monoatomiques, et par lui on arrive à introduire dans d'autres molécules le groupe oxygéné C^2H^4,OH.

Ce groupe oxygéné C^2H^4,OH, appelé oxéthyle ou oxéthylène, fonctionne comme un radical monoatomique; il représente en effet l'éthylène C^2H^4 uni à un seul groupe OH, monoatomique. Il est donc comparable à l'éthyle C^2H^5, et il se transporte comme lui dans les molécules par doubles décompositions. Aussi, dans un grand nombre des ces réactions, le glycol monochlorhydrique ou chlorure d'oxéthyle (C^2H^4,OH) Cl se comporte comme le chlorure d'éthyle C^2H^5Cl; ceci ressort des exemples suivants :

$$C^2H^5Cl \quad + \quad C^2H^3O^2Ag \quad = \quad C^2H^5,C^2H^3O^2 \quad + \quad AgCl$$

Chlorure d'éthyle.   Acétate d'argent.   Acétate d'éthyle.   Chlorure d'argent.

$$(C^2H^4,OH)Cl \quad + \quad C^2H^3O^2Ag \quad = \quad (C^2H^4,OH)C^2H^3O^2 \quad + \quad AgCl$$

Glycol monochlorhydrique.   Acétate d'argent.   Glycol monoacétique.   Chlorure d'argent.

$$C^2H^5,Cl \quad + \quad AzH^3 \quad = \quad C^2H^5,AzH^2,HCl$$

Chlorure d'éthyle.   Ammoniaque.   Chlorhydrate d'éthylamine.

$$(C^2H^4,OH)Cl \quad + \quad AzH^3 \quad = \quad C^2H^4,OH,AzH^2,HCl$$

Glycol monochlorhydrique.   Ammoniaque.   Chlorhydrate d'oxéthylène-amine.

114. Oxyde d'éthylène, C^2H^4O. — L'oxyde d'éthylène, liquide incolore qui bout à 13°, est l'anhydride du glycol; néanmoins on ne l'a obtenu jusqu'à présent que par l'action de la potasse sur le glycol monochlorhydrique, la déshydratation directe du glycol fournissant un isomère de l'oxyde d'éthylène, l'aldéhyde.

Les réactions de l'oxyde d'éthylène ne laissent aucun doute sur sa nature d'anhydride du glycol; il se combine directement :

1° Avec l'eau, pour former du glycol, même à la température ordinaire, par un contact prolongé :

$$C^2H^4O \quad + \quad H^2O \quad = \quad C^2H^6O^2$$

Oxyde d'éthylène.   Eau.   Glycol.

10.

2º Avec l'acide chlorhydrique pour donner le glycol monochlorhydrique :

$$C^2H^4O \quad + \quad HCl \quad = \quad C^2H^4\!\!\begin{array}{l}\diagdown Cl \\ \diagup OH\end{array}$$

Oxyde   Acide   Glycol mono-
d'éthylène.   chlorhydrique.   chlorhydrique.

3º Avec les acides oxygénés, en donnant des éthers du glycol :

$$C^2H^4O \quad + \quad C^2H^4O^2 \quad = \quad C^2H^4\!\!\begin{array}{l}\diagdown C^2H^3O^3 \\ \diagup OH\end{array}$$

Oxyde   Acide   Glycol monoacétique.
d'éthylène.   acétique.

4º Avec l'ammoniaque, en produisant des bases oxygénées :

$$C^2H^4O \quad + \quad AzH \quad = \quad AzH^2,C^2H^4,OH$$

Oxyde   Ammoniaque.   Oxéthylène-amine.
d'éthylène.

115. Acide iséthionique (*acide oxéthylène-sulfureux*). — Les éthers formés par le glycol et les acides polybasiques sont assez nombreux; l'un d'eux, l'acide iséthionique, est un éther acide dont nous devons dire quelques mots, car on peut au moyen de cet acide réaliser la synthèse de la taurine, principe cristallisé existant dans les organes de plusieurs animaux.

L'acide iséthionique ou oxéthylène sulfureux $SO^4C^2H^6$ est un acide monobasique; il s'obtient par l'action du glycol monochlorhydrique sur le bisulfite de soude ou sulfite acide de sodium :

$$SO^3\!\!\begin{array}{l}\diagup Na \\ \diagdown H\end{array} \quad + \quad C^2H^4OH,Cl \quad = \quad SO^3\!\!\begin{array}{l}\diagup C^2H^4,OH \\ \diagdown H\end{array} \quad + \quad NaCl$$

Bisulfite   Glycol monochlor-   Acide iséthionique.   Chlorure
de soude.   hydrique.   de sodium.

Il représente du sulfite acide de sodium dont le

métal est remplacé par le groupe monoatomique oxé-thylène C^2H^4,OH et par conséquent il joue le rôle d'un acide monobasique. On l'a primitivement préparé en dirigeant des vapeurs d'anhydride sulfurique dans l'alcool, étendant la liqueur d'eau, faisant bouillir la solution et la saturant par le carbonate de baryte; par la concentration, il se dépose de l'iséthionate de baryum cristallisé. On en isole l'acide iséthionique en précipitant la baryte par l'acide sulfurique. L'acide iséthionique est un liquide épais, non cristallisable et non distillable sans décomposition.

Quand on ajoute du sulfate d'ammoniaque à la solution d'iséthionate de baryum, il se précipite du sulfate de baryum, et l'iséthionate d'ammoniaque reste dissous. Par l'évaporation de la liqueur, il cristallise en tables rhomboïdales, fusibles à 130°. Maintenu entre 210°-220°, l'iséthionate d'ammonium $SO^3 \begin{cases} C^2H^4OH \\ AzH^4 \end{cases}$. perd une molécule d'eau, et se transforme en amide iséthionique, isomère de la taurine, et que l'on avait pendant quelque temps confondue avec celle-ci.

Lorsqu'on traite l'iséthionate de potassium par le perchlorure de phosphore, on obtient le *chlorure chlor-éthyl-sulfureux* $C^2H^4SO^2Cl^2$, qui résulte du remplacement des deux groupes OH de l'acide iséthionique par 2 atomes de chlore :

$$SO^2 \begin{cases} C^2H^4,OH \\ OH \end{cases} \qquad SO^2 \begin{cases} C^2H^4Cl \\ Cl \end{cases}$$

Acide iséthionique.   Chlorure chloréthyl-sulfureux.

Dans ce chlorure, le chlore qui est fixé au groupe SO^2 est facilement remplacé par OH, par la simple action de l'eau, et l'on obtient l'acide chloréthyl-sulfureux.

$$SO^3\begin{cases}C^2H^4ClO\\Cl\end{cases} + H^2O = SO^2\begin{cases}C^2H^4Cl\\OH\end{cases} + HCl$$

Chlorure chloréthyl-sulfureux.   Eau.   Acide chloréthyl-sulfureux.   Acide chlorhydrique.

Cet acide chloréthyl-sulfureux, chauffé à 100° avec de l'ammoniaque, se convertit en acide amido-éthyl-sulfureux :

$$SO^3\begin{cases}C^2H^4Cl\\OH\end{cases} + AzH^3 = SO^2\begin{cases}C^2H^4AzH^2\\OH\end{cases} + HCl$$

Acide chloréthyl-sulfureux.   Ammoniaque.   Acide amido-éthyl-sulfureux.   Acide chlorhydrique.

et cet acide amido-éthyl-sulfureux n'est autre que la *taurine*. (Kolbe.)

116. TAURINE (*acide amido-éthylsulfureux*). — La taurine, $SO^3C^2H^7Az$, se trouve toute formée dans le canal intestinal, le foie, la rate, les reins, le sang, le liquide musculaire. On l'a primitivement préparée par la métamorphose, sous l'influence de l'acide chlorhydrique, d'un acide contenu dans la bile, l'acide taurocholique. On fait bouillir la bile pendant quelques heures avec de l'acide chlorhydrique, on filtre, on concentre la solution au bain-marie, et quand elle a déposé le chlorure de sodium, on la décante et on l'additionne de 5 à 6 fois son poids d'alcool bouillant; au bout de quelque temps la taurine cristallise.

La synthèse de la taurine a été réalisée par Kolbe.

La taurine cristallise en prismes incolores, transparents, solubles dans l'eau surtout à l'ébullition, presque insolubles dans l'alcool absolu. Très stable, elle n'est attaquée ni par l'acide azotique concentré, ni par l'eau régale, même à la température de l'ébullition. Chauffée avec la potasse caustique, elle dégage de l'ammoniaque, et le résidu renferme du sulfite et de l'acétate de potasse.

117. Ammoniaques éthyléniques. — Aux glycols comme aux alcools monoatomiques, se rattachent des ammoniaques composées. Celles des glycols résultent de la substitution de radicaux diatomiques aux atomes d'hydrogène de deux molécules d'ammoniaque, et comprennent aussi des amines primaires, secondaires, tertiaires, etc.

$$\left.\begin{array}{l} AzH^3 \\ AzH^3 \end{array}\right. \qquad C^2H^4\left\{\begin{array}{l} AzH^2 \\ AzH^2 \end{array}\right. \qquad \left.\begin{array}{l} C^2H^4 \\ C^2H^4 \\ H^2 \end{array}\right\}Az^2 \qquad \left.\begin{array}{l} C^2H^4 \\ C^2H^4 \\ C^2H^4 \end{array}\right\}Az^2$$

2 molécules   Éthylène   Diéthylène   Triéthylène
d'ammoniaque.   diamine.   diamine.   diamine.

A cette dernière on peut enfin combiner le bromure d'éthylène :

$$(C^2H^4)^3Az^2 \quad + \quad C^2H^4Br^2 \quad = \quad (C^2H^4)^4Az^2Br^2$$

Triéthylène   Bromure   Bromure
diamine.   d'éthylène.   de tétréthylène-
diammonium.

Le bromure de tétréthylène-diammonium est comparable aux bromures d'ammoniums composés.

En outre, dans les bases primaires, secondaires, l'hydrogène est remplaçable par des radicaux monoatomiques, comme l'éthyle ; ainsi on connaît l'éthylène-diéthyldiamine :

$$\left.\begin{array}{l} C^2H^4 \\ (C^2H^5)^2 \\ H^2 \end{array}\right\}Az^2$$

Comme il est possible d'introduire dans une même molécule des radicaux différents, on voit combien est considérable le nombre de ces corps, d'autant plus considérable qu'il existe des bases correspondantes où le phosphore, l'arsenic, remplacent l'azote.

Le mode d'obtention de ces bases éthyléniques consiste à chauffer le bromure d'éthylène avec l'ammoniaque. Jusqu'à présent ces bases et les analogues dérivées des autres glycols n'ont qu'un intérêt théorique; il n'en est pas de même des bases oxyéthyléniques.

118. Ammoniaques oxyéthyléniques. — Elles renferment de l'oxygène et se rapprochent des bases organiques naturelles; aussi ont-elles une grande importance, et leur production est le premier pas dans la voie des recherches qui mèneront à la synthèse des alcaloïdes. Au nombre des bases oxyéthyléniques, on compte un alcaloïde très répandu dans l'organisme, la choline ou névrine, dont la synthèse a été réalisée.

Les bases oxyéthyléniques sont dues à Wurtz; elles résultent de la substitution du groupe C^2H^4,OH monoatomique, comme nous l'avons vu, à l'hydrogène de l'ammoniaque ou des ammoniaques composées. Elles s'obtiennent à l'aide du glycol monochlorhydrique, qui réagit comme un véritable éther chlorhydrique de la série grasse :

$$(C^2H^4,OH)Cl \quad + \quad AzH^3 \quad = \quad \left. \begin{matrix} C^2H^4,OH \\ H^2 \end{matrix} \right\} Az,HCl$$

Glycol mono-chlorhydrique.	Ammoniaque.	Chlorhydrate d'oxéthylène-amine.

$$(C^2H^4,OH)Cl \quad + \quad C^2H^5AzH^2 \quad = \quad \left. \begin{matrix} C^2H^4,OH \\ C^2H^5 \\ H \end{matrix} \right\} Az,HCl$$

Glycol mono-ch'orhydrique.	Éthylamine.	Chlorhydrate d'éthyl-oxéthylène-amine.

Elles se produisent aussi par l'union directe de l'oxyde d'éthylène et de l'ammoniaque.

En étudiant les ammoniaques de la série grasse, nous avons appris que les éthers chlorhydriques ou iodhydriques se combinent avec les ammoniaques tertiaires en produisant des chlorures ou iodures d'ammonium quatre fois substitué :

$$C^2H^5Cl \quad + \quad (C^2H^5)^3Az \quad = \quad (C^2H^5)^4Az,Cl$$

Chlorure d'éthyle.   Triéthylamine.   Chlorure de tétréthyl-ammonium.

Le glycol monochlorhydrique fonctionnant comme un éther chlorhydrique, se comporte de même, et se combine intégralement avec les ammoniaques tertiaires :

$$(C^2H^4,OH)Cl \quad + \quad (CH^3)^3Az \quad = \quad \left.\begin{array}{l} C^2H^2,OH \\ (CH^3)^3 \end{array}\right\} Az,Cl$$

Glycol mono-chlorhydrique.   Triméthylamine.   Chlorure de triméthyl-oxéthylène-ammonium.

Ce chlorure d'ammonium quaternaire en agissant sur l'oxyde d'argent humide se convertit en l'hydrate correspondant :

$$\left.\begin{array}{l} (CH^3)^3 \\ C^2H^4,OH \end{array}\right\} Az,Cl \quad + \quad AgOH \quad = \quad \left.\begin{array}{l} (CH^3)^3 \\ C^2H^4,OH \end{array}\right\} Az,OH \quad + \quad AgCl$$

Chlorure de triméthyl-oxéthylène-ammonium.   Hydrate d'argent.   Hydrate de triméthyl-oxéthylène-ammonium.   Chlorure d'argent.

Cet hydrate n'est autre que la choline ou névrine.

119. CHOLINE (*névrine, hydrate de triméthyl-oxéthylène-ammonium*) $C^5H^{13}AzO^2$. — Cette base, dont la synthèse a été opérée par Wurtz, suivant les réactions que nous venons de citer, existe dans la bile, le cerveau, la substance nerveuse, le jaune d'œuf, etc. Elle s'y trouve à l'état de sels complexes, constituant les corps désignés sous les noms de *lécithine* et de *protagon*.

La *lécithine* (de λεκιθος, jaune d'œuf) a été extraite par Gobley du jaune d'œuf de poule, des œufs et de la laitance de carpe. Elle forme la plus grande partie des substances appelées *protagon* par Liebreich, *myélocome* par Kühn, et plus anciennement *matière grasse blanche* par Vauquelin, *cérébrote* par Couerbe; le caractère commun de tous ces corps est leur dédoublement par la baryte en acide phosphoglycérique, acide oléique, acide margarique, et en une base, la *névrine* de Liebreich ou *choline* de Strecker, qui l'avait précédemment extraite de la bile de différents animaux.

Gobley isole la lécithine en épuisant les jaunes d'œuf par l'alcool ou l'éther bouillants; elle se sépare par le refroidissement sous l'aspect d'une matière visqueuse, identique avec celle qu'on obtient en soumettant au même traitement la substance du cerveau.

Le *protagon*, qui présente la même composition que la cérébrote de Couerbe, s'extrait du cerveau, en écrasant des cerveaux de bœufs, les passant à travers un linge, les épuisant par l'éther à 0°, puis par de l'alcool de 85° à la température de 45°. La solution alcoolique filtrée étant fortement refroidie, dépose des flocons blancs de protagon qu'on lave à l'éther et qu'on sèche ensuite dans le vide. Le protagon est un mélange de lécithine et de cérébrine; la cérébrine (acide cérébrique de Frémy) diffère de la lécithine en ce qu'elle est constituée par des sels de choline à acides gras; elle ne renferme pas d'acide phosphoglycérique.

Ces substances non cristallisées ne sont pas rigoureusement définies; ce sont des mélanges de phosphoglycérates, de stéarates, de margarates et d'oléates de choline, ainsi que le prouve leur dédoublement par l'eau de baryte.

La choline s'extrait du protagon ou de la lécithine par une ébullition prolongée de ces corps avec l'eau de baryte; elle se retire aussi de la bile. Wurtz en a fait la synthèse par le glycol monochlorhydrique et la triméthylamine.

La choline est très alcaline et attire l'acide carbonique de l'air ; elle se présente sous l'aspect d'un sirop épais soluble dans l'alcool. Son chlorhydrate cristallise en aiguilles fines et soyeuses, très hygroscopiques.

Soumise à l'ébullition avec des alcalis concentrés, la choline dégage de la triméthylamine.

120. La choline, comme le montre sa formule de constitution, renferme un résidu C^3H^4-OH du glycol, résidu qui peut être représenté comme il suit :

$$\begin{array}{l} CH^2 \\ CH^2,OH \end{array}$$

Il y a donc dans la choline un groupe CH^2,OH des alcools primaires, qui par oxydation peut se convertir en un groupe CO-OH. En effet, quand on oxyde le chlorhydrate de choline, on obtient un chlorhydrate d'oxycholine. Les formules suivantes représentent les 2 chlorhydrates de leurs relations :

$$\left.\begin{array}{l}(CH^3)^3 \\ CH^2\text{-}CH^2,OH\end{array}\right\} Az\text{-}Cl \qquad \left.\begin{array}{l}(CH^3)^3 \\ CH^2\text{-}CO,OH\end{array}\right\} Az\text{-}Cl$$

Chlorhydrate de choline.   Chlorhydrate d'oxycholine.

En traitant ce chlorhydrate par l'oxyde d'argent, on lui enlève simplement les éléments de l'acide chlorhydrique, et l'on obtient la base libre $C^3H^{11}AzO^2$. Cette base se trouve dans la nature, elle se rencontre dans les mélasses de betteraves et a reçu le nom de *bétaïne* (Scheibler).

La bétaïne est en cristaux volumineux renfermant une molécule d'eau de cristallisation.

Si l'oxydation de la choline se fait au moyen de l'acide

azotique, on n'obtient pas de bétaïne, mais une nouvelle base qui renferme un atome d'oxygène de plus que la choline et qui est par conséquent $C^5H^{15}AzO^3$. Le corps ainsi obtenu est très toxique, il est identique avec une base naturelle, qui a été retirée de l'*Agaricus muscarius (fausse oronge)* et désignée sous le nom de *muscarine.*

121. Glycols homologues. — En traitant les hydrocarbures homologues de l'éthylène par le brome, Wurtz a obtenu des bromures qu'il a convertis en glycols homologues du glycol ordinaire. Mais les glycols, comme les alcools ordinaires, peuvent présenter différentes sortes d'isoméries.

Le glycol éthylénique renfermant deux fois le groupe CH^2,OH est deux fois alcool primaire, comme nous l'avons vu, et donne naissance par conséquent à 2 séries d'acides, un acide-alcool, l'acide glycollique, et un acide bibasique, l'acide oxalique :

$$\begin{array}{ll} CH^2,OH & CO,OH \\ CO,OH & CO,OH \end{array}$$

Acide glycollique.   Acide oxalique.

En fixant le brome sur le propylène, homologue supérieur de l'éthylène, on obtient un bromure, dont on dérive un glycol renfermant un seul groupe CH^2,OH d'alcool primaire et un groupe $CH\text{-}OH$ d'alcool secondaire. C'est ce que montrent les formules suivantes :

$$\begin{array}{lll} CH^3 & CH^3 & CH^3 \\ CH & CHBr & CH,OH \\ CH^3 & CH^2Br & CH^2OH \end{array}$$

Propylène.   Bromure de propylène.   Propyl-glycol.

Un tel glycol est donc moitié alcool primaire, moitié

alcool secondaire. Aussi, quand il est soumis à l'oxydation, il donne un acide-alcool

$$CH^3$$
$$CH,OH$$
$$CO,OH$$

qui n'est autre que l'acide lactique de fermentation,
mais celui-ci ne renfermant plus de groupe CH^2,OH ne
peut pas subir une oxydation qui le convertisse en
acide bibasique.

De même, il y a des glycols qui renferment 2 fois le
groupe CH,OH et qui, étant deux fois secondaires, ne
donnent pas d'acides par oxydation.

Nous voyons ainsi que, dans les glycols, se trouvent
les mêmes relations d'isomérie qui existent entre les alcools quand ils sont primaires, secondaires ou tertiaires.

Ainsi, outre le propylglycol découvert par Wurtz,
et dont nous venons de parler, il existe un isomère qui
est deux fois primaire comme le glycol éthylénique, et
auquel, par conséquent, correspondent deux acides, l'un,
l'acide éthylénolactique, l'autre, l'acide malonique :

CH^2,OH	CH^2,OH	CO,OH
CH^2	CH^2	CH^2
CH^2,OH	CO,OH	CO,OH
Propyl-glycol normal.	Acide éthyléno-lactique.	Acide malonique.

Ce propylglycol, découvert par Reboul et Geromont,
offre donc avec le propylglycol de Wurtz des relations
d'isomérie qui représentent les deux formules :

CH^2,OH	CH^3
CH^2	CH,OH
CH^2,OH	CH^2,OH
Propylglycol de Reboul.	Propylglycol de Wurtz.

A quelque groupe qu'ils appartiennent, tous les glycols étant deux fois alcools, possèdent la propriété de fournir deux séries d'éthers, de donner des ammoniaques composées analogues aux ammoniaques éthyléniques, etc.

Si l'on compare la formule brute des glycols à celle des alcools, on voit qu'ils renferment un atome d'oxygène de plus que ces derniers :

Alcools	Glycols
C^2H^6O	$C^2H^6O^2$
C^3H^8O	$C^3H^2O^2$
$C^4H^{10}O$	$C^4H^{10}O^2$, etc., etc.

Il semblerait donc qu'on doit obtenir un glycol CH^4O^2 correspondant à l'alcool méthylique CH^4O. Mais ce terme qui constituerait l'hydrate de méthylène ou glycol méthylénique, $CH^2{<}^{OH}_{OH}$, n'a pas été isolé, pas plus que l'hydrocarbure *méthylène* CH^2. On connaît, il est vrai, des composés correspondant à ce glycol inconnu et qui sont des homologues inférieurs des éthers du glycol éthylénique :

CH^2Cl^2	chlorure de méthylène.
CH^2I^2	iodure de méthylène.
$CH^2{<}^{C^2H^3O^2}_{C^2H^3O^2}$	diacétate de méthylène.

Mais si l'on veut saponifier ce dernier par la baryte, comme on saponifie le diacétate d'éthylène ou glycol diacétique, on ne recueille que de l'acétate de baryte et du formiate, le glycol méthylénique n'étant pas assez stable. Il est probable qu'au moment de sa mise en liberté il se scinde en eau et en aldéhyde formique, qui, en présence de la baryte, passe à l'état de formiate.

$$CH^2{<}^{OH}_{OH} = H^2O + CH^2O$$

Glycol méthylénique.　　　Eau.　　　Aldéhyde formique.

CHAPITRE X

ACIDES DÉRIVÉS DES GLYCOLS

Acide carbonique. — Oxyde de carbone. — Sulfure de carbone. — Amides carboniques : carbimide, urée ou carbamide. — Urées composées. — Cyanamide. — Guanidine. — Guanidines substituées. — Créatine, créatinine. — Sulfocyanates.

122. Acides dérivés des glycols. — L'acide glycollique $C^2H^4O^3$ et l'acide oxalique $C^2H^2O^4$ dérivant du premier terme de la série des glycols connus, le glycol ordinaire, appartiennent eux-mêmes à deux séries homologues, renfermant un assez grand nombre d'acides. Ces acides sont plus nombreux que les glycols connus, car ils s'obtiennent par divers procédés, et tous les glycols correspondant à cette série d'acides n'ont pas encore été isolés. De plus, au glycol méthylénique hypothétique doit se rattacher un acide CO^3H^2, offrant les mêmes relations avec lui que les acides avec les alcools :

$$CH^2\!\!\begin{cases}OH\\OH\end{cases} \qquad CO\!\!\begin{cases}OH\\OH\end{cases}$$

Glycol méthylénique.   Hydrate de carbonyle.

On connaît les sels se rattachant à cet acide; ce sont les carbonates et les bicarbonates :

$$CO\!\!\begin{cases}ONa\\ONa\end{cases} \qquad CO\!\!\begin{cases}ONa\\OH\end{cases}$$

Carbonate neutre de sodium.   Carbonate acide de sodium.

Quand on traite les carbonates par un acide, l'hydrate de carbonyle ou acide carbonique normal $CO\begin{smallmatrix}OH\\OH\end{smallmatrix}$, peu stable, se scinde en eau H^2O et anhydride carbonique CO^2 appelé ordinairement acide carbonique. Quoique ce soit un dérivé du carbone, et qu'il appartienne à la chimie organique, nous avons cru devoir l'étudier avec les composés minéraux (voy. *Chimie inorganique*, p. 274).

123. Amides carboniques. — Les amides correspondants aux acides monobasiques dérivent des sels ammoniacaux par l'élimination d'une molécule d'eau (§ 91). Les acides bibasiques qui donnent deux sels ammoniacaux, un sel acide et un sel basique, fournissent deux amides, différant des sels ammoniacaux par l'élimination de deux molécules d'eau.

Ainsi il existe deux amides de l'acide carbonique, l'une correspondant au bicarbonate d'ammoniaque, l'autre au carbonate neutre :

$$CO\begin{smallmatrix}OH\\OAzH^4\end{smallmatrix} \quad - \quad 2H^2O \quad = \quad CO,AzH$$

Bicarbonate d'ammoniaque.   Eau.   Carbimide (acide cyanique).

$$CO\begin{smallmatrix}OAzH^4\\OAzH^4\end{smallmatrix} \quad - \quad 2H^2O \quad = \quad CO\begin{smallmatrix}AzH^2\\AzH^2\end{smallmatrix}$$

Carbonate neutre d'ammoniaque.   Eau.   Carbamide (urée).

Dans la carbimide, le radical carbonyle CO, radical diatomique, est substitué à deux atomes d'hydrogène d'une seule molécule d'ammoniaque, et dans la carbamide à deux atomes d'hydrogène de deux molécules d'ammoniaque :

$$Az\begin{smallmatrix}CO\\H\end{smallmatrix} \qquad\qquad CO\begin{smallmatrix}AzH^2\\AzH^2\end{smallmatrix}$$

Carbimide (acide cyanique).   Carbamide (urée).

124. Carbimide COAzH. — La carbimide, appelée aussi *acide cyanique*, n'est pas, à proprement parler, un acide. Quand on traite ses combinaisons métalliques, comme le cyanate de potasse, par l'acide chlorhydrique, on n'obtient pas d'acide cyanique : à mesure qu'il est mis en liberté, ce composé fixe les éléments de l'eau et se dédouble en acide carbonique et en ammoniaque, qui s'unit à l'excès d'acide chlorhydrique :

$$CO\text{Az}K \ + \ 2HCl \ + \ H^2O \ = \ KCl \ + \ \text{Az}H^4Cl \ + \ CO^2$$

Cyanate de potasse.	Acide chlorhydrique.	Eau.	Chlorure de potassium.	Chlorhydrate d'ammoniaque.	Acide carbonique.

En triturant le cyanate de potasse avec de l'acide oxalique bien desséché et en évitant l'accès de l'eau, on obtient un corps polymère de l'acide cyanique, la *cyamélide*, $n(CO\text{Az}H)$, dont le poids moléculaire n'est pas connu. La cyamélide est une masse blanche porcelainée, insoluble dans l'eau, l'alcool, l'éther; soumise à la distillation, elle fournit de l'acide cyanique.

L'urée, chauffée dans une petite cornue jusqu'à ce qu'elle ait l'aspect d'une masse grise et sèche, se transforme en un corps, l'*acide cyanurique*, qui représente trois molécules d'acide cyanique condensées $C^3O^3\text{Az}^3H^3$ et qui cristallise de sa solution aqueuse en prismes rhomboïdaux obliques.

Comme la cyamélide, l'acide cyanurique donne de l'acide cyanique quand on le distille. On doit recueillir l'acide cyanique dans un mélange réfrigérant.

L'acide cyanique ou carbimide se présente alors sous l'aspect d'un liquide incolore, doué d'une odeur forte et irritante. Appliqué sur la peau, il détermine une inflammation douloureuse. Il ne peut se conserver à la température ordinaire ; à quelques degrés au-dessus de 0°, il passe de nouveau à l'état de cyamélide.

Les combinaisons métalliques de la carbimide sont appelées cyanates. On prépare le *cyanate de potasse* $COAzK$ en chauffant au rouge obscur le cyanure ou le ferrocyanure de potassium avec l'oxyde de plomb ou le peroxyde de manganèse, et épuisant la masse par l'alcool faible bouillant (voy. plus loin, *Urée*, § 125).

Il se sépare de sa solution en lames transparentes et fusibles, ressemblant au chlorate de potasse. Il est très soluble dans l'eau et s'y convertit promptement en ammoniaque et bicarbonate de potasse :

$$COAzK \quad + \quad 2H^2O \quad = \quad CO^3KH \quad + \quad AzH^3$$

Cyanate de potasse.	Eau.	Bicarbonate de potasse.	Ammoniaque.

Lorsqu'on dirige des vapeurs d'acide cyanique dans un ballon contenant du gaz ammoniac pur, on obtient une substance solide, blanche, qui constitue le *cyanate d'ammonium* $COAz,AzH^4$. Il est soluble dans l'eau, et sa solution récemment préparée se comporte comme celle d'un véritable cyanate, en dégageant de l'acide carbonique à froid par l'addition d'acide chlorhydrique ; mais si cette solution est abandonnée à elle-même ou bien soumise à l'ébullition, le cyanate d'ammoniaque $COAz,AzH^4$ subit une transformation moléculaire et passe à l'état d'urée ou carbamide $CO\big\langle{{AzH^2}\atop{AzH^2}} = COAz^2H^4$.

Les éthers cyaniques sont analogues aux cyanates métalliques ; ils renferment un groupe alcoolique au lieu d'un métal (Wurtz).

Le *cyanate de méthyle* $COAz,CH^3$ ou méthyl-carbimide est un liquide incolore, bouillant à 40°, qu'on obtient par la distillation au bain d'huile d'un mélange de 2 parties de méthylsulfate de potasse et de 1 partie de cyanate de potasse.

Le *cyanate d'éthyle* $COAz,C^2H^5$ est un liquide excessivement irritant; il bout à 60°.

De même que l'acide cyanique traité par les alcalis se décompose en carbonate et en ammoniaque, de même les éthers cyaniques se décomposent en carbonates et en ammoniaques composées :

$$COAzH + 2KHO = CO^3K^2 + AzH^3$$

Acide cyanique. — Potasse. — Carbonate de potasse. — Ammoniaque.

$$COAz,CH^3 + 2KHO = CO^3K^2 + AzH^2,CH^3$$

Cyanate de méthyle. — Potasse. — Carbonate de potasse. — Méthylamine.

$$COAz,C^2H^5 + 2KHO = CO^3K^2 + AzH^2,C^2H^5$$

Cyanate d'éthyle. — Potasse. — Carbonate de potasse. — Éthylamine.

L'acide cyanique et l'ammoniaque s'unissent en donnant du cyanate d'ammoniaque qui se convertit rapidement en urée; avec les éthers cyaniques, la réaction finale est identique, et sous l'influence de l'ammoniaque ils fournissent des urées substituées ou urées composées :

$$COAzH + AzH^3 = COAz^2H^4$$

Acide cyanique. — Ammoniaque. — Urée

$$COAz,CH^3 + AzH^3 = COAz^2H^3(CH^3)$$

Cyanate de méthyle. — Ammoniaque. — Méthylurée.

$$COAz,C^2H^5 + AzH^3 = COAz^2H^3(C^2H^5)$$

Cyanate d'éthyle. — Ammoniaque. — Éthylurée.

Ainsi les éthers cyaniques peuvent fournir des ammoniaques composées ou des urées substituées;

ces réactions importantes ont été découvertes par Wurtz.

125. Urée (*carbamide*) $COAz^2H^4$. — L'urée, extraite de l'urine à l'état impur par Rouelle le jeune, qui l'appela extrait savonneux de l'urine, fut isolée à l'état de pureté par Fourcroy et Vauquelin. Elle se rencontre dans l'urine des animaux, surtout celle des carnivores, en quantité moindre dans l'urine des oiseaux et des reptiles; dans divers liquides de l'organisme, les humeurs de l'œil, le sang, la sueur, la salive, la sérosité des hydropisies, le liquide amniotique, le chyle. Suivant Picard, les humeurs suivantes en contiendraient 100 parties :

Salive	0,035	Sérosité de vésicatoire	0,060
Bile	0,030	Liquide de l'ascite	0,015
Lait	0,013	Liquide amniotique	0,036
Humeurs de l'œil	0,500		
Sueur	0,088		

Quant à l'urine dont on excrète en moyenne 1200 grammes par jour, elle renferme une quantité variable d'urée, suivant que l'on considère l'urine émise après le repas, après le sommeil ou après l'ingestion de boissons aqueuses. L'urée excrétée dans les vingt-quatre heures varie de quantité avec l'âge du sujet et avec son alimentation.

D'après Lecanu, un homme adulte émet 27 grammes d'urée en vingt-quatre heures. De nombreuses expériences ont donné à Bischoff 27 grammes d'urée pour un homme de vingt-deux ans, et 39 grammes pour un homme de trente et un ans. Vogel admet que le poids d'urée émis par les adultes oscille entre 25 et 40 grammes.

Lehmann a recherché sur lui-même les rapports de

l'alimentation et de l'urée sécrétée; il a constaté les variations suivantes :

Nourriture animale .	52,25	Nourriture non azo-	
— végétale .	22,52	tée...............	15,11
— mixte....	32,53		

Un autre expérimentateur a trouvé pour une alimentation purement animale de 51 à 90 grammes d'urée en vingt-quatre heures; devant ces chiffres élevés, il faut tenir compte du tempérament du sujet mis en expérience. Bodeker, sur 10 hommes adultes, a trouvé comme minimum 20 grammes et comme maximum 38 grammes en vingt-quatre heures. Ces chiffres coïncident avec les moyennes données par Vogel et par Lecanu.

Dans les maladies aiguës, la proportion d'urée augmente et s'élève jusqu'à 60 ou 70 grammes en vingt-quatre heures.

L'urée est le dernier terme de la transformation des tissus de l'organisme qui sont éliminés pour faire place à une nouvelle substance, dont les matériaux sont fournis par les aliments. L'urée représente les 5/6 de l'azote absorbé avec les aliments; ce sont les reins qui enlèvent au sang l'urée dont celui-ci est chargé, mais dans les maladies où ces organes sont affectés, l'urée s'accumule dans le sang, comme on l'observe dans le choléra, la maladie de Bright, et se trouve alors en proportion notable dans les liquides musculaires, dans la salive, dans la bile. Après l'ablation des reins, l'urée qui s'est accumulée dans le sang s'élimine par les muqueuses gastro-intestinales à l'état de carbonate d'ammoniaque (Claude Bernard).

Quelle est l'origine immédiate de l'urée? Liebig pense que les tissus se transforment primitivement en acide urique, qui s'oxyde en présence de l'eau et passe à l'état d'urée : en effet, l'acide urique traité par un oxydant fournit de l'urée, et la proportion de celle-ci augmente après l'introduction dans l'organisme d'acide urique, de créatine et de créatinine. Il est donc probable que ces trois derniers corps sont les produits directs de la désassimilation des tissus, et qu'ils se convertissent ultérieurement en urée.

L'urée s'extrait de l'urine en évaporant celle-ci à consistance sirupeuse, laissant refroidir, et y ajoutant un volume d'acide azotique égal à celui de l'urine évaporée. Le tout se prend en une masse de cristaux qu'on laisse égoutter sur un entonnoir et qu'on lave avec un peu d'eau froide. On redissout ensuite les cristaux dans l'eau chaude, en y ajoutant du charbon animal, et l'on filtre la solution incolore d'azotate d'urée qui cristallise par le refroidissement. On en sépare l'urée en ajoutant à la solution d'azotate une solution concentrée de carbonate de potasse, jusqu'à ce qu'il ne se dégage plus d'acide carbonique. On évapore au bain-marie à siccité, et le résidu, mélange d'azotate de potasse et d'urée, est repris par l'alcool bouillant, qui dissout seulement l'urée et l'abandonne par l'évaporation.

La synthèse de l'urée par la transformation du cyanate d'ammonium est due à Wœhler. On opère de la manière suivante :

On fait un mélange intime de 2 parties de ferrocyanure de potassium, bien sec, avec 1 partie de peroxyde de manganèse en poudre fine, et on le chauffe au rouge sombre dans une poêle de tôle en remuant continuellement la masse. L'oxygène de l'air et celui de l'oxyde de manganèse convertissent le ferrocyanure de potassium en oxyde ferrique et en cyanate de potasse. On épuise le mélange par de l'eau qui enlève le cyanate de potasse, et l'on ajoute à la solution du sulfate d'ammoniaque. Par double décomposition, il se forme du sulfate de potasse dont une partie se dépose et du cyanate d'ammoniaque qui reste dissous; on décante et l'on évapore la solution au bain-marie. Pendant l'évaporation, le cyanate d'ammoniaque passe à l'état d'urée, et le résidu sec de l'évaporation est un mélange de sulfate de potasse et d'urée; on isole celle-ci en épuisant ce résidu par l'alcool bouillant qui ne dissout pas le sulfate de potasse.

Depuis cette synthèse remarquable, qui date de 1829, l'urée a été reproduite artificiellement de diverses manières :

1° Par l'action du chlorure de carbonyle (oxychlorure de carbone) sur l'ammoniaque :

$$COCl^2 \quad + \quad 4AzH^3 \quad = \quad CO\begin{cases} AzH^2 \\ AzH^2 \end{cases} \quad + \quad 2AzH^4Cl$$

Chlorure de carbonyle.	Ammoniaque.	Urée.	Chlorhydrate d'ammoniaque.

2° Par l'action de l'ammoniaque sur le carbonate d'éthyle :

$$CO\begin{cases} OC^2H^5 \\ OC^2H^5 \end{cases} \quad + \quad 2AzH^3 \quad = \quad CO\begin{cases} AzH^2 \\ AzH^2 \end{cases} \quad + \quad 2C^2H^6O$$

Carbonate d'éthyle.	Ammoniaque.	Urée.	Alcool.

Ces deux synthèses, dues à M. Natanson, montrent bien que l'urée est l'amide de l'acide carbonique; elles rentrent dans le procédé général d'obtention des amides (voy. § 94). M. Millot a obtenu de l'urée sinthétique en électrolysant une solution d'ammoniaque au moyen d'électrodes de charbon. Il se forme en même temps de l'azotate de guanidine.

L'urée prend encore naissance dans l'oxydation de

l'acide urique et de l'allantoïne. On a dit aussi que les matières albuminoïdes fournissent de l'urée par oxydation, mais le fait est douteux et aurait besoin d'une confirmation précise.

126. *Propriétés.* — L'urée se dépose de sa solution aqueuse en larges prismes aplatis et striés. Elle est incolore, d'une saveur fraîche, soluble dans son poids d'eau à 15° et dans son poids d'alcool bouillant, elle est peu soluble dans l'éther; ses solutions sont neutres. Elle fond à 132°; à une température un peu plus élevée, elle se décompose; les produits de la réaction sont nombreux et complexes; l'un d'eux, le biuret, dérive de deux molécules d'urée, moins une molécule d'ammoniaque :

$$2\left(CO\left\langle\begin{matrix}AzH^2\\AzH^2\end{matrix}\right.\right) = (CO)^2Az^3H^5 + AzH^3$$

$$\text{Urée.} \qquad\qquad \text{Biuret.} \qquad\qquad \text{Ammoniaque.}$$

Plus fortement chauffée, l'urée laisse un résidu d'acide cyanurique.

Étant du carbonate neutre d'ammoniaque, moins de l'eau, l'urée peut absorber celle-ci et se transformer de nouveau en acide carbonique et ammoniaque; c'est ce qui a lieu lorsque l'urée est chauffée à 140°, en vase clos, avec de l'eau :

$$COAz^2H^4 = CO^3\left\langle\begin{matrix}AzH^4\\H\end{matrix}\right. + AzH^3$$

$$\text{Urée.}$$

Lorsque l'urine est abandonnée à elle-même, elle subit la fermentation ammoniacale, qui est due à la décomposition de l'urée avec fixation d'eau, en ammoniaque et sesquicarbonate d'ammoniaque.

La fermentation de l'urée est due à un ferment

soluble, sécrété par un organisme inférieur, le *Torula
urinæ* ou *Micrococcus ureæ* en globules sphériques de
1/10° de millimètre environ, accolés deux à deux.
Pour isoler le ferment soluble, on précipite par l'alcool
les urines putréfiées ; le précipité, bien lavé à l'alcool et
séché dans l'air, se conserve dans des flacons bouchés. Il est soluble dans l'eau ; sa solution filtrée fait
fermenter rapidement l'urée pure. Il perd son action
à 80° (Musculus).

127. Les trois réactions suivantes ont servi de base
à des procédés de dosage de l'urée :

1° Traitée par un courant de chlore en solution
aqueuse, l'urée se détruit entièrement en acide carbonique et en azote (procédé de Lecomte) :

$$COAz^2H^4 \; + \; H^2O \; + \; Cl^6 \; = \; C^6HCl \; + \; CO^3 \; + \; Az^2$$

Urée.   Eau.   Chlore.   Acide chlor-   Acide   Azote.
                                  hydrique. carbonique.

2° L'acide azoteux, l'acide azotique chargé de vapeurs nitreuses, et les azotites décomposent instantanément l'urée en eau, acide carbonique et azote
(procédé de Millon pour le dosage de l'urée) :

$$COAz^2H^4 \; + \; Az^2O^3 \; = \; CO^3 \; + \; 2H^2O \; + \; Az^4$$

Urée.   Acide   Acide   Eau.   Azote.
             azoteux.   carbonique.

3° L'azotate mercurique ajouté à une liqueur qu'on
maintient neutre à l'aide du carbonate de soude, en
précipite complètement l'urée ; le précipité blanc et
gélatineux devient grenu par l'ébullition avec l'eau ; il
est formé d'une molécule d'azotate mercurique et
d'une molécule d'urée. C'est sur cette réaction qu'est
fondé le procédé de Liebig pour le dosage de l'urée.

L'urée se comporte comme une base à l'égard de

quelques acides énergiques, comme l'acide azotique, l'acide oxalique. Elle ne se combine ni à l'acide carbonique, ni à l'acide tartrique.

L'azotate d'urée $CO Az^2 H^4, AzO^2 H$ se produit toutes les fois qu'à une solution concentrée d'urée on ajoute de l'acide azotique; la solution se prend en une masse de cristaux d'azotate d'urée, formés de prismes ou de feuillets brillants, anhydres, rougissant fortement le tournesol. Peu solubles dans l'eau froide, ils le sont encore moins dans l'acide azotique concentré. Quand on ajoute la solution d'azotate d'urée à la solution d'un carbonate alcalin, il se forme un azotate alcalin, l'urée est mise en liberté et l'acide carbonique se dégage.

L'acide chlorhydrique dirigé sur l'urée fondue s'y combine; le chlorhydrate d'urée est détruit par l'eau.

L'oxalate d'urée est une poudre cristalline qui se sépare lorsqu'on mélange des solutions concentrées d'urée et d'acide oxalique.

L'urée se combine également aux oxydes et à certains sels; on connaît des composés d'urée et d'oxyde mercurique, d'urée et d'azotates d'argent, de soude, de chaux ou de magnésie, d'urée et de chlorure de sodium. Ce dernier $CO Az^2 H^4, NaCl + H^2 O$ est en prismes rhomboïdaux obliques; il se produit lorsqu'on mélange des solutions saturées d'une molécule d'urée et d'une molécule de chlorure de sodium.

128. *Recherche et dosage de l'urée.* — On constate facilement la présence de l'urée dans l'urine en réduisant celle-ci à un petit volume par l'évaporation au bain-marie, et y ajoutant de l'acide azotique pur; il se produit alors un dépôt abondant d'azotate d'urée. Dans les liquides et les organes où elle ne se trouve qu'en petite quantité, on a recours à d'autres procédés pour déceler l'urée. Par exemple, pour la retirer du sang, on sépare le sérum, et l'on y ajoute de l'azotate mercurique en ayant soin de maintenir la liqueur neutre par addition de carbonate de soude : il se fait un précipité, combinaison d'urée et d'azotate mercurique, qu'on délaye dans une petite quantité d'eau après l'avoir lavé. On y dirige un courant d'hydrogène sulfuré qui enlève tout le mercure à l'état de sulfure, on filtre, et une partie de la liqueur filtrée, après avoir été concentrée, est additionnée d'acide azotique pour amener la formation d'azotate d'urée.

Lorsqu'on a obtenu l'urée à l'état d'azotate, on décompose celui-ci par le carbonate de potasse, on évapore à siccité, et l'on reprend par l'alcool absolu, qui dissout seulement l'urée.

Les propriétés caractéristiques qui servent à reconnaitre l'urée sont les suivantes : forme cristalline de l'urée, et forme cristalline de l'azotate, leur volatilisation complète s'ils sont chauffés sur une lame de platine ; précipitation de l'urée par l'acide azotique, l'acide oxalique, l'azotate mercurique, et sa décomposition en acide carbonique et en azote par le chlore ou les hypochlorites.

Un grand nombre de procédés servent à doser l'urée qui existe dans les liquides de l'organisme. Celui de Lecomte, basé sur la décomposition en acide carbonique et en azote, que le chlore et les hypochlorites alcalins font subir à l'urée, est commode et expéditif. Dans ce procédé, on recueille l'azote provenant de la décomposition de l'urée et on le mesure ; de son volume et de sa densité, on déduit son poids ; 34 centimètres cubes d'azote à la température de 0° et à la pression de 76 cent. représentent 10 centigr. d'urée [1].

1. 10 centigrammes d'urée renferment réellement 37 centi-

On se sert d'un petit ballon d'une capacité de 150 centimètres cubes environ, auquel on adapte un tube recourbé propre à recueillir les gaz et d'un petit diamètre intérieur; l'extrémité libre de ce tube peut s'engager dans un tube gradué de 50 centimètres cubes, divisé en dixièmes de centimètre et placé sur la cuve à eau. On introduit dans la fiole 20 grammes d'urine environ, on la remplit exactement avec de l'hypochlorite de soude marquant 1 degré 1/2 à l'aréomètre de Baumé, et l'on ferme rapidement la fiole, de manière que le liquide remonte dans le tube. Il se dégage aussitôt de l'azote qui pousse devant lui la petite colonne de liquide introduit dans le tube, et chasse ainsi le peu d'air qui s'y trouvait. Quand le liquide arrive à l'extrémité libre du tube, on introduit celle-ci sous l'éprouvette graduée, et l'on chauffe le petit ballon. Au bout de vingt minutes environ, il ne se dégage plus de gaz dans le tube gradué et l'opération est terminée : on enlève le tube de la cuve à eau en le plaçant sur une petite soucoupe pleine de ce liquide, et on le plonge dans une éprouvette remplie d'eau froide. On note la température de l'eau, le volume d'azote et la pression barométrique. L'azote est ainsi mesuré humide, à une certaine température et à une certaine pression. Il faut ramener le volume observé à ce qu'il serait à 0°, sous la pression de 760 millimètres, le gaz étant parfaitement sec. Le calcul s'effectue à l'aide de la formule suivante :

$$V' = \frac{V(H-f)}{(1 + 0,00367\,t)\,760}$$

V' étant le volume cherché, V le volume observé, H la hauteur barométrique, f la tension de la vapeur d'eau

mètres cubes d'azote; mais, dans le procédé de Lecomte, on n'en recueille que 34. Comme ce chiffre est constant, il sert à calculer la proportion d'urée.

à la température *t* à laquelle le gaz a été mesuré. Le dénominateur $760(1 + 0,00367\,t)$ indique la correction à faire pour la dilatation des gaz, sous la pression normale, à la température *t*; 0,00367 étant le coefficient de dilatation des gaz.

La valeur de *f* et celle du dénominateur sont données à toutes les températures comprises entre 0° et 30° par les tables suivantes, dues à Regnault :

TEMPÉRA- TURE *t*.	VALEUR du dénominateur $760(1+0,00367\,t)$	TENSION de la vapeur d'eau *f*.	TEMPÉRA- TURE *t*.	VALEUR du dénominateur $760(1+0,00367\,t)$	TENSION de la vapeur d'eau *f*.
0	760	4,6	16	804,6	13,5
1	762,8	4,9	17	807,4	14,4
3	765,6	5,3	18	810,2	15,3
4	768,4	5,7	19	813,8	16,3
5	771,2	6,1	20	815,8	17,4
6	773,9	6,5	21	818,6	18,5
7	776,7	7,0	22	821,4	19,7
8	779,5	7,5	23	824,4	20,9
9	782,3	8,0	24	826,9	22,2
10	785,1	8,6	25	829,7	23,6
11	787,9	9,2	26	832,5	25,0
12	790,7	9,8	27	835,3	26,5
13	793,5	10,5	28	838,1	28,1
14	796,3	11,2	29	840,0	29,8
15	799,1	11,9	30	843,7	31,5
	801,8	12,7			

Supposons qu'une analyse d'urine nous ait fourni, pour 20 grammes de ce liquide, 42 centimètres cubes d'azote humide, à la pression de 758 et à la température de 20°; pour avoir le volume cherché, l'équation

$$V' = \frac{V(H-f)}{760(1 + 0,00367\,t)} \quad \text{devient} \quad V' = \frac{42(758 - 17,4)}{815,8}$$

les tables précédentes donnant 17,4 pour la valeur de *f* à 20°, et 815,8 pour la valeur du dénominateur à

cette même température. Les calculs étant effectués, on voit que le volume de l'azote, sec et à 0°, sous la pression normale, est de 37 centimètres; or comme, dans le procédé Lecomte, 34 centimètres cubes représentent 10 centigrammes d'urée, les 37 centimètres cubes que nous avons obtenus correspondent à 109 milligrammes d'urée pour 20 grammes de l'urine analysée (il n'y a qu'à diviser le nombre de centimètres cubes trouvé par 0,34 pour avoir le poids de l'urée;
$$\frac{0,37}{0,34} = 0^{gr},109).$$

On se contente souvent de traiter par l'hypochlorite de soude l'urine telle qu'elle a été émise, et cela est suffisant dans la plupart des cas. Mais si l'on veut avoir un dosage plus rigoureux, il faut précipiter 20 centimètres cubes d'urine à l'ébullition par un peu de sous-acétate de plomb, puis ajouter 3 grammes de carbonate de soude pulvérisé pour séparer l'excès du plomb, filtrer, étendre d'eau en lavant le précipité de manière à avoir 50 centimètres de liquide, et prendre la moitié de celui-ci, qui représente 10 centimètres cubes d'urine, pour y doser l'urée.

129. L'hypobromite de soude décomposant l'urée à froid a été proposé par M. Knop pour le dosage de ce corps. M. Hüfner, puis M. Yvon ont modifié la méthode de Knop. Le procédé d'Yvon, très commode et très rapide, est généralement employé.

L'appareil ou uromètre d'Yvon est formé par un tube de verre de 40 centimètres environ de longueur et d'un diamètre intérieur de 8 millimètres. Ce tube porte vers le quart supérieur un robinet en verre à partir duquel il est divisé, de haut en bas, en dixièmes de centimètre cube.

Pour titrer l'urée avec cet appareil, on ouvre le robinet et l'on plonge le tube dans une éprouvette pleine de mercure de manière à le remplir entièrement jusqu'au robinet sans y laisser une seule bulle d'air. Ceci fait, on ferme le robinet, on soulève le tube et on le maintient dans l'éprouvette à mercure au moyen d'un support.

Dans la partie supérieure, au-dessus du robinet, on mesure 1 centimètre cube d'urine, on étend de 9 centimètres cubes d'eau, et, en ouvrant le robinet, on fait passer le liquide dans la partie inférieure du tube : on ajoute de nouveau dans le haut du tube quelques centimètres cubes d'une lessive de soude étendue qui lave la paroi du tube, et on fait descendre ce liquide dans la partie inférieure.

A ce moment, on a donc dans le tube gradué inférieur tout le liquide dont il faut doser l'urée. On y introduit, par une manœuvre analogue, 5 à 6 cent. cubes d'une solution d'hypobromite de soude [1].

Aussitôt la décomposition de l'urée commence. Quand elle est terminée, on porte le tube sur la cuve à eau et on mesure le volume du gaz qui est de l'azote pur. En faisant les corrections de température et de pression suivant la formule donnée plus haut, on obtient le poids de l'azote et par suite le poids de l'urée correspondant à 5 cent. cubes d'urine : en effet, 1 centigramme d'urée produit un volume de 3 cc. 7 d'azote, à 0° et sous une pression de 760 mm.

Quand on a opéré sur 1 centimètre d'urine, le volume gazeux ayant subi les corrections de température et de pression, on en déduit la quantité d'urée renfermée par litre d'urine, en sachant qu'un centi-

1. On prépare la liqueur d'hypobromite de soude en prenant : lessive de soude, 30 gr.; eau distillée, 125 gr.; brome, 5 à 7 gr.

mètre cube d'azote correspond à 2 gr. 7 d'urée par litre. Ainsi une urine dont 1 centimètre cube fournit 10. cc. 7 d'azote à 0° et 760 mm. renferme par litre 10 cc. 7 $\times$ 2,7 = 28 gr. 89 d'urée.

130. **Urées composées**. — Le remplacement de 1 ou 2 atomes d'hydrogène par des radicaux alcooliques dans l'urée ou carbamide $COAz^2H^4$ donne naissance aux urées composées (Wurtz) :

$$COAz^2H^4 \qquad COAz^2H^3(CH^3) \qquad COAz^2H^2(CH^3)^2$$

Urée.   Méthylurée.   Diméthylurée.

La génération des urées composées est analogue à celle de l'urée ordinaire : elles dérivent de l'action de l'ammoniaque sur les éthers cyaniques ou de l'acide cyanique sur les ammoniaques composées. Ainsi on prépare l'éthylurée, soit en traitant l'éthylamine par l'acide cyanique :

$$COAzH \quad + \quad AzH^2(C^2H^5) \quad = \quad COAz^2H^3(C^2H^5)$$

Acide cyanique.   Éthylamine.   Éthylurée.

soit en ajoutant de l'ammoniaque liquide à du cyanate d'éthyle; la liqueur évaporée dépose des cristaux d'éthylurée :

$$COAzC^2H^5 \quad + \quad AzH^3 \quad = \quad COAz^2H^3(C^2H^5)$$

Cyanate   Ammo-   Éthylurée.
d'éthyle.   niaque.

En remplaçant dans l'équation précédente l'ammoniaque par une ammoniaque composée, on obtient une urée composée renfermant deux radicaux alcooliques :

$$COAzC^2H^5 \quad + \quad AzH^2(C^2H^5) \quad = \quad CO\begin{cases} AzHC^2H^5 \\ AzHC^2H^5 \end{cases}$$

Cyanate d'éthyle.   Éthylamine.   Diéthylurée.

Les urées composées sont nombreuses; le point principal de leur histoire est de se dédoubler par les alcalis en carbonate et en ammoniaques composées, comme l'urée se dédouble en carbonate et en ammoniaque :

$$COAz^2H^4 + 2KHO = CO^3K^2 + 2AzH^3$$

Urée.   Potasse.   Carbonate   Ammo-
                          de potasse.   niaque.

$$COAz^2H^3(C^2H^5) + 2KHO = CO^3K^2 + AzH^2C^2H^5 + AzH^3$$

Éthylurée.   Potasse.   Carbonate   Éthylamine.   Ammo-
                              de potasse.   niaque.

$$COAz^2H^2(C^2H^5)^2 + 2KHO = CO^3K^2 + 2(AzH^2,C^2H^5)$$

Diéthylurée.   Potasse.   Carbonate   Éthylamine.
                                 de potasse.

Il existe aussi des urées composées à radicaux acides, telle est l'acétylurée $COAz^2H^3(C^2H^3O)$, que l'on obtient en chauffant de l'urée avec du chlorure d'acétyle (Zinin) :

$$C^2H^3OCl + COAz^2H^4 = COAz^2H^3(C^2H^3O) + HCl$$

Chlorure   Urée.   Acétylurée.   Acide
d'acétyle.   chlorhydrique.

Ces urées à radicaux acides sont appelés *uréides*, parce qu'on peut les considérer comme des sels d'urée, moins de l'eau, de même que les *amides* sont des sels d'ammoniaque, moins de l'eau :

$$C^2H^4O^3,COAz^2H^4 - H^2O = COAz^2H^3(C^2H^3O)$$

Acétate d'urée.   Acétylurée
                                            (uréide acétique).

$$C^2H^4O^3,AzH^3 - H^2O = AzH^2,C^2H^3O$$

Acétate d'ammonium.   Acétamide.

Un grand nombre de corps dérivés de l'acide urique paraissent être des uréides à radicaux d'acides diatomiques, comme l'oxalylurée ou acide parabanique $COAz^2H^2(C^2O^2)$, la mésoxalylurée ou alloxane $COAz^2H^2$ (C^3O^3), etc.; ces composés ont d'abord été préparés au moyen de l'acide urique, et plus tard obtenus par des procédés synthétiques. Nous étudierons l'acide urique et les uréides qui en dérivent, après avoir vu les acides bibasiques.

131. Cyanamide CAz^2H^2. — Le corps appelé cyanamide représente l'urée ou le cyanate d'ammonium moins 2 molécules d'eau; on ne peut pas le préparer par déshydratation de l'urée, mais on l'obtient indirectement en dirigeant, dans de l'éther anhydre, du chlorure de cyanogène gazeux et du gaz ammoniac sec. Du chlorhydrate d'ammoniaque se précipite, tandis que la cyanamide reste dissoute dans l'éther :

$$CAzCl \quad + \quad 2AzH^3 \quad = \quad CAz^2H^2 \quad + \quad AzH^4Cl$$

Chlorure de cyanogène.   Ammoniaque.   Cyanamide.   Chlorhydrate d'ammoniaque.

La cyanamide est cristallisée, déliquescente; elle fond à 40°. Si l'on additionne sa solution aqueuse d'un peu d'acide azotique, elle fixe de l'eau et se convertit en urée qui se précipite à l'état d'azotate.

132. Guanidine CAz^3H^5. — Nous venons de voir que la carbimide (acide cyanique) se combine avec l'ammoniaque en donnant de l'urée; de même la cyanamide s'unit à l'ammoniaque et donne la *guanidine*.

$$C \begin{cases} O \\ AzH \end{cases} + \quad AzH^3 \quad = \quad CO \begin{cases} AzH^2 \\ AzH^2 \end{cases}$$

Acide cyanique.   Ammoniaque.   Urée.

$$C \begin{cases} AzH \\ AzH \end{cases} + \quad AzH^3 \quad = \quad CAzH \begin{cases} AzH^2 \\ AzH^2 \end{cases}$$

Cyanamide.   Ammoniaque.   Guanidine.

La guanidine représente donc de l'urée dont l'atome d'oxygène est remplacé par le groupe AzH diatomique.

La guanidine a d'abord été obtenue par Strecker dans l'oxydation d'une base, la guanine $C^5H^5Az^5O$, retirée du guano. On la prépare aussi en chauffant quelque temps à 100° de la cyanamide avec de l'ammoniaque en solution alcoolique (Erlenmeyer).

La guanidine est une base énergique qui se combine avec les acides et donne des sels bien cristallisés. Elle-même se présente sous la forme d'une masse solide, cristallisée, très déliquescente.

133. Guanidines substituées. — La cyanamide peut également se combiner aux ammoniaques composées, et donner des guanidines substituées. Ainsi elle s'unit à l'éthylamine et donne une base, l'éthylguanidine $CAz^3H^4(C^2H^5)$, etc., mais en outre elle peut s'unir à des ammoniaques composées de fonctions mixtes, comme le glycocolle ou acide amido-acétique, avec lequel elle donne une guanidine substituée, appelée *glycocyamine* :

$$CAz^2H^2 \quad + \quad C^2H^3(AzH^2)O^2 \quad = \quad C^3H^7Az^3O^2$$

Cyanamide.   Glycocolle.   Glycocyamine.

Si, au lieu de glycocolle, on prend le méthylglycocolle ou sarcosine, on obtient la méthylglycocyamine qui n'est autre qu'une base de l'organisme, la créatine (Strecker, Volhardt).

$$CAz^2H^2 \quad + \quad C^3H^3(AzHCH^3)O^2 \quad = \quad C^4H^9Az^3O^2$$

Cyanamide.   Sarcosine.   Créatine.

134. Créatine $C^4H^9Az^3O^2 + H^2O$. — La créatine, de κρεας, chair, découverte par Chevreul, étudiée surtout par Liebig, existe dans la chair des oiseaux et des poissons, aussi bien que dans celle des quadrupèdes; c'est un des principes les plus répandus, car on la rencontre également dans le cerveau et le sang, quelquefois dans l'urine.

On délaye de la chair hachée et mêlée à de la poudre de verre grossière, avec un volume et demi d'alcool; on chauffe doucement au bain-marie, et l'on exprime fortement la masse; on distille l'alcool au bain-marie, et on précipite le liquide restant par l'acétate de plomb. On filtre, on enlève l'excès de plomb par l'hydrogène sulfuré, on filtre de nouveau et l'on évapore au bain-marie en consistance sirupeuse : au bout de quelques jours, la créatine cristallise. On doit préférer des viandes maigres pour cette préparation; la chair de gibier et celle de poulet sont plus avantageuses. D'après Neubauer, la viande de différents mammifères renferme de 27 à 30 centigrammes de créatine pour 100 grammes.

La créatine est incolore, nacrée, neutre aux papiers réactifs. Elle est fort soluble dans l'eau bouillante, peu soluble dans l'alcool, insoluble dans l'éther. Cristallisée, elle renferme 12 pour 100 d'eau, $C^4H^9Az^3O^2+H^2O$; elle perd cette molécule d'eau à 100°.

Soumise à l'ébullition avec l'eau de baryte, elle fixe de l'eau, et se dédouble en urée et en sarcosine; cette formation d'urée se comprend, puisque la créatine est une combinaison de sarcosine et de cyanamide, et que la cyanamide est de l'urée, moins une molécule d'eau :

$$CAz^2H^2 \quad + \quad H^2O \quad = \quad COAz^2H^4$$

Cyanamide.   Eau.   Urée.

Traitée par la chaux sodée, elle dégage de la méthylamine. Les acides concentrés l'altèrent; elle perd une molécule d'eau et passe à l'état de créatinine $C^4H^7Az^3O$.

Quelle est l'origine physiologique de la créatine? Il n'est pas probable qu'elle soit un élément réparateur; elle paraît être une des sources de l'urée qu'on trouve dans l'urine, un premier produit de la métamorphose des tissus, intermédiaire entre les substances protéiques plus complexes, et l'urée, terme plus simple.

135. CRÉATININE $C^4H^7Az^3O$. — Produit de transformation de la créatine sous l'influence des acides concentrés, la créatinine existe normalement dans l'urine, le sang, le liquide amniotique. Un homme sain du poids de 54 kilogrammes élimine en vingt-quatre heures environ $1^{gr},166$ de créatinine (Neubauer) ; suivant Munck, cette quantité augmente dans les maladies aiguës et par l'absorption d'une nourriture animale.

On l'extrait de l'urine en traitant celle-ci d'abord par un lait de chaux jusqu'à réaction alcaline, puis par du chlorure de calcium pour séparer les phosphates terreux. On filtre, on évapore rapidement au bain-marie, presque à siccité, puis on épuise par l'alcool chaud. La solution alcoolique étant réduite par l'évaporation, on y ajoute du chlorure de zinc qui précipite bientôt une combinaison cristallisée de chlorure de zinc et de créatinine. On délaye cette combinaison dans l'eau, on y ajoute de l'hydrate de plomb, il se sépare du chlorure de plomb, de l'oxyde de zinc, et la créatinine reste en solution dans l'eau.

Elle est en cristaux incolores, solubles dans l'eau, peu solubles dans l'alcool, d'une réaction très alcaline, d'une saveur caustique; c'est une base puissante qui déplace l'ammoniaque des sels ammoniacaux. Ses sels sont parfaitement définis et bien cristallisés.

136. **Sulfocyanates.** — La fixation du soufre sur les

cyanures donne des sulfocyanates, comme celle de l'oxygène donne les cyanates :

$$CAzK \qquad COAzK \qquad CSAzK$$

Cyanure de potassium.   Cyanate de potassium.   Sulfocyanate de potassium.

Le sulfocyanate de potassium, appelé aussi sulfocyanure, se prépare en chauffant au rouge obscur dans un creuset couvert un mélange de 2 parties de ferrocyanure de potassium et de 1 partie de fleur de soufre. On dissout la masse dans l'eau, on ajoute une solution de carbonate de soude, jusqu'à ce qu'il ne se précipite plus de carbonate de fer, on filtre, on évapore à siccité et l'on reprend le résidu par l'alcool, qui abandonne le sulfocyanate par l'évaporation spontanée.

Ce sel est en longs prismes striés qui ressemblent au salpêtre ; il est très vénéneux, il colore les sels ferriques en rouge de sang. Cette propriété appartient à tous les sulfocyanates.

Les autres sulfocyanates se forment par doubles décompositions.

L'acide sulfocyanique $CSAzH$, plus stable que son congénère l'acide cyanique ou carbimide, $COAzH$, est un liquide incolore, fortement acide, soluble dans l'eau, et se décomposant par l'ébullition ; il bout à 102° ; il est toxique.

Le sulfocyanate mercureux $(CSAz)^2Hg^2$ qu'on obtient en précipitant l'azotate mercureux par une solution de sulfocyanate de potassium est une poudre blanche, combustible, qui en brûlant se boursoufle et augmente considérablement de volume. La combustion de ce sel en a fait pendant quelque temps un jouet à la mode, qu'on vendait sous le nom de *serpent de Pharaon*. Le

sulfocyanate mercureux est doublement toxique comme
sulfocyanate· et comme composé mercuriel; il a été
cause de plusieurs accidents. En brûlant, il dégage de
l'azote, de l'acide sulfureux et de la vapeur de mercure.

CHAPITRE XI

ACIDES DÉRIVÉS DES GLYCOLS

Acides-alcools. — Acide glycollique, acides lactiques. — Acides bibasiques. — Acide oxalique. — Acide succinique. — Acide amido-succinique (Acide aspartique). — Asparagine.

137. Acides-alcools. — Quand le gycol éthylénique, qui est un double alcool primaire, est oxydé par l'acide azotique ordinaire, un seul de ses groupes CH^2OH subit l'oxydation et se convertit en un groupe CO^2H, groupe qui caractérise les acides ; le corps ainsi obtenu est donc un composé de fonction mixte, moitié acide, moitié alcool : on l'appelle acide glycollique :

$$CH^2\text{-}OH \qquad\qquad CH^2\text{-}OH$$
$$CH^2\text{-}OH \qquad\qquad CO\text{-}OH$$

Glycol. Acide glycollique.

De même, aux glycols qui renferment au moins un groupe CH^2-OH, correspondent des produits d'oxydation, qui sont des acides-alcools : au propyl-glycol de Reboul se rattache l'acide éthyléno-lactique :

$$CH^2\text{-}OH \qquad\qquad CH^2\text{-}OH$$
$$CH^2 \qquad\qquad CH^2$$
$$CH^2\text{-}O \qquad\qquad CO\text{-}OH$$

Propyl-glycol Acide
de Reboul. éthyléno-lactique.

et au propyl-glycol de Wurtz, un acide-alcool qui n'est autre que l'acide lactique ordinaire :

$$
\begin{array}{ll}
CH^3 & CH^3 \\
CH\text{-}OH & CH\text{-}OH \\
CH^2\text{-}OH & CO\text{-}OH \\
\text{Propyl-glycol} & \text{Acide} \\
\text{de Wurtz.} & \text{lactique ordinaire.}
\end{array}
$$

Des acides-alcools isomères peuvent donc dériver de glycols isomères.

Les réactions de ces corps leur sont imprimées par leur double caractère d'acides et d'alcools. C'est ce qu'il nous est facile de montrer en indiquant les transformations du premier terme de la série, l'acide glycollique $C^2H^4O^3$.

138. Acide glycollique $C^2H^4O^3$. — L'acide glycollique fut découvert dans l'action de l'acide azoteux sur le glycocolle ou sucre de gélatine :

$$C^2H^3O^2,AzH^2 \;+\; AzO^3,H \;=\; Az^2 \;+\; H^2O \;+\; C^2H^4O^3$$

$$
\begin{array}{lllll}
\text{Glycocolle.} & \text{Acide} & \text{Azote.} & \text{Eau.} & \text{Acide} \\
 & \text{azoteux.} & & & \text{glycollique.}
\end{array}
$$

Le groupe AzH^2 du glycocolle ou acide amido-acétique est remplacé par le groupe OH :

$$
\begin{array}{ll}
CH^2\text{-}AzH^2 & CH^2\text{-}OH \\
CO^2H & CO^2H \\
\text{Glycocolle.} & \text{Acide glycollique.}
\end{array}
$$

On prépare synthétiquement l'acide glycollique par l'ébullition des solutions aqueuses des chloracétates, bromacétates ou iodacétates de potasse, de plomb ou d'argent. Il se sépare un chlorure, bromure ou iodure métallique :

$$C^2H^2ClO^2Ag \;+\; H^2O \;=\; AgCl \;+\; C^2H^3(OH)O^2$$

$$
\begin{array}{llll}
\text{Chloracétate} & \text{Eau.} & \text{Chlorure} & \text{Acide glycollique} \\
\text{d'argent.} & & \text{d'argent.} &
\end{array}
$$

L'acide glycollique dérive donc de l'acide chloracétique par substitution du groupe OH à l'atome de chlore ; l'acide chloracétique se comporte comme un éther chlorhydrique [1], et la relation est la même entre l'acide chloracétique et l'acide glycollique qu'entre un éther chlorhydrique et son alcool :

$$C^2H^3ClO^2$$
Acide
chloracétique.

$$C^2H^3(OH)O^2$$
Acide glycollique

$$C^2H^3Cl$$
Chlorure
d'éthyle.

$$C^2H^3,OH$$
Alcool.

Enfin on obtient cet acide en oxydant le glycol par l'acide azotique étendu, évaporant le produit à consistance sirupeuse, saturant par la chaux, et ajoutant au mélange, de l'alcool qui précipite le glycollate de chaux. Tous ces modes de productions ne laissent aucun doute sur la constitution de l'acide glycollique.

L'acide glycollique, isolé par concentration de sa solution aqueuse, se présente en beaux cristaux déliquescents, très acides, solubles dans l'eau, l'alcool et l'éther ; il fond à 78-79°. A 158°, il commence à se décomposer.

Toutes ses réactions dépendent de son double caractère d'acide monobasique indiqué par le groupe CO^2H, et d'alcool monoatomique indiqué par le groupe OH ; elles peuvent être prévues d'après ce que nous savons des propriétés des alcools monoatomiques et des acides monobasiques.

---

1. On peut dire aussi de l'acide chloracétique qu'il est moitié éther chlorhydrique, car il a les réactions d'un éher chlorhydrique, et moitié acide monobasique.

Les alcools, par l'acide chlorhydrique, l'acide bromhydrique, sont transformés en chlorures ou bromures
(remplacement de OH par Cl, par Br) :

$$CH^3,OH \quad + \quad HCl \quad = \quad CH^3Cl \quad + \quad H^2O$$

Alcool   Acide   Chlorure   Eau.
méthylique.   chlorhydrique.   de méthyle.

De même, avec l'acide glycollique, on a une réaction
analogue :

$$\begin{array}{l} CH^3,OH \\ CO^2H \end{array} \quad + \quad HCl \quad = \quad \begin{array}{l} CH^2Cl \\ CO^2H \end{array} \quad + \quad H^2O$$

Acide   Acide chlor-   Acide chlor-   Eau.
glycollique.   hydrique.   acétique.

Traités par les chlorures d'acides, les alcools se
convertissent en éthers :

$$CH^3,OH \quad + \quad C^2H^3OCl \quad = \quad CH^3,C^2H^3O^2 \quad + \quad HCl$$

Alcool   Chlorure   Acétate   Acide
méthylique.   d'acétyle.   de méthyle.   chlorhydrique.

Avec l'acide glycollique, la réaction est la même :

$$\begin{array}{l} CH^3,OH \\ CO^2H \end{array} \quad + \quad C^2H^3OCl \quad = \quad \begin{array}{l} CH^3,C^2H^3O^2 \\ CO^2H \end{array} \quad + \quad HCl$$

Acide   Chlorure   Acide   Acide chlor-
glycollique.   d'acétyle.   acéto-glycollique.   hydrique.

Les alcools, en remplaçant leur hydrogène basique
par un radical alcoolique, donnent des éthers ordinaires :

$$C^2H^5,OH \qquad C^2H^5O,C^2H^5 = C^4H^{10}O$$

Alcool.   Éther.

La même substitution opérée dans l'acide glycollique
donne des éthers qui fonctionnent encore comme
acides monobasiques :

$$CH^2,OH \quad\quad CH^2,OC^2H^5$$
$$CO^2H \quad\quad CO^2H$$

Acide   Acide
glycollique.   éthylglycollique.

Comme acide monobasique, l'acide glycollique fournit des sels neutres et des éthers neutres :

$$CHO^2H \quad\quad CHO^2Na \quad\quad CHO^2,C^2H^5$$

Acide   Formiate   Formiate
formique.   de sodium.   d'éthyle.

$$CH^2OH \quad\quad CH^2OH \quad\quad CH^2OH$$
$$CO^2H \quad\quad CO^2Na \quad\quad CO^2,C^2H^5$$

Acide   Glycollate   Glycollate
glycollique.   de sodium.   monoéthylique.

Suivant que la substitution des radicaux alcooliques
a lieu dans le côté alcool·ou le côté acide, on a, avec
l'acide glycollique, deux éthers isomères :

$$CH^2,OC^2H^5 \quad\quad CH^2,OH$$
$$CO^2H \quad\quad CO^2,C^2H^5$$

Acide   Glycollate
éthylglycollique.   monoéthylique.

l'un acide monobasique, le second éther-alcool; mais
la substitution peut porter à la fois sur les 2 groupes,
et on a alors le glycollate diéthylique ou éthylglycol-
late d'éthyle :

$$CH^2,OC^2H^5$$
$$CO^2,C^2H^5$$

A l'acide glycollique correspondent donc trois séries
d'éthers. Ce caractère de fournir un éther neutre à
2 radicaux alcooliques en fait un composé diatomique,
tandis qu'il est acide monobasique. On exprime ce caractère en disant qu'il est un acide monobasique et
diatomique.

Tous les homologues (acides lactique, oxybutyrique, leucique, etc.) sont constitués de la même façon, et ce que nous venons de dire de l'acide glycollique s'applique complètement à eux.

139. Acides lactiques $C^3H^6O^3$. — Nous avons dit plus haut qu'il existe deux acides lactiques isomères, tous les deux monobasiques et diatomiques, mais qui diffèrent par leur origine, leur constitution, quelques-unes de leurs réactions et la forme cristalline de leurs sels. Ce sont l'acide lactique ordinaire appelé simplement acide lactique, et l'acide éthyléno-lactique ou hydracrylique : ils se rattachent le premier au propylglycol de Wurtz, le second au propylglycol de Reboul. L'isomérie des 2 acides lactiques est représentée par les formules suivantes, qui les montrent tous les deux acides monobasiques et diatomiques, c'est-à-dire renfermant chacun un groupe CO^2H et un groupe OH :

$$CH^3 \qquad\qquad CH^2OH$$
$$CH,OH \qquad\qquad CH^3$$
$$CO^2H \qquad\qquad CO^2H$$

Acide lactique.   Acide hydracrylique.

140. ACIDE LACTIQUE ORDINAIRE. — Il a été découvert par Scheele dans le lait aigri et dans divers sucs végétaux, comme le jus de betterave. Il est le produit d'une fermentation spéciale du sucre, dite fermentation lactique.

En décrivant la préparation de l'acide butyrique par fermentation, nous avons vu (§ 66) que la première phase de cette fermentation donne naissance à du lactate de chaux, l'acide lactique dérivant de la transformation du sucre et de la lactine du lait sous l'influence du ferment lactique, composé de petits globules ou d'articles très courts, beaucoup plus petits que ceux de la levure de bière, et ne se développant que dans les liqueurs neutres. Quand les matières abandonnées à la fermentation sont converties en une masse de lactate de chaux, on dissout celui-ci dans l'eau bouillante (10 kilogrammes d'eau pour 3 kilogrammes de sucre employé), on filtre la solution, on la concentre et on laisse déposer le lactate de chaux, qu'on exprime ensuite fortement pour en chasser les eaux mères colorées. Le lactate de chaux incolore est redissous dans l'eau et décomposé avec précaution par l'acide sulfurique étendu, qui précipite du sulfate de chaux. L'acide lactique reste dans la solution que l'on concentre au bain-marie.

Il se forme encore par l'action de l'oxyde d'argent sur l'acide chloropropionique :

$$\begin{matrix} CH^3 & & & & & & CH^3 \\ \dot{C}HCl & + & AgOH & = & AgCl & + & \dot{C}HOH \\ \dot{C}O^2H & & & & & & \dot{C}O^2H \end{matrix}$$

Acide chloropropionique.   Hydrate d'argent.   Acide lactique.

L'ébullition de glucose avec les alcalis donne également de l'acide lactique en assez grande quantité.

L'acide lactique est liquide, sirupeux, incolore, d'une saveur très acide, ne se solidifiant pas à — 26°. Soumis à l'action de la chaleur, il se transforme en acide dilactique, en perdant une molécule d'eau pour deux molécules d'acide lactique ; plus fortement chauffé, l'acide dilactique perd une autre molécule d'eau, et il distille une substance cristallisée, la lactide $C^6H^8O^4$. La lactide, par l'ébullition avec l'eau, repasse à l'état d'acide lactique :

$$2(C^3H^6O^3) \quad = \quad C^6H^{10}O^5 \quad + \quad H^2O$$

Acide lactique.   Acide dilactique.   Eau.

$$C^6H^{10}O^5 \quad = \quad C^6H^8O^4 \quad + \quad H^2O$$

Acide dilactique.   Lactide.   Eau.

Chauffé avec de l'acide sulfurique, l'acide lactique dégage de l'oxyde de carbone; distillé avec un mélange d'acide sulfurique, de sel marin et de peroxyde de manganèse, il donne de l'aldéhyde et du chloral.

141. ACIDE ÉTHYLÉNO-LACTIQUE. — L'acide éthyléno-lactique, appelé aussi acide hydracrylique, correspond au propylglycol normal :

$$\begin{array}{ll} CH^2,OH & CH^2,OH \\ CH^2 & CH^2 \\ CH^2,OH & CO^2H \end{array}$$

Propylglycol normal.   Acide éthyléno-lactique.

On peut obtenir l'acide hydracrylique par l'action de la potasse sur le glycol monocyanhydrique obtenu lui-même avec le cyanure de potassium et le glycol mono-chlorhydrique :

$$\begin{array}{cccc} CH^2Cl & & CH^2CAz & \\ CH^2,OH & + \; CAzK \;= & CH^2,OH & + \; KCl \end{array}$$

Glycol mono-   Cyanure   Glycol mono-   Chlorure
chlorhydrique.   de potassium.   cyanhydrique.   de potassium.

$$\begin{array}{cccc} CH^2CAz & & & CH^3,CO^2K & \\ CH^2,OH & + \; KHO \; + \; H^2O \;= & CH^2,OH & + \; AzH^3 \end{array}$$

Glycol mono-   Potasse.   Eau.   Hydracrylate   Ammo-
cyanhydrique.   de potassium.   niaque.

L'acide hydracrylique présente l'aspect de l'acide lactique ordinaire; par l'action de la chaleur, il se dédouble en eau et en acide acrylique $C^3H^4O^2$.

Dans le liquide musculaire, on rencontre un acide lactique présentant les réactions de l'acide lactique ordinaire, et différant seulement par la propriété d'agir sur la lumière polarisée et de dévier à droite le plan de polarisation. On le désigne sous le nom d'acide paralactique.

Pendant longtemps, on avait regardé l'acide du liquide musculaire comme de l'acide éthyléno-lactique et on l'avait appelé *acide sarco-lactique*.

L'acide paralactique présente avec l'acide lactique ordinaire une isomérie physique analogue à celle qui distingue les divers acides tartriques.

Toutes les autres propriétés de l'acide paralactique sont celles de l'acide lactique ordinaire. (Wislicenus.)

Les acides-alcools homologues de l'acide glycollique et des acides lactiques correspondent de même à des glycols. Tous ces corps peuvent être représentés par la formule générale $C^nH^{2n}O^3$, ou si l'on veut rappeler leur double caractère d'acides et d'alcools, par la formule :

$$C^nH^3 \begin{cases} OH \\ CO^2H \end{cases}$$

La constitution des acides-alcools a été établie par les recherches de Wurtz et Friedel sur l'acide lactique ordinaire.

142. ACIDE-ALDÉHYDE. — *Acide glyoxylique* $C^2H^2O^3$. — L'acide glyoxylique correspond au glycol normal, dont un groupe CH^2,OH serait oxydé seulement à l'état d'aldéhyde :

$$\begin{array}{ll} CH^2OH & CHO \\ CH^2OH & CO^2H \\ \text{Glycol.} & \text{Acide glyoxylique.} \end{array}$$

Il n'a pas été obtenu au moyen du glycol, mais a été découvert par Debus dans les produits d'oxydation de l'alcool ordinaire. Il se forme aussi quand on chauffe à 130° de l'acide dibromacétique avec de l'eau. (E. Grimaux.)

$$\begin{array}{ccccc} CHBr^2 & & & & CHO \\ CO^2 & + & H^2O & = & 2HBr & + & CO^2H \\ \text{Acide} & & \text{Eau.} & & \text{Acide} & & \text{Acide} \\ \text{dibromacétique.} & & & & \text{bromhydrique.} & & \text{glyoxylique.} \end{array}$$

Son caractère aldéhydique est démontré par ses réactions : il fixe l'hydrogène naissant pour donner un acide-alcool, l'acide glycollique, et par oxydation, il donne de l'acide oxalique. Chauffé avec de l'urée, il donne de l'allantoïne $C^4H^6Az^4O^3$ (voy. § 177).

143. Acides bibasiques. — Aux glycols qui sont deux fois alcools primaires, c'est-à-dire qui renferment deux fois le groupe CH^2OH, correspondent des acides qui dérivent de l'oxydation de ces deux groupes et par conséquent 2 fois acides. Aussi, tandis que l'acide acétique qui renferme un seul groupe $CO-OH = CO^2H$ fait la double décomposition avec une seule molécule de potasse ou de soude, les acides dérivés des glycols primaires et renfermant deux fois le groupe CO^2H font la double décomposition avec une ou deux molécules d'une base comme la potasse ou la soude :

$$CH^3\text{-}CO\text{-}OH \quad + \quad KOH \quad = \quad CH^3\text{-}CO\text{-}OK \quad + \quad H^2O$$

Acide acétique.   Potasse.   Acétate   Eau.
                                          de potassium.

$$\begin{matrix} CO\text{-}OH \\ CO\text{-}OH \end{matrix} \quad + \quad KOH \quad = \quad \begin{matrix} CO\text{-}OK \\ CO\text{-}OH \end{matrix} \quad + \quad H^2O$$

Acide oxalique.   Potasse.   Oxalate acide   Eau.
                                          de potassium.

$$\begin{matrix} CO\text{-}OH \\ CO\text{-}OH \end{matrix} \quad + \quad 2KOH \quad = \quad \begin{matrix} CO\text{-}OK \\ CO\text{-}OK \end{matrix} \quad + \quad 2H^2O$$

Acide oxalique.   Potasse.   Oxalate neutre   Eau.
                                          de potassium.

Le premier terme de la série de ces acides rangés sous la formule générale $C^nH^{2n-2}O^4$ est l'acide oxalique.

144. Acide oxalique $C^2O^4H^2 + 2H^2O$. — L'acide oxalique est du glycol éthylénique oxydé par ses deux côtés alcools :

$$C^2H^6O^2 = \begin{matrix} CH^2,OH \\ CH^2,OH \end{matrix} \qquad\qquad C^2O^4H^2 = \begin{matrix} CO,OH \\ CO,OH \end{matrix}$$

Glycol.   Acide oxalique.

C'est donc un acide bibasique ; il donne des sels acides et des sels neutres, des éthers acides et des éthers neutres :

$$\left. \begin{array}{l} CO,OH \\ CO,OK \end{array} \right. = C^2O^4 \left\{ \begin{array}{l} K \\ H \end{array} \right. \qquad \left. \begin{array}{l} CO,OK \\ CO,OK \end{array} \right. = C^2O^4K^2$$

Oxalate acide de potassium.   Oxalate neutre de potassium.

$$\left. \begin{array}{l} CO,OC^2H^5 \\ CO,OH \end{array} \right. = C^2O^4 \left\{ \begin{array}{l} C^2H^5 \\ H \end{array} \right. \qquad \left. \begin{array}{l} CO,OC^2H^5 \\ CO,OC^2H^5 \end{array} \right. = C^2O^4(C^2H^5)^2$$

Acide éthyloxalique.   Oxalate d'éthyle.

Obtenu par Bergmann dans l'oxydation du sucre par l'acide azotique, l'acide oxalique fut reconnu par Scheele, identique avec l'acide qu'on retire du suc des oseilles.

L'acide oxalique existe à l'état de sels de potasse ou de chaux dans un grand nombre de plantes ; il est un des produits les plus fréquents de l'oxydation des matières organiques par l'acide azotique ; il dérive nettement du glycol éthylénique, par substitution de 2 atomes d'oxygène à 4 atomes d'hydrogène.

On le fabrique dans les arts en oxydant le sucre par l'acide azotique. On emploie à cet effet les mélasses incristallisables provenant du raffinage du sucre. On prend, pour 1 partie de sucre, 8 parties et demie d'acide azotique, et l'on fait bouillir dans un matras à long col tant qu'il se dégage des vapeurs nitreuses. La solution, réduite au sixième par évaporation, dépose en refroidissant l'acide oxalique cristallisé. Les eaux mères étant évaporées à siccité et le résidu étant repris par une petite quantité d'eau bouillante, il se sépare de nouveaux cristaux d'acide oxalique ; pour 100 parties de sucre solide, on obtient 69 parties d'acide oxalique.

Récemment on est arrivé industriellement à convertir la sciure de bois en acide oxalique sous l'influence de la potasse en fusion. Cette transformation avait été indiquée par Gay-Lussac; dans ces dernières années seulement on a réussi à en faire un procédé pratique.

On retire l'acide oxalique du sel d'oseille en précipitant celui-ci par le sous-acétate de plomb, lavant le précipité d'oxalate de plomb et le mettant en digestion avec de l'acide sulfurique étendu. Du sulfate de plomb se sépare, et l'acide oxalique reste en solution.

Il cristallise en prismes incolores et transparents renfermant deux molécules d'eau $C^2O^4H^2 + 2H^2O$. Il s'effleurit à l'air en perdant son eau de cristallisation; il se dissout dans 15 parties d'eau à 10° et dans une très petite quantité d'eau bouillante; il est également soluble dans l'alcool. La solution aqueuse est très acide : elle rougit le tournesol et décompose les carbonates avec effervescence.

Chauffé, l'acide oxalique fond à 90° dans son eau de cristallisation qu'il perd à 100°; à 150°, il se détruit complètement avec production d'acide formique, de gaz carbonique et d'oxyde de carbone. Chauffé avec de la glycérine, il se dédouble nettement en acide carbonique et acide formique :

$$C^2O^4H^2 \quad = \quad CO^2 \quad + \quad CH^2O^2$$

Acide oxalique. Acide carbonique. Acide formique.

Sur ce dédoublement est basé le procédé de préparation de l'acide formique.

Chauffé avec de l'acide sulfurique, il dégage des volumes égaux d'acide carbonique et d'oxyde de carbone :

$$C^2O^4H^2 \quad = \quad H^2O \quad + \quad CO \quad + \quad CO^2$$

Acide oxalique. Eau. Oxyde de carbone. Acide carbonique.

On utilise cette réaction pour l'obtention de l'oxyde de carbone.

L'acide azotique concentré oxyde profondément l'acide oxalique, et le transforme entièrement en eau et acide carbonique :

$$C^2O^4H^2 \;+\; O \;=\; H^2O \;+\; 2CO^3$$

Acide oxalique.   Oxygène.   Eau.   Acide carbonique.

Le chlore lui enlève de l'hydrogène à l'état d'acide chlorhydrique, et les autres éléments forment de l'acide carbonique :

$$C^2O^4H^2 \;+\; Cl^2 \;=\; 2HCl \;+\; 2CO^3$$

Acide oxalique.   Chlore.   Acide chlorhydrique.   Acide carbonique.

L'acide oxalique est toxique; à la dose de 8, 11 et 20 grammes, on l'a vu amener une mort rapide; en solution concentrée, il agit comme irritant et ramollit les tissus; les désordres qu'il provoque sont analogues à ceux qu'amène l'ingestion de l'acide sulfurique. En solution étendue, il est rapidement absorbé, et, à dose égale, agit plus énergiquement qu'en solution concentrée.

Dans les cas d'empoisonnement par l'acide oxalique, alors qu'une partie du poison se trouve encore dans le tube digestif, on doit administrer aux malades de l'eau de chaux ou de la magnésie pour neutraliser l'acide.

On reconnaît l'acide oxalique, quand on a à constater sa présence dans les liquides de l'estomac, aux réactions suivantes :

1° Avec les sels de chaux, même avec la solution de sulfate calcique, il donne un précipité blanc d'oxalate de chaux, insoluble dans l'acide acétique; on doit préalablement neutraliser la solution d'acide oxalique par l'ammoniaque.

2° Chauffé à l'état de liberté ou à l'état de sel avec de l'acide sulfurique, il dégage des volumes égaux d'acide carbonique et d'oxyde de carbone.

3° Neutralisé par l'ammoniaque, il précipite l'azotate d'argent; l'oxalate d'argent séché et chauffé dans un petit tube se décompose avec explosion.

L'acide oxalique pourrait être confondu avec le sel d'oseille (oxalate acide de potasse). On les distingue l'un de l'autre en évaporant la solution aqueuse au bain-marie et reprenant le résidu par l'alcool bouillant, qui ne dissout que l'acide oxalique.

Les oxalates sont neutres ou acides.

L'*oxalate neutre d'ammonium* $C^2O^4(AzH^4)^2 + H^2O$ cristallise en prismes transparents et incolores; il est d'un fréquent usage dans l'analyse minérale, comme réactif des sels de chaux. A la distillation sèche, il perd deux molécules d'eau et se transforme en oxamide :

$$C^2O^4(AzH^4)^2 = 2H^2O + C^2O^2(AzH^2)^2$$

Oxalate
d'ammoniaque.　　　Eau.　　　Oxamide.

L'oxamide elle-même, distillée avec de l'acide phosphorique anhydre, perd deux autres molécules d'eau, et se convertit en cyanogène :

$$C^2O^2(AzH^2)^2 = 2H^2O + C^2Az^2$$

Oxamide.　　　Eau.　　　Cyanogène.

L'*oxalate acide de potassium* $C^2O^4HK + H^2O$ ou *sel d'oseille* est en cristaux prismatiques fortement acides, solubles dans quarante fois leur poids d'eau froide, dans six fois leur poids d'eau bouillante, insolubles dans l'alcool. Sa solution saturée par la potasse fournit l'oxalate neutre $C^2O^4K^2$.

L'oxalate de chaux $C^2O^4Ca + 5H^2O$ se dépose toutes les fois qu'on ajoute un oxalate soluble à la solution d'un sel calcique. Il est complètement insoluble dans l'eau et dans l'acide acétique, soluble dans les acides azotique, phosphorique et chlorhydrique. Il existe dans un grand nombre de plantes; on le trouve dans l'urine aussi bien à l'état normal qu'à l'état pathologique. Il paraît augmenter après l'ingestion des aliments végétaux, des vins mousseux, de la levure de bière, des carbonates alcalins; lorsque les cristaux d'oxalate de chaux sont agglomérés, ils constituent les calculs, dits calculs mûraux. Vu au microscope, l'oxalate de chaux des sédiments urinaires se présente en petits octaèdres carrés, brillants, transparents, ayant l'apparence d'enveloppes de lettres.

L'acide oxalique, comme tous les acides bibasiques, donne deux éthers avec le même alcool, un éther acide et un éther neutre. Ainsi les deux éthers oxaliques correspondant à l'alcool ordinaire sont l'*acide éthyloxalique* et l'*oxalate d'éthyle*.

$$CO^2C^2H^5 \qquad\qquad CO^2C^2H^5$$
$$CO^2H \qquad\qquad CO^2C^2H^5$$

Acide
éthyloxalique.   Oxalate
d'éthyle.

L'acide oxalique est le premier terme d'une série d'homologue d'acides bibasiques de la formule générale :

$$C^nH^{2n-2}O^4$$

145. Acide malonique $C^3H^4O^4$. — L'acide malonique s'obtient au moyen de l'acide cyanacétique, qui se prépare lui-même par l'action du chloracétate de sodium sur le cyanure de potassium :

$$\begin{array}{c} CH^2Cl \\ \overset{|}{C}O^2Na \end{array} \; + \; CAzK \; = \; KCl \; + \; \begin{array}{c} CAz \\ \overset{|}{C}H^2 \\ \overset{|}{C}O^2Na \end{array}$$

<table>
<tr><td>Chloracétate
de sodium.</td><td>Cyanure
de potassium.</td><td>Chlorure
de potassium.</td><td>Cyanacétate
de sodium.</td></tr>
</table>

L'acide cyanacétique, bouilli avec l'acide chlorhydrique, donne du chlorhydrate d'ammoniaque et de l'acide malonique. Ce mode d'obtention nous fait connaître la constitution de l'acide malonique :

$$\begin{array}{c} CAz \\ \overset{|}{C}H^2 \\ \overset{|}{C}O^2H \end{array} \; + \; HCl \; + \; H^2O \; = \; AzH^4Cl \; + \; \begin{array}{c} CO^2H \\ \overset{|}{C}H^2 \\ \overset{|}{C}O^2H \end{array}$$

<table>
<tr><td>Acide
cyanacétique.</td><td>Acide
chlorhydrique.</td><td>Eau.</td><td>Chlorhydrate
d'ammoniaque.</td><td>Acide
malonique.</td></tr>
</table>

L'acide malonique est en cristaux fusibles à 145°. Par la distillation sèche, il se dédouble en acide carbonique et acide acétique.

146. Acide succinique $C^4H^6O^4$. — L'acide succinique, obtenu d'abord dans la distillation sèche du succin, se prépare par la fermentation du malate de chaux. Ce sel est délayé dans l'eau et additionné d'un douzième de son poids de fromage blanc. Après quelques jours, le malate est converti en succinate; on le débarrasse de son eau mère et on le décompose par l'acide sulfurique étendu : la solution séparée du sulfate de chaux est évaporée, et l'acide succinique est purifié par une cristallisation dans l'eau bouillante. Il se forme aux dépens de l'acide malique par réduction de celui-ci.

L'acide succinique est en outre un produit constant

de la fermentation alcoolique et de l'oxydation des huiles et des graisses par l'acide azotique.

Il existe en petite quantité dans l'urine, dans le liquide de l'hydrocèle, dans le thymus, dans la glande thyroïde.

M. Maxwell Simpson a réalisé la synthèse de l'acide succinique en traitant par la potasse le cyanure d'éthylène ou éther dicyanhydrique du glycol $C^2H^4(CAz)^2$, préparé par l'action du cyanure de potassium sur le chlorure d'éthylène :

$$C^2H^4 \genfrac{}{}{0pt}{}{CAz}{CAz} + 2KOH + 2H^2O = C^2H^4 \genfrac{}{}{0pt}{}{CO^2K}{CO^2K} + 2AzH^3$$

| Cyanure d'éthylène. | Potasse. | Eau. | Succinate de potasse. | Ammoniaque. |

Cette transformation est analogue à celle de tous les éthers cyanhydriques, sous l'influence de la potasse :

$$CH^3,CAz + KHO + H^2O = CH^3,CO^2K + AzH^3$$

| Cyanure de méthyle. | Potasse. | Eau. | Acétate de potasse. | Ammoniaque. |

Elle nous dévoile la constitution de l'acide succinique, renfermant deux groupes CO^2H, unis au radical éthylène, de même que dans l'acide acétique un groupe CO^2H est uni au radical méthyle CH^3.

L'acide succinique est en grands cristaux incolores, inaltérables à l'air. Il est soluble dans l'eau, qui en dissout environ 5 p. 100 à 15°; il se dissout dans l'alcool et dans l'éther. Il fond à 180°; à 235°, il se dédouble en eau et en anhydride succinique, qui distille :

$$C^4H^6O^4 = H^2O + C^4H^4O^3$$

| Acide succinique. | Eau. | Anhydride succinique. |

L'anhydride succinique est une matière cristallisée, fusible à 119° ; chauffé avec de l'eau, il s'y dissout peu à peu et repasse à l'état d'acide succinique.

Chauffé en vases clos avec du brome, l'acide succinique donne deux dérivés bromés : l'acide monobromosuccinique $C^4H^5BrO^4$, et l'acide bibromosuccinique $C^4H^4Br^2O^4$.

L'acide monobromé chauffé avec de l'oxyde d'argent humide se convertit en acide malique :

$$C^4H^5BrO^4 \;+\; AgHO \;=\; C^4H^5(OH)O^4 \;+\; AgBr$$

Acide bromosuccinique.	Hydrate d'argent.	Acide malique.	Bromure d'argent.

L'acide bibromé dans les mêmes conditions se convertit en acide tartrique :

$$C^4H^4Br^2O^4 \;+\; 2AgOH \;=\; C^4H^4(OH)^2O^4 \;+\; 2AgBr$$

Acide bibromosuccinique.	Hydrate d'argent.	Acide tartrique.	Bromure d'argent.

Ces deux synthèses remarquables montrent que l'acide malique est un acide oxysuccinique, et l'acide tartrique un acide dioxysuccinique (Kékulé) :

$$C^2H^4 \left\{ \begin{array}{l} O^2H \\ CO^2H \end{array} \right. \qquad C^2H^3 \left\{ \begin{array}{l} CO^2H \\ CO^2H \\ OH \end{array} \right. \qquad C^2H^2 \left\{ \begin{array}{l} (CO^2H)^2 \\ (OH)^2 \end{array} \right.$$

Acide succinique.	Acide oxysuccinique (malique).	Acide dioxysuccinique (acide tartrique).

Réciproquement, les acides malique et tartrique, sous l'influence de l'acide iodhydrique, sont réduits et transformés en acide succinique.

L'acide succinique traité par le perchlorure de phosphore fournit le chlorure de succinyle $C^4H^4O^2,Cl^2$, que les alcools décomposent avec production d'éthers succiniques neutres, et que l'eau convertit en acide succinique ou dihydrate de succinyle :

$$C^4H^4O^2,Cl^2 \quad + \quad 2H^2O \quad = \quad C^4H^4O^2 \left\{ \begin{matrix} OH \\ OH \end{matrix} \right. + \quad 2HCl$$

<table>
<tr><td>Chlorure
de succinyle.</td><td>Eau.</td><td>Acide
succinique.</td><td>Acide chlor-
hydrique.</td></tr>
</table>

Dans l'acide succinique et ses dérivés, existe donc un radical acide (succinyle) diatomique $C^4H^4O^2$, de même que dans l'acide acétique, dans le chlorure d'acétyle, fonctionne un radical acide monoatomique C^2H^3O, acétyle.

L'acide succinique bibasique et diatomique donne comme l'acide oxalique des éthers et des sels acides, des éthers et des sels neutres.

Parmi les succinates, on a employé le succinate d'ammoniaque impur, qui se trouve décrit dans les anciennes pharmacopées sous le nom d'esprit volatil de corne de cerf succiné. On se le procurait en saturant par l'acide succinique, provenant de la distillation sèche du succin, les produits de la distillation sèche de la corne de cerf consistant essentiellement en sesqui-carbonate d'ammoniaque, mêlé de matières empyreumatiques.

146 *bis*. ACIDE AMIDO-SUCCINIQUE (acide aspartique), $C^4H^5(AzH^2)O^4$. — Il existe un acide, l'acide aspartique, qui présente avec l'acide succinique les mêmes relations que le glycocolle ou acide amido-acétique avec l'acide acétique; c'est donc l'acide amido-succinique.

<table>
<tr><td>$C^2H^4O^2$
Acide acétique.</td><td>$C^2H^3(AzH^2)O^2$
Acide amido-acétique
(glycocolle).</td></tr>
<tr><td>$C^4H^6O^4$
Acide succinique.</td><td>$C^4H^5(AzH^2)O^4$
Acide amido-succinique
(acide aspartique).</td></tr>
</table>

Cet acide n'a pas encore été obtenu au moyen de l'acide succinique, mais ses réactions ne laissent aucun doute sur ses relations avec l'acide succinique. En effet, de même que le glycocolle se convertit par l'acide azoteux en acide glycollique ou oxyacétique, de même l'acide aspartique se convertit en acide malique ou oxysuccinique : les deux réactions sont parallèles.

$$C^3H^3(AzH^2)O^2 \; + \; AzO^2H \; = \; C^2H^3(OH)O^2 \; + \; Az^2 \; + \; H^2O$$

Glycocolle.	Acide azoteux.	Acide glycollique (oxyacétique).	Azote.	Eau.

$$C^4H^5(AzH^2)O^4 \; + \; AzO^2H \; = \; C^4H^5(OH)O^4 \; + \; Az^2 \; + \; H^2O$$

Acide aspartique.	Acide azoteux.	Acide malique (oxysuccinique).	Azote.	Eau.

L'acide aspartique étant un corps de fonctions mixtes, acide et amine, comme le glycocolle et ses homologues, possède les propriétés générales des acides amidés. Il se combine et aux acides et aux bases.

On connaît, entre autres sels, un aspartate acide d'ammonium $C^4H^4(AzH^2)O^4,AzH^4$, et à ce sel ammoniacal correspond une amide qui en dérive par perte d'une molécule d'eau : cette amide aspartique $C^4H^8Az^2O^3$ se trouve dans la nature : elle n'est autre que l'*asparagine.*

147. ASPARAGINE (*Amide amido-succinique, amide aspartique*) $C^4H^8Az^2O^3$. — L'asparagine se trouve dans divers végétaux; on l'a rencontrée dans le suc d'asperges, les racines de réglisse, de guimauve, de grande consoude, et surtout dans les tiges étiolées de Légumineuses qui se sont développées dans l'obscurité. L'asparagine est en gros prismes droits; elle se combine aux alcalis et aux acides. Sa solution aqueuse, traitée par l'acide azoteux, dégage de l'azote et se transforme en acide malique.

Quand on fait bouillir l'asparagine avec des acides ou des alcalis, elle fixe de l'eau comme toutes les amides et se convertit en acide aspartique :

$$C^4H^8Az^2O^3 \ + \ H^2O \ + \ HCl \ = \ C^4H^7AzO^4 \ + \ AzH^4Cl$$

Asparagine.   Eau.   Acide   Acide   Chlorure
chlorhydrique.   aspartique.   d'ammonium.

148. Amides des acides bibasiques. — L'introduction d'un radical acide diatomique dans deux molécules d'ammoniaque fournit des amides, qu'on peut également représenter comme dérivant du sel neutre ammoniacal par perte de deux molécules d'eau; telles sont l'oxamide, la succinamide :

$$C^2O^2 \left\{ \begin{array}{l} OAzH^4 \\ OAzH^4 \end{array} \right. = \ 2H^2O \ + \ C^2O^2 \left\{ \begin{array}{l} AzH^2 \\ AzH^2 \end{array} \right.$$

Oxalate   Eau.   Oxamide.
d'ammonium.

L'*oxamide* est comparable à l'urée ou carbamide $CO \left\{ \begin{array}{l} AzH^2 \\ AzH^2 \end{array} \right.$. Elle est formée par un groupe C^2O^2, l'*oxalyle*, qui tient la place de deux atomes d'hydrogène des deux molécules d'ammoniaque. Comme les amides des acides monobasiques, ces amides se forment également par l'action des éthers sur l'ammoniaque :

$$C^2O^2 \left\{ \begin{array}{l} OC^2H^5 \\ OC^2H^5 \end{array} \right. + \ 2AzH^3 \ = \ C^2O^2 \left\{ \begin{array}{l} AzH^2 \\ AzH^2 \end{array} \right. + \ 2C^2H^6O$$

Oxalate d'éthyle.   Ammo-   Oxamide.   Alcool.
niaque.

L'oxamide est une poudre blanche, cristalline, insoluble dans l'eau et dans l'alcool. Distillée avec l'anhydride phosphorique, elle perd de l'eau, et du cyanogène C^2Az^2 se dégage.

Chauffée avec de l'oxyde de mercure, elle s'oxyde et se convertit en urée :

$$C^2O^3 \left\{ \begin{array}{l} AzH^2 \\ AzH^2 \end{array} \right. + O = CO^2 + CO \left\{ \begin{array}{l} AzH^2 \\ AzH^2 \end{array} \right.$$

Oxamide.   Oxygène.   Acide   Urée.
                          carbonique.

Il existe aussi des amides acides, fonction mixte; elles dérivent d'un sel acide d'ammonium par perte d'une molécule d'eau :

$$C^2O^3 \left\{ \begin{array}{l} OAzH^4 \\ OH \end{array} \right. = H^2O + C^3O^2 \left\{ \begin{array}{l} AzH^2 \\ OH \end{array} \right.$$

Oxalate acide   Eau.   Acide oxamique.
d'ammonium.

et des imides représentant un sel acide d'ammonium qui a perdu deux molécules d'eau :

$$C^4H^4O^2 \left\{ \begin{array}{l} OAzH^4 \\ OH \end{array} \right. = 2H^2O + C^4H^4O^2,AzH$$

Succinate acide   Eau.   Succinimide.
d'ammonium.

Les imides sont des dérivés ammoniacaux résultant du remplacement de deux atomes d'hydrogène d'une seule molécule d'ammoniaque par un radical acide diatomique; ainsi, l'acide cyanique est également une imide, l'imide carbonique, carbonylimide ou carbimide CO,AzH (§ 124). On ne connaît pas l'oximide.

CHAPITRE XII

ALCOOL TRIATOMIQUE. — GLYCÉRINE

Glycérine. — Éthers de la glycérine. — Corps gras. — Nitroglycérine. — Appendice : Série allylique, essence d'ail, essence
de moutarde. — Acide acrylique. — Acide oléique.

149. Glycérine. — Les alcools monoatomiques renferment une fois le groupe OH; les glycols qui le renferment deux fois sont des alcools diatomiques; les
alcools dans lesquels ce groupe existe trois fois donnent trois séries d'éthers, ils sont triatomiques. Telle
est la glycérine, produit de dédoublement des corps
gras, et qui, à l'état d'éthers, est si répandue dans la
nature vivante. La glycérine $C^3H^8O^3 = C^3H^5(OH)^3$ dérive d'un hydrocarbure saturé, l'hydrure de propyle
C^3H^8 par substitution de trois groupes OH à trois
atomes d'hydrogène, et ce remplacement successif
fournit la série suivante :

$$C^3H^8$$
Hydrure de propyle.

$$C^3H^8O = C^3H^7,OH$$
Alcool propylique.

$$C^3H^8O^2 = C^3H^6 \begin{cases} OH \\ OH \end{cases}$$
Propylglycol.

$$C^3H^8O^3 = C^3H^5 \begin{cases} OH \\ OH \\ OH \end{cases}$$
Glycérine.

Il est permis d'admettre dans la glycérine un groupement, un radical triatomique C^3H^5, *glycéryle* non isolable comme tous les groupes d'atomicité impaire, et on peut la représenter par la formule de constitution :

$$CH^2OH$$
$$CHOH \quad = \quad C^3H^5(OH)^3$$
$$CH^2OH$$

Glycérine.

La glycérine fut découverte par Scheele dans la préparation de l'emplâtre simple (action de l'oxyde de plomb sur les matières grasses); il l'appela *principe doux des huiles*. Les travaux de M. Chevreul montrèrent qu'elle est le produit constant du dédoublement des corps gras par les alcalis, et M. Berthelot, en réalisant la synthèse des éthers de la glycérine, fit voir que la glycérine est un alcool triatomique.

Tous les corps gras sont des éthers de la glycérine; ils dérivent de l'union d'une molécule de glycérine et de trois molécules d'acides monobasiques, avec élimination de trois molécules d'eau :

$$C^3H^5(OH)^3 \quad + \quad 3C^5H^9O^2,H \quad = \quad C^3H^5(C^5H^9O^2)^3 \quad + \quad 3H^2O$$

Glycérine.   Acide valérique.   Trivalérine.   Eau.

Inversement les corps gras se dédoublent en acides gras et en glycérine, en s'assimilant les éléments de trois molécules d'eau. Ce phénomène de dédoublement, qui s'opère sous l'influence des alcalis ou de la vapeur d'eau surchauffée, a reçu le nom de saponification, car il se produit dans la préparation des savons, qui sont des combinaisons d'acides margarique, palmitique, stéarique avec des alcalis ou des oxydes métalliques.

La préparation de l'emplâtre simple fournit de la glycérine; l'emplâtre simple n'est autre qu'un savon de plomb. On fait bouillir de l'huile d'olive et de l'axonge avec de l'eau et de la litharge; quand la masse a pris un aspect blanc uniforme, elle constitue le savon de plomb ou emplâtre simple, et l'eau qui le surnage renferme de la glycérine en solution. On décante cette eau, on y dirige un courant de gaz sulfhydrique pour précipiter un peu de plomb dissous, puis on évapore le liquide au bain-marie; la glycérine reste sous forme d'un liquide incolore et sirupeux.

La glycérine s'obtient en grand, comme produit accessoire, dans la fabrication du savon et des bougies stéariques.

M. Friedel et Silva en ont fait la synthèse; en traitant le chlorure de propylène $C^3H^6Cl^2$ par le chlorure d'iode, ils ont obtenu un propylène trichloré $C^3H^5Cl^3$ qui est identique à l'éther trichlorhydrique de la glycérine, et qui, chauffé avec de l'eau, se transforme en glycérine et acide chlorhydrique.

Les savons, avons-nous dit, sont des mélanges de sels de potasse ou de soude des acides gras de la série $C^nH^{n2}O^2$, acide stéarique $C^{18}H^{36}O^2$, acide palmitique $C^{16}H^{32}O^{34}$, acide margarique $C^{17}H^{34}O^2$, et d'un acide moins hydrogéné, l'acide oléique $C^{18}H^{34}O^2$, dont nous parlerons plus loin (§ 158). On prépare les savons par l'ébullition, avec la soude ou la potasse, des huiles d'olive de qualité inférieure, des huiles de sésame et d'arachide, qui sont toutes des mélanges d'éthers de la glycérine. Après l'ébullition, on additionne des liqueurs de sel marin; les savons, étant insolubles dans les eaux chargées d'un excès d'alcali et de chlorure de sodium, se rendent à la surface du bain, le liquide aqueux que l'on soutire renferme la glycérine en solution [1].

Dans la fabrication des bougies, on a en vue le dédoublement des corps gras, de manière à mettre en liberté les acides gras solides, car les bougies dites stéariques sont des mélanges d'acide stéarique, palmitique et margarique. A cet effet, on saponifie les corps gras avec de l'eau et de la chaux. Il se forme un savon calcaire que l'on recueille, et que l'on décompose, par l'acide sulfurique, en sulfate de chaux et en acides gras. La masse est fortement exprimée à froid pour en expulser l'acide oléique, qui est liquide à la température ordinaire, et ne peut servir à la fabrication des bougies; puis la masse, débarrassée d'acide oléique, est exprimée entre des plaques de métal chauffées; les acides gras solides fondent et se séparent ainsi du sulfate de chaux. Ce sont ces acides gras que l'on transforme en bougies.

Les eaux mères de la saponification calcaire sont très riches en glycérine, qu'elles abandonnent par la concentration à une douce chaleur.

Pour purifier la glycérine, le meilleur procédé consiste à la distiller dans un alambic où l'on fait arriver un courant de vapeur surchauffée, et que l'on maintient à 300° environ. Dans ces conditions, la glycérine seule est entraînée dans le récipient par la vapeur d'eau, et il n'y a plus qu'à évaporer les solutions au bain-marie pour avoir de la glycérine parfaitement pure. La glycérine ainsi purifiée est la seule qu'on doive employer en thérapeutique.

1. Les savons durs sont à base de soude, les savons mous à base de potasse; comme la soude brute est toujours mélangée d'un peu d'oxyde de fer, il se produit de petites quantités de savons de fer colorés, qui donnent au savon de Marseille son aspect marbré.

En traitant les corps gras par la vapeur d'eau surchauffée, on peut aussi opérer leur saponification sans l'intervention des alcalis. Ils se dédoublent en s'assimilant les éléments de l'eau, et dans le récipient on trouve deux couches, l'une supérieure formée par les acides gras, l'autre inférieure constituée par une solution aqueuse de glycérine.

La glycérine est un des termes constants de la fermentation alcoolique; il en existe de 4 à 7 grammes par litre de vin.

150. *Propriétés.* — La glycérine pure, concentrée dans le vide, est un liquide sirupeux, d'une saveur sucrée, inodore, incolore. Exposée à l'air, elle en attire l'humidité. Sa densité est de 1,260 à 15°; cette densité diminue par l'addition de l'eau.

La glycérine est soluble en toutes proportions dans l'eau et l'alcool, insoluble dans l'éther et le chloroforme. Ses propriétés dissolvantes sont intermédiaires entre celles de l'alcool et de l'eau; elle dissout en toutes proportions la potasse, la soude, les sels déliquescents, les sulfates de potasse, de soude, de cuivre, l'azotate d'argent, le carbonate de soude, etc.

Elle distille dans le vide sans altération; sous la pression ordinaire, une partie distille entre 275-280°. et, vers la fin de l'opération, la glycérine se décompose en donnant des gaz combustibles, des produits empyreumatiques, et un corps irritant les yeux, l'*acroléine* C^3H^4O (§ 156).

Parfaitement pure et sèche, elle se solidifie par l'action prolongée du froid et se prend en une masse cristallisée, fusible à 17-18°.

Les oxydants ménagés lui enlèvent 2 atomes d'hydrogène, qui sont remplacés par un atome d'oxygène; il se forme ainsi un acide monobasique, l'acide glycérique $C^3H^6O^4$, liquide sirupeux dont les sels sont cristallisables :

$$C^3H^8O^3 \quad + \quad O^2 \quad = \quad C^3H^6O^4 \quad + \quad H^2O$$

Glycérine.   Oxygène.   Acide   Eau.
glycérique.

Il se fait en même temps une petite quantité d'un acide bibasique, l'*acide tartronique* $C^3H^6O^5$, provenant de l'oxydation des deux groupes CO^2H de la glycérine :

$$
\begin{array}{ll}
CH^2\text{-}OH & CO^2H \\
CH\text{-}OH & CH\text{-}OH \\
CH^2\text{-}OH & CO^2H
\end{array}
$$

Glycérine.   Acide tartronique.

Cet acide est solide, cristallisable, décomposable par la chaleur en acide carbonique CO^2 et acide glycollique $C^2H^4O^3$. Il s'obtient d'ordinaire par l'oxydation de l'acide tartrique.

Oxydée par le noir de platine, la glycérine donne un corps qui n'a pu être isolé de l'excès de glycérine, l'*aldéhyde glycérique* $C^3H^6O^3$. L'existence de corps est démontrée par ses réactions : le produit d'oxydation, en effet, réduit la liqueur cupro-potassique, l'azotate d'argent ammoniacal, et fermente sous l'influence de la levure de bière en donnant de l'alcool et de l'acide carbonique. (E. Grimaux.) Ce sont les réactions des glucoses (voy. *Glucoses*). MM. Fischer et Tafel ont aussi obtenu cette aldéhyde dans l'oxydation de la glycérine par l'acide azotique.

Chauffée avec de l'acide oxalique, elle n'est pas altérée, mais l'acide oxalique se dédouble en acide formique et acide carbonique.

Nous avons indiqué, en traitant de l'acide formique, les réactions diverses qui amènent ce dédoublement (§ 66).

L'action des acides donne naissance aux éthers de la glycérine ou glycérides; la glycérine, étant un alcool triatomique, fournit trois séries d'éthers :

1° Une molécule de glycérine, plus une molécule d'acide monoatomique, égale une molécule d'eau, plus un glycéride primaire :

$$C^3H^5(OH)^3 \ + \ C^2H^3O^2,H \ = \ C^3H^5 \left\{ \begin{array}{l} C^2H^3O^2 \\ (OH^2) \end{array} \right. \ + \ H^2O$$

Glycérine.   Acide acétique.   Monoacétine.   Eau.

2° Une molécule de glycérine, plus deux molécules d'acide, égale deux molécules d'eau, plus un glycéride secondaire :

$$C^3H^5(OH)^3 \ + \ 2C^2H^3O^2,H \ = \ C^3H^5 \left\{ \begin{array}{l} (C^2H^3O^2)^2 \\ OH \end{array} \right. \ + \ 2H^2O$$

Glycérine.   Acide acétique.   Diacétine.   Eau.

3° Une molécule de glycérine, plus trois molécules d'acide, égale trois molécules d'eau, plus un glycéride tertiaire :

$$C^3H^5(OH)^3 \ + \ 3C^2H^3O^2,H \ = \ C^3H^5(C^2H^3O^2)^3 \ + \ 3H^2O$$

Glycérine.   Acide acétique.   Triacétine.   Eau.

On peut aussi représenter les glycérides comme provenant de la substitution de radicaux acides à 1, 2 ou 3 atomes d'hydrogène de la glycérine :

$$C^3H^5(OH)^3 \qquad C^3H^5 \left\{ \begin{array}{l} O(C^2H^3O) \\ O(C^2H^3O) \\ O(C^2H^3O) \end{array} \right. \ = \ C^3H^5(C^2H^3O^2)^3$$

Glycérine.   Triacétine.

Le mode d'obtention des glycérides est général. Il consiste à faire réagir les acides sur la glycérine, soit à la température ordinaire, soit en vases clos à des températures plus ou moins élevées. Il se forme des glycérides primaires, secondaires ou tertiaires, suivant la température, la durée de la réaction et les proportions réciproques d'acide et de glycérine. M. Berthelot a ainsi reconstitué les glycérides fournis par la nature ou corps gras, qui sont tous des glycérides tertiaires.

151. CORPS GRAS. — Les corps gras naturels sont des mélanges de glycérides tertiaires en proportions variables, surtout de tristéarine, tripalmitine, trimargarine et trioléine; aussi présentent-ils un ensemble de propriétés qui leur sont communes : telles sont l'insolubilité dans l'eau, la fusibilité, l'aspect, le manque de saveur les taches qu'ils laissent sur le papier. Comme tous les corps gras subissent le même dédoublement en glycérine et en acides gras, nous ne ferons pas l'histoire de chacun des glycérides tertiaires qui les constituent; ces glycérides ne diffèrent entre eux que par leur point de fusion et la nature de l'acide qu'ils mettent en liberté dans la saponification.

Les graisses d'origine animale renferment de la palmitine, de la stéarine, de la margarine, et un peu d'oléine. Le beurre de vache est un mélange très complexe; outre les glycérides précédents, on y trouve de la tributyrine et de la tricapryline : ces derniers glycérides se dédoublent facilement au contact de l'eau et de l'air, en mettant en liberté de l'acide butyrique et de l'acide caprylique, qui communiquent au beurre rance leur odeur et leur goût désagréables.

Les huiles sont des corps gras liquides à la température moyenne de nos climats; l'oléine y prédomine. Quelques-unes renferment des glycérides qui leur sont spéciaux; telles sont : l'huile de ricin, qui à la saponification fournit de l'acide ricinolique $C^{18}H^{34}O^4$; l'huile d'arachides, qui fournit les acides bénique et arachi-

240 — CHIMIE ORGANIQUE ÉLÉMENTAIRE

que; le beurre de muscade, principalement formé de trimyristine; l'huile de dauphin, où se rencontre la phocénine ou trivalérine.

La tristéarine et la trioléine sont les plus répandus des glycérides tertiaires : la tristéarine existe en quantité considérable dans le suif de bœuf et de mouton; elle est cristallisée et fond à 61-62°. La trioléine, liquide à la température ordinaire, est le principe dominant des huiles.

Parmi les huiles grasses, les unes rancissent au contact de l'air, mais ne se solidifient pas; telles sont les huiles d'olive, d'amande, de colza; d'autres, au contraire, absorbent de l'oxygène, s'épaississent et se convertissent en masses transparentes; ce sont les huiles siccatives employées dans la peinture et dans la fabrication des vernis (huiles de lin, de noix, de ricin, de chènevis, d'œillette).

Tous les éthers précédents dérivent d'acides organiques. Les éthers de la glycérine, appartenant aux acides minéraux, se forment en vertu d'équations analogues : une, deux ou trois molécules d'un acide monoatomique s'unissent à une molécule de glycérine en éliminant 1, 2 ou 3 molécules d'eau; ainsi se forment la mono-, la di-, la trichlorhydrine, etc.

$$C^3H^5(OH)^3 \;+\; HCl \;=\; C^3H^5 \left\{ \begin{array}{l} Cl \\ (OH)^2 \end{array} \right. \;+\; H^2O$$

Glycérine.   Acide chlor-hydrique.   Monochlor-hydrine.   Eau.

Il existe en outre une grande quantité d'éthers mixtes de la glycérine, renfermant les radicaux de deux ou trois acides monoatomiques,

$$C^3H^5 \left\{ \begin{array}{l} Cl \\ OC^2H^3O \\ OH \end{array} \right. \qquad\qquad C^3H^5 \left\{ \begin{array}{l} Cl \\ OC^2H^3O \\ OC^4H^7O \end{array} \right.$$

Acétochlorhydrine.   Butyracétochlorhydrine.

et des éthers se rattachant aux acides polyatomiques, éthers neutres ou acides, comme l'acide phosphoglycérique $C^3H^9PhO^8$, produit par l'union d'une molécule d'acide phosphorique PhO^4H^3 et d'une molécule de glycérine $C^3H^8O^3$, avec élimination d'une molécule d'eau. L'acide phosphoglycérique se rencontre dans le cerveau, dans le jaune d'œuf à l'état de phosphoglycérate de choline, constituant en grande partie la lécithine ou protagon.

De tous ces éthers nous n'avons à étudier que la glycérine triazotique ou nitroglycérine.

152. NITROGLYCÉRINE $C^3H^5Az^3O^9 = C^3H^5O^3 (AzO^4)^3$. — La nitroglycérine ou éther triazotique de la glycérine a été découverte par Sobrero; on la prépare en ajoutant à un mélange bien refroidi de deux volumes d'acide sulfurique à 66° et de 1 volume d'acide azotique à 50°, le sixième de son volume de glycérine sirupeuse : celle-ci se dissout entièrement, et si l'on verse la solution dans 15 à 20 fois son volume d'eau froide, la nitroglycérine se sépare immédiatement et gagne le fond du vase. On décante l'eau et on lave la nitroglycérine jusqu'à ce que les eaux de lavage ne soient plus acides :

$$C^3H^5(OH)^3 \ + \ 3AzO^3H \ = \ C^3H^5O^3(AzO^2)^3 \ + \ 3H^2O$$

| Glycérine. | Acide azotique. | Nitroglycérine. | Eau. |

La nitroglycérine est une huile incolore, jaunâtre, plus dense que l'eau. Elle est très toxique, ses vapeurs donnent de violentes migraines; il suffit, paraît-il, de 3 ou 4 centigrammes de nitroglycérine introduits dans l'estomac d'un cochon de lait pour le tuer. Insoluble dans l'eau, elle est très soluble dans l'alcool et dans l'éther. Chauffée, elle se décompose avec explosion; elle détone violemment par le choc, et une seule goutte frappée sur une enclume avec un marteau se détruit avec un bruit comparable à celui d'un coup de fusil. Lorsqu'elle est insuffisamment lavée, et qu'elle renferme encore de l'acide azotique ou des vapeurs nitreuses, elle détone spontanément. Malgré les dangers de sa préparation et de son maniement, et les épouvantables accidents qui ont signalé les premiers temps de son emploi, on est parvenu à la préparer industriellement et à l'exploiter. Elle sert comme poudre de mine et poudre de guerre; on l'a rendue moins dangereuse à manier et plus facile à conserver en la mélangeant avec des poudres inertes, telles que la silice, l'alumine; ces mélanges pulvérulents constituent les corps désignés sous le nom de *dynamite*.

153. La glycérine n'a encore que des emplois limités; outre l'usage qu'on en fait pour l'obtention de la nitro-glycérine, elle sert à maintenir à l'état humide certaines substances dont on veut prévenir la dessiccation, comme l'argile à modeler, les cuirs non tannés, les colles, les ciments, les mortiers, etc.

En médecine, on use de la glycérine comme calmante et siccative dans le pansement des plaies, des excoriations, des dartres. Mélangée avec de l'amidon, elle donne une masse incolore, qui remplace le cérat dans la plupart de ses applications, et à laquelle on peut incorporer tous les principes médicamenteux qui s'administrent sous forme de pommades. Ces *glycérés* ou *glycérolés* ont sur les pommades et le cérat l'avantage de ne pas tacher le linge.

On connaît plusieurs homologues de la glycérine, qui ont été obtenus par synthèse et ne se trouvent pas dans la nature,

La butyl-glycérine $C^4H^{10}O^3$
L'amyl-glycérine $C^5H^{12}O^3$
L'hexyl-glycérine $C^6H^{14}O^3$

APPENDICE

154. Série allylique. — Lorsque la glycérine est distillée avec de l'iodure de phosphore, il passe à la distillation un liquide incolore, plus dense que l'eau, et qui présente la composition C^3H^5I du propylène iodé. Ce composé qui bout à 101° se comporte comme un véritable éther iodhydrique ou iodure de radical alcoolique : c'est l'iodure d'allyle. Avec l'oxalate d'argent, il donne de l'oxalate d'allyle, que l'ammoniaque décompose en oxamide et hydrate d'allyle ou alcool allylique $C^3H^6O = C^3H^5,OH$ (Cahours et Hofmann).

On obtient plus facilement l'alcool allylique en distillant à feu nu un mélange d'acide formique et de glycérine (Tollens et Henninger) :

$$CH^2O^2 + C^3H^8O^3 = C^3H^6O + H^2O + CO + CO^2$$

Acide formique.	Glycérine.	Alcool allylique.	Eau.	Oxyde de carbone.	Acide carbonique.

L'alcool allylique est un liquide incolore, d'une odeur et d'une saveur brûlantes, bouillant à 103°. C'est un alcool monoatomique primaire; il fournit par l'oxydation une aldéhyde et un acide.

Il n'est pas saturé, car il représente de l'alcool propylique moins deux atomes d'hydrogène :

$$C^3H^5,OH \qquad\qquad C^3H^7,OH$$

Alcool allylique.	Alcool propylique.

et il renferme un groupe C^3H^5 qui, saturé par 3 groupes OH dans la glycérine, n'est plus uni qu'à un groupe ou un radical monoatomique dans les composés allyliques. Aussi tous les dérivés allyliques peuvent-ils fixer deux atomes d'un élément monoatomique pour se saturer.

Le bromure d'allyle C^3H^5Br fixe, par exemple, 2 atomes de brome en donnant le tribromure d'allyle $C^3H^5Br^3$, qui est identique avec le tribromure de glycéryle ou éther tribromhydrique de la glycérine. En chauffant ce tribromure avec l'acétate d'argent, on arrive à le transformer en éther triacétique de la glycérine ou triacétine $C^3H^5(C^2H^3O)^3$, qui par les alcalis se saponifie en acétate et en glycérine (Wurtz).

A l'alcool allylique se rattachent des éthers, une aldéhyde, l'*acroléine* C^3H^4O, un acide, l'*acide acrylique* $C^3H^4O^2$.

155. ÉTHERS ALLYLIQUES. — On a préparé un grand nombre d'éthers allyliques; les plus importants se trouvent dans la nature et ont été retirés de l'essence d'ail (*allium sativum*); de là le nom de composés allyliques.

L'*oxyde d'allyle* $C^6H^{10}O = (C^3H^5)^2O$ est un liquide incolore, d'une odeur alliacée; il est contenu en petite quantité dans l'essence d'ail brute; il bout entre 85° et 87°.

Le *sulfure d'allyle* $C^6H^{10}S = (C^3H^5)^2S$ est une huile d'une odeur fétide bouillant à 140°, et qui constitue la plus grande partie de l'essence d'ail et de l'essence de quelques crucifères. On l'obtient par l'action de l'iodure d'allyle sur le sulfure de potassium :

$$2(C^3H^5I) \quad + \quad SK^2 \quad = \quad (C^3H^5)^2S \quad + \quad 2KI$$

Iodure d'allyle.	Sulfure de potassium.	Sulfure d'allyle.	Iodure de potassium.

Le *sulfocyanate d'allyle* $C^3H^5,CSAz$ s'obtient avec le sulfocyanate de potassium et l'iodure d'allyle. C'est un liquide incolore, doué d'une odeur très piquante, et qui, en contact avec la peau, amène la vésication. Il bout à 148°.

Le sulfocyanate d'allyle est identique avec l'huile essentielle de la graine de moutarde noire; cette essence n'y préexiste pas, mais prend naissance par l'action d'un ferment spécial, la myrosine, sur une combinaison complexe, le myronate de potasse, qui se dédouble en donnant du sulfate acide de potassium, du glucose et du sulfocyanate d'allyle :

$$C^{10}H^{18}AzS^2O^{10}K = SO^4HK + C^6H^{12}O^6 + CS.Az,C^3H^5$$

Myronate de potassium.	Sulfate acide de potassium.	Glucose.	Sulfocyanate d'allyle.

Le dédoublement du myronate de potasse a lieu à la température ordinaire; et ce n'est que lorsque la farine de moutarde a été en contact avec l'eau pendant vingt-quatre heures que l'on procède à la distillation pour recueillir le sulfocyanate d'allyle. L'eau bouillante et les acides empêchent l'action de la myrosine, et comme le sulfocyanate d'allyle est le principe actif des sinapismes, il est essentiel de ne pas délayer la farine de moutarde, comme on le fait souvent, dans l'eau bouillante ou dans le vinaigre.

156. ACROLÉINE C^3H^4O. — L'acroléine ou aldéhyde allylique est un liquide incolore, bouillant à 52°, dont la vapeur irrite violemment les yeux et les organes respiratoires; c'est elle qui se produit toutes les fois qu'on chauffe fortement la glycérine et les corps gras; elle diffère de la glycérine par la perte de deux molécules d'eau :

$$C^3H^8O^3 = 2H^2O + C^3H^4O$$

Glycérine.	Eau.	Acroléine.

157. Acide acrylique et acide oléique. — L'acide acrylique $C^3H^4O^2$ est le premier terme d'une série d'acides monobasiques, représentés par la formule générale $C^nH^{2n-2}O^2$; de ces acides, les uns existent dans la nature, comme l'acide angélique $C^5H^8O^2$, d'autres ont été obtenus artificiellement par les procédés divers. Ces acides renferment 2 atomes d'hydrogène de moins que les acides de la série grasse $C^nH^{2n}O^2$, et, sous des influences réductrices, peuvent fixer ces 2 atomes d'hydrogène et se transformer en acides saturés. C'est ainsi que l'acide angélique $C^5H^8O^2$ se convertit en acide valérique $C^5H^{10}O^2$ par l'action de l'acide iodhydrique.

Les acides de la série angélique présentent un autre caractère général; lorsqu'on les fond avec de la potasse, ils se scindent en donnant deux acides de la série grasse; ainsi on obtient, avec l'acide acrylique, de l'acide acétique et de l'acide formique :

$$C^3H^4O^2 \;+\; 2KHO \;=\; C^2H^3O^2K \;+\; CHO^2K \;+\; H^2$$

Acide acrylique.   Potasse.   Acétate de potassium.   Formiate de potassium.   Hydrogène.

L'acide angélique se dédouble d'une façon analogue en acide propionique et acide acétique :

$$C^5H^8O^2 \;+\; 2KHO \;=\; C^2H^3O^2K \;+\; C^3H^5O^2K \;+\; H^2$$

Acide angélique.   Potasse.   Acétate de potassium.   Propionate de potassium.   Hydrogène.

De tous les acides de la série acrylique, le plus répandu dans la nature et le plus important est l'acide oléique.

158. Acide oléique $C^{18}H^{34}O^2$. — Trois molécules d'acide oléique, en s'unissant à une molécule de glycérine avec élimination de trois molécules d'eau, fournissent la trioléine ou éther trioléique de la glycérine $C^3H^5(C^{18}H^{33}O^2)^3$. Cette trioléine constitue la portion liquide des graisses animales et forme la plus grande partie des huiles grasses, non siccatives, comme l'huile d'olive, l'huile d'amande.

Par la saponification des huiles, on obtient l'acide oléique, qui, à l'état de pureté, se présente sous l'aspect d'un corps liquide, se solidifiant à 4° et ne fondant qu'à 14°. Il est insoluble dans l'eau et très soluble dans l'alcool et dans l'éther. Fondu avec un excès de potasse, il subit la même transformation que les autres acides de la série acrylique et se dédouble en donnant de l'acide palmitique et de l'acide acétique :

$$C^{18}H^{34}O^2 + 2KHO = C^{16}H^{31}O^3K + C^2H^3O^2K + H^2$$

Acide oléique.   Potasse.   Palmitate de potassium.   Acétate de potassium.   Hydrogène.

L'acide oléique est employé pour la fabrication des savons.

CHAPITRE XIII

ACIDES POLYATOMIQUES

Acide malique. — Acide tartrique. — Tartrates. — Émétiques. — Acide citrique. — Uréides des acides polyatomiques : Acide urique, alloxane, allantoïne, etc.

159. La série des alcools tétratomiques ne comprend qu'un terme, l'*érythrite* $C^4H^{10}O^4$, matière blanche, cristallisée, retirée de divers lichens, et l'on ne connaît pas d'alcools pentatomiques. La glycérine n'a qu'un homologue, l'amylglycérine $C^5H^{12}O^3$, mais il est quelques acides se rattachant à des alcools polyatomiques inconnus, et qui sont très répandus dans la nature. Ce sont l'acide malique $C^4H^6O^5$, l'acide tartrique $C^4H^6O^6$ et l'acide citrique $C^6H^8O^7$.

160. **Acide malique** $C^4H^6O^5$. — L'acide malique correspond à une butyglycérine inconnue $C^4H^{10}O^3$.

On le rencontre dans une foule de végétaux où il est accompagné par l'acide tartrique et l'acide citrique : dans les fraises, les cerises, les framboises, les pommes, les baies de sorbier. On le retire ordinairement de ces dernières, en les cueillant avant leur maturité, les exprimant fortement, faisant bouillir le suc pour coaguler l'albumine, et, après l'avoir filtré, le saturant à l'ébullition avec une quantité suffisante de chaux pour neutraliser la liqueur. Le malate de chaux se dépose sous forme d'une poudre grenue insoluble, qu'on transforme en malate acide de chaux soluble dans l'eau, en dissolvant le malate neutre dans une solution bouillante de 10 parties d'eau et de 1 partie d'acide azotique. La solution aqueuse de malate acide de chaux est précipitée par le sous-acétate de plomb; le malate de plomb insoluble est lavé, délayé dans l'eau, et traité par un courant d'hydrogène sulfuré jusqu'à ce qu'il ne se sépare plus de sulfure de plomb. La liqueur filtrée et évaporée au bain-marie donne des cristaux d'acide malique.

La synthèse de l'acide malique a été opérée au moyen de l'acide succinique; on transforme cet acide en dérivé monobromé, et l'on soumet celui-ci à l'action de l'hydrate d'argent :

$$C^4H^5BrO^4 \quad + \quad AgOH \quad = \quad C^4H^5(OH)O^4 \quad + \quad AgBr$$

<table>
<tr><td>Acide
bromosuccinique.</td><td>Hydrate
d'argent.</td><td>Acide
malique.</td><td>Bromure
d'argent.</td></tr>
</table>

L'acide bromosuccinique étant :

$$C^4H^5BrO^4 \quad = \quad C^2H^3Br \left\{ \begin{array}{l} CO^2H \\ CO^2H \end{array} \right.$$

L'acide malique est un acide oxysuccinique, ainsi constitué :

$$C^4H^6O^5 \quad = \quad C^3H^3 \left\{ \begin{array}{l} CO^2H \\ CO^2H \\ OH \end{array} \right. = \begin{array}{l} CH_2OH \\ \overset{|}{C}O^2H \\ \overset{|}{C}H^3 \\ \overset{|}{C}O^2H \end{array}$$

Cette formule montre qu'il est tout à la fois bibasique et triatomique; il donne naissance à deux séries de sels et à trois séries d'éthers.

L'acide malique se présente en petites aiguilles groupées en mamelons et déliquescentes. Il fond à 100°; à 130°, il commence à se déshydrater, et à 175-180°, il perd une molécule d'eau et se convertit en deux acides isomères $C^4H^4O^4$, l'un qui passe à la distillation, l'*acide maléique*, l'autre qui reste dans la cornue, l'*acide fumarique*.

L'acide malique naturel, en solution aqueuse, agit sur la lumière polarisée; il dévie à gauche le plan de polarisation.

L'acide malique ne trouble ni l'eau de chaux, ni l'eau de baryte; l'acide sulfurique le décompose à chaud en dégageant de l'oxyde de carbone.

Chauffé avec de l'acide iodhydrique, il subit une réduction et passe à l'état d'acide succinique; la même réduction a lieu par la fermentation du malate de chaux (§ 146).

Les acides pyrogénés de l'acide malique, l'*acide fumarique* et l'*acide maléique* $C^4H^4O^4$ renferment deux atomes d'hydrogène de moins que l'acide succinique $C^4H^6O^4$. Ils sont diatomiques et bibasiques: soumis à l'action de l'hydrogène naissant, ils en fixent 2 atomes et se convertissent en acide succinique. Ils fixent également 2 atomes de brome, en fournissant 2 acides bibromo-succiniques isomères $C^4H^4Br^2O^4$.

161. Acide tartrique $C^4H^6O^6$. — Il existe diverses modifications de l'acide tartrique, caractérisées par l'action qu'elles exercent sur la lumière polarisée.

L'acide tartrique ordinaire, qu'on trouve dans les vins à l'état de crème de tartre ou tartrate acide de potasse, dévie à droite le plan de polarisation; c'est l'*acide tartrique droit*.

L'*acide paratartrique* ou *racémique*, qui se produit accidentellement dans l'extraction de l'acide tartrique, n'a aucune action sur la lumière polarisée. M. Pasteur a reconnu que l'acide racémique est inactif par compensation, c'est-à-dire qu'il est formé par une combinaison à parties égales d'acide tartrique droit et d'un acide déviant à gauche, *l'acide tartrique* gauche ou *lévoracémique*. Divers procédés permettent de séparer l'acide paratartrique en ses deux acides constituants; ainsi, quand on le combine avec la cinchonine, et que l'on concentre la solution, il se dépose du tartrate gauche de cinchonine, tandis que le sel à acide tartrique dextrogyre reste en solution. Réciproquement un mélange d'acides tartriques dextrogyre et lévogyre donne de l'acide paratartrique. (Pasteur.)

De plus, on peut transformer l'acide tartrique droit ou acide tartrique ordinaire en acide racémique. Cette transformation, qui a été opérée d'abord par M. Pasteur, puis par M. Dessaignes, se fait facilement par le procédé de M. Jungfleisch. On chauffe dans un tube scellé 30 grammes d'acide tartrique droit avec 5 grammes d'eau, à 175', pendant 30 heures; en reprenant le contenu du tube par l'eau, filtrant et concentrant par évaporation, on obtient des cristaux d'acide racémique.

L'acide tartrique droit et l'acide tartrique gauche ne diffèrent que par l'hémiédrie de leurs cristaux et leur action sur la lumière polarisée; les angles des cristaux, l'aspect physique, la solubilité, la densité, les propriétés chimiques sont identiques : seulement la forme cristalline de l'un est symétrique de la forme cristalline de l'autre, les cristaux ne sont pas superposables.

L'acide paratartrique (combinaison des acides tartriques droit et gauche) a pour formule $C^8H^{12}O^{12}$ $+2H^2O$; il diffère de l'acide tartrique droit et de l'acide tartrique gauche par la forme cristalline, et par l'eau de cristallisation qu'il renferme et qu'il perd à 100'. Il n'agit pas sur la lumière polarisée, il est moins soluble dans l'eau que l'acide tartrique droit, mais ses métamorphoses chimiques sont les mêmes.

L'acide tartrique a été obtenu synthétiquement dans

l'action de l'oxyde d'argent sur l'acide bibromosuccinique (Perkin et Duppa, Kekulé).

$$C^4H^4Br^2O^4 + 2AgOH = C^4H^4(OH)^2O^4 + 2AgBr$$

Acide bibromo-succinique.	Hydrate d'argent.	Acide tartrique.	Bromure d'argent.

L'acide tartrique obtenu par synthèse est, d'après M. Pasteur, un mélange d'acide racémique et d'un quatrième acide tartrique, n'agissant pas sur la lumière polarisée, mais différant de l'acide racémique en ce qu'il ne peut pas être dédoublé en acides tartriques droit et gauche. Néanmoins cet acide tartrique, *inactif par nature*, peut être converti en acide racémique par l'action d'une température de 170°. (Jungfleisch.)

En préparant de l'acide succinique synthétique par le procédé de M. Simpson, le transformant en acide bibromosuccinique, et par suite en acide racémique, comme l'ont fait Perkin et Duppa, et Kekulé. M. Jungfleisch a montré qu'on pouvait obtenir des composés agissant sur la lumière polarisée, au moyen de corps dépourvus du pouvoir rotatoire.

162. L'acide tartrique ordinaire ou acide dextroracémique $C^4H^6O^6$ a été isolé par Scheele en 1770.

Il se dépose dans les vins des croûtes épaisses et dures, qui portent le nom de tartre brut, et recristallisées, le nom de crème de tartre : la crème de tartre est du tartrate acide de potasse.

On en retire l'acide tartrique de la manière suivante : on traite par la craie les solutions bouillantes de crème de tartre; il se forme du tartrate de chaux insoluble et du tartrate neutre de potasse soluble dans l'eau. La liqueur étant filtrée, à la solution de tartrate neutre de potasse on ajoute du chlorure de calcium, qui précipite tout l'acide tartrique à l'état de tartrate de chaux. Les deux précipités de tartrate de chaux étant réunis, on les soumet à l'action de l'acide sulfurique dilué employé en quantité juste nécessaire pour neutraliser toute la chaux, qui passe à l'état de sulfate de chaux insoluble, tandis que l'acide tartrique reste en solution. On filtre, et on évapore la solution d'acide tartrique à consistance sirupeuse. Abandonnée dans un endroit chaud, elle fournit, au bout de quelques jours, des cristaux d'acide tartrique,

L'acide tartrique cristallise en gros prismes rhomboïdaux obliques, inaltérables à l'air, solubles dans moitié de leur poids d'eau froide, solubles dans l'alcool, insolubles dans l'éther pur. Ils ne renferment pas d'eau de cristallisation. Les cristaux de l'acide tartrique fondent entre 170 et 180°; par l'application d'une plus forte chaleur, ils se détruisent. Les produits pyrogénés de la distillation de l'acide tartrique sont l'acide *pyruvique* ou *pyroracémique* $C^3H^4O^3$, liquide, et l'acide *pyrotartrique* $C^5H^8O^4$, cristallisable et homologue de l'acide succinique :

$$C^4H^6O^6 = CO^2 + H^2O + C^3H^4O^3$$

| Acide tartrique. | Acide carbonique. | Eau. | Acide pyruvique. |

$$2(C^4H^6O^6) = CO^2 + 2H^2O + C^5H^8O^4$$

| Acide tartrique. | Acide carbonique. | Eau. | Acide pyrotartrique. |

La solution d'acide tartrique précipite l'eau de chaux, l'eau de baryte et l'eau de strontiane; les précipités se dissolvent dans un excès d'acide. Dans les solutions concentrées de potasse, elle donne un précipité cristallin de crème de tartre (tartrate acide de potasse). Elle précipite également l'acétate de plomb, mais elle ne trouble les chlorures de baryum, de calcium et de strontium, que lorsqu'elle est saturée par l'ammoniaque.

Chauffé doucement avec l'acide sulfurique, l'acide tartrique dégage de l'acide sulfureux et de l'oxyde de carbone; à la fin de l'opération seulement, il se produit de l'acide carbonique.

Avec les oxydants, comme le minium, l'oxyde puce de plomb, le bichromate de potasse, il se détruit avec formation d'acide carbonique et d'acide formique; à l'ébullition, il réduit l'azotate d'argent, le chlorure d'or, le bichlorure de platine.

Fondu avec de la potasse, il se convertit en un mélange d'oxalate et d'acétate de potasse.

Chauffé avec l'acide iodhydrique, il se réduit et passe à l'état d'acide succinique, réaction inverse de celle qui lui a donné naissance avec l'acide bibromosuccinique et l'hydrate d'argent :

$$C^4H^6O^8 + 4HI = C^4H^6O^4 + 2H^2O + I^4$$

$$\text{Acide tartrique.} \qquad \text{Acide iodhydrique.} \qquad \text{Acide succinique.} \qquad \text{Eau.} \qquad \text{Iode.}$$

La synthèse de l'acide tartrique par l'acide succinique nous dévoile sa constitution, et nous montre que c'est un acide dioxysuccinique :

$$C^2H^2Br^2 \left\{ \begin{matrix} CO^2H \\ CO^2H \end{matrix} \right. + 2AgOH = C^2H^2 \left\{ \begin{matrix} (CO^2H^2) \\ (OH)^2 \end{matrix} \right) + 2AgBr$$

$$\text{Acide bibromo-succinique.} \qquad \text{Hydrate d'argent.} \qquad \text{Acide tartrique.} \qquad \text{Bromure d'argent.}$$

D'après cette formule, il est tétratomique et bibasique : en effet, on connaît quatre séries d'éthers de l'acide tartrique et deux séries de sels.

Les formules suivantes indiquent les relations de

l'acide succinique, de l'acide malique et de l'acide tartrique :

$$
\begin{array}{ccc}
CO^2H & CO^2H & CO^2H \\
\overset{|}{C}H^2 & \overset{|}{C}H^2 & \overset{|}{C}H,OH \\
\overset{|}{C}H^2 & \overset{|}{C}H,OH & \overset{|}{C}H,OH \\
\overset{|}{C}O^2H & \overset{|}{C}O^2H & \overset{|}{C}O^2H \\
\text{Acide} & \text{Acide} & \text{Acide} \\
\text{succinique.} & \text{malique.} & \text{tartrique}
\end{array}
$$

163. TARTRATES. — L'acide tartrique bibasique fournit des sels acides et des sels neutres :

$$
C^4H^4O^6 \left\{ \begin{array}{c} H \\ H \end{array} \right. \qquad C^4H^4O^6 \left\{ \begin{array}{c} Na \\ H \end{array} \right. \qquad C^4H^4O^6Na^2
$$

$$
\begin{array}{ccc}
\text{Acide} & \text{Tartrate acide} & \text{Tartrate neutre} \\
\text{tartrique.} & \text{de sodium.} & \text{de sodium.}
\end{array}
$$

Le *tartrate acide de potassium ou crème de tartre*, $C^4H^4O^6HK$, se dépose à l'état impur dans les tonneaux où l'on conserve le vin ; on le purifie par cristallisation. Il est en prismes droits rhomboïdaux, durs, craquant sous la dent et d'une saveur très acide. Il est peu soluble dans l'eau froide, car il en exige 240 parties à 13°, et à l'ébullition 15 parties seulement : il est insoluble dans l'alcool. Sa solution saturée par les alcalis donne des tartrates neutres. Le *tartrate neutre de potasse* $C^4H^4O^6K^2$ s'obtient en neutralisant par le carbonate de potasse une solution saturée et bouillante de crème de tartre ; il est fort soluble dans l'eau.

La crème de tartre est usitée en médecine comme purgatif léger, à la dose de 15 à 30 grammes.

Le *tartrate double de potasse et de soude* ou *sel de Seignette* renferme 4 molécules d'eau de cristallisation, $C^4H^4O^6KNa + 4H^2O$. Lorsqu'on sature par le carbonate de soude une solution bouillante de crème de tartre, la liqueur filtrée dépose par le refroidissement de magnifiques cristaux de tartrate sodico-potassique. Ce sel, qui a joui d'une grande vogue, est purgatif à la dose de 30 à 40 grammes.

Le *tartrate neutre de soude* $C^4H^4O^6Na^2 + 4H^2O$, usité aussi comme purgatif, est en cristaux limpides, solubles dans 5 parties d'eau, doués d'une faible saveur. On le prépare en saturant l'acide tartrique par le carbonate de soude.

164. ÉMÉTIQUES. — Les émétiques sont des tartrates d'une constitution spéciale; ils représentent des tartrates neutres dans lesquels un atome d'hydrogène est remplacé non par un métal monoatomique, mais par un groupement fonctionnant comme monoatomique, et composé d'un métal ou d'un métalloïde uni à l'oxygène. Ainsi, par l'ébullition de l'oxyde d'antimoine Sb^2O^3 avec la crème de tartre, on obtient l'émétique d'antimoine ou émétique ordinaire :

$$2(C^4H^4O^6 \left\{ {K \atop H} \right) + Sb^2O^3 = 2(C^4H^4O^6 \left\{ {K \atop SbO} \right) + H^2O$$

Tartrate acide   Oxyde   Émétique.   Eau.
de potasse.   d'antimoine.

dans lequel le groupe SbO (antimonyle) remplace un atome d'hydrogène; l'émétique ordinaire est le tartrate double d'antimonyle et de potasse.

On a de même avec l'oxyde ferrique, et suivant une équation toute semblable, le tartrate ferrico-potassique, et avec l'acide borique, le tartrate borico-potassique :

$$2(C^4H^4O^6 \left\{ {K \atop H} \right) + Fe^2O^3 = 2(C^4H^4O^6 \left\{ {K \atop FeO} \right) + H^2O$$

Tartrate acide   Oxyde   Tartrate ferrico-   Eau.
de potasse.   ferrique.   potassique.

$$2(C^4H^4O^6 \left\{ {K \atop H} \right) + Bo^2O^3 = 2(C^4H^4O^6 \left\{ {K \atop BoO} \right) + H^2O$$

Tartrate acide   Acide   Tartrate borico-   Eau.
de potasse.   borique.   potassique.

Les émétiques chauffés à 200° perdent une molécule d'eau :

$$C^4H^4O^6 \left\{ \begin{array}{l} K \\ SbO \end{array} \right. = \ H^2O \ + \ C^4H^2O^6KSb$$

$$\text{Émétique.} \qquad\qquad \text{Eau.} \qquad\qquad \text{Émétique à 200°.}$$

Dans ces émétiques chauffés à 200°, l'oxygène du groupe SbO a entraîné les 2 atomes d'hydrogène que l'émétique avait en dehors du radical, et l'antimoine triatomique remplace 3 atomes d'hydrogène.

$$C^2H^2 \left\{ \begin{array}{l} CO^2H \\ CO^2H \\ OH \\ OH \end{array} \right. \qquad C^2H^2 \left\{ \begin{array}{l} CO^2K \\ CO^2(SbO) \\ OH \\ OH \end{array} \right. \qquad C^2H^2 \left\{ \begin{array}{l} CO^2K \\ CO^2 \\ O \\ O \end{array} \right\} Sb$$

$$\text{Acide tartrique.} \qquad\qquad \text{Émétique.} \qquad\qquad \text{Émétique à 200°.}$$

Le *tartrate antimonico-potassique, émétique d'anti-moine*, ou simplement *émétique* $C^4H^4O^6K\,(SbO) + H^2O$, appelé aussi tartre stibié, est connu depuis plus de deux siècles. On le prépare en faisant bouillir pendant une demi-heure un mélange de 3 parties d'oxyde d'antimoine et de 4 parties de crème de tartre délayées dans l'eau, en renouvelant celle-ci à mesure qu'elle s'évapore. Quand l'oxyde d'antimoine est dissous, on filtre le liquide bouillant ; l'émétique se dépose en cristaux par le refroidissement.

Il est en octaèdres rhomboïdaux renfermant une molécule d'eau de cristallisation, qu'il perd par l'exposition à l'air, en même temps que les cristaux deviennent opaques. Sa saveur est métallique et désagréable. Il se dissout dans 14 parties 1/2 d'eau froide et 2 parties d'eau bouillante, il est insoluble dans l'alcool.

La potasse caustique donne dans les solutions d'émétique un précipité blanc d'oxyde d'antimoine, qui se redissout dans un excès de potasse : avec l'ammoniaque, le précipité n'a lieu que dans les liqueurs concentrées. L'acide chlorhydrique, l'acide sulfurique, l'acide azotique, produisent des précipités blancs de sous-sels d'antimoine, solubles dans un excès des acides employés.

Avec l'hydrogène sulfuré, la solution d'émétique dépose du sulfure d'antimoine orangé.

L'acide tannique ou les infusions de noix de galle précipitent l'émétique en flocons blancs.

Une lame d'étain plongée dans une solution d'émétique en sépare l'antimoine sous forme d'un dépôt noir.

Avec les sels de chaux, de baryte, de strontiane, de plomb, il y a double décomposition ; le potassium de l'émétique est remplacé par le calcium, le baryum, le strontium ou le plomb, et il se produit des tartrates antimonico-calcique, antimonico-barytique, etc., tous insolubles.

Toutes ces réactions indiquent que l'émétique ne doit être associé dans les formules médicales, ni aux acides, ni aux alcalis, ni aux tannins, ni à la plupart des sels métalliques.

165. *Action de l'émétique sur l'organisme.* — L'émétique a une action locale et une action générale. Appliqué sur la peau, il amène une irritation intense, suivie d'une éruption pustuleuse. Pris à l'intérieur en grande quantité, il produit une inflammation plus ou moins vive du canal alimentaire, accompagnée de vomissements et de diarrhée. Mais l'action vomitive de l'émétique n'est pas un effet local, car il amène le vomissement à la dose de quelques centigrammes, et de quelque manière qu'on l'introduise dans la circulation.

L'organisme finit par s'habituer à l'ingestion de

l'émétique administré à petites doses, fréquemment répétées; les vomissements cessent et la tolérance s'établit. Sous cette influence, le pouls se ralentit et la transpiration cutanée s'accroît; l'action hyposthénisante de l'émétique l'a fait employer dans le traitement des maladies inflammatoires.

A doses plus élevées, l'émétique agit comme poison: les malades ont des vomissements, des selles copieuses, le pouls est petit, la face altérée, la sécrétion urinaire diminue, puis surviennent des vertiges et des syncopes qui amènent la mort. On a vu des cas d'empoisonnement mortels après l'ingestion de 50 et même de 20 centigrammes d'émétique chez les adultes, et de 10 centigrammes chez les enfants.

Après l'absorption, l'émétique se trouve dans le cœur, le cerveau, les poumons et surtout le foie; il est éliminé assez rapidement avec les urines et la bile.

166. *Recherche de l'émétique.* — Dans les cas d'empoisonnement par l'émétique, on se contente pour le reconnaître de caractériser l'antimoine; à cet effet, le foie et le tube digestif étant coupés en morceaux sont mis en digestion avec leur poids d'acide chlorhydrique concentré; puis, le mélange étant chauffé à 100°, on y projette par petites portions du chlorate de potasse; il se forme du chlore et de l'oxyde de chlore qui oxydent la matière organique, en la transformant en eau et en acide carbonique. Quand la matière organique a disparu, on chasse l'excès de chlore et d'oxyde de chlore par l'ébullition, et l'on dirige dans la liqueur un courant d'hydrogène sulfuré; l'antimoine se sépare à l'état de sulfure orangé qu'on recueille, qu'on lave et qu'on traite par l'acide chlorhydrique, pour le faire passer à l'état de chlorure d'antimoine, sur lequel on constate les réactions caractéristiques de l'antimoine.

167. Le *tartrate borico-potassique, émétique de bore,* appelé aussi *crème de tartre soluble* $C^4H^4O^6 \left\{ \begin{array}{l} K \\ BoO \end{array} \right.$ s'obtient en faisant bouillir 1 partie d'acide borique, 2 parties de crème de tartre et 24 parties d'eau, et évaporant la solution presque à siccité; quand le produit est devenu très épais, on termine sa dessiccation à l'étuve.

Ce sel n'est pas cristallisé; il se présente sous l'aspect d'une masse blanche, fort soluble dans l'eau, insoluble dans l'alcool. On l'emploie en médecine comme rafraîchissant et acidule dans l'embarras gastrique, à la dose de 5 à 15 grammes par litre d'eau; à la dose de 30 grammes, c'est un purgatif doux.

168. Le *tartrate ferrico-potassique* $C^4H^4O^6 \left\{ \begin{array}{l} K \\ FeO \end{array} \right.$ s'obtient par l'ébullition d'une solution de crème de tartre dans 6 parties d'eau additionnée d'hydrate ferrique récemment précipité, jusqu'à ce que celui-ci refuse de se dissoudre. On filtre la solution et on l'évapore à une douce chaleur. Le tartrate ferrico-potassique se présente sous l'aspect de paillettes minces, brunes, transparentes, brillantes, mais n'ayant aucune forme cristalline.

On emploie ce sel à l'intérieur comme les autres ferrugineux. A l'extérieur, il est très usité comme astringent, et constitue un remède populaire pour le traitement des contusions. Il est la partie essentielle des *boules de Nancy,* qu'on prépare en faisant une décoction d'espèces vulnéraires, ajoutant de la limaille de fer et de la crème de tartre brute, évaporant à feu doux, et coulant la matière encore chaude en boules de 30 à 60 grammes.

La *tartrate ferrico-ammonique* obtenu avec le ta

trate d'ammoniaque et l'hydrate ferrique est en paillettes brunes, ressemblant au tartrate ferrico-potassique ; on l'emploie également en médecine comme ferrugineux.

Le *tartrate de cuivre et de potasse* sert à reconnaitre et à doser le glucose (voir § 190).

169. Acide citrique $C^6H^8O^7 + H^2O$. — L'acide citrique, isolé par Scheele du jus de citron, se rencontre à l'état libre dans les groseilles, les framboises, les fraises, les cerises, les oranges.

On abandonne le jus de citron à lui-même jusqu'à ce qu'il éprouve un commencement de fermentation, pendant laquelle se déposent des matières mucilagineuses qui y étaient en suspension. On le sature à chaud par de la craie, on lave le citrate de chaux insoluble, et on le décompose par l'acide sulfurique dilué. La solution, séparée par filtration du sulfate de chaux, fournit l'acide citrique quand on l'évapore. 100 kilogrammes de bons citrons donnent environ 5 kilogr. 1/2 d'acide citrique cristallisé.

L'acide citrique est en gros cristaux appartenant au prisme rhomboïdal droit, et renfermant une molécule d'eau qu'ils perdent à 100° ; il se dissout dans la moitié de son poids d'eau bouillante et les 3/4 de son poids d'eau froide ; il est soluble dans l'alcool et dans l'éther.

Sa solution aqueuse se couvre à la longue de moisissures et se décompose ; elle ne précipite pas l'eau de chaux, mais si, à de l'eau de chaux en excès, on ajoute quelques gouttes d'acide citrique, et qu'on porte à l'ébullition le liquide limpide, il se trouble et dépose peu à peu un précipité blanc de citrate de chaux neutre. Elle ne précipite pas la potasse : ces deux réactions distinguent l'acide citrique de l'acide tartrique.

Soumis à l'action de la chaleur, l'acide citrique se décompose en acides pyrogénés; l'un, *l'acide aconitique*, qui existe également dans l'aconit, diffère de l'acide citrique par une molécule d'eau :

$$C^6H^8O^7 \quad = \quad C^6H^6O^6 \quad + \quad H^2O$$

Acide citrique.   Acide aconitique.   Eau.

L'autre, *l'acide itaconique*, représente de l'acide aconitique, moins de l'acide carbonique :

$$C^6H^6O^6 \quad = \quad CO^2 \quad + \quad C^5H^6O^4$$

Acide aconitique.   Acide carbonique.   Acide itaconique.

Les oxydants décomposent l'acide citrique en acide carbonique et acide formique. Avec l'acide sulfurique, il dégage de l'oxyde de carbone.

Traité par le chlore en solution aqueuse, il fournit de l'acétone pentachlorée, C^3HCl^5O; avec le brome, il donne du bromoxaforme ou acétone pentabromée C^3HBr^5O.

L'acide citrique est tribasique et tétratomique; il renferme trois groupes CO^2H, et un groupe OH :

$$C^6H^8O^7 \quad = \quad C^3H^4 \begin{cases} CO^2H \\ CO^2H \\ CO^2H \\ OH \end{cases}$$

Acide citrique.

La synthèse en a été réalisée de la façon suivante :

L'éther dichlorhydrique de la glycérine, oxydé par l'acide chromique, fournit un dérivé dichloré de l'acétone :

$$\begin{array}{lll}
CH^2Cl & \qquad & CH^2Cl \\
CH,OH & & CO \\
CH^2Cl & & CH^2Cl
\end{array}$$

Glycérine dichlorhydrique.   Dichloracétone.

La dichloracétone s'unit à l'acide cyanhydrique; il se forme une cyanhydrine qui, par l'ébullition avec les acides, se convertit en un acide solide, fusible à 72°, l'acide dichloracétonique :

$$\underset{\text{CH}^2\text{Cl}}{\overset{\text{CH}^2\text{Cl}}{\text{C}}}\!\!\!\diagup\!\!\!\!\begin{array}{l}\text{OH}\\\text{CO}^2\text{H}\end{array}$$

En traitant le sel de sodium successivement par le cyanure de potassium et par l'acide chlorhydrique, les deux atomes de chlore sont remplacés par deux groupes CO^1H, et l'acide obtenu

$$\underset{\text{CH}^2\text{-CO}^2\text{H}}{\overset{\text{CH}^2\text{-CO}^2\text{H}}{\text{C}}}\!\!\!\diagup\!\!\!\!\begin{array}{l}\text{OH}\\\text{CO}^2\text{H}\end{array} = C^6H^8O^7$$

tribasique et tétratomique est identique avec l'acide citrique naturel. (E. Grimaux et P. Adam.)

Il y a trois séries de citrates; les citrates neutres sont ceux dont les trois atomes d'hydrogène basique sont remplacés par des métaux :

$$C^6H^5O^7Na^3 = C^3H^4\left\{\begin{array}{l}\text{CO}^2\text{Na}\\\text{CO}^2\text{Na}\\\text{CO}^2\text{Na}\\\text{OH}\end{array}\right.$$

Citrate trisodique.

On emploie en médecine :

Le *citrate de magnésie*, purgatif dont la saveur n'est pas désagréable, et qu'on obtient facilement en saturant de l'acide citrique par du carbonate de magnésie. La limonade solide, dite limonade Rogé, est un mélange d'acide citrique, de magnésie et de carbonate de magnésie qu'on introduit dans une bouteille d'eau, au moment d'en faire usage.

Le *citrate de fer et d'ammoniaque*. — On le prépare en faisant digérer dans une capsule de porcelaine l'acide citrique avec de l'hydrate ferrique, ajoutant de l'ammoniaque, filtrant, évaporant à consistance sirupeuse, et terminant la dessiccation à l'étuve : il est en paillettes brun rouge, brillantes.

Le *citrate de fer et de magnésie*. — Ce sel a l'avantage de ne pas amener la constipation que détermine souvent l'usage des ferrugineux. On dissout 45 parties d'hydrate ferrique récent dans une solution de 90 parties d'acide citrique, on finit de saturer par le carbonate de magnésie; on évapore, et on dessèche à l'étuve.

A l'acide citrique correspondent des éthers neutres, des éthers acides et un grand nombre de dérivés amidés.

170. Uréides des acides polybasiques. — Nous avons vu que les amides représentent des sels ammoniacaux qui ont perdu de l'eau et peuvent être considérés comme des corps résultant de la substitution de radicaux d'acides monobasiques ou polybasiques dans une ou plusieurs molécules d'ammoniaque.

$$(AzH^2)C^2H^3O \qquad\qquad Az^2H^2(C^2O^2)$$
Acétamide.   Oxamide.

De même il existe des corps qui représentent des sels d'urée qui ont perdu de l'eau ou qu'on peut considérer comme résultant du remplacement de l'hydrogène de une ou plusieurs molécules d'urée par des radicaux d'acides monobasiques ou polybasiques. Ces corps sont appelés uréides :

$$COAz^2H^3(C^2H^3O) \qquad\qquad COAz^2H^2(C^2O^2)$$
Uréide acétique.   Uréide oxalique.
(Acétylurée.)   (Oxalylurée.)

Les uréides provenant d'acides polybasiques sont les plus intéressantes, soit parce que les unes se trouvent dans l'organisme, soit parce qu'ils proviennent des transformations de l'acide urique, telles sont l'oxalylurée ou acide parabanique, la mésoxalylurée ou alloxane, la glyoxylurée ou *allantoïne*, etc.

171. Acide urique $C^5H^4Az^2O^3 + 2\ H^2O$. — L'acide urique à l'état libre ou combiné avec la soude, l'ammoniaque plus rarement, la potasse ou la chaux, se rencontre dans l'urine de l'homme, dans les calculs, dans les excréments des serpents, des oiseaux et des insectes. Les concrétions qu'on observe dans les articulations des goutteux sont formées d'urate de soude. Dans l'urine de l'homme, l'acide urique se trouve à l'état d'urate acide de soude; on y trouve aussi un peu d'urate d'ammoniaque et des traces d'urate de potasse. Les urates étant un peu solubles, on les rencontre dans les sédiments formés par les urines.

L'urine contient environ $0^{gr},598$ d'acide urique pour 100 grammes. Dans les maladies aiguës, la fièvre, la goutte, et sous l'influence d'une alimentation copieuse, la proportion des urates augmente et l'urine laisse déposer un sédiment plus abondant et coloré. L'acide urique diminue dans la chlorose, l'anémie.

L'acide urique fut découvert par Scheele; on le retire des excréments de serpent boa, ou plus avantageusement du guano. On fait bouillir du guano avec un lait de chaux tant qu'il se dégage de l'ammoniaque, puis on ajoute de la potasse, on fait bouillir de nouveau, on filtre. Le liquide filtré, légèrement coloré en jaune, renferme de l'urate neutre de potasse; on le précipite par l'acide chlorhydrique, on lave le précipité, on le fait bouillir avec de l'acide chlorhydrique concentré qui lui enlève des substances étrangères, on le lave, on le dissout de nouveau dans la potasse, et on le précipite une dernière fois par l'acide chlorhydrique.

L'acide urique se présente sous la forme de paillettes satinées, sans odeur, sans saveur. Il est presque insoluble dans l'eau, car il ne se dissout que dans 1500 parties d'eau froide; il est insoluble dans l'alcool et dans l'éther, soluble dans la potasse et dans la soude; l'acide chlorhydrique le précipite de ses solutions alcalines sous forme d'un précipité épais et gélatineux.

L'acide urique se comporte comme un acide bibasique; il donne deux séries de sels. Les urates sont presque insolubles dans l'eau, les urates neutres de potasse et de soude s'y dissolvent assez bien. Il faut remarquer que la constitution de l'acide urique nous est inconnue, mais que cependant il ne doit pas être comparé aux véritables acides organiques que nous avons décrits précédemment et renferment le groupe CO^2H. Ses propriétés acides sont moins marquées, il ne s'éthérifie pas avec les alcools et ne chasse que difficilement l'acide carbonique des carbonates alcalins.

La réaction caractéristique de l'acide urique et des urates est la coloration que lui donne l'action successive de l'acide azotique et de l'ammoniaque. Si l'on dissout l'acide urique ou les urates dans de l'acide azotique ordinaire, qu'on évapore à siccité la solution, on obtient un résidu qui prend une magnifique couleur pourpre par l'addition d'une goutte d'ammoniaque.

Pour doser l'acide urique de l'urine, on en évapore un poids connu à consistance de sirop, on épuise le résidu par l'alcool bouillant d'une densité de 0,93 et l'on traite la partie insoluble par de la potasse étendue qui la dissout. La solution potassique est précipitée à l'ébullition par l'acide acétique, et le précipité qui consiste en acide urique est lavé avec de l'eau acidulée d'acide acétique, séché et pesé.

La synthèse de l'acide urique a été réalisée par M. Horbacewski, qui l'a obtenue en fondant à feu nu l'amide de l'acide trichlorolactique avec de l'urée :

$$CCl^3\text{-}CH(OH)\text{-}CO\text{-}AzH^2 \quad + \quad 2COAz^2H^4 \quad =$$

Amide de l'acide trichlorolactique.   Urée.

$$C^5H^4Az^4O^3 \quad + \quad H^2O \quad + \quad 2HCl \quad + \quad AzH^4Cl$$

Acide urique.   Eau.   Acide chlorhydrique.   Chlorhydrate d'ammoniaque.

L'acide urique représente deux molécules d'urée $2(COAz^2H^4)$ unies à un acide $C^3O^4H^2$ avec perte de trois molécules d'eau.

172. On reconnaît les calculs formés par de l'acide urique ou des urates, en traitant une petite portion par de l'acide azotique concentré, évaporant à siccité et ajoutant une goutte d'ammoniaque, qui développe une couleur pourpre intense. Ceci fait, il s'agit de savoir si le calcul est formé d'acide urique ou d'urates, et, dans ce dernier cas, d'urates de quelles bases? On y arrive en ayant recours aux caractères suivants (Gerhardt) :

I. Le calcul ne laisse pas de résidu fixe à la calcination :

a. Additionné d'une solution de potasse, il ne dégage pas d'ammoniaque....................................... } *Acide urique.*

b. Additionné d'une solution de potasse, il dégage de l'ammoniaque..... .... } *Urate d'ammoniaque.*

II. Le calcul laisse un résidu fixe :

a. La matière fond au chalumeau.
Elle communique à la flamme une coloration jaune intense... } *Urate de soude.*

Elle ne colore pas la flamme en jaune; dissoute dans l'acide chlorhydrique, elle donne une liqueur qui précipite en jaune le chlorure de platine.......... } *Urate de potasse.*

b. La matière ne fond pas au chalumeau.

Le résidu provenant de la calcination est du carbonate de chaux. (Se dissout dans l'acide chlorhydrique avec effervescence et précipite en blanc par l'oxalate d'ammoniaque.)............................ } *Urate de chaux.*

Le résidu de la calcination se dissout avec une légère effervescence dans l'acide sulfurique dilué; la solution, neutralisée par l'ammoniaque, donne avec le phosphate de soude un précipité blanc........... } *Urate de magnésie.*

173. *Dérivés de l'acide urique.* — L'acide urique, soumis à l'action de l'acide azotique, donne deux dérivés différents. Si l'on dissout l'acide urique à froid dans l'acide azotique concentré, il se convertit en urée et en *alloxane* ou *mésoxalylurée* $C^4H^2Az^2O^4$.

$$C^5H^4Az^4O^3 + H^2O + O = COAz^2H^2(C^3O^3) + COAz^2H^4$$

Acide urique.　　　Eau.　　Oxygène.　　　Alloxane.　　　　Urée.

Si l'on soumet l'acide urique à l'action de l'acide azotique bouillant, l'oxydation va plus loin; l'alloxane, premier terme de la réaction, se convertit en *oxalylurée* ou *acide parabanique* $C^3H^2Az^2O^3$.

$$COAz^2H^2(C^3O^2) + O = COAz^2H^2(C^2O^2) + CO^2$$

Alloxane.　　　　　　Oxalylurée.　　　Acide
(Mésoxalylurée.)　　　　　　　　　carbonique.

Par l'action oxydante du peroxyde de plomb, l'acide urique se comporte autrement; il fournit de l'acide carbonique et de la *diuréide glyoxylique* ou *allantoïne* $C^4H^6Az^4O^3$:

$$C^5H^4Az^4O^3 + O + H^2O = C^4H^6Az^4O^3 + CO^2$$

Acide urique.　Oxygène.　Eau.　　Allantoïne.　　Acide
　　　　　　　　　　　　　　　　　　　　carbonique.

Ces intéressantes transformations de l'acide urique ont été découvertes par Liebig et Wöhler.

174. ALLOXANE (*mésoxalylurée*) $COAz^2H^2(C^3O^3)$. — Ce corps, pouvant se dédoubler par fixation de deux molécules d'eau en urée et en acide mésoxalique, est donc l'uréide mésoxalique :

$$COAz^2H^2(C^3O^3) \; + \; 2H^2O \; = \; C^3H^2O^3 \; + \; COAz^2H^4$$

Alloxane.   Eau.   Acide   Urée.
mésoxalique.

Obtenue par oxydation de l'acide urique au moyen de l'acide azotique à froid, elle cristallise par refroidissement de sa solution aqueuse en grands cristaux du système orthorhombique, concernant $4H^2O$. Par évaporation à chaud, elle cristallise en prismes du système clinorhombique ne renfermant qu'une molécule d'eau, qu'elle perd entre 150 et 160°.

Elle est très soluble dans l'eau et l'alcool. Sa solution aqueuse incolore, appliquée sur l'épiderme, le colore en pourpre au bout de quelque temps, en lui communiquant une odeur désagréable.

Liebig a rencontré de l'alloxane dans le mucus intestinal.

Par l'action du chlorure d'étain, l'alloxane fixe 2 atomes d'hydrogène et se convertit en un nouveau corps moins soluble, la *tartronylurée* ou acide *dialurique* $COAz^2H^2(C^3H^2O^3)$. L'acide dialurique peut lui-même s'unir à l'alloxane et fournir l'alloxantine $C^8H^4Az^4O^7$, qui cristallise en prismes obliques renfermant $3H^2O$. Par l'action des agents oxydants, l'alloxantine donne de l'alloxane; par l'action des réducteurs, elle fournit de la tartronylurée.

Lorsqu'on traite un mélange d'alloxane et d'alloxantine par le carbonate d'ammoniaque, on obtient la *murexide* ou *purpurate d'ammoniaque*, $C^8H^4(AzH^4)Az^5O^6$, qui est une magnifique matière colorante pourpre. La murexide cristallise en prismes quadrilatères d'un beau vert doré ; sa poudre est rouge, ses solutions sont pourpres. Peu soluble à froid dans l'eau, elle est insoluble dans l'alcool et dans l'éther. Elle donne avec un grand nombre de sels métalliques des précipités de purpurates insolubles, colorés. On n'a jamais pu isoler d'acide purpurique, car les purpurates, traités par un acide minéral, se décomposent profondément.

175. L'alloxantine, chauffée au bain-marie avec de l'acide sulfurique, fournit de la *malonylurée*, $COAz^2H^2$ $(C^3H^2O^2)$, appelée *acide barbiturique*. Par l'action des alcalis, elle fixe de l'eau et se dédouble en urée et acide malonique :

$$COAz^2H^2(C^3H^2O^2) \ + \ 2H^2O \ = \ C^3H^4O^4 \ + \ COAz^2H^2$$

<table>
<tr><td>Malonylurée.</td><td>Eau.</td><td>Acide
malonique.</td><td>Urée.</td></tr>
</table>

Traitée par le brome, elle donne un dérivé dibromé $COAz^2H^2(C^3Br^2O^2)$, qui par l'action de l'eau donne de l'alloxane $COAz^2(H^2C^3O^3)$. (Bœyer.) Quand on chauffe au bain-marie un mélange d'urée, d'acide malonique et d'oxychlorure de phosphore, on obtient de la malonylurée, avec laquelle on peut obtenir les dérivés de l'acide urique, dont la synthèse totale se trouve ainsi réalisée. (E. Grimaux.)

Les relations de ces corps sont données par les formules de constitution suivante :

<table>
<tr><td>CO -AzH
CH² CO
CO -AzH</td><td>CO   -AzH
CH,OH CO
CO   -AzH</td><td>CO-AzH
CO CO
CO-AzH</td></tr>
<tr><td>Malonylurée.</td><td>Tartronylurée.</td><td>Mésoxalylurée.</td></tr>
</table>

176. OXALYLURÉE (*acide parabanique*) $COAz^2H^2(C^2O^2)$. — On l'obtient en oxydant l'acide urique ou l'alloxane par l'acide azotique. Elle forme des prismes à six pans,

incolores, transparents, d'une saveur acide. Par l'action des alcalis, elle fixe les éléments de l'eau et se convertit en acide oxalurique $C^3H^4Az^2O^4$:

$$\begin{matrix} CO\text{-}AzH \\ CO\text{-}AzH \end{matrix}\!\Big\rangle CO \quad + \quad H^2O \quad = \quad \begin{matrix} CO^2H \\ CO\text{-}AzH\text{-}CO\text{-}AzH^2 \end{matrix}$$

Oxalylurée.　　　　　Eau.　　　　Acide oxalurique.

L'acide oxalurique est une poudre cristalline blanche, que l'ébullition avec les alcalis dédouble en acide oxalique et urée.

On trouve, dans quelques urines, de l'acide oxalurique à l'état d'oxalurate d'ammoniaque.

177. ALLANTOÏNE (*diuréide glyoxylique*) $C^4H^6Az^4O^3$. L'allantoïne est un principe cristallisé, découvert par Vauquelin et Buniva dans l'eau de l'amnios de la vache; elle se trouve également dans le liquide allantoïque et dans l'urine des jeunes veaux. Liebig et Whöler ont montré qu'elle se forme dans l'oxydation de l'acide urique par le peroxyde de plomb; on peut, pour réaliser cette transformation de l'acide urique, remplacer le peroxyde de plomb par le permanganate de potassium.

La synthèse de l'allantoïne a été réalisée au moyen de l'acide glyoxylique $C^2H^2O^3$. (Voy. § 142.) Il suffit de chauffer cet acide avec un excès d'urée à 100°; une molécule d'acide glyoxylique s'unit à deux molécules d'urée avec perte de 2 molécules d'eau. (E. Grimaux.)

$$C^2H^2O^3 \quad + \quad 2CO Az^2H^4 \quad = \quad C^4H^6Az^4O^3 \quad + \quad 2H^2O$$

Acide glyoxylique.　　　Urée.　　　Allantoïne.　　　Eau.

Cette synthèse indique la constitution de l'allantoïne, qui doit être représentée par la formule :

$$\begin{matrix} AzH^2\text{-}CO\text{-}AzH\text{-}CH\text{-}AzH \\ CO\text{-}AzH \end{matrix}\!\Big\rangle CO$$

Elle cristallise en prismes brillants, incolores, appartenant au système clinorhombique : très soluble dans l'eau bouillante, elle se dissout seulement dans 130 parties d'eau froide.

On peut rapprocher de l'acide urique, c'est-à-dire considérer comme des uréides, des corps dont la constitution n'est pas très connue, mais qui par oxydation peuvent donner des dérivés méthylés de l'alloxane, de même que l'acide urique fournit de l'alloxane ; ces corps sont la guanine, la xanthine, la théobromine et la caféine.

178. Guanine $C^5H^5Az^5O$. — Elle existe dans le guano ; c'est une poudre blanche, insoluble dans l'alcool et dans l'éther. Elle s'unit aux acides énergiques pour donner des sels cristallisés.

179. Xanthine $C^5H^4Az^4O^2$. — Ce corps, qui renferme un atome d'oxygène de moins que l'acide urique, se rencontre dans certains calculs urinaires et dans divers organes. Il se produit par l'action de l'acide azoteux sur la guanine. La xanthine se présente sous l'aspect d'une poudre blanche insoluble. On peut remplacer deux atomes d'hydrogène de la xanthine par des métaux.

180. Théobromine (*xanthine diméthylée*) $C^7H^8Az^2O^2$ $= C^5H^2Az^2O^2(CH^3)^2$. — La théobromine a été extraite du cacao (1842) par M. Woskerewski. M. Émile Fischer, en chauffant la xanthine plombique avec de l'iodure de méthyle, a obtenu la xanthine diméthylée et a montré qu'elle est identique avec la théobromine.

Ce corps se présente sous l'aspect d'une poudre cristalline. Il se comporte comme une base faible. Oxydé par le chlore, il donne de la méthylalloxane ou méthyl-mésoxalylurée $COAz^2H(CH^3,)C^2O^3$, ce qui le raproche des composés uriques. Il donne un dérivé argentique renfermant $C^7H^7Az^2O^2Ag$.

181. Caféine (*xanthine triméthylée*) $C^8H^{10}Az^3O^2 = C^5HAz^3O^2(C^4H^3)^3$. — La caféine est le principe cristallisable qu'on retire du café vert; découverte par Runge en 1820, elle est identique avec le corps désigné sous le nom de *théine* et retire du thé par Oudry en 1827.

Straker a montré que la théobromine argentique traitée par l'iodure de méthyle donne de la théobromine méthylée, et comme la théobromine est elle-même de la diméthylxanthine, la caféine est de la triméthylxanthine :

$$C^5H^4Az^4O^2$$
Xanthine.

$$C^5H^2Az^4O^2(CH^3)^2 = C^7H^8Az^4O^2$$
Xanthine diméthylée ou théobromine.

$$C^5HAz^4O^2(CH^3)^3 = C^8H^{10}Az^4O^2$$
Xanthine triméthylée ou caféine.

La caféine cristallise en magnifiques aiguilles blanches et soyeuses. Par oxydation elle fournit de la diméthylalloxane et de l'acide diméthylparabanique ou diméthyloxalylurée. Elle se comporte comme une base faible et donne des sels cristallisés.

La caféine est employée dans le traitement de la migraine et des maladies de cœur.

CHAPITRE XIV

ALCOOLS HEXATOMIQUES. — HYDRATES DE CARBONE

Mannite. — Dulcite. — Glucoses : glucose, lévulose, galactose — Saccharoses : sucre de canne, sucre de lait.

182. Alcools hexatomiques. — Les alcools hexatomiques renferment 6 groupes OH ; ils donnent des éthers neutres par la combinaison de leur molécule avec 6 molécules d'acide monobasique, et élimination de 6 molécules d'eau. Les seuls alcools hexatomiques connus sont isomères et de la formule $C^6H^{14}O^6$; ce sont la mannite et la dulcite.

A leur histoire se rattachent les glucoses, qui présentent un grand nombre d'isomères : les glucoses $C^6H^{12}O^6$ ne diffèrent de la mannite que par deux atomes d'hydrogène en moins ; ils peuvent être considérés comme des aldéhydes d'alcools hexatomiques ; par hydrogénation, les uns fournissent de la mannite, d'autres de la dulcite.

Le sucre de canne paraît être une combinaison de 2 molécules de glucoses isomères qui se sont unies en éliminant une molécule d'eau ; sous l'influence de certains réactifs ou de ferments, il s'assimile les éléments de l'eau et reproduit deux glucoses isomères.

L'amidon, la dextrine, la cellulose, se rattachent

également aux alcools hexatomiques; ces corps paraissent résulter de la condensation de plusieurs molécules de glucoses unies avec élimination d'un certain nombre de molécules d'eau. Tous seraient des sortes d'éthers, car les glucoses étant des aldéhydes d'alcools hexatomiques sont eux-mêmes encore alcools, et représentent une fonction mixte :

$$C^6H^8(OH)^6 \qquad\qquad C^6H^{12}O^6$$

Alcool hexatomique.   Glucose.
(Mannite, dulcite.)   (Alcool-aldéhyde.)

$$C^{12}H^{22}O^{11} = 2(C^6H^{12}O^6) - H^2O$$

Sucre de canne.   Glucose.   Eau.

$$nC^6H^{10}O^5 = nC^6H^{12}O^6 - nH^2O$$

Dextrine.   Glucose.   Eau.
Amidon.
Cellulose.

Les poids moléculaires de la dextrine, de l'amidon et de la cellulose sont différents, mais nous ne connaissons pas la valeur de n pour chacun d'eux. D'après les réactions, le poids moléculaire de la cellulose est le plus élevé, et celui de la dextrine le moins élevé.

Les glucoses et leurs dérivés présentent un grand nombre d'isomères. Jusqu'à présent, nous ne savons que peu de chose de la constitution de ces corps, la synthèse totale d'aucun d'eux n'ayant encore été opérée.

183. Mannite $C^6H^{14}O^6$. — Découverte par Proust en en 1806, la mannite, qui existe dans un grand nombre de végétaux, constitue la plus grande partie de la manne, suc concret sécrété par les *Fraxinus ornus* et *rotundifolia*, qui croissent dans presque toute l'Europe, mais ne fournissent de la manne qu'en Italie. C'est surtout de la Calabre et de la Sicile que provient la manne.

On fait fondre la manne dans la moitié de son poids d'eau additionnée d'un blanc d'œuf battu, on soumet à une ébullition de quelques minutes et l'on passe à travers une étoffe de laine. Le liquide se prend en masse par le refroidissement; on le soumet à une forte expression, on délaye le résidu dans son poids d'eau froide, et l'on exprime de nouveau; puis on dissout la mannite encore colorée dans une petite quantité d'eau bouillante, mélangée de noir animal; on filtre, et on concentre la liqueur : la mannite cristallise à l'état de pureté.

La manne en larmes donne 60 pour 100 environ de mannite cristallisée.

La mannite se produit par l'hydrogénation du glucose. A cet effet, le sucre de canne en solution est chauffé avec une petite quantité d'acide sulfurique qui le transforme en glucose; la solution est saturée par un alcali et additionnée d'amalgame de sodium. Au bout de quelques jours, on sature l'excès d'alcali par de l'acide sulfurique, on évapore à siccité, et l'on reprend le résidu par l'alcool bouillant pour en extraire la mannite. (Linnemann.)

La mannite cristallise en prismes rhomboïdaux droits, d'une saveur sucrée; elle est très soluble dans l'eau bouillante et dans l'alcool bouillant, insoluble dans l'éther. Sa solution n'agit pas sur la lumière polarisée. Elle fond à 166° en un liquide incolore; à 200°, une partie perd de l'eau et donne un anhydride, la mannitane $C^6H^{12}O^5$. Mêlée à une solution de sulfate de cuivre, la mannite empêche la précipitation de l'oxyde de cuivre par la potasse, et si l'on fait bouillir le mélange alcalin, il n'y a pas réduction de l'oxyde de cuivre, comme avec le glucose.

Lorsqu'une solution de mannite est soumise à l'influence oxydante du noir de platine, elle donne deux dérivés : une matière fermentescible sirupeuse appelée d'abord mannitose, et dont on a reconnu l'identité avec le lévulose, et un acide incristallisable, monobasique, l'acide mannitique $C^6H^{12}O^7$.

Traitée par l'acide azotique bouillant, la mannite remplace 4 atomes d'hydrogène par 2 d'oxygène et fournit l'*acide saccharique*, bibasique, $C^6H^{10}O^8$.

Ces corps dérivent de la mannite comme les aldéhydes et les acides dérivent des alcools :

$$C^6H^{14}O^6 \; + \; O \; = \; C^6H^{12}O^6 \; + \; H^2O$$

Mannite.   Oxygène.   Lévulose.   Eau.

$$C^6H^{14}O^6 \; + \; O^2 \; = \; C^6H^{12}O^7 \; + \; H^2O$$

Mannite.   Oxygène.   Acide mannitique.   Eau.

$$C^6H^{14}O^6 \; + \; O^4 \; = \; C^6H^{10}O^8 \; + \; 2H^2O$$

Mannite.   Oxygène.   Acide saccharique.   Eau.

L'acide saccharique est un acide bibasique, amorphe, déliquescent, mais dont les sels cristallisent; il prend aussi naissance dans l'oxydation du sucre de canne et du sucre de lait.

La mannite chauffée avec des acides donne des éthers analogues aux éthers de la glycérine; elle fonctionne comme alcool hexatomique. (Berthelot.) On connaît la mannite hexastéarique, la mannite hexanitrique.

$$C^6H^8(OH)^6 \; + \; 6(C^{18}H^{36}O^2) \; = \; C^6H^8(C^{18}H^{35}O^2)^6 \; + \; 6H^2O$$

Mannite.   Acide stéarique.   Mannite stéarique.   Eau.

$$C^6H^8(OH)^6 \; + \; 6(AzO^3H) \; = \; C^6H^8(AzO^3)^6 \; + \; 6H^2O$$

Mannite.   Acide azotique.   Mannite hexanitrique.   Eau.

184. La *mannite hexanitrique* s'obtient comme la nitroglycérine, en dissolvant la mannite dans un mé-

lange refroidi d'acide sulfurique et d'acide azotique, et ajoutant une grande quantité d'eau à la solution, lavant le précipité et le faisant cristalliser dans l'alcool. La nitro-mannite est en aiguilles blanches, soyeuses, fondant à 70°, se décomposant brusquement quand on la chauffe à 90°, et détonant violemment par le choc.

Outre ces éthers, on en a décrit un grand nombre dérivant de la combinaison d'une molécule de mannite avec 2, 3, 4 molécules d'acides monobasiques, et élimination de 2, 3 ou 4 molécules d'eau.

La solution de la mannite chauffée avec de l'acide oxalique se comporte comme la glycérine, et dédouble l'acide oxalique en acide carbonique et acide formique.

La mannite chauffée avec de l'acide iodhydrique concentré se réduit; son oxygène lui est enlevé à l'état d'eau, il se dépose de l'iode, et il se forme l'éther iodhydrique d'un alcool secondaire $C^6H^{14}O$, l'iodure d'hexyle ou iodhydrate d'hexylène :

$$C^6H^{14}O^6 \;+\; 11(HI) \;=\; C^6H^{13}I \;+\; 6H^2O \;+\; 10(I)$$

Mannite.   Acide iodhydrique.   Iodure d'hexyle.   Eau.   Iode.

185. Dulcite $C^6H^{14}O^6$. — La dulcite ou *mélampyrine*, isomère de la mannite, et comme elle alcool hexatomique, a été retirée du *Melampyrum nemorosum* (famille des Rhinanthacées) et d'une manne d'origine inconnue, provenant de Madagascar. Elle a la plupart des propriétés de la mannite; elle en diffère par son point de fusion, situé à 182°, et son produit d'oxydation, qui est l'*acide mucique*, isomère de l'acide saccharique $C^6H^{10}O^8$; l'acide mucique se forme aussi dans l'oxydation des gommes.

Le galactose, glucose obtenu par un dédoublement du sucre de lait (§ 166), soumis à l'action hydrogénante de l'amalgame de sodium, se comporte comme le glucose et fixe deux atomes d'hydrogène; mais, tandis que le glucose fournit de la mannite, le galactose se convertit en dulcite. (G. Bouchardat).

186. Perséite. — Ce corps, retiré par MM. Muntz et Marcano de la graine et du fruit d'un arbre des Antilles, l'avocatier (*Laurus Persea*), a été considéré d'abord comme un isomère de la mannite. Des recherches récentes de M. Maquenne ont montré qu'elle renferme $C^7H^{16}O^7$ et qu'elle constitue un alcool heptatomique. C'est le premier alcool heptatomique connu. La perséite est en cristaux blancs fusibles à 184°.

187. Glucoses. — Les glucoses, les sucres, les matières amylacées étaient désignés autrefois sous le nom d'*hydrates de charbon*. En effet, le nombre des atomes d'oxygène y est double de celui des atomes d'oxygène; ces corps représentent plusieurs molécules d'eau unies à plusieurs atomes de carbone : $C^6H^{12}O^6$, glucose; $C^{12}H^{22}O^{11}$, sucre de canne, etc.

Tous sont neutres, tous agissent sur la lumière polarisée, et dévient, soit à droite, soit à gauche le plan de polarisation.

Ces corps sont ou des aldéhydes d'alcools hexatomiques, ou des produits de condensation de ces aldéhydes; aussi fonctionnent-ils comme alcools polyatomiques et donnent-ils des éthers analogues à ceux de la mannite.

Sous le nom de *glucoses*, on réunit un certain nombre de substances sucrées, représentées par la formule $C^6H^{12}O^6$, et qui ont un ensemble de propriétés communes. Ces corps, au contact de la levure de bière, subissent immédiatement la fermentation alcoolique ; ils décomposent les solutions des sels cuivriques en présence des alcalis, en précipitant de l'oxyde rouge de cuivre. Les alcalis les altèrent à la température ordinaire, et surtout à 100°. Les corps principaux de cette série sont le glucose proprement dit ou sucre de raisin, le lévulose ou sucre incristallisable des fruits et le galactose provenant du suc de lait.

188. GLUCOSE ORDINAIRE. — Il existe dans les fruits, mélangé avec son isomère le lévulose; on le trouve dans l'urine des diabétiques et dans quelques autres liquides de l'économie animale, tels que le sang, la lymphe, l'œuf de poule, le liquide amniotique de la vache. Claude Bernard a démontré sa présence dans le foie; le sang de la veine hépatique en renferme constamment, tandis qu'il ne s'en trouve pas dans celui de la veine porte; ce fait prouve que le glucose prend naissance dans le foie lui-même; le foie de l'homme adulte renferme de 17 à 24 grammes de glucose. (Bernard.)

Lorsque le sucre de canne est soumis à l'ébullition avec des acides étendus, il se transforme en une matière sucrée qui est un mélange de glucose et de lévulose, et qu'on appelle *sucre interverti;* ce sucre interverti existe dans le miel et dans les fruits.

Le glucose se produit dans l'action de l'acide sulfurique étendu sur l'amidon et la cellulose.

La transformation de l'amidon en glucose est un phénomène d'hydratation et peut être représenté par l'équation :

$$n\mathrm{C^6H^{10}O^5} + n\mathrm{H^2O} = n\mathrm{C^6H^{12}O^6}$$

Amidon.   Eau.   Glucose.

Mais c'est là le terme final de la réaction. Dans une première phase, l'amidon donne simultanément deux corps, le *maltose* $C^{12}H^{22}O^{11}$ et la *dextrine* $C^6H^{10}O^5$, puis ces corps s'hydratent eux-mêmes pour se convertir en glucose :

$$C^{12}H^{22}O^{11} \quad + \quad H^2O \quad = \quad 2C^6H^{12}O^6$$

Maltose.   Eau.   Glucose.

La diastase [1], principe azoté qui se développe dans les grains d'orge germés, a aussi la propriété d'hydrater l'amidon et de le convertir en maltose et en dextrine, puis de transformer ces corps en glucose; une partie de la dextrine cependant résiste à l'action de la diastase. L'action de la diastase est si énergique qu'une partie transforme 2000 parties d'amidon en glucose et en dextrine.

Un grand nombre de substances cristallisées, comme la salicine, l'amygdaline, la phloridzine, en s'assimilant les éléments de l'eau, se dédoublent et fournissent, entre autres produits, du glucose $C^6H^{12}O^6$; les corps qui sont ainsi constitués sont appelés *glucosides*. Telle est la salicine, dont le dédoublement est représenté par l'équation :

$$C^{13}H^{18}O^7 \quad + \quad H^2O \quad = \quad C^7H^8O^2 \quad + \quad C^6H^{12}O^6$$

Salicine.   Eau.   Saligénine.   Glucose.

Cette transformation des glucosides se produit, soit par l'action à chaud des acides étendus, soit sous l'influence de ferments analogues à la diastase.

188 *bis*. On se procure du glucose en l'extrayant du miel, mélange de glucose et de lévulose. On délaye le

---

1. Pour préparer la diastase, on fait macérer dans l'eau les grains d'orge fermentés ou *malt* et on précipite par l'alcool absolu dans lequel la diastase est insoluble. Une température de 100° annihile l'action de la diastase sur l'amidon.

16.

miel dans un peu d'alcool froid qui dissout le lévulose; après avoir décanté la partie liquide, on exprime le résidu, on le lave une seconde fois avec de l'alcool froid, puis on dissout le glucose encore coloré, dans de l'eau bouillante additionnée de noir animal. Le glucose pur cristallise par refroidissement de la solution filtrée.

On extrait le glucose de l'urine des diabétiques, en concentrant l'urine dans une étuve jusqu'à consistance sirupeuse, ajoutant de l'alcool, et laissant cristalliser; on le purifie comme précédemment par lavage à l'alcool, expression et cristallisation dans l'eau chaude.

Industriellement on prépare le glucose par l'action des acides sur l'amidon; à un mélange d'eau et d'acide sulfurique chauffé par des jets de vapeur, on ajoute de la fécule délayée dans l'eau, et on maintient l'ébullition pendant une demi-heure ou trois quarts d'heure. Après ce laps de temps, la saccharification est d'ordinaire terminée; on reconnaît qu'elle est complète à ce que la liqueur ne bleuit plus par l'iode et ne précipite plus par l'alcool. On sature l'acide sulfurique par la craie, on passe à travers des toiles pour séparer le sulfate de chaux, et l'on évapore jusqu'à ce que le liquide marque 31 à 33° Baumé. Il se dépose, après une semaine environ, des cristaux mamelonnés de glucose qu'on égoutte et qu'on sèche (glucose granulé du commerce). En concentrant le sirop à 41° Baumé, les cristaux s'agglomèrent en une masse blanche et dure (glucose en masse).

Dans l'industrie, on prépare un sirop de glucose, appelé *sirop de blé*, en transformant l'amidon par la diastase. Au lieu de diastase pure, on se sert d'une infusion d'orge germée qu'on fait agir à 60° sur l'amidon. Le sirop de blé renferme une notable proportion de dextrine.

189. Le glucose cristallisé dans l'eau est en mamelons blancs, qui renferment une molécule d'eau $C^6H^{12}O^6 + H^2O$. Ils fondent au bain-marie et deviennent anhydres à 100°; le glucose se dépose sans eau de cristallisation de sa solution dans l'alcool absolu; il est alors cristallisé en aiguilles. A 170°, le glucose se détruit et donne du caramel. Il se dissout dans 1 partie 1/3 d'eau froide; il est soluble dans l'alcool ordinaire bouillant, insoluble dans l'éther.

Il agit sur la lumière polarisée; il est dextrogyre. Son pouvoir rotatoire moléculaire est égal à $+ 57°,6$.

Par une ébullition prolongée avec les acides minéraux étendus, il s'altère et se convertit en matières brunes et amorphes.

Chauffé en vase clos avec les acides acétique, benzoïque, stéarique, le glucose s'y combine comme le font les alcools polyatomiques, en donnant de l'eau et produisant des sortes d'éthers. Les bases alcalines et alcalino-terreuses le détruisent à l'ébullition, la liqueur devient jaune, puis brune, il se forme de l'acide lactique, entre autres produits.

Le chlorure de sodium et le glucose forment une combinaison cristallisée en prismes rhomboïdaux droits, se produisant par l'addition d'une solution de chlorure de sodium à une solution concentrée de glucose.

Mis en contact avec des matières animales putréfiées, comme du vieux fromage, le glucose subit d'abord la fermentation lactique, et ultérieurement se transforme en acide butyrique.

Lorsqu'à une solution de sulfate, d'acétate ou de

tartrate de cuivre [1] on ajoute un excès de glucose, le sel ne précipite plus d'oxyde de cuivre par l'addition de la potasse; mais si l'on fait bouillir le mélange, il commence par verdir, puis il se décolore et dépose un précipité rouge d'oxyde cuivreux; c'est le glucose qui, sous l'influence de la potasse, s'est oxydé aux dépens de l'oxyde cuivrique et l'a fait passer à l'état d'oxyde cuivreux. Cette réaction est une des plus employées pour la constatation et le dosage du glucose.

L'action réductrice du glucose s'effectue sur d'autres corps, comme l'oxyde de bismuth, le bichlorure d'étain, etc., qui sont aussi usités pour déceler le glucose dans les liquides où sa présence est soupçonnée.

190. *Recherche et dosage de glucose.* — C'est surtout dans les urines où le glucose apparaît souvent en quantités notables, comme chez les diabétiques, qu'il importe au médecin de le reconnaître et de le doser.

Plusieurs procédés qu'il est bon de contrôler les uns par les autres permettent d'arriver à ce résultat. On reconnaît le glucose par divers procédés :

1° On ajoute à 4 ou 5 centimètres cubes d'urine quelques gouttes d'une solution de tartrate cupro-potassique (liqueur de Fehling ou de Barreswill), et l'on porte le mélange à l'ébullition. La liqueur bleue se décolore en partie ou en totalité, tandis qu'il se sépare de l'oxyde cuivreux jaune ou rouge. Nous verrons plus loin que cette même liqueur, dont nous donnerons la préparation, sert aussi à doser le glucose.

2° On ajoute à de l'urine son volume d'une solution de carbonate de soude (1 partie de carbonate solide pour 3 parties d'eau), puis une pincée de sous-nitrate de bismuth et l'on fait bouillir. La coloration en noir

---

1. L'azotate de cuivre n'est pas réduit.

ou en gris qui se produit sur le sel de bismuth indique la présence du sucre de diabète. Ce procédé est très sensible et très pratique.

3° L'urine étant introduite dans un tube d'essai, et additionnée de son volume de potasse caustique, on chauffe à l'ébullition. La coloration jaune, puis brune du mélange, est l'indice de la présence du glucose. Bouchardat préfère la chaux éteinte à la potasse; à 50 grammes d'urine, il ajoute 2 grammes de chaux et fait bouillir. Quand l'urine renferme du glucose, elle prend une couleur caramel d'autant plus foncée que la proportion de sucre est plus forte. On doit bien s'assurer avant d'employer la chaux qu'elle ne s'était pas transformée en carbonate.

4° Un procédé plus long, mais dont la certitude ne laisse rien à désirer, consiste à soumettre l'urine glucosique à la fermentation alcoolique. Dans un petit tube d'essai plein de mercure et renversé sur la cuve à mercure, on introduit, à l'aide d'une pipette recourbée, l'urine suspecte mélangée de levure de bière récemment lavée. On abandonne le tout pendant 2 jours à une température de 25 à 30° centigrades. Si l'urine renferme du sucre, celui-ci fournit de l'alcool, et de l'acide carbonique qui s'accumule à la partie supérieure du tube et dont on constate la nature en y faisant arriver, à l'aide de la pipette, un peu de potasse caustique qui absorbe tout le gaz.

Les réactions précédentes permettent de constater la présence du glucose dans une urine; voyons maintenant comment on arrive à le doser.

191. On peut, à cet effet, avoir recours, soit à la fermentation alcoolique, soit à une solution titrée de tartrate cupro-potassique.

On sait qu'une molécule de glucose $C^6H^{12}O^6$ donne,

par la fermentation alcoolique, deux molécules d'acide
carbonique CO_2; par conséque n t, si l'on connaît la
quantité d'acide carbonique fournie par un poids donné
d'urine glucosique abandonnée à la fermentation, on
saura la proportion de glucose contenue dans cette
urine. Pour le dosage du glucose par fermentation, on
se sert d'un petit matras (fig. 6) fermé par un bouchon

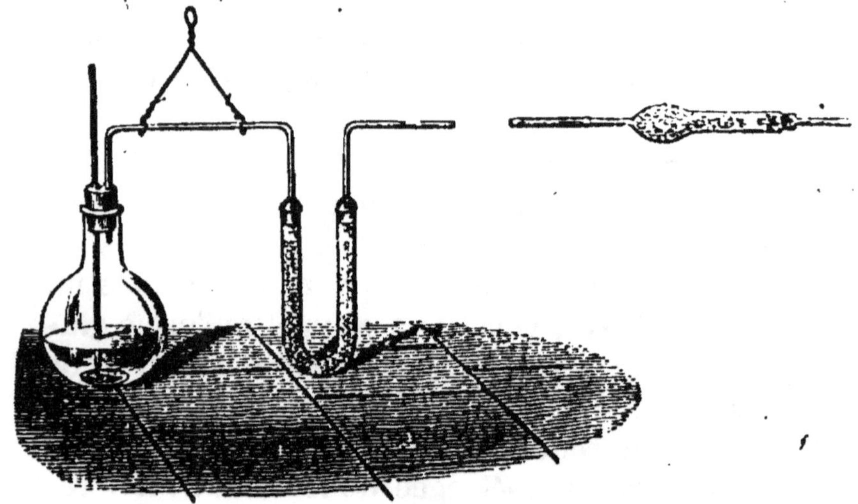

Fig. 6. — Dosage du glucose par fermentation.

percé de deux trous; dans l'un est introduit un tube
vertical, descendant jusqu'au-dessous du niveau du
liquide; dans l'autre se fixe un tube en U plein de
ponce sulfurique. Dans le ballon on verse 30 ou 40
centimètres cubes d'urine avec un peu de levure de
bière et on pèse le ballon, après quoi on ferme le tube
vertical avec un caoutchouc dans lequel on introduit
un bout de baguette de verre. Au tube à ponce sulfurique s'adapte un tube horizontal plein de chlorure de
calcium, et destiné à empêcher l'accès de l'humidité
dans l'appareil. Le tout est abandonné pendant vingt-
quatre à quarante-huit heures dans un endroit chaud,
jusqu'à ce que le dégagement de gaz carbonique ait

cessé ; on débouche ensuite le tube vertical, on y fait passer un courant d'air sec pour balayer tout l'acide carbonique, puis on enlève le tube à chlorure de calcium, et l'on pèse de nouveau le ballon. La différence de poids indique le poids d'acide carbonique dégagé, d'où l'on déduit le poids de glucose qui a fermenté, et qui était contenu dans les 30 ou 40 centimètres cubes de l'urine analysée.

On a rarement recours à ce procédé, qui est très exact, mais trop long pour les essais cliniques ; on se sert d'ordinaire de la solution cupro-potassique, appelée liqueur de Fehling ou de Barreswill, et titrée de telle sorte que 10 centimètres cubes sont réduits par 5 centigrammes de glucose supposé anhydre $C^6H^{12}O^6$ [1].

Pour doser le sucre dans une urine, à l'aide de la liqueur de Fehling, on mesure 10 centimètres cubes de celle-ci, on les étend de 40 centimètres cubes d'eau distillée environ, et l'on chauffe, dans un petit ballon, à une température voisine de l'ébullition. A l'aide d'une burette graduée, on ajoute, goutte à goutte, l'urine suspecte dont on a pris 10 centimètres cubes étendus de 10 fois leur volume d'eau. Lorsque le précipité a pris une coloration rouge intense, et que la liqueur elle-même est devenue incolore, c'est qu'on a ajouté une quantité d'urine contenant 5 centigrammes de glucose ; lisant alors sur la burette graduée le nombre de centimètres d'urine employés, on calcule la richesse de celle-ci en sucre de diabète [1].

1. *Liqueur cupro-potassique.* On dissout dans 160 grammes d'eau distillée 40 grammes de sulfate de cuivre pur cristallisé, on ajoute à cette solution 600 à 700 grammes de lessive de soude caustique d'une densité de 1,2 et 160 grammes de tartrate de potasse et de soude (sel de Seignette) dissous dans l'eau ; on étend d'un volume d'eau distillée suffisant pour que le tout

Quand on a constaté la présence du glucose dans une urine, on peut déterminer approximativement la quantité qui en est excrétée dans les vingt-quatre heures, en connaissant et la densité de l'urine et le nombre de litres émis dans le même laps de temps. (Bouchardat.)

On y arrive en multipliant par 2 les chiffres supérieurs à 1000 indiqués par le densimètre. Soit une urine d'une densité de 1,036 à 15° centigrades dont il a été émis quatre litres en vingt-quatre heures; on a $36 \times 2 \times 4 = 288$ gr.; les quatre litres renferment donc 288 grammes de sucre, soit 72 grammes par litre. On doit tenir compte de la température du liquide quand on en détermine la densité [1].

D'après Bouchardat, ce mode opératoire donne des approximations suffisantes pour la clinique. Toutes les urines d'une densité supérieure à 1,040 renferment du sucre.

192. Lévulose $C^6H^{12}O^6$. Le lévulose ou sucre incristallisable des fruits existe dans le miel et dans les fruits sucrés. Lorsque le sucre de canne est chauffé avec des acides étendus, il s'assimile une molécule d'eau et

occupe 1154,4 centimètres cubes. 10 centimètres cubes de cette solution sont décolorés entièrement par 5 centigrammes de glucose.

Si la liqueur de Fehling doit être conservée longtemps, il est essentiel de ne pas la garder dans un flacon en vidange, car elle s'altérerait au contact de l'air. Il vaut mieux en remplir des petits flacons de 30 à 60 grammes soigneusement bouchés et placés dans un endroit frais.

1. La densité de l'urine se prend à l'aide d'un aréomètre indiquant les densités des liquides de 1000 à 1050 à la température de 15 degrés centigrades et dont chaque degré est divisé en dixièmes. Le point d'affleurement qui est 1000 dans l'eau distillée indique, pour chaque urine, sa densité relativement à l'eau. Comme les indications ne sont exactes qu'à 15° centigrades, on doit toujours prendre la température de l'urine au moyen du thermomètre et corriger le degré sur l'aréomètre. Bouchardat a

se transforme en un mélange d'une molécule de lévulose et d'une molécule de glucose, constituant ce qu'on
appelle le *sucre interverti*. Pour en extraire le lévulose
on triture le sucre interverti avec dix fois son poids
d'eau, et la moitié de son poids de chaux éteinte. La
masse pâteuse renferme du glucosate du chaux liquide
et du lévulosate de chaux solide; on l'exprime fortement dans des toiles, on délaye le lévulosate dans l'eau
froide en on le décompose par l'acide sulfurique étendu
(Dubrunfaut).

Le lévulose se forme seul dans l'hydratation de l'inuline par les acides étendus.

Le lévulose est lévogyre, et constitue un sirop incristallisable. M. Jungfleisch et Lefranc ont obtenu du
lévulose cristallisé au moyen de l'inuline, mais il paraît
que ces cristaux sont une combinaison de lévulose et

donné les tables de correction suivantes pour la densité des
urines sucrées.

RETRANCHER DU DEGRÉ OBTENU.		AJOUTER AU DEGRÉ OBTENU.	
Température.		Température.	
0	1.3	15	0.0
1	1.3	16	0.2
2	1.3	17	0.4
3	1.3	18	0.6
4	1.3	19	0.8
5	1.3	20	1.0
6	1.2	21	1.2
7	1.1	22	1.4
8	1.0	23	1.6
9	0.9	24	1.9
10	0.8	25	2.2
11	0.7	26	2.5
12	0.0	27	2.8
13	0.4	28	3.1
14	0.2	29	3.4
15	0.0	30	3.7
		31	4.0
		32	4.3
		33	4.7
		34	5.1
		35	5.5

d'alcool. Le lévulose fermente sous l'influence des levures alcooliques, mais moins rapidement que le glucose.

193. Galactose $C^6H^{12}O^6$. — Ce glucose se forme en même temps que du glucose ordinaire, dans l'action des acides étendus sur le lactose ou sucre de lait $C^{12}H^{22}O^{11}$. Il est en mamelon formés d'aiguilles microscopiques, très solubles dans l'eau. Il se rapproche du glucose par l'ensemble de ses propriétés, mais il en diffère par deux réactions : avec les agents d'oxydation, il donne de l'acide mucique et non de l'acide saccharique; traité par l'amalgame de sodium, il fixe de l'hydrogène pour donner de la dulcite, tandis que le glucose ordinaire donne de la mannite.

194. On a rapproché des glucoses plusieurs substances de même composition qui ne subissent pas la fermentation alcoolique; ce sont :

La *sorbine* $C^6H^{12}O^6$, en gros cristaux incolores, sucrés, retirée du jus de sorbier;

L'*inosite* $C^6H^{12}O^6+2H^2O$, très répandue dans l'organisme; on la trouve dans les poumons, les reins, le liquide musculaire; elle est identique avec la matière cristallisée trouvée dans les haricots verts, et appelée *phaséomannite*.

Elle est en prismes incolores qui s'effleurissent à l'air sec, et perdent complètement leurs 2 molécules d'eau de cristallisation à 100°. Elle n'agit pas sur la lumière polarisée, elle ne fermente pas, elle ne réduit pas la liqueur cupro-potassique.

M. Maquenne dans un travail récent a montré que l'*inosite* appartient à la série de la benzine, et diffère complètement des sucres : dans diverses réactions elle se transforme en dérivés de la benzine.

195. Saccharoses ou sucres. — Les saccharoses ou

sucres proprement dits ont pour formule $C^{12}H^{22}O^{11}$; ils représentent deux molécules de glucoses isomères, combinées avec élimination d'une molécule d'eau.

Ils ne fermentent pas directement, mais sous l'influence d'un ferment inversif sécrété par la levure de bière, ils se dédoublent d'abord en glucoses, et ce sont ceux-ci qui subissent la fermentation alcoolique.

196. SUCRE DE CANNE. — Il existe non seulement dans les tiges de la canne à sucre, mais aussi dans la tige du sorgho, dans la betterave, dans la sève de l'érable et du bouleau, et en petite quantité dans un grand nombre de fruits. On l'extrait de la canne à sucre, de la racine de betterave, et dans quelques contrées de l'Amérique du Nord, de la sève d'érable.

Longtemps considéré comme médicament, il est entré dans la consommation depuis moins de deux siècles.

L'extraction du sucre, soit de la canne, soit de la betterave, constitue des industries importantes, que nous ne pouvons que signaler.

La canne à sucre renferme jusqu'à 18 pour 100 de sucre cristallisable ; les procédés d'extraction ne permettent d'en retirer que 5 à 6 pour 100. Les cannes sont écrasées, et le jus sucré est chauffé avec quelques centièmes de son poids de chaux, qui se combine avec les matières albuminoïdes et se sépare avec elles sous forme d'écumes ; les écumes étant enlevées, on concentre le jus jusqu'à consistance sirupeuse, et on l'abandonne pendant vingt-quatre heures. Il se prend en une masse brun jaune de sucre brut ou cassonade, que l'on égoutte pour en faire écouler les portions incristallisables ou mélasses. La concentration est une cause d'altération du sucre, qui par une température élevée se transforme en sucre incristallisable ou mélasse : aussi, dans la plupart des usines, la concentration des jus sucrés s'opère dans le vide, de telle sorte que l'évaporation est plus rapide et a lieu à une plus basse température.

On raffine le sucre brut ou cassonade en chauffant sa solution avec du noir animal et du sérum de sang de bœuf, c'est-à-dire de l'albumine. Celle-ci se coagule par l'action de la chaleur, emprisonne les substances étrangères en suspension dans le liquide, tandis que le noir animal retient les matières colorantes et salines.

La France produit par an 150 millions de kilogrammes de sucre, et ses colonies 110 millions environ ; on estime que la production annuelle dans le monde entier s'élève à 2 milliards 500 millions de kilogrammes.

Lorsque les solutions de sucre sont concentrées jusqu'à 37° de l'aréomètre de Baumé, et abandonnées pendant une quinzaine de jours à une température de 30°, le sucre se sépare en cristaux volumineux ; il est alors appelé sucre candi. Le sucre candi est formé de prismes rhomboïdaux obliques, durs, anhydres, d'une densité de 1,606, incolores et inodores. Le sucre en pains est constitué par une agglomération de petits cristaux opaques.

Le sucre est dextrogyre ; son pouvoir rotatoire moléculaire est égal à $+ 75°,8$.

Il se dissout facilement dans l'eau ; ses solutions deviennent sirupeuses avant de cristalliser. Le sirop simple, base de tous les sirops médicamenteux, est une solution de sucre dans moitié de son poids d'eau ; froid, il marque 37° à l'aréomètre de Baumé ; il entre en ébullition à 105°.

Insoluble dans l'éther, le sucre se dissout à l'ébullition dans 4 fois son poids d'alcool à 85°. Chauffé à 160°, il fond, et par le refroidissement se prend en une masse amorphe et vitreuse ; ainsi fondu et diversement aromatisé, il constitue le sucre d'orge ou de pomme. Maintenu à cette température de 160°, il se transforme en un mélange de glucose et de lévulosane :

$$C^{12}H^{22}O^{11} = C^6H^{12}O^6 + C^6H^{10}O^5$$

Sucre de canne.   Glucose.   Lévulosane.

La lévulosane est un anhydride de la lévulose, qu'elle régénère par l'ébullition avec les acides étendus. A une température plus élevée, le sucre noircit et se caramélise.

Lorsqu'on fait bouillir le sucre de canne avec des acides étendus, il absorbe les éléments d'une molécule d'eau, et se convertit en un mélange de glucose et de lévulose, mélange appelé sucre interverti :

$$C^{12}H^{22}O^{11} + H^2O = C^6H^{12}O^6 + C^6H^{12}O^6$$

Sucre de canne.   Eau.   Glu ose.   Lévulose.

En prolongeant l'ébullition avec les acides, les glucoses isomères passent à l'état de matières noires, incristallisables.

L'acide sulfurique charbonne rapidement le sucre de canne ; l'acide azotique concentré le transforme en acide oxalique, de là le nom d'acide du sucre donné par Bergmann à l'acide oxalique.

Le mélange oxydant de peroxyde de manganèse et d'acide sulfurique détruit le sucre avec production d'acide formique.

La levure de bière agit sur le sucre de canne, comme le font les acides étendus, et par son ferment inversif le transforme en glucose et en lévulose qui subissent ensuite la fermentation alcoolique.

Le sucre se combine avec les alcalis; on connaît plusieurs sucrates de baryte et de chaux. La chaux en excès dissout une grande quantité de sucre; le liquide incolore fortement alcalin est une solution de sucrate de chaux, qui, à l'ébullition, se prend en une masse blanche ressemblant à l'empois, et devient de nouveau limpide par le refroidissement; le sucrate de chaux, soluble dans l'eau froide, devient insoluble à l'ébullition.

197. Le sucre, étant formé par la combinaison de deux corps (glucoses) qui sont tout à la fois aldéhydes et alcools polyatomiques, joue lui-même le rôle d'un alcool polyatomique. On connaît des combinaisons de sucre et d'acides avec élimination d'eau, qui sont des sortes d'éthers. L'un de ces éthers, *sucre tétranitrique*, *éther tétranitré du sucre*, analogue à la mannite hexanitrique, détone avec violence par le choc; c'est une masse amorphe qu'on obtient en dissolvant le sucre dans un mélange d'acide sulfurique et d'acide azotique à $0°$, et précipitant la solution par l'eau.

Le sucre de canne ne réduit pas à l'ébullition la solution de tartrate cupro-potassique; on peut reconnaître par l'emploi de cette solution la présence du glucose dans les sirops de sucre de canne. Lorsqu'on veut doser le sucre, on fait bouillir celui-ci pendant quelques minutes avec de l'acide sulfurique dilué qui le transforme en un mélange de glucose et de lévulose, et l'on dose ceux-ci par la liqueur cupro-potassique. On sait que deux molécules $C^6H^{12}O^6$ correspondent à une molécule de sucre de canne $C^{12}H^{22}O^{11}$, ou en d'autres termes, que 10 centimètres cubes de liqueur de Fehling réduits par le sucre de canne après son interversion représentent 5 centigrammes de glucose, c'est-à-dire 47 milligrammes de sucre de canne.

Si le jus sucré renferme un mélange de glucose et

de sucre de canne, on commence par doser le glucose libre avec la liqueur cupro-potassique, puis on chauffe avec un peu d'acide sulfurique dilué. On dose tout le glucose du mélange avec la solution cupro-alcaline, et du chiffre obtenu on retranche celui qu'on avait obtenu d'abord en dosant le glucose libre ; la différence représente le glucose provenant de l'interversion du sucre de canne.

198. LACTOSE (*lactine, sucre de lait*) $C^{12}H^{22}O^{11}+H^{2}O$. — Le lactose constitue la matière sucrée du lait. Pour l'obtenir, on évapore le petit-lait, et l'on purifie le lactose brut par une cristallisation dans l'eau bouillante avec un peu de noir animal [1]. Le lactose a la même composition que le sucre de canne, mais il renferme une molécule d'eau de cristallisation qu'il perd à 120°.

Le sucre de lait se présente sous la forme de prismes rhomboïdaux droits, terminés par des pointements octaédriques ; ces cristaux sont incolores, durs, craquant sous la dent, solubles dans six parties d'eau froide et dans deux parties d'eau bouillante, insolubles dans l'alcool et dans l'éther.

Bouilli avec un acide minéral étendu, il s'hydrate et se dédouble en donnant un glucose spécial, le galactose, qui, par hydrogénation, donne de la dulcite, et un autre glucose qui fournit de la mannite en s'hydrogénant. Traité par l'acide azotique, il donne un mélange d'acide mucique et d'acide saccharique, tandis que le sucre de canne ne donne que de l'acide saccharique.

Le sucre de lait ne subit la fermentation alcoolique que difficilement, et en présence d'un grand excès de levure de bière. Dans le lait, sous l'influence du ca-

______
1. 1 kilogramme de lait fournit environ 57 grammes de lactose.

séum, il donne de l'acide lactique. Quand la liqueur est devenue acide, la fermentation lactique s'arrête (le ferment qui lui est propre ne se développant que dans des liqueurs neutres). L'acide lactique produit réagit sur le sucre de lait, et le dédouble en galactose et en glucose, qui alors se transforment en alcool et en acide carbonique : c'est sur cette métamorphose du sucre de lait qu'est fondée la préparation des boissons alcooliques que certaines peuplades des steppes de la Russie se procurent avec le lait de leurs juments.

Le sucre de lait réduit les solutions cupro-alcalines; son pouvoir réducteur est moindre que celui du glucose.

199. — Les autres saccharoses sont :

Le *mélitose, gossypose* ou *raffinose* $C^{18}H^{22}O^{16},5H^2O$, a été découvert par M. Berthelot, dans une manne fournie par divers *Eucalyptus* de la Terre de Van Diemen. Le même corps a été découvert dans les mélasses de betteraves par Loiseau et décrit sous le nom de *raffinose;* Schebler a démontré son identité avec un sucre, le *gossypose* extrait par Ritthausen des graines du cotonnier, et M. Tollens a fait voir que le raffinose est identique avec le mélitose de M. Berthelot.

Le mélitose cristallise avec 5 molécules d'eau; il est dextrogyre. Par l'ébullition avec l'acide sulfurique étendu, il donne un mélange de glucose et de lévulose. Il ne réduit pas la liqueur cupro-potassique.

Le *mélézitose* $C^{12}H^{22}O^{11}+3H^2O$ est extrait de la manne de Briançon; il est en petits cristaux s'effleurissant à l'air, fondant à 140°, et se dédoublant par les acides étendus en deux molécules de glucose. (Berthelot.)

Le *tréhalose* ou *mycose* $C^{12}H^{22}O^{11}+2H^2O$, qui se transforme également en glucose par les acides étendus, et se présente en cristaux brillants solubles dans l'alcool et dans l'eau, renfermant 2 molécules d'eau de cristallisation. On l'a extrait du seigle ergoté et d'une manne d'Orient appelée *tréhala*.

Le *maltose* $C^{12}H^{22}O^{11} + H^2O$ est le premier produit de l'action de la diastase sur l'amidon.

Il est formé d'aiguilles blanches et dures, devenant anhydres à 100°; il réduit la liqueur cupro-potassique. Les acides étendus le transforment en glucose ordinaire. (Dubrunfaut.)

CHAPITRE XV

HYDRATES DE CARBONE

Matières amylacées : Amidon, Inuline, Glycogène. — Dextrine. — Cellulose.

200. Les matières amylacées sont des hydrates de carbone qui paraissent résulter de la condensation de n molécules de glucose avec élimination de n molécules d'eau. Sous diverses influences, elles reprennent les éléments de l'eau et régénèrent un glucose.

201. Amidon $nC^6H^{10}O^5$. — Il se rencontre en abondance dans le règne végétal; on le trouve dans les graines des céréales, des légumineuses, les fruits du châtaignier, les tubercules de pommes de terre, les bulbes de Liliacées, etc. On a signalé sa présence dans l'organisme animal, dans la rate, les reins, l'épithélium de l'amnios et du placenta.

On l'extrait ordinairement des céréales ou des pommes de terre; on désigne plus spécialement sous le nom de *fécule* l'amidon de la pomme de terre.

L'amidon des céréales peut en être isolé par la fermentation. Le blé concassé étant abandonné avec cinq ou six fois son volume d'eau, et 12 à 15 centièmes d'une eau acide provenant d'une opération antérieure, il se développe une fermentation qui dure suivant la saison de 4 à 30 jours, et par laquelle tout le gluten du blé est détruit ; l'amidon qui n'a éprouvé aucune altération se dépose au fond des cuves où l'on a opéré. Cette fabrication, pendant laquelle se forment des acides lactique, acétique, carbonique, du carbonate d'ammoniaque, et d'autres produits d'odeur désagréable, est très insalubre ; en outre, elle a le désavantage de détruire le gluten de la farine. Elle tend de plus en plus à être délaissée.

Le procédé mécanique d'extraction de l'amidon n'offre pas de tels inconvénients ; il consiste à faire une pâte avec deux parties de farine et une partie d'eau, et à laver avec un filet d'eau sur une toile métallique. Le gluten reste sur une toile, et l'amidon passant à travers les mailles se dépose au fond de l'eau ; on le recueille, on l'abandonne pendant vingt-quatre heures à la fermentation pour le débarrasser de quelques traces de gluten mécaniquement entraînées, puis on le lave, on l'égoutte et on le dessèche d'abord à l'air, ensuite à l'étuve. Par la dessiccation, les pains d'amidon éprouvent un retrait et se fendent en prismes irréguliers qui lui ont fait donner le nom d'*amidon en aiguilles*. Cette apparence est exigée par le commerce ; elle est l'indice de la pureté de l'amidon et de son origine, car elle ne se présente qu'avec l'amidon extrait des céréales, et non avec celui de la pomme de terre.

On extrait la fécule, matière amylacée des pommes de terre, en réduisant les tubercules en pulpe au moyen de la râpe et agitant la pulpe sur une succession de tamis, où elle est soumise à l'action continue de nombreux filets d'eau ; la fécule est entraînée à travers les mailles des tamis, et se rend dans des bassins où elle se dépose.

La matière amylacée est constituée par des grains blancs, brillants, arrondis ou ovales, plus ou moins réguliers, d'une dimension variable : les grains de la fécule ont un diamètre de 185 millièmes de millimètre, tandis que les grains d'amidon du blé n'ont qu'un diamètre de 50 millièmes de millimètre.

Les grains de matière amylacée sont formés de petits

Fig. 7. — Grain d'amidon gonflé.

sacs concentriques, emboîtés les uns dans les autres, et se terminant par une petite ouverture appelée *hile*. Ils s'accroissent par formation de couches nouvelles au centre du grain ; aussi les couches extérieures, étant les plus anciennes, sont les plus denses. Lorsque l'amidon préalablement desséché à 100° est humecté d'eau, il crève et les couches déchirées s'ouvrent et se séparent comme on le voit dans la figure 7.

L'amidon des céréales se présente sous la forme de prismes irréguliers, comme nous l'avons dit plus haut. Celui de la pomme de terre ou fécule est une poudre blanche, craquant sous le doigt.

L'amidon est inodore, insipide, insoluble dans l'eau, l'alcool et l'éther. Sec, il est inaltérable à l'air. Séché dans le vide, à 100°, il renferme $n\mathrm{C^6H^{10}O^5}$, et attire vivement l'humidité de l'air. La fécule du commerce, dite fécule sèche, renferme 18 pour 100 d'eau.

Trituré dans un mortier avec de l'eau, et jeté sur un filtre, il donne un liquide qui bleuit par l'iode, mais ce n'est pas là une véritable solution ; l'amidon n'y existe qu'à l'état de débris en suspension, tellement fins qu'ils passent à travers le filtre, et qui sont fournis par les couches centrales du grain plus ténues que les couches extérieures. Chauffé entre 75° et 100° avec 12 ou 15 parties d'eau, il se prend en une masse gélatineuse, qui n'est autre que l'empois. Si on le chauffe avec une grande quantité d'eau, il se désagrége et donne un liquide trouble, appelé improprement solution d'amidon.

L'amidon et l'empois se colorent en bleu intense par l'iode. La solution d'amidon bleuie perd sa couleur à l'ébullition, et la reprend en se refroidissant, si l'ébullition n'a pas été trop prolongée. La liqueur bleue est précipitée par le chlorure de calcium en flocons bleu foncé. C'est ce qu'on nomme à tort iodure d'amidon, car il n'y a pas là une combinaison définie. L'iodure d'amidon, après avoir été un médicament fort en vogue pour l'administration de l'iode, est à peu près délaissé aujourd'hui.

202. Les métamorphoses les plus importantes de l'amidon sont celles qu'il subit sous l'influence de la chaleur, de la diatase et des acides étendus : il fixe de l'eau et se dédouble en maltose $C^{12}H^{22}O^{11}$ et en dextrine $nC^6H^{10}O^5$; le maltose elle-même se transforme rapidement en glucose :

$$C^{12}H^{22}O^{11} \quad + \quad 2H^2O \quad = \quad 2C^6H^{12}O^6$$

Maltose.   Eau.   Glucose.

de telle sorte que pendant longtemps la formation du maltose a été méconnue.

Avec les acides étendus, quand leur action est prolongée, la dextrine elle-même se transforme en glucose en absorbant de l'eau.

Chauffée pendant vingt-quatre heures à 100°, la matière amylacée passe en partie à l'état d'amidon soluble; à 210°, elle se transforme en dextrine. Ainsi préparée, la dextrine est désignée sous le nom de *léiocome* ou *fécule grillée*. (Voy. plus loin *Dextrine*.)

Si la fécule est humectée d'eau acidulée d'acide azotique et chauffée à 100-120°, elle se convertit de même en dextrine ; mais si l'on ajoute une plus grande quantité d'eau acidulée et qu'on porte à l'ébullition, toute la fécule passe à l'état de glucose ; nous avons vu plus haut que c'est par l'ébullition avec l'acide sulfurique aqueux que l'on fabrique industriellement le glucose. L'acide chlorhydrique, l'acide oxalique, agissent comme l'acide sulfurique et l'acide azotique.

La diastase, ce principe azoté qui se développe dans les grains d'orge germée [1], a une action très énergique sur l'amidon ; elle en convertit 2000 fois son poids en glucose et dextrine [2].

Plusieurs substances azotées se comportent avec l'amidon comme la diastase ; tels sont : la levure de bière, le suc pancréatique, la salive.

Traité par l'acide azotique concentré, l'amidon donne de l'acide oxalique ; avec le peroxyde de manganèse et l'acide sulfurique, il se transforme par oxydation en acide carbonique et en acide formique. Il se dissout dans l'acide azotique fumant ; la solution précipite par l'eau une poudre blanche, détonant facilement par le choc ; c'est la fécule nitrique ou *pyroxam*.

---

1. La diastase est une poudre blanche amorphe, sans saveur ; elle est azotée. On la prépare en précipitant par l'alcool absolu l'eau dans laquelle on a fait macérer les grains d'orge germée. Dans l'industrie, on emploie non la diastase pure, mais l'infusion faite à 75° de l'orge germée et moulue. A la température de 100°, l'action de la diastase sur l'amidon est nulle.

2. Nous venons de voir que le premier dédoublement de l'amidon le transforme en glucose et en dextrine, et que celle-ci ultérieurement se dédouble elle-même en deux molécules de glucose. Cette transformation de la dextrine en glucose, facile avec les acides, ne s'opère que très lentement et très difficilement avec la diastase. Par conséquent, quand on convertit l'amidon en glucose à l'aide de la diastase, comme cela a lieu dans la fabrication de la bière et la préparation du sirop de fécule, la plus grande partie de la matière amylacée reste à l'état de dextrine. (Musculus.)

Les solutions de potasse et de soude transforment à froid l'amidon en empois.

L'amidon existe dans un grand nombre de fécules alimentaires, le sagou, l'arrow-root, le tapioka, etc.

203. *Amidon soluble.* — L'amidon, avant de se dédoubler en glucose et dextrine, devient soluble sous l'influence des mêmes agents qui amènent ce dédoublement.

D'après Maschke, l'amidon soluble se produit, lorsqu'on chauffe en vase clos et au bain-marie de l'amidon séché à 100°. Si alors on le traite par l'eau chaude, il ne forme plus d'empois; une partie se dissout et est précipitée par l'alcool absolu sous forme d'une poudre blanche, butyreuse, soluble dans l'eau et l'alcool aqueux, bleuissant par la teinture d'iode.

Béchamp prépare l'amidon soluble en abandonnant pendant une demi-heure 3 parties de fécule avec 2 parties d'acide sulfurique, reprenant la masse molle par l'alcool à 86°, lavant avec de l'alcool pour enlever l'acide sulfurique, dissolvant dans l'eau le résidu, et précipitant la solution par l'alcool absolu.

L'amidon soluble de Béchamp est une poudre blanche, soluble dans l'eau froide et l'eau bouillante, et dont les solutions aqueuses sont précipitées par l'alcool, l'eau de chaux et l'eau de baryte; l'ébullition avec les acides ou l'action de la chaleur le transforment en dextrine et en glucose.

204. INULINE. — La matière amylacée des tubercules de dahlia, des topinambours et de l'aunée, appelée *inuline*, diffère de l'amidon des céréales et de la pomme de terre; elle est formée de granules très analogues à ceux de l'amidon, mais elle ne bleuit pas par l'iode, et se dissout dans l'eau bouillante! elle est lévogyre. Elle se transforme par l'ébullition avec les acides en lévulose, et non en glucose.

205. GLYCOGÈNE. — Le glycogène, *amidon animal, dextrine animale*, existe dans le foie et dans le placenta ; il a été découvert par Claude Bernard. Le glycogène s'extrait du foie en coupant l'organe en petits morceaux, les projetant dans l'eau bouillante, et filtrant après quelques instants d'ébullition ; le liquide filtré est évaporé et précipité par l'alcool. Le précipité est purifié par une nouvelle dissolution dans l'eau en présence du noir animal, par une filtration et une addition d'alcool.

Le glycogène est une poudre amorphe, inodore, incolore, soluble dans l'eau ; il dévie à droite le plan de polarisation de la lumière ; son pouvoir rotatoire est égal à trois fois celui du glucose ; il ne réduit pas la liqueur cupro-potassique.

Chauffé avec l'acide chlorhydrique étendu, il se convertit en glucose ordinaire ; l'iode le colore en violet ou en brun rouge, tandis qu'il colore l'amidon ordinaire en bleu.

Le glycogène paraît être le point de départ du sucre que fournit le foie.

206. Dextrine $nC^6H^{10}O^5$. — Les dextrines sont des produits de la transformation de l'amidon, solubles dans l'eau, donnant des solutions gommeuses, et qui, par les acides étendus, se transforment en glucose par fixation d'eau. Dans la saccharification de l'amidon, il se produit d'abord de la dextrine.

Dans le commerce on trouve de la dextrine jaune et de la dextrine blanche ; la première, obtenue en chauffant la fécule à 200-210°, s'appelle *amidon grillé* ou *léiocome ;* c'est une poudre jaunâtre. On obtient la dextrine blanche, pulvérulente, en versant 2 kilogrammes d'acide azotique de 36° Baumé dans 30 kilogrammes d'eau, y mêlant 1000 kilogrammes de fécule, séchant le mélange à 100°, puis l'étendant en couches de 4 ou 5 centimètres et le chauffant à l'étuve entre 100° et 120°. Au bout de deux heures la transformation est opérée.

La dextrine en solution épaisse, dite sirop de dextrine, résulte de l'action de la diastase contenue dans l'orge germée. On délaye l'orge germée et concassée dans l'eau froide, on chauffe le liquide à 75°, et l'on y verse peu à peu la fécule, qui se dissout dans l'eau. On traite une petite quantité du liquide refroidi par quelques gouttes de teinture d'iode, et l'on s'assure, par l'absence de coloration bleue, que l'amidon est entièrement transformé.

Jusqu'à ces derniers temps, on avait considéré la dextrine comme une espèce chimique définie, mais de nombreux travaux ont montré qu'il existe un grand nombre de corps, présentant un ensemble de caractères communs, renfermant $C^6H^{10}O^5$, donnant des solutions gommeuses, déviant à droite le plan de polarisation, et pour lesquelles la valeur de n varie. On distingue deux groupes de dextrine, les *erythro-dextrines* se colorant en rouge par l'iode, et les *achroo-dextrines*, que l'iode ne colore pas; et dans ces deux groupes, il existe diverses variétés qui diffèrent par l'intensité de leur pouvoir rotatoire et la facilité plus ou moins grande avec laquelle elles sont transformées en glucose par les acides étendus ou la diastase. Musculus a découvert une achroo-dextrine sur laquelle la diastase est sans action, et qui exige une ébullition de plusieurs heures avec les acides pour être transformée en glucose.

Musculus a obtenu une dextrine inattaquable par la diastase au moyen du glucose : elle se forme quand on dissout du glucose fondu dans l'acide sulfurique, agitant de l'alcool et abandonnant le mélange à lui-même pendant trois semaines. Une achroo-dextrine également inattaquable par la diastase se forme aussi au moyen du glucose quand on distille dans le vide une solution étendue de ce corps dans l'acide chlorhydrique faible. (E. Grimaux et L. Lefèvre.)

Les dextrines forment des poudres blanches amorphes, ou des masses semblables à la gomme, très solubles dans l'eau, formant des solutions épaisses et filantes. Elles sont insolubles dans l'alcool absolu, ce qui permet de les débarrasser du glucose qu'elles renferment. Néanmoins les dextrines me paraissent avoir un pouvoir réducteur qui leur est propre et qui ne dépend pas du glucose mélangé.

Les dextrines du commerce renferment toujours du glucose et souvent de l'amidon non transformé.

La dextrine commerciale est employée aux mêmes usages que la gomme arabique; elle sert comme épaississant des couleurs pour l'impression sur étoffes, et peut remplacer la gomme dans la plupart de ses applications. On a essayé de l'introduire dans les tisanes émollientes, mais son goût est désagréable.

La dextrine est usitée en chirurgie pour la préparation des bandages inamovibles; les bandes sont trempées dans un mélange de 100 parties de dextrine, 60 parties d'eau-de-vie camphrée et 40 parties d'eau. Après dessiccation, les bandages dextrinés sont très résistants, et il est facile de les détacher, au besoin, en les mouillant d'eau tiède.

207. Cellulose $nC^6H^{10}O^5$. — La cellulose a la même composition que l'amidon et la dextrine; son poids moléculaire est inconnu. Son nom lui vient de ce qu'elle est une partie constituante des cellules végétales; elle se retrouve aussi dans les muscles et l'enveloppe des animaux rayonnés. Son aspect, sa consistance, son état d'agrégation, varient singulièrement, surtout si l'on compare la cellulose du fruit du *Phytelephas*, tellement dur qu'il porte le nom d'ivoire végétal, et la cellulose de moelle de sureau. Le vieux linge, le coton, le papier à filtre, sont formés de cellulose presque pure.

Elle est solide, blanche, sans odeur, sans saveur, décomposée par la chaleur avant de fondre; insoluble dans tous les réactifs, excepté dans la solution d'oxyde de cuivre ammoniacal ou réactif de Schweitzer [1]. Immergée dans ce liquide, elle se gonfle, puis se dissout; l'eau, les acides étendus, la précipitent sous forme d'une masse gélatineuse, qui lavée à l'alcool et desséchée devient pulvérulente, blanche, ténue, et possède toutes les propriétés de la cellulose.

Soumise à la distillation sèche, elle fournit des gaz, de l'acide acétique, de l'esprit de bois, de l'acétone, des carbures d'hydrogène, des créosotes, etc.; ce sont les mêmes produits qu'on retire du bois par la distillation sèche.

Les alcalis caustiques et concentrés gonflent la cellulose à froid, et ne la désagrègent que très lentement et d'une manière superficielle.

Un mélange de cellulose et de potasse caustique, humecté d'eau, fournit à la distillation de l'esprit de bois; traitée par la potasse fondante ou la soude, la cellulose donne de l'acide oxalique. Ce fait signalé par Gay-Lussac est devenu la base d'un procédé industriel pour préparer l'acide oxalique avec la sciure de bois.

---

1. On prépare la solution d'oxyde de cuivre ammoniacal en introduisant du cuivre métallique dans une allonge ou un entonnoir et en y faisant passer à plusieurs reprises de l'ammoniaque liquide.

Sous l'influence de l'acide sulfurique, la cellulose subit des transformations diverses, suivant la température et suivant la concentration de l'acide.

Si l'on plonge du papier pendant une ou deux minutes dans de l'acide sulfurique étendu de la moitié de son volume d'eau, qu'on lave avec soin et qu'on fasse sécher, on obtient un papier, qui a l'aspect du parchemin animal, et peut remplacer celui-ci dans ses usages.

Le *papier parchemin* ou *parchemin végétal* est très hygrométrique ; il gagne en souplesse et en ténacité par l'absorption de l'humidité ; sa résistance à la rupture est cinq fois plus forte que celle du papier et les 2/3 de celle du parchemin animal. Plongé dans l'eau, il devient mou et gras au toucher ; l'eau ne filtre pas à travers ce papier, mais transsude par endosmose.

Un contact plus prolongé de l'acide sulfurique et de la cellulose la convertit partiellement en amidon ; elle a en effet acquis la propriété de bleuir par l'iode. Enfin, l'acide sulfurique à froid finit par dissoudre complètement la cellulose, et en étendant la liqueur d'eau, la saturant par la chaux, on constate qu'elle renferme de la dextrine. Si l'on soumet à l'ébullition la solution de cellulose dans l'acide sulfurique, c'est alors du glucose qui prend naissance. Il est donc possible de convertir la sciure de bois en glucose et ultérieurement en alcool ; de nombreux essais ont été faits pour rendre cette transformation pratique, mais jusqu'à présent les frais de main-d'œuvre ont empêché qu'elle devînt industrielle.

208. La cellulose donne avec l'acide azotique fumant un dérivé nitré, appelé *pyroxyline, coton-poudre* ou *fulmi-coton.*

La *pyroxyline* se prépare d'ordinaire avec le coton

cardé qu'on immerge dans un mélange de 1 volume d'acide azotique fumant et 2 volumes d'acide sulfurique; on le laisse tremper quelques instants, et on le lave à grande eau.

Le coton-poudre a l'aspect du coton ordinaire, mais il est jaunâtre et rude au toucher; il est très inflammable et brûle sans résidu, en dégageant une masse de produits gazeux; aussi produit-il tous les effets de la poudre. C'est un mélange de dérivés nitrés de la cellulose $nC^6H^8O^5(AzO^2)^2$, et $nC^6H^7O^5(AzO^2)^3$.

Il est insoluble dans l'eau, l'alcool, l'éther, le réactif de Schweitzer. Ses propriétés et sa composition varient suivant le mode de préparation. On peut obtenir un coton-poudre soluble dans un mélange d'éther et d'alcool en prenant 4 parties de salpêtre, 3 parties d'acide sulfurique ordinaire, 3 parties d'acide sulfurique fumant, et plongeant le coton dans ce mélange pendant 5 ou 10 minutes à une température de 70 degrés, puis le lavant à grande eau et le séchant. Sa solution dans l'alcool et l'éther fournit le collodion, formé de deux parties de coton-poudre, vingt parties d'alcool et quatre-vingts parties d'éther.

Le collodion en s'évaporant abandonne le coton-poudre sous la forme d'une pellicule mince, imperméable et très adhérente; en solution plus étendue, il est très employé en photographie. On s'en sert en médecine pour mettre des surfaces à l'abri du contact de l'air. Comme la pellicule de coton-poudre est sujette à se fendiller, on la rend plus souple et plus extensible en ajoutant au collodion un peu de térébenthine et d'huile de ricin; c'est ce qu'on appelle le *collodion élastique.*

209. TUNICINE. — La tunicine se rapproche de la cellulose dont elle a la composition et la plupart des

propriétés; elle ne se dissout que difficilement dans la solution d'oxyde de cuivre ammoniacal.

Elle constitue l'enveloppe des *Tuniciers* et des *Ascidies*, de la famille des Rayonnés. On l'isole en faisant bouillir cette enveloppe successivement avec de l'acide chlorhydrique et de la potasse caustique. Lavée et séchée, c'est une masse blanche que l'iode colore en jaune, et qui, soumise à l'ébullition avec l'acide sulfurique étendu, fournit un glucose fermentescible.

210. On rattache encore aux matières amyloïdes et cellulosiques diverses substances, dont la composition centésimale est représentée par $nC^6H^{10}O^5$, et qui toutes ont le caractère commun de se convertir en glucoses fermentescibles par l'acide sulfurique étendu; ces substances sont : la lichénine, les gommes, les mucilages.

La *lichénine* s'extrait des lichens par l'ébullition avec l'eau; la liqueur filtrée bouillante donne avec l'alcool un précipité blanc se desséchant en une masse transparente, jaunâtre. La lichénine se dissout dans l'eau bouillante; la solution se prend en gelée par le refroidissement; l'acide azotique étendu la convertit entièrement en acide oxalique.

Les *gommes* sont des substances amorphes, vitreuses, d'une saveur fade, insolubles dans l'alcool, donnant avec l'eau des liquides épais; l'acide azotique convertit les gommes en acide oxalique et en acide mucique.

Elles existent dans un grand nombre de végétaux et exsudent du tronc et des branches de plusieurs arbres et de la famille des Légumineuses et de celle des Rosacées.

La *gomme arabique* est formée par l'*Acacia vera*; ses solutions sont lévogyres : par ébullition avec les acides elle donne du galactose $C^6H^{11}O^6$. Elle est employée en médecine ; l'addition de chlorure ferrique fait prendre en masse les solutions de gomme arabique ; cette propriété permet de distinguer facilement le sirop de gomme du sirop de glucose par lequel on le remplace quelquefois.

La gomme de cerisier, traitée à l'ébullition par les acides étendus, donne un corps non fermentescible, présentant une grande analyse de réaction avec les glucoses, réduisant la liqueur cupro-potassique, se colorant par l'action des alcalis, c'est l'*arabinose*, mais l'arabinose n'appartient pas à la série de la mannite ; elle renferme $C^5H^{10}O^5$ et est l'aldéhyde d'un alcool pentatomique $C^5H^{12}O^5$. (Kiliani.)

La gomme de Bassora a la propriété des mucilages, de se gonfler dans l'eau sans s'y dissoudre : avec l'acide azotique, elle fournit une forte quantité d'acide mucique.

Les *mucilages* sont des matières gommeuses, qui existent mélangées à de la gomme soluble dans un grand nombre de plantes, dites émollientes, telles que la guimauve, les semences de lin, etc. Ils se gonflent dans l'eau sans s'y dissoudre.

211. CELLULOÏDE. — Le coton-poudre trituré à l'état humide avec du camphre et fortement comprimé donne une substance dure, élastique, transparente, désignée sous le nom de *celluloïde*. Par addition de matières pulvérulentes diversement colorées, on peut lui donner l'aspect de l'ivoire, du corail, de l'ébène ; on peut également, par mélange de plaques diversement colorées, imiter l'ambre, l'écaille ; par l'addition d'huile, on lui donne de la souplesse, et on a fait en celluloïde des objets imitant la toile. Malheureusement il est très inflammable, et son emploi n'est pas sans danger ; il prend feu à 240° et brûle avec une flamme très vive.

CHAPITRE XVI

COMPOSÉS AROMATIQUES

Benzine. — Nitrobenzine. — Aniline. — Constitution de la benzine. — Isomérie des dérivés de la benzine. — Phénol. — Acide
picrique. — Oxyphénols : Résorcine, Acide pyrogallique.

212. Composés aromatiques. — Les composés dont
le carbure d'hydrogène *benzine* (C^6H^6) est, pour ainsi
dire, le noyau, constituent une série de corps importants, présentant un ensemble de réactions spéciales.
Comme ils ont tous une odeur forte et aromatique,
qu'ils comprennent un grand nombre d'essences naturelles (essences d'amandes amères, d'anis, de reine-
des-prés, de cannelle, etc.), on les a désignés sous le
nom de composés aromatiques. Cette dénomination,
d'abord vague et indéterminée, s'applique aujourd'hui
à tous les corps dont la benzine est l'hydrocarbure
fondamental.

213. Benzine C^6H^6. — Découverte en 1825 par Fara-
day, qui la rencontra dans les produits de la distillation
sèche des huiles, et l'appela quadricarbure d'hydrogène, elle fut obtenue ultérieurement par Mitscherlich
en distillant l'acide benzoïque avec un excès de chaux,
et reçut alors le nom de benzine :

$$C^7H^6O^3 \quad = \quad CO^2 \quad + \quad C^6H^6$$

Acide benzoïque.   Acide carbonique.   Benzine.

Mansfield, en 1847, sut la retirer industriellement du goudron de houille, qui en fournit de notables quantités.

On se procure rapidement de la benzine par la distillation à une douce chaleur d'un mélange d'acide benzoïque et de trois fois son poids de chaux vive; le produit, lavé à la potasse, séché sur le chlorure de calcium et rectifié, est de la benzine pure. Aujourd'hui l'industrie fournit de la benzine pure obtenue par la distillation fractionnée des huiles de goudron de houille [1].

M. Berthelot a réalisé la synthèse de la benzine en exposant l'acétylène [2] à une température voisine du rouge sombre :

$$3C^2H^2 \quad = \quad C^6H^6$$

Acétylène.　　　Benzine.

La benzine est un liquide limpide, incolore, d'une odeur agréable quand elle est pure, plus légère que l'eau, d'une densité de 0,88 à 15°. Elle bout à 81°; à la température de 0°, elle se solidifie en lames groupées sous forme de feuilles de fougère. Presque insoluble dans l'eau, elle lui communique son odeur; elle est très soluble dans l'alcool et dans l'éther. Elle dissout l'iode, le soufre, le phosphore, le camphre et un grand

1. Ce qu'on désigne dans le commerce sous le simple nom de benzine, de benzol, ou benzine commerciale, est un mélange de benzine et d'hydrocarbures voisins, mélange souvent très peu riche en benzine C^6H^6.

2. L'acétylène C^2H^2 est un gaz incolore, d'une odeur désagréable, assez soluble dans l'eau, qui se produit dans la combustion incomplète d'une foule de substances organiques riches en carbone. M. Berthelot l'a reproduit par l'union directe du charbon et de l'hydrogène, sous l'influence de l'électricité. L'acétylène est absorbé par le protochlorure de cuivre ammoniacal, en donnant un dépôt brun d'acétylénure de cuivre.

nombre de matières organiques riches en carbone. Elle brûle avec une flamme brillante et fuligineuse.

Le chlore et le brome agissent sur la benzine; si l'on opère au soleil, la benzine fixe six atomes de chlore ou de brome. L'hexachlorure de benzine, $C^6H^6Cl^6$, et l'hexabromure $C^6H^6Br^6$, sont des corps cristallisés qui, par l'ébullition avec la potasse alcoolique, perdent trois molécules d'acide chlorhydrique ou bromhydrique, en fournissant des dérivés de substitution de la benzine :

$$C^6H^6Cl^6 \;+\; 3KHO \;=\; C^6H^3Cl^3 \;+\; 3KCl \;+\; 2H^2O$$

Hexachlorure de benzine.	Potasse.	Benzine trichlorée.	Chlorure de potassium.	Eau.

$$C^6H^6Br^6 \;+\; 3KHO \;=\; C^6H^3Br^3 \;+\; 3KBr \;+\; 3H^2O$$

Hexabromure de benzine.	Potasse.	Benzine tribromée.	Bromure de potassium.	Eau.

Lorsqu'à la lumière diffuse on dirige dans la benzine un courant de chlore ou qu'on y verse du brome, on obtient des produits de substitution chlorés ou bromés :

$$C^6H^6 \;+\; Cl^2 \;=\; C^6H^5Cl \;+\; HCl$$

Benzine.	Chlore.	Benzine monochlorée.	Acide chlorhydrique.

$$C^6H^5Cl \;+\; Cl^2 \;=\; C^6H^4Cl^2 \;+\; HCl$$

Benzine chlorée.	Chlore.	Benzine bichlorée.	Acide chlorhydrique.

Un caractère spécial des dérivés chlorés de la benzine est leur grande stabilité en présence des réactifs. Nous savons que l'hydrure de méthyle chloré ou chlorure de méthyle, traité par la potasse, donne du chlorure de potassium et de l'alcool méthylique; il n'en est pas de même de la benzine chlorée, car chauffée avec de la potasse à des températures très élevées, elle n'est pas attaquée. Ce caractère important de stabilité se retrouve dans certains dérivés chlorés des hydrocarbures homologues de la benzine.

Versée dans l'acide azotique fumant et refroidi, la benzine s'y dissout, et l'eau précipite de la solution un dérivé nitré, la nitrobenzine :

$$C^6H^6 \quad + \quad AzO^3H \quad = \quad C^6H^5(AzO^2) \quad + \quad H^2O$$

Benzine.   Acide   Nitrobenzine.   Eau.
                  azotique.

La benzine se dissout dans l'acide sulfurique concentré, et la liqueur renferme de l'acide phénylsulfureux, avec un excès d'acide sulfurique :

$$C^6H^6 \quad + \quad SO^4H^2 \quad = \quad C^6H^5,SO^3H \quad + \quad H^2O$$

Benzine.   Acide   Acide phényl-   Eau.
                  sulfurique.   sulfureux.

En saturant le mélange par la baryte, on précipite l'excès d'acide sulfurique à l'état de sulfate de baryte insoluble, et il reste en solution du phénylsufite de baryum, qui, additionné de sulfate de potasse, se transforme par double décomposition en phénylsulfite de potasse.

Ce phénylsulfite, desséché et chauffé avec un excès de potasse à la température de fusion de celle-ci, se décompose en donnant du sulfite de potasse et un nouveau composé, l'hydrate de phényle ou phénol C^6H^6O. Le phénol dérive donc de la benzine par substitution d'un groupe OH à un atome d'hydrogène; il est à la benzine ce que l'alcool méthylique est à l'hydrure de méthyle :

$$CH^4 \qquad\qquad CH^3,OH$$

Hydrure   Alcool
de méthyle.   méthylique.

$$C^6H^6 \qquad\qquad C^6H^5,OH$$

Benzine.   Phénol.

Néanmoins, l'analogie n'est pas complète; l'hydrate de phényle n'est pas un véritable alcool, il représente une fonction propre, qui ne se confond ni avec la fonction alcool, ni avec la fonction acide (voy. PHÉNOL, § 217).

213 *bis*. Nitrobenzine. — On la fabrique en grande quantité dans l'industrie pour l'obtention de l'aniline et des couleurs d'aniline, en versant lentement 2 parties de benzine dans un mélange refroidi de 2 parties d'acide azotique et de 1 partie d'acide sulfurique, précipitant la solution par l'eau et lavant avec soin l'huile dense qui se sépare.

La nitrobenzine est un liquide légèrement jaunâtre, d'une saveur douce, d'une odeur agréable d'essence d'amandes amères; elle est employée dans la parfumerie commune pour remplacer cette essence, et désignée commercialement sous le nom d'*essence de mirbane*. Elle bout à 219°; elle est toxique. Sa principale réaction est celle que lui font subir les agents qui dégagent de l'hydrogène, comme l'acide acétique et le fer; elle remplace ses 2 atomes d'oxygène par deux d'hydrogène, et le corps qui résulte de cette action est une ammoniaque composée, l'aniline ou phénylamine, dans laquelle le groupe C^6H^5 fonctionne comme monoatomique :

$$C^6H^5(AzO^2) \quad + \quad H^6 \quad = \quad Az \begin{cases} C^6H^5 \\ H^2 \end{cases} + \quad 2H^2O$$

Nitrobenzine.   Hydrogène.   Aniline   Eau.
(phénylamine).

La transformation de la nitrobenzine en ammoniaque composée a été découverte par Zinin; cette réaction est des plus importantes, car elle est générale, et se produit avec tous les dérivés nitrés de corps qui renferment le radical phényle; elle a permis de préparer un grand nombre d'ammoniaques composées de la série aromatique.

213 *ter*. Aniline (*Phénylamine*, *Amidobenzine*) C^6H^7Az. — On la rencontre dans les produits de la distillation de l'indigo, de la houille. L'industrie en consomme des quantités considérables et se la procure, suivant la réaction due à Zinin, en traitant la nitrobenzine par les agents réducteurs.

Le procédé le plus pratique consiste à mélanger de la nitrobenzine avec de l'acide acétique et de la limaille de fer; le fer, en se dissolvant dans l'acide acétique, dégage de l'hydrogène, qui réduit la nitrobenzine en aniline. La réaction se déclare seule, et la plus grande partie du produit passe dans le récipient; on le reverse dans la cornue, on distille à siccité, et au résidu on ajoute de la chaux pour mettre en liberté une portion d'aniline qui s'y trouve à l'état d'acétate, et l'on distille. Les produits des deux distillations étant réunis, renferment toute l'aniline formée; on la sépare par décantation du liquide aqueux qui la surnage. Dans l'industrie, on traite en une seule fois 125 kilogrammes de nitrobenzine par 180 kilogrammes de fonte pulvérisée et 10 kilogrammes d'acide acétique; la réduction est complète au bout de douze heures.

L'aniline pure est un liquide incolore, réfringent, d'une odeur désagréable, d'une saveur âcre; elle est plus dense que l'eau et bout à 184°. Elle brunit à l'air; elle précipite les sels de zinc, d'alumine, de fer, et coagule l'albumine. Elle dissout de l'eau, dont il est très difficile de la priver entièrement; elle est très peu soluble dans l'eau, soluble dans l'alcool, l'éther, les huiles grasses et essentielles. Ses sels sont bien définis et cristallisables.

Comme toutes les ammoniaques primaires (voy. § 53),

elle fournit des ammoniaques secondaires, tertiaires, et des iodures de tétrammoniums, par l'action des iodures alcooliques.

$$Az \begin{cases} C^6H^5 \\ H^2 \end{cases} + C^2H^5I = \left(Az \begin{cases} C^6H^5 \\ C^2H^5 \\ H \end{cases} \right) HI$$

Aniline. — Iodure d'éthyle. — Iodhydrate d'éthylaniline.

$$Az \begin{cases} C^6H^5 \\ C^2H^5 \\ H \end{cases} + C^2H^5I = \left(Az \begin{cases} C^6H^5 \\ (C^2H^5)^2 \end{cases} \right) HI$$

Éthylaniline. — Iodure d'éthyle. — Iodhydrate de diéthylaniline.

$$Az \begin{cases} C^6H^5 \\ (C^2H^5)^2 \end{cases} + C^2H^5I = \left(Az \begin{cases} (C^2H^5)^3 \\ C^6H^5 \end{cases} \right) I$$

Diéthylaniline. — Iodure d'éthyle. — Iodure de triéthyl-phénylammonium.

Lorsqu'on soumet l'aniline en solution alcoolique à l'action de l'acide azoteux, il se forme un composé $C^{10}H^{11}Az^3$, qu'on appelle le *diazo-amidobenzol*, celui-ci réduit par le mercure et l'acide acétique donne un nouveau composé, la *phényl-hydrazine* $C^6H^8Az^2$. C'est un liquide incolore, doué d'une odeur aromatique, bouillant à 233-234°. Son chlorhydrate est en lamelles incolores, solubles dans l'eau : le chlorhydrate de phényl-hydrazine en présence d'acétate de soude se combine, à la température du bain-marie, avec les glucoses et donne des précipités caractéristiques, jaunes, cristallisés; cette réaction est utilisée pour déceler les glucoses. (E. Fischer.)

214. L'aniline oxydée par le bichromate de potasse et l'acide sulfurique ou par le chlorure de chaux donne naissance à une matière violette. Perkin le premier a utilisé les réactions colorées de l'aniline, et, en mettant dans le commerce le violet d'aniline au bichro-

mate de potasse, a fondé l'industrie des matières colorantes dérivées de l'aniline. Cette industrie a pris une extension considérable ; il se fabrique annuellement en Europe près de 100 millions de francs de ces matières colorantes artificielles.

Elles ne sont pas toutes obtenues avec l'aniline pure ; la plupart résultent de l'action des réactifs sur un mélange d'aniline C^6H^7Az et de son homologue supérieur, la toluidine C^7H^9Az, mélange qui constitue l'aniline commerciale pour couleurs. Cette aniline commerciale se prépare en nitrant des huiles de houille appelées benzols, formées de proportions variables de benzine C^6H^6 et de toluène C^7H^8, et en réduisant les dérivés nitrés par l'acide acétique et le fer.

L'aniline du commerce traitée par des agents oxydants (azotate de mercure, acide arsénique) donne la belle couleur rouge connue sous le nom de *fuchsine* et découverte par Verguin. La fuchsine est le chlorhydrate d'une base incolore, la *rosaniline*, et renferme $C^{20}H^{19}Az^3,HCl$. Elle se présente sous la forme de cristaux d'un vert mordoré, donnant des solutions d'un beau rouge violacé qui se fixe directement sur la laine et sur la soie. M. E. Fischer a montré que la rosaniline dérive d'un hydrocarbure, le crésyl-diphténylméthane $C^{20}H^{18}=CH(C^7H^7)(C^6H^5)^2$.

La fuchsine chauffée avec de l'aniline donne une matière bleue (bleu de Lyon ou rosaniline triphénylée) ; elle se combine avec l'iodure de méthyle pour former la rosanilide triméthylée ou violet Hofmann.

On connaît aussi des couleurs obtenues avec de l'aniline pure ou avec ses dérivés méthylés : ainsi le *noir d'aniline* se développe sur les étoffes où l'on imprime un mélange de chlorhydrate d'aniline, de chlorate de potasse et de sulfure de cuivre. Le violet de

Paris ou violet Lauth, qui possède un grand pouvoir colorant, se prépare par l'oxydation de la diméthylaniline $C^4H^5Az(CH^3)^2$.

215. Constitution de la benzine. — M. Kekulé admet que dans la benzine chaque atome de carbone tétratomique est lié à deux autres atomes de carbone, échangeant avec l'un deux atomicités, une seule avec le second, tandis que, par la quatrième atomicité, il fixe un atome d'hydrogène. Si nous considérons un seul atome de carbone, nous voyons qu'il est ainsi saturé

$$= C = \overset{H}{\overset{|}{C}} - C =$$

et si nous appliquons cette manière de voir aux 6 atomes de carbone de la benzine, nous trouvons que cet hydrocarbure est représenté par la figure suivante, où sont indiquées les relations des atomes de carbone et d'hydrogène :

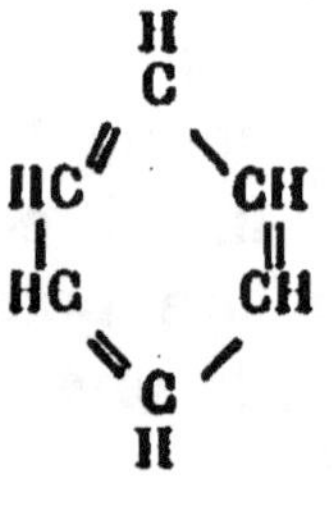

$$
\begin{array}{ccc}
 & \overset{H}{C} & \\
HC & & CH \\
HC & & CH \\
 & \underset{H}{C} & \\
\end{array}
$$

c'est là ce qu'on appelle l'hexagone de Kekulé en considération de l'aspect géométrique de la figure. Il est évident qu'une telle figure, dans un plan, ne saurait être la représentation exacte de l'orientation des atomes de la benzine dans l'espace: mais elle indique les positions relatives des atomes carbone et hydrogène dans la molécule benzine.

De cette constitution de la benzine, M. Kekulé a

déduit une série de prévisions sur le nombre et la nature des dérivés isomères de la benzine, et son hypothèse a été tellement féconde et tellement précise que des centaines de dérivés prévus ont été réalisés, et qu'elle ne compte pas après vingt ans d'existence un seul fait bien observé, qui lui soit contraire.

Voyons donc à quelles déductions conduit l'hexagone de Kekulé.

216. Isomérie des dérivés de la benzine. — Reportons-nous à la figure hexagonale de la benzine, et pour faciliter le raisonnement, numérotons les atomes de carbone, comme dans la figure suivante :

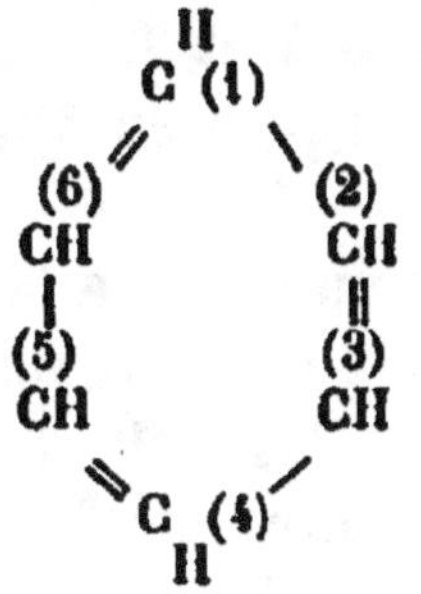

$$
\begin{array}{c}
\overset{\text{H}}{\underset{}{\text{C (1)}}} \\
\text{(6)}\quad\quad\text{(2)} \\
\text{CH}\quad\quad\text{CH} \\
\text{(5)}\quad\quad\text{(3)} \\
\text{CH}\quad\quad\text{CH} \\
\underset{\text{H}}{\text{C (4)}}
\end{array}
$$

Nous voyons par cette figure que chaque atome de carbone est saturé de la même manière et que la figure est parfaitement symétrique.

De même les atomes d'hydrogène ont tous la même valeur. Par conséquent, si l'on opère la substitution d'un atome d'hydrogène par un élément monoatomique ou un groupement monoatomique, quel que soit l'atome d'hydrogène remplacé, le corps produit sera toujours le même. En d'autres termes, il ne peut y avoir qu'un seul dérivé mono-substitué de la benzine; il n'y a pas d'isoméries possibles pour les dérivés mono-substitués. Telle a été la première déduction, tirée de la constitution de la benzine, et, de fait, on ne connaît qu'une seule benzine bromée C^6H^5Br, une seule benzine chlorée C^6H^5Cl, un seul acide phénylsulfureux $C^6H^5(SO^3H)$, un seul phénol $C^6H^5(OH)$, une seule phénylamine (aniline) $C^6H^5(AzH^2)$.

Mais si l'on fait subir une double substitution à la benzine, que l'on remplace 2 atomes d'hydrogène par 2 atomes de brome par exemple, directement ou au moyen de réactions détournées, y aura-t-il une seule benzine bibromée ou plusieurs isomères, et dans ce dernier cas, en quel nombre seront ces isomères?

C'est ce qu'a permis de prévoir la formule de constitution attribuée à la benzine par M. Kékulé.

Quand le remplacement de l'hydrogène par le brome aura lieu dans les places 1 et 2, nous aurons un dérivé bibromé, qu'il nous est permis d'indiquer par la formule $C^6H^4Br^2$ (1,2).

Si un atome de brome étant à la place 1, nous supposons que le second soit à la place 3, nous aurons une benzine bibromée $C^6H^4Br^2$(1,3) qui différera de la première, car les 2 atomes de brome, au lieu d'être fixés à 2 atomes de carbone voisins, le seront à 2 atomes de carbone séparés par un troisième. Ils occuperont des places différentes dans la molécule; il y aura donc isomérie. De même, si un atome de brome est à la place 1, et le second à la place 4, la benzine bibromée $C^6H^4Br^2$ (1,4) sera différente des 2 premières, les places occupées par le brome dans la molécule étant encore différentes.

Voilà donc trois benzines bibromées isomères prévues par la théorie de la benzine; peut-il y en avoir un plus grand nombre? Non, car la figure étant symétrique, nous remarquons qu'une benzine bibromée 1,5 serait identique avec la benzine 1,3; dans les deux, les 2 atomes de brome occuperaient la même place relative; de même, la benzine bibromée 1,6 serait identique avec la benzine bromée 1,2, les 2 atomes de brome étant fixés à des carbones voisins.

De quelque manière que l'on considère la figure, on arrive à cette conclusion que les 2 atomes de brome d'une benzine bibromée peuvent être unis ou à deux carbones voisins, ou à des carbones séparés par un atome de cet élément, ou à des carbones séparés par 2 atomes de cet élément. Il n'y a que ces trois positions de possibles; par conséquent, la théorie prévoit trois benzines bibromées et pas plus. Au lieu du brome, il peut se substituer d'autres éléments mono-atomiques, qui fourniront également trois dérivés isomères; ainsi, il y aura trois benzines bichlorées, trois acides phénylsulfureux $C^6H^4(SO^3H)^2$, trois phénols diatomiques $C^6H^4(OH)^2$, trois phénylène-diamines $C^6H^4(AzH^2)^2$, trois benzines diméthylées $C^6H^4(CH^3)^2$, etc.

Eh bien, tous ces isomères que faisait prévoir la théorie pour les dérivés substitués de la benzine, ont été isolés, et l'on n'est pas arrivé à obtenir pour un quelconque de ces dérivés substitués un quatrième isomère, dont la découverte ruinerait l'hypothèse de Kekulé.

La théorie indique aussi quel doit être le nombre des dérivés trisubstitués et tétrasubstitués de la benzine; elle a également déterminé le nombre des isomères dans ces dérivés polysubstitués, quand les éléments ou groupes d'éléments sont différents. Enfin, elle a été complétée par les recherches considérables d'un grand nombre de savants, qui se sont efforcés d'indiquer, pour chaque isomère, la place occupée par les éléments dans la molécule, de faire connaître, par exemple, pour les trois benzines bibromées, celle qui correspond à 1,2, à 1,3, à 1,4.

Je n'entrerai pas dans cette étude complexe, qui sortirait du cadre de l'enseignement élémentaire. Je me bornerai à ajouter que, pour les dérivés bisubstitués de la benzine, on a appelé composés *ortho* ceux dont les éléments ou les groupes monoatomiques occupent la place 1 et 2; composés *méta*, ceux dont les positions 1 et 3 sont occupées, et composés *para*, ceux où la substitution s'est faite dans les places 1 et 4. Ainsi :

$$C^6H^4Br^2(1,2) \qquad C^6H^4Br^2(1,3) \qquad C^6H^4Br^2(1,4)$$

Ortho-dibromobenzine.   Méta-dibromobenzine.   Para-dibromobenzine.

217. Phénol C^6H^6O. — Le phénol existe tout formé dans le goudron de houille; on l'en isole facilement en distillant les goudrons, recueillant les produits qui passent entre 160° et 200°, et les additionnant d'une solution de potasse. Le phénol se dissout dans l'alcali, tandis que les hydrocarbures surnagent; on décante la solution alcaline et on la neutralise par l'acide chlorhydrique, le phénol se précipite; on le lave, on le sèche et on le rectifie de manière à recueillir ce qui passe vers 190°. Ce produit est refroidi à — 10°, le phénol se solidifie, et abandonne par égouttage les liquides dont il peut être mélangé.

L'acide phénylsulfureux qu'on obtient avec la benzine et l'acide sulfurique (§ 211) étant neutralisé par la potasse, desséché et fondu avec un excès de potasse caustique, se décompose en sulfite de potassium et en phénol :

$$C^6H^5SO^3K \quad + \quad KHO \quad = \quad C^6H^5,OH \quad + \quad SO^3K^2$$

Phénylsulfite   Potasse.   Phénol.   Sulfite
de potasse.   de potasse.

La masse est épuisée par l'eau; le phénol dissous dans la potasse en est précipité par l'acide chlorhydrique, et purifié comme précédemment.

Le phénol ou hydrate de phényle C^6H^5,OH, appelé improprement *acide phénique, acide carbolique, alcool phénique*, a été tour à tour considéré comme un acide ou comme un alcool; par ses réactions, il a des points plus nombreux d'analogie avec les alcools, mais il ne saurait être confondu avec eux. Il constitue une fonction nouvelle, la fonction *phénol*.

Le phénol est solide, cristallisé; il fond à 34°, bout à 188° et se colore à l'air. Son odeur est désagréable, sa saveur caustique. Appliqué sur l'épiderme, il l'attaque rapidement en y formant des taches blanches. Il se dissout dans 20 fois son poids d'eau, et cette solution plus ou moins étendue est employée en médecine comme antiseptique sous le nom d'eau phéniquée. Il se dissout facilement dans l'alcool et dans l'éther.

Il est neutre aux papiers réactifs, mais il se combine avec la potasse et la soude; ces combinaisons cristallisées et solubles dans l'eau sont peu stables, elles ne sauraient être considérées comme de véritables sels. Cette propriété du phénol de se combiner aux alcalis l'avait fait primitivement regarder comme un acide.

Traité par le perchlorure de phosphore, il donne du chlorure de phényle, en remplaçant OH par Cl, et cette réaction le rapproche des alcools :

$$CH^3,OH \;+\; PhCl^5 \;=\; CH^3Cl \;+\; PhOCl^3 \;+\; HCl$$

Alcool méthylique.	Perchlorure de phosphore.	Chlorure de méthyle.	Oxychlorure de phosphore.	Acide chlorhydrique.

$$C^6H^5,OH \;+\; PhCl^5 \;=\; C^6H^5Cl \;+\; PhOCl^3 \;+\; HCl$$

Phénol.	Perchlorure de phosphore.	Chlorure de phényle.	Oxychlorure de phosphore.	Acide chlorhydrique.

Cette analogie n'est que superficielle, car le chlorure de phényle, identique avec la benzine monochlorée, est excessivement stable, ne se prête pas aux doubles décompositions, et ne présente, en un mot, aucun des caractères des éthers chlorhydriques.

Le phénol traité par un chlorure d'acide donne un éther et de l'acide chlorhydrique, comme le ferait un alcool :

$$CH^3,OH \quad + \quad C^2H^3OCl \quad = \quad CH^3,C^2H^3O^2 \quad + \quad HCl$$

| Alcool méthylique. | Chlorure d'acétyle. | Acétate de méthyle. | Acide chlorhydrique. |

$$C^6H^5,OH \quad + \quad C^2H^3OCl \quad = \quad C^6H^5,C^2H^3O^2 \quad + \quad HCl$$

| Phénol. | Chlorure d'acétyle. | Acétate de phényle. | Acide chlorhydrique. |

mais il diffère encore des alcools, car il ne s'éthérifie pas comme eux par l'intermédiaire de l'acide chlorhydrique.

Traité par le chlore, le brome ou l'acide azotique, il donne des dérivés de substitution, qui offrent de nombreux cas d'isomérie. Ainsi les dérivés mono-substitués sont au nombre de trois; on connaît trois nitro-phénols $C^6H^4(AzO^2),OH$, trois phénols monochlorés C^6H^4Cl, OH, trois phénols monobromés C^6H^4Br,OH; etc., etc.; en effet ces dérivés monosubstitués du phénol sont des dérivés bisubstitués de la benzine :

$$C^6H^6 \qquad C^6H^4 \begin{cases} AzO^2 \\ OH \end{cases} \qquad C^6H^4 \begin{cases} Cl \\ OH \end{cases}$$

| Benzine. | Nitrophénol (hydroxynitrobenzine). | Chlorophénol (hydroxy-chlorobenzine). |

Le phénol traité par l'acide sulfurique se comporte comme la benzine; le groupe SO^3H se substitue à un atome d'hydrogène du groupe C^6H^5 pour donner l'acide oxyphényl-sulfureux, qui, étant un dérivé bisubstitué de la benzine, existe sous 3 modifications isomériques :

$$C^6H^5,OH \quad + \quad SO^4H^2 \quad = \quad C^6H^4 \begin{cases} OH \\ SO^3H \end{cases} \quad + \quad H^2O$$

| Phénol. | Acide sulfurique. | Acide oxyphényl-sulfureux. | Eau. |

Cette réaction différencie complètement le phénol et les alcools, car l'acide sulfurique, en agissant sur les alcools, donne un éther que l'eau décompose facilement en régénérant l'alcool et l'acide sulfurique :

$$C^2H^5,OH \quad + \quad SO^4H^2 \quad = \quad SO^4 \left\{ \begin{array}{l} H \\ C^2H^5 \end{array} \right. \quad + \quad H^2O$$

Alcool.   Acide sulfurique.   Acide éthyl-sulfurique.   Eau.

Les acides oxyphényl-sulfureux sont au contraire très stables ; ils ne sont décomposés que par la potasse fondante, et donnent alors, non le phénol et l'acide sulfurique, mais un phénol diatomique et de l'acide sulfureux :

$$C^6H^4 \left\{ \begin{array}{l} OH \\ SO^3 \end{array} \right. \quad + \quad KHO \quad = \quad C^6H^4 \left\{ \begin{array}{l} OH \\ OH \end{array} \right. \quad + \quad SO^3K^2$$

Oxyphényl-sulfite de potasse.   Potasse.   Oxyphénol.   Sulfite de potasse.

Leur constitution est donc toute différente de celle de l'acide éthyl-sulfurique.

Lorsqu'on dirige dans du phénol un courant de gaz carbonique, en même temps qu'on y projette du sodium, il y a combinaison directe, et production de salicylate de sodium :

$$C^6H^6O \quad + \quad CO^2 \quad + \quad Na \quad = \quad C^7H^5O^3Na \quad + \quad H$$

Phénol.   Acide carbonique.   Sodium.   Salicylate de sodium.   Hydrogène.

Tous les corps qui remplissent la fonction *phénol*, homologues ou non du phénol ordinaire, ont ces propriétés caractéristiques de la fonction :

1° De se combiner avec les alcalis ;

2° De remplacer le groupe OH par le chlore, lorsqu'on les traite par le perchlorure de phosphore, en fournissant des composés très stables et non saponifiables ;

3° De donner des éthers, quand on les traite par les chlorures d'acides ;

4° De fournir des dérivés chlorés, bromés, nitrés, sulfoconjugués par substitution directe ;

5° De fixer l'acide carbonique en présence de sodium ou à l'état de sels de soude.

Le phénol·ou acide phénique possède à un haut degré des propriétés antiseptiques ; c'est à lui que le coaltar saponiné, le plâtre mélangé de goudron, doivent leur action antiputride. Il coagule l'albumine et rend les peaux imputrescibles ; il empêche le développement des êtres organisés inférieurs, parasites, moisissures. Aussi est-il employé journellement pendant les opérations chirurgicales et dans le pansement des plaies. Comme il est toxique, on ne doit l'administrer à l'intérieur qu'à dose modérée.

218. Trinitrophénol (*acide picrique ou trinitrophénique*) $C^6H^2(AzO^2)^3, OH$. — On dissout le phénol dans de l'acide azotique concentré, et l'on fait bouillir la solution jusqu'à ce qu'il ne se dégage plus de vapeurs nitreuses ; le liquide, en se refroidissant, se prend en une masse d'acide picrique brut. On le purifie en le transformant en picrate d'ammoniaque, faisant cristalliser ce sel et le décomposant par l'acide sulfurique en excès.

L'action de l'acide azotique sur l'indigo, le benjoin, l'aloès, la soie, fournit également de l'acide picrique.

L'acide picrique a une saveur acide et amère (πιχρος, amer) ; il est peu soluble dans l'eau à froid, soluble dans l'alcool et l'éther ; il cristallise en aiguilles prismatiques jaune citron. Chauffé doucement et en petite quantité, il fond, puis se sublime ; par l'application brusque de la chaleur, il se décompose avec explosion.

Il possède une réaction acide, et se combine avec

les bases en donnant des sels cristallisés, tous colorés en jaune. Les picrates détonent violemment quand on les porte à une température élevée; ils ne détonent par le choc que mélangés avec d'autres sels, comme le chlorate de potasse : le picrate d'ammoniaque et le chlorate de potasse donnent une poudre très explosive, employée comme poudre de mine, et comme poudre de guerre pour la fabrication des torpilles.

Son pouvoir colorant est intense; l'eau qui n'en renferme qu'un millionième a encore une couleur jaune très marquée; il se fixe directement sur la soie et la laine et les teint en jaune, sans l'intermédiaire d'aucun mordant. Il est très usité dans la teinture; il ne se fixe pas sur les fibres végétales.

L'acide picrique et le picrate de potasse ont été vantés dans le traitement des fièvres intermittentes; leur emploi ne s'est pas généralisé. Les malades qui ont absorbé de l'acide picrique sont colorés en jaune, comme s'ils étaient atteints d'ictère.

La benzine, le phénol, le chlorure de phényle, l'aniline, présentent entre eux les mêmes relations qu'un hydrocarbure saturé et ses dérivés :

CH^4	CH^3,OH	CH^3Cl	CH^3,AzH^2
Hydrure de méthyle.	Alcool méthylique.	Chlorure de méthyle.	Méthylamine.
C^6H^6	C^6H^5,OH	C^6H^5Cl	C^6H^5,AzH^2
Benzine.	Phénol.	Chlorure de phényle.	Aniline.

Là se bornent les analogies; la benzine offre dans ses propriétés un caractère spécial, qu'on ne retrouve pas dans les hydrocarbures saturés; le phénol se sépare nettement des alcools, le chlorure de phényle n'est pas un éther chlorhydrique; l'aniline elle-même subit une série de transformations dont on ne retrouve pas les analogues dans la méthylamine.

219. Oxyphénols $C^6H^6O^2$. — Le phénol résulte de la substitution dans la benzine d'un groupe OH à un atome d'hydrogène. Si deux atomes d'hydrogène sont remplacés par deux groupes OH, le nouveau corps constitue un phénol diatomique, offrant, avec la benzine, les mêmes relations que le glycol avec l'hydrure d'éthyle :

$$C^2H^6 \qquad C^2H^5,OH \qquad C^2H^4\!\!<^{OH}_{OH}$$

Hydrure d'éthyle. — Alcool. — Glycol.

$$C^6H^6 \qquad C^6H^5,OH \qquad C^6H^4\!\!<^{OH}_{OH}$$

Benzine. — Phénol. — Oxyphénol.

L'oxyphénol est donc un dérivé bisubstitué de la benzine ; aussi existe-t-il sous trois modifications isomériques : la *pyrocatéchine*, l'*hydroquinone*, la *résorcine*.

Nous signalerons seulement les propriétés de la résorcine, qui, grâce aux beaux travaux de M. Bæyer, a pris récemment une importance industrielle.

On obtient la **résorcine** en fondant avec la potasse l'acide chlorophényl-sulfureux provenant de l'action de l'acide sulfurique sur la benzine monochlorée. (Oppenheim et G. Vogt.)

$$C^6H^4ClSO^2,K \; + \; 2KHO \; = \; C^6H^4\!\!<^{OH}_{OH} \; + \; KCl \; + \; SO^3K^2$$

Chlorophényl-sulfite de potasse. — Potasse. — Résorcine. — Chlorure de potassium. — Sulfite de potasse.

La résorcine est cristallisée en prismes rhomboïdaux, très solubles dans l'eau, dans l'alcool et dans l'éther. Elle fond à 104° et bout à 270°.

Son caractère de phénol diatomique est indiqué par l'action des chlorures d'acides; ainsi, avec le chlorure de benzoyle, elle donne la *dibenzoyl-résorcine* $C^6H^4(OC^7H^5O)^2$, cristallisée en petites paillettes blanches.

Chauffée à 195° avec l'anhydride de l'acide phtalique, elle donne un corps fluorescent, la *fluorescéine*, dont les dérivés de substitution constituent de magnifiques matières colorantes. Nous les décrivons plus loin avec l'acide phtalique (§ 235).

220. **Pyrogallol** (*Dioxyphénol, acide pyrogallique*) $C^6H^6O^3$. — Le pyrogallol, improprement appelé *acide pyrogallique*, est un phénol triatomique :

$$C^6H^5,OH \qquad C^6H^4 \begin{cases} OH \\ OH \end{cases} \qquad C^6H^3 \begin{cases} OH \\ OH \\ OH \end{cases}$$

Phénol.   Résorcine.   Pyrogallol.

Il n'a pas encore été obtenu directement au moyen de la benzine. On le prépare par la distillation sèche de l'acide gallique $C^7H^6O^5$ (§ 231 *bis*) :

$$C^7H^6O^5 \;=\; CO^2 \;+\; C^6H^6O^3$$

Acide gallique.   Acide carbonique.   Pyrogallol.

On mêle l'acide gallique avec le double de son poids de pierre ponce, et on le chauffe à 210°-215° dans une cornue traversée par un courant d'acide carbonique. On retire 31 à 32 p. 100 de pyrogallol, du poids de l'acide gallique.

Ce corps est en aiguilles blanches, d'une saveur amère, fusibles à 130°, et se sublimant à 210°. Il est très oxydable, surtout au contact des alcalis; il noircit et se décompose.

Traité par le chlorure d'acétyle, il donne un dérivé triacétylé cristallisé, le *triacétyl-pyrogallol* $C^6H^3(OC^2H^3O)^3$.

Il se colore en pourpre, puis en brun par l'eau de chaux, avec le chlorure ferrique, il se colore en rouge et en bleu, avec le sulfate ferreux. Comme l'acide gallique, il réduit les solutions d'or et d'argent; aussi l'un et l'autre sont employés en photographie pour développer l'image en amenant la réduction complète du sel d'argent, qui n'a été que partiellement réduit sous l'influence de la lumière.

Les solutions d'acide pyrogallique sont usitées pour teindre les cheveux en noir.

L'acide pyrogallique est toxique; il agit en raison de son avidité pour l'oxygène en présence des alcalis; il s'empare de l'oxygène du sang, et amène la mort par asphyxie, en produisant tous les accidents auxquels donne lieu le phosphore. (Personne.)

En présence des alcalis il absorbe l'oxygène de l'air : il est employé pour le dosage de l'oxygène dans les mélanges gazeux.

CHAPITRE XVII

COMPOSÉS AROMATIQUES

Homologues de la benzine. — Toluène. — Essence d'amandes amères. — Acide benzoïque. — Acide salicylique, saligénine, salicine. — Acide protocatéchique, vanilline. — Acide gallique. — Tannin.

221. Homologues de la benzine. — Un grand nombre d'hydrocarbures, homologues de la benzine, se trouvent dans les huiles de goudron de houille, et peuvent en être isolés par des distillations fractionnées.

Ces hydrocarbures résultent du remplacement de l'hydrogène de la benzine par des radicaux alcooliques de la série grasse C^nH^{2n+1}. Ainsi le toluène, premier homologue de la benzine, est la *méthyl-benzine :*

$$C^7H^8 \quad = \quad C^6H^5\text{-}CH^3$$

Toluène. (Méthyl-benzine).

La synthèse qu'on en a faite ne laisse aucun doute sur sa constitution, car on le produit en laissant en contact, avec du sodium, un mélange de benzine bromée et d'iodure de méthyle (Fittig et Tollens) :

$$C^6H^5Br + CH^3I + Na^2 = C^6H^5,CH^3 + NaBr + NaI$$

Benzine bromée. Iodure de méthyle. Sodium. Méthylbenzine. (toluène). Bromure de sodium. Iodure de sodium.

De même, le xylène est une diméthyl-benzine, car il se forme par une réaction analogue, au moyen du toluène bromé :

$$C^6H^4Br\text{-}CH^3 + CH^3I + Na^2 = C^6H^4 \left\{ \begin{array}{l} CH^3 \\ CH^3 \end{array} \right. + NaBr + NaI$$

| Bromo-toluène. | Iodure de méthyle. | Sodium. | Diméthyl-benzine. | Bromure de sodium. | Iodure de sodium. |

Les homologues de la benzine rangés sous la formule générale C^nH^{2n-6} présentent deux genres d'isomérie.

D'abord, l'isomérie peut dépendre de la nature différente des radicaux alcooliques substitués dans la benzine; ainsi, l'éthylbenzine et la diméthylbenzine sont des carbures isomères C^8H^{10} :

$$C^6H^5\text{-}C^2H^5 \qquad\qquad C^6H^4 \left\{ \begin{array}{l} CH^3 \\ CH^3 \end{array} \right.$$

Éthylbenzine.   Diméthylbenzine.

La propylbenzine, la méthyl-éthylbenzine et la triméthylbenzine ont la même formule brute C^9H^{12} :

$$C^6H^5\text{-}C^3H^7 \qquad C^6H^4 \left\{ \begin{array}{l} CH^3 \\ C^2H^5 \end{array} \right. \qquad C^6H^4 \left\{ \begin{array}{l} CH^3 \\ CH^3 \\ CH^3 \end{array} \right.$$

Propylbenzine.   Méthyl-éthylbenzine.   Triméthylbenzine.

Ce genre d'isomérie est analogue à celui des hydrocarbures C^nH^{2n+2}; il se comprend facilement, et les formules précédentes le font immédiatement sauter aux yeux.

L'autre genre d'isomérie est celui qui appartient aux dérivés polysubstitués de la benzine.

Le toluène étant un produit monosubstitué de la benzine ne peut avoir d'isomère; il n'y a qu'une seule méthylbenzine. De même il n'y a qu'une seule éthyl-benzine $C^6H^5\text{-}C^2H^5$.

La diméthylbenzine $C^8H^{10} = C^6H^4 \left\{ \begin{matrix} CH^3 \\ CH^3 \end{matrix} \right.$ étant un dé-rivé bisubstitué de la benzine peut exister sous 3 modifications isomères; et de fait l'on connaît les 3 diméthylbenzines ou xylènes, prévues par la théorie.

De plus les trois diméthylbenzines étant isomériques avec l'éthylbenzine, il existe 4 hydrocarbures de la formule C^8H^{10}, homologues de la benzine.

Grâce à ces deux genres d'isomérie, le nombre des hydrocarbures dont la molécule est plus élevée est encore plus grand; ainsi l'on a trois méthyléthylbenzines $C^6H^4 \left\{ \begin{matrix} CH^3 \\ C^2H^5 \end{matrix} \right.$, trois triméthylbenzines $C^6H^4(CH^3)^3$, une propylbenzine C^6H^5,C^3H^7, ce qui fait 7 hydrocarbures de la formule C^9H^{12}.

222. Propriétés générales des hydrocarbures C^nH^{2n-6}. Ces hydrocarbures, soumis à l'influence des réactifs, donnent des composés d'ordre différent, suivant que l'action du réactif se porte sur le groupe résidu de la benzine, ou sur le radical alcoolique qui y a été introduit. Dans le premier cas, les dérivés présentent les mêmes propriétés générales que ceux de la benzine; dans le second, au contraire, ils seront analogues aux composés de la série grasse. Prenons pour exemple le toluène ou méthylbenzine $C^6H^5\text{-}CH^3$, et nous comprendrons facilement qu'il y a là une nouvelle cause d'isomérie entre les dérivés d'un même hydrocarbure.

Le toluène dissous à froid dans l'acide azotique donne le nitrotoluène $C^6H^4(AzO^2)\text{-}CH^3$; ce nitrotoluène réduit par l'acide acétique et le fer passe à l'état d'amidotoluène ou toluidine $AzH^2,C^6H^4CH^3$, jouissant de propriétés semblables à celles de l'aniline. Traité à froid par le chlore ou le brome, le toluène fournit un dérivé chloré ou bromé, stable comme le dérivé correspondant de la benzine, et n'ayant aucune des propriétés d'un éther chlorhydrique. Il se dissout dans l'acide sulfurique, et l'acide sulfoconjugué, fondu avec un excès de potasse, se convertit en un homologue du phénol, le crésylol $C^7H^4O = C^6H^4(CH^3),OH$ ayant les propriétés caractéristiques des phénols. Dans cette série de réactions, le toluène se comporte absolument comme la benzine, et fournit une série de dérivés véritablement homologues des dérivés de la benzine, et remplissant les mêmes fonctions :

C^6H^6	$C^6H^5,CH^3 = C^7H^8$
Benzine.	Toluène (méthylbenzine).
$C^6H^5(AzO^2)$	$C^6H^4(AzO^2)CH^3 = C^7H^7(AzO^2)$
Nitrobenzine.	Nitrotoluène.
$C^6H^5AzH^2$	$C^6H^4(AzH^2)CH^3 = C^7H^7,AzH^2$
Aniline.	Toluidine.
C^6H^5Cl	$C^6H^4Cl,CH^3 = C^7H^7Cl$
Benzine chlorée.	Toluène chloré.
C^6H^5,OH	$C^6H^4(OH)CH^3 = C^7H^7,OH$
Phénol.	Crésylol ou phénol crésylique.

Bien entendu ces dérivés monosubstitués du toluène, étant des dérivés bisubstitués de la benzine, existent sous trois modifications isomères. On connaît trois crésylols, trois toluènes chlorés $C^6H^4Cl-CH^3$, etc., mais ces isomères sont absolument analogues aux dérivés de la benzine, et remplissent les mêmes fonctions.

Si au contraire on arrive à faire porter l'action des réactifs sur le radical alcoolique, les dérivés seront tout différents, et, par l'ensemble de leurs propriétés, rappelleront les composés de la série grasse.

Qu'au lieu de diriger du chlore dans du toluène refroidi, ce qui donne un toluène chloré analogue à la benzine chlorée, on traite l'hydrocarbure à l'ébullition par le chlore, le dérivé monochloré obtenu a une autre odeur, un autre point d'ébullition; il se prête facilement aux doubles décompositions, et se comporte comme un véritable éther chlorhydrique; on le connaît sous le nom de chlorure de benzyle. La substitution du chlore s'est opérée dans le groupe alcoolique méthyle. Par l'action à froid ou à chaud du chlore, il y a donc production de deux isomères de fonctions différentes, dont les formules qui suivent indiquent la constitution :

$$C^6H^4Cl,CH^3 = C^7H^7Cl \qquad C^6H^5,CH^2Cl = C^7H^7Cl$$

Toluène chloré.   Chlorure de benzine.

Le chlorure de benzyle est en effet un éther chlorhydrique, et ses réactions sont semblables à celles du chlorure de méthyle; comme lui, il peut être transformé en un véritable alcool, l'alcool benzylique C^7H^8O, qui est isomère du crésylol, et qui par oxydation donne une aldéhyde, l'aldéhyde benzoïque ou hydrure de benzoyle C^7H^6O, un acide, l'acide benzoïque, $C^7H^6O^2$, etc. (Voy. § 226.)

Il est permis, par cet ordre de réactions, de comparer le toluène à l'hydrure de méthyle; les composés qu'ils fournissent sont analogues.

Le toluène ou méthylbenzine subit donc, suivant les conditions, deux séries de réactions différentes : les unes qui le rapprochent de la benzine, les autres qui le rapprochent de l'hydrure de méthyle.

Les formules suivantes indiquent le double rôle de la méthylbenzine :

DÉRIVÉS DE LA BENZINE.	DÉRIVÉS DU TOLUÈNE.		DÉRIVÉS DE L'HYDRURE DE MÉTHYLE.
—	par le côté phényle.	par le côté méthyle.	—
C^6H^6 Benzine.	$CH^3,C^6H^5 = C^7H^8$ Toluène ou méthylbenzine.		CH^4 Hydrure de méthyle.
C^6H^5Cl Benzine chlorée.	$CH^3C^6H^4Cl$ Toluène chloré.	$C^6H^5CH^2Cl$ Chlorure de benzyle.	CH^3Cl Chlorure de méthyle.
C^6H^5,OH Phénol.	$CH^3C^6H^4,OH$ Crésylol.	$C^6H^5CH^2,OH$ Alcool benzylique.	CH^3,OH Alcool méthylique.
C^6H^5,AzH^2 Aniline.	$CH^3C^6H^4,AzH^2$ Toluidine.	$C^6H^5CH^2,AzH^2$ Benzylamine.	CH^3,AzH^2 Méthylamine.
$C^6H^5(AzO^3)$ Nitrobenzine.	$CH^3C^6H^4(AzO^3)$ Nitrotoluène.	. . . .	. . . . . .
. . . .	. . . .	$C^6H^5CO^3H$ Acide benzoïque.	CHO^3H Acide formique.

D'après le tableau précédent on voit : 1º Que les deux ordres de réactions donnent naissance à un grand nombre d'isomères : la toluidine et la benzylamine ont également la formule $C^7H^7AzH^2$, etc.

2º Que les dérivés du toluène dans le groupe phényle représentent les dérivés correspondants de la benzine, dans lesquels un groupe CH^3 serait substitué à un atome d'hydrogène.

3º Que les dérivés du toluène dans le groupe méthyle, représentent les composés méthyliques, dont un atome d'hydrogène est remplacé par le groupe phényle C^6H^5.

Tous les hydrocarbures homologues de la benzine fournissent aussi des dérivés analogues à ceux de la série grasse. Tous peuvent s'obtenir synthétiquement par le procédé que nous avons indiqué plus haut, et qui consiste à faire réagir sur le sodium un hydrocarbure bromé avec l'iodure d'un radical alcoolique :

$$C^6H^4BrC^2H^5 + C^2H^5I + NaI^2 = C^6H^4 \begin{cases} C^2H^5 \\ C^2H^5 \end{cases} + NaBr + NaI$$

Éthylbenzine bromée.   Iodure d'éthyle.   Sodium.   Diéthylbenzine.   Bromure de sodium.   Iodure de sodium.

Le nombre des hydrocarbures C^nH^{2n-6} est considérable ; nous parlerons seulement du toluène et du xylène auquel se rattachent des dérivés importants.

223 Toluène (*méthylbenzine*) C^7H^8. — Cet hydrocarbure se retire des huiles légères provenant de la distillation des goudrons de houille. Nous avons vu comment on a réalisé sa synthèse (§ 221). Il bout à 111° ; il est plus léger que l'eau, insoluble dans ce liquide, inflammable, et ne se solidifie pas dans un mélange réfrigérant. Lorsque dans sa vapeur on dirige un courant de chlore, il donne un dérivé chloré, le *chlorure de benzyle*, C^7H^7Cl, liquide incolore, bouillant à 180°, irritant vivement les yeux, et présentant, comme nous l'avons dit, toutes les réactions d'un éther chlorhydrique. Maintenu en ébullition avec une solution alcoolique d'acétate de potasse, le chlorure de benzyle se décompose avec production de chlorure de potassium et d'*acétate de benzyle ;* celui-ci, véritable éther acétique, se saponifie, quand on le fait bouillir avec une solution concentrée de potasse, et se dédouble en acétate de potassium et alcool benzylique, liquide d'une odeur agréable bouillant à 210°.

$$C^6H^5CH^2Cl \ + \ C^2H^3O^2K \ = \ C^6H^5CH^2(C^2H^3O^2) \ + \ KCl$$

Chlorure de benzyle. — Acétate de potasse. — Acétate de benzyle. — Chlorure de potassium.

$$C^6H^5CH^2(C^2H^3O^2) \ + \ KHO \ = \ C^2H^3O^2K \ + \ C^6H^5CH^2OH$$

Acétate de benzyle. — Potasse. — Acétate de potasse. — Alcool benzylique.

224. Alcool benzylique $C^7H^7,OH = (C^6H^5)CH^2,OH$. — C'est un liquide incolore, d'une odeur agréable, bouillant à 204°. Il présente les réactions d'un véritable alcool primaire ; il renferme en effet le groupe CH^2OH des alcools primaires et peut être comparé à l'alcool méthylique :

$$CH^3\text{-}OH \qquad\qquad C^6H^5\text{-}CH^2\text{-}OH$$

Alcool méthylique. — Alcool benzylique (phényl-méthylique).

Aussi, par oxydation, il fournit une aldéhyde et un acide. L'aldéhyde benzoïque est le principe constituant de l'essence d'amandes amères ; l'acide n'est autre que l'acide benzoïque :

$$C^7H^7,OH \ + \ O \ = \ C^7H^6O \ + \ H^2O$$

Alcool benzylique. — Oxygène. — Aldéhyde benzoïque. — Eau.

$$C^7H^7,OH \ + \ O^3 \ = \ C^7H^6O^2 \ + \ H^2O$$

Alcool benzylique. — Oxygène. — Acide benzoïque. — Eau.

225. Aldéhyde benzoïque (*hydrure de benzoyle*) C^7H^6O. — L'essence d'amandes amères est une combinaison peu stable d'aldéhyde benzoïque et d'acide cyanhydrique. On en retire l'aldéhyde pure en agitant l'essence d'amandes amères avec du bisulfite de soude en solution concentrée ; il se sépare une combinaison cristalline d'aldéhyde benzoïque et de bisulfite de soude, qu'on laisse égoutter sur un filtre, que l'on comprime et que l'on décompose en la dissolvant dans l'eau bouillante, et ajoutant de la soude caustique; l'aldéhyde se sépare, on la décante, on la sèche et on la rectifie.

L'essence d'amandes amères n'existe pas toute formée dans les amandes; elle prend naissance lorsque celles-ci, après avoir été privées de leur huile grasse par expression, sont mises en contact avec de l'eau tiède, et que l'on soumet le mélange à la distillation; l'essence passe avec les vapeurs d'eau et gagne le fond du récipient. Les amandes amères renferment un principe cristallisé, l'*amygdaline* $C^{30}H^{37}AzO^{11}$, et un ferment, l'*émulsine*, analogue à la diatase. En présence de l'eau, l'émulsine dédouble l'amygdaline en glucose, acide cyanhydrique et hydrure de benzoyle; l'amygdaline est donc un glucoside :

$$C^{30}H^{37}AzO^{11} \; + \; 2H^2O \; = \; CAzH \; + \; C^7H^6O \; + \; 2C^6H^{12}O^6$$

Amygdaline.	Eau.	Acide cyan- hydrique.	Hydrure de benzoyle.	Glucose.

Ce dédoublement de l'amygdaline a lieu également dans l'organisme. Si l'on fait absorber à un animal de l'amygdaline, puis des amandes douces qui contiennent de l'émulsine, il succombe bientôt empoisonné par l'acide cyanhydrique. On a cité aussi des cas de mort survenus chez des individus qui avaient ingéré une grande quantité d'amandes amères. L'essence d'amandes amères est vénéneuse; elle doit son action toxique à l'acide cyanhydrique, l'hydrure de benzoyle étant inoffensif. Elle n'est pas employée en médecine à l'état de pureté; les eaux distillées de laurier-cerise, d'amandes amères, lui doivent leurs propriétés, et comme ces médicaments n'offrent pas une richesse constante en essence, il faut ne les manier qu'avec précaution. Les noyaux de pêches, de cerises, de prunes, d'abricots, renferment de l'amygdaline et de l'émulsine; c'est à l'acide cyanhydrique et à l'hydrure de benzoyle que le kirsch doit son odeur spéciale.

On peut préparer l'hydrure de benzoyle ou aldéhyde benzoïque, en partant du toluène, et en additionnant cette aldéhyde d'un peu d'acide cyanhydrique; on obtient ainsi un produit complètement identique avec l'essence d'amandes amères naturelles. Cette synthèse est due à M. Cannizzaro, qui a converti le toluène en alcool benzylique, ainsi que nous l'avons dit plus haut, et qui, par oxydation de cet alcool, a obtenu l'hydrure de benzoyle.

La transformation du toluène en hydrure de benzoyle se fait plus directement par l'ébullition du chlorure de benzyle C^7H^7Cl, avec une solution aqueuse d'azotate de plomb; il se forme du chlorure de plomb et de l'hydrure de benzoyle, qui distille avec les vapeurs d'eau. (Ch. Lauth et E. Grimaux.)

L'hydrure de benzoyle est liquide, incolore, très réfringent, d'une saveur mordicante, d'une odeur agréable, plus dense que l'eau. Il bout à 180° et se dissout dans 30 parties d'eau froide. Comme toutes les aldéhydes il se combine aux bisulfites; au contact de l'air, il absorbe de l'oxygène et se convertit en acide benzoïque.

Lorsqu'on dirige sa vapeur dans un tube de porcelaine rempli de pierre ponce et chauffé au rouge, il se dédouble en oxyde de carbone et en benzine :

$$C^7H^6O \;=\; C^6H^6 \;+\; CO$$

Hydrure de benzoyle.	Benzine.	Oxyde de carbone.

Le chlore le transforme en chlorure de benzoyle C^7H^5O,Cl, le brome en bromure de benzoyle C^7H^5O,Br : ces deux corps sont des chlorure et bromure d'un radical acide; aussi l'eau les décompose en acide benzoïque et acide chlorhydrique ou bromhydrique :

$$C^7H^5OCl \quad + \quad H^2O \quad = \quad C^7H^6O^3 \quad + \quad HCl$$

Chlorure   Eau.   Acide   Acide chlor-
de benzoyle.   benzoïque.   hydrique.

Chauffée avec une solution alcoolique de potasse, l'aldéhyde benzoïque fournit du benzoate de potasse et de l'alcool benzylique :

$$2C^7H^6O \quad + \quad KHO \quad = \quad C^7H^8O \quad + \quad C^7H^5O^2K$$

Hydrure   Potasse.   Alcool   Benzoate
de benzoyle.   benzylique.   de potasse.

226. Acide benzoïque $C^7H^6O^2 = C^6H^5,CO^2H$. — Cet acide représente l'acide phénylformique :

$$CHO^2H \qquad\qquad C(C^6H^5)O^2H$$

Acide   Acide
formique.   benzoïque.

Il existe dans le benjoin; on l'en extrait en chauffant le benjoin grossièrement pulvérisé, dans une terrine plate, recouverte d'une feuille de papier à filtrer, et surmontée d'un cône en carton. L'acide benzoïque se sublime et se réunit sur les parois du cône en flocons blancs, légers, cristallins, appelés autrefois *fleurs de benjoin*. Scheele l'obtint plus avantageusement en laissant bouillir le benjoin avec un lait de chaux, filtrant la solution bouillante de benzoate calcique, la concentrant par évaporation et la précipitant par l'acide chlorhydrique. L'acide benzoïque se sépare; on le purifie par cristallisation dans l'eau bouillante.

L'urine des herbivores renferme de l'acide hippurique, dérivé benzoïque du glycocolle et qui, bouilli avec les acides, se dédouble en acide benzoïque et en glycocolle; aussi prépare-t-on l'acide benzoïque et en grandes quantités par l'ébullition, avec l'acide chlorhydrique, de l'urine concentrée des chevaux et des vaches; cet acide benzoïque porte dans le commerce le nom d'acide benzoïque des herbivores.

On peut l'obtenir avec avantage en partant du toluène; le chlorure de benzyle bouilli avec de l'acide azotique étendu s'oxyde et se convertit en acide benzoïque; ce procédé est industriel. (Ch. Lauth et E. Grimaux.)

L'acide benzoïque est blanc, cristallisé en longues aiguilles fusibles à 121°, se sublimant à 140°, distillant à 249°. Ses vapeurs excitent la toux. Il est peu soluble dans l'eau froide, soluble dans 12 parties d'eau bouillante, et distille avec les vapeurs d'eau. Distillé avec un excès de chaux, il se décompose en acide carbonique et en benzine.

L'acide benzoïque introduit dans l'organisme s'élimine par les urines à l'état d'acide hippurique.

Il est monobasique, et donne des éthers et des sels. L'acide benzoïque et les benzoates ont été employés en médecine, le premier comme stimulant dans les affections chroniques des bronches; les sels ont été conseillés dans le traitement de la goutte et des affections calculeuses.

228 bis. Anhydride orthosulfamine benzoïque (saccharine de Fahlberg) $C^7H^5SO^3Az$. — Sous le nom de *saccharine*, on vend depuis quelque temps une substance d'une saveur extrêmement sucrée, et dont on a proposé l'emploi pour remplacer le sucre de canne et le glucose. La saccharine se prépare au moyen du toluène par une série de réactions ; on traite d'abord le toluène par l'acide sulfurique pour obtenir le dérivé sulfoconjugué ortho, ou acide orthotoluène sulfurique :

$$C^6H^4 \begin{cases} SO^3H \\ CH^3 \end{cases}$$

puis celui-ci par le pentachlorure de phosphore pour donner le chlorure :

$$C^6H^4 \begin{cases} SO^2Cl \\ CH^3 \end{cases}$$

qu'un courant de gaz ammoniaque sec transforme en amide :

$$C^6H^4 \begin{cases} SO^2\text{-}AzH^2 \\ CH^3 \end{cases}$$

Cette amide étant oxydée par le permaganate de potassium, le groupe CH^3 se transforme en CO^2H, et l'on obtient le sel de potassium de l'acide orthosulfamine benzoïque :

$$C^6H^4 \begin{cases} SO^2\text{-}AzH^2 \\ CO^2H \end{cases}$$

qui perd les éléments de l'eau quand on le met en liberté et se convertit en un anhydride qui est la saccharine :

$$C^6H^4 \begin{cases} SO\text{-}^2AzH \\ CO \end{cases}$$

La saccharine est un corps solide, dont le pouvoir sucrant est égal à celui de 200 fois son poids de sucre de canne. On l'a conseillée surtout pour les diabétiques, mais il est à remarquer que la saccharine n'est pas un aliment, qu'elle n'est pas assimilée par l'organisme, et son emploi, chez plusieurs diabétiques, a donné lieu à des troubles des fonctions digestives.

227. Acides oxybenzoïques. — A l'acide benzoïque se rattachent divers acides oxybenzoïques, parmi lesquels nous étudierons l'*acide salicylique* (monoxybenzoïque) $C^7H^6O^3$ et ses dérivés (saligénine, salicine, etc.), l'*acide protocatéchique* (dioxybenzoïque) $C^7H^6O^4$ et l'*acide gallique* (trioxybenzoïque) $C^7H^6O^5$, à l'étude duquel se joint celle du tannin.

$C^7H^6O^2$	$C^7H^6O^3$	$C^7H^6O^4$	$C^7H^6O^5$
Acide benzoïque.	Acide oxybenzoïque (salicylique).	Acide dioxybenzoïque. (protocatéchique).	Acide trioxybenzoïque (gallique).

228. Acide salicylique (*orthoxybenzoïque*) $C^7H^6O^3$. — — L'acide salicylique représente du phénol, plus de l'acide carbonique, comme l'acide benzoïque est de la benzine, plus de l'acide carbonique. Il y a, entre l'acide benzoïque et l'acide salicylique, les mêmes relations qu'entre la benzine et le phénol :

$$C^6H^6 \qquad\qquad C^6H^5,OH$$
Benzine.   Phénol.

$$C^7H^6O^2 = C^6H^5,CO^2H \qquad\qquad C^7H^6O^3 = C^6H^4 \left\{ \begin{array}{l} OH \\ CO^2H \end{array} \right.$$
Acide benzoïque.   Acide salicylique.

Cette constitution de l'acide salicylique est donnée par sa synthèse et par ses réactions de dédoublement.

On voit par sa formule que c'est un corps de fonction mixte, tout à la fois phénol et acide monobasique.

Il prend naissance :

1° Quand on fond l'acide chlorobenzoïque avec de la potasse :

$$C^7H^5ClO^2 + KHO = C^7H^6O^3 + KCl$$
Acide chloro-benzoïque.   Potasse.   Acide salicylique.   Chlorure de potassium.

2° Quand on dirige dans du phénol doucement chauffé un courant de gaz carbonique, en même temps qu'on y projette du sodium :

$$C^6H^6O \quad + \quad Na \quad + \quad CO^2 \quad = \quad C^7H^5O^3Na \quad + \quad H$$

Phénol.   Sodium.   Gaz carbonique.   Salicylate de sodium.   Hydrogène.

Ce dernier procédé, dû à Kolbe et Lautemann, a été modifié par Kolbe, qui l'a rendu industriel en remplaçant le sodium par la soude.

On dissout le phénol dans une lessive de soude concentrée, on évapore la solution à siccité, puis on introduit le mélange dans une cornue de fer, et l'on chauffe peu à peu jusqu'à 220° en faisant passer dans la masse un courant de gaz carbonique. Le produit de la réaction, dissous dans l'eau, est additionné d'acide chlorhydrique qui précipite l'acide salicylique.

L'acide salicylique se produit aussi dans l'action de la potasse fondante sur la salicine : de là le nom qui lui a été donné.

L'acide salicylique cristallise en gros prismes quadrilatères fusibles à 156°. Il est assez soluble dans l'eau bouillante, très soluble dans l'alcool et l'éther ; la solution aqueuse colore les sels ferriques en violet foncé. Distillé brusquement, il se décompose en acide carbonique et en phénol : avec l'acide azotique, le chlore, le brome, l'iode, il donne des produits de substitution ; l'un deux, l'acide diiodosalicylique, $C^7H^4I^2O^3$, fondu avec la potasse, se convertit en acide gallique $C^7H^6O^5$, qui est par conséquent un acide trioxybenzoïque.

On connaît un grand nombre d'éthers de l'acide salicylique résultant du remplacement de l'hydrogène du groupe CO^2 par des radicaux hydrocarbonés, tel est le salicylate de méthyle ou essence de *Wintergreen* :

$$C^6H^4 \begin{cases} CO^2CH^3 \\ OH \end{cases}$$

ou du remplacement de l'hydrogène du groupe OH phénolique, et alors le corps conserve encore les propriétés d'un acide, tel est l'acide méthylsalicylique :

$$C^6H^4 \begin{cases} CO^2H \\ OCH^3 \end{cases}$$

ou enfin du remplacement de deux atomes d'hydrogène, comme dans le méthylsalicylate de méthyle :

$$C^6H^4 \begin{cases} CO^2CH^3 \\ OCH^3 \end{cases}$$

L'essence de *Wintergreen*, retirée du *Gaultheria procumbens*, est un liquide d'une odeur agréable bouillant à 222°, employé dans la parfumerie. C'est la matière première avec laquelle on s'est longtemps procuré l'acide salicylique; comme elle est un véritable éther, elle se dédouble par l'ébullition avec la potasse, en alcool méthylique et salicylate de potassium. (Cahours.)

Le *salicylate de phényle* est un corps cristallisé, qu'on emploie depuis quelque temps comme antiseptique sous le nom de *salol*; on l'obtient par l'action à 120° de l'oxychlorure de phosphore sur un mélange d'acide salicylique et de phénol; il renferme :

$$C^6H^4 \begin{cases} CO^2C^6H^5 \\ OH \end{cases}$$

L'acide salicylique possède des propriétés antifermentescibles analogues à celle du phénol. Aussi tendil à remplacer, dans un grand nombre d'applications médicales ou industrielles, le phénol, dont il n'a pas l'odeur désagréable et la saveur caustique.

Depuis quelque temps, le salicylate de soude a été conseillé contre les affections rhumatismales; il paraît avoir donné de bons résultats dans le rhumatisme articulaire aigu.

Les relations qu'on observe entre l'acide benzoïque, l'hydrure de benzoyle et l'alcool benzylique, existent entre l'acide salicylique, l'hydrure de salicyle et la saligénine :

$C^7H^6O^3$	C^7H^6O	C^7H^8O
Acide benzoïque.,	Hydrure de benzoyle.	Alcool benzylique.
$C^7H^6O^3$	$C^7H^6O^3$	$C^7H^8O^3$
Acide salicylique.	Hydrure de salicyle.	Saligénine.

L'*hydrure de salicyle* ou *aldéhyde salicylique* constitue une essence naturelle, l'*essence de spirée ulmaire* ou de *reine des prés;* elle se produit aussi par l'oxydation de la salicine. (Piria.)

La *saligénine* est un corps cristallisé, qui ne donne pas des réactions très nettes, et dont on ne connaît pas d'éthers, quoiqu'il paraisse moitié alcool moitié phénol; néanmoins par oxydation elle fournit l'hydrure de salicyle et l'acide salicylique, et présente avec eux les mêmes relations qu'un alcool avec son aldéhyde et son acide. La saligénine se produit dans l'action de l'hydrogène naissant sur l'hydrure de salicyle; on l'obtient d'ordinaire par le dédoublement de la salicine.

229. SALICINE $C^{13}H^{18}O^7$. — Elle existe toute formée dans les écorces de saule et de peuplier. On l'en extrait en épuisant par l'eau bouillante l'écorce de saule, con-

centrant les liqueurs, faisant digérer avec de la litharge pour enlever les matières colorantes, filtrant et évaporant à consistance sirupeuse. La salicine cristallise en aiguilles brillantes, solubles dans l'eau et l'alcool, insolubles dans l'éther, déviant à gauche le plan de polarisation; sa saveur est très amère; c'est un glucoside, une sorte d'éther neutre formé par l'union d'une molécule de saligénine et d'une molécule de glucose, avec élimination d'une molécule d'eau. Sous l'influence de l'émulsine, ce ferment analogue à la diastase qui existe dans les amandes, la salicine absorbe une molécule d'eau et se dédouble en saligénine et en glucose :

$$C^{13}H^{18}O^7 \;+\; H^2O \;=\; C^7H^8O^3 \;+\; C^6H^{12}O^6$$

Salicine.   Eau.   Saligénine.   Glucose.

La salicine est donc un *glucoside.*

La salicine, additionnée de quelques gouttes d'acide sulfurique, se colore en rouge; avec les oxydants, elle donne de l'hydrure de salicyle et avec la potasse fondue, de l'acide salicylique. Dans ces réactions, elle se dédouble, et fournit les produits de transformation de la saligénine, tandis que le glucose est converti en acide formique ou en acide carbonique.

La salicine a joui d'une certaine réputation comme fébrifuge; elle réussit quelquefois contre les fièvres intermittentes simples, mais elle échoue complètement dans les fièvres graves; elle ne saurait, pas plus que les autres amers, remplacer le sulfate de quinine. Le vin d'écorce de saule est avantageusement prescrit comme tonique et fébrifuge, pour prévenir le retour des accès lorsque la fièvre intermittente a cédé à la quinine.

230. *L'acide protocatéchique* est un acide dioxyben-

zoïque dont la constitution est donnée par l'action que lui fait subir la chaleur : il se dédouble, en effet, en acide carbonique et en pyrocatéchine, phénol diatomique $C^6H^4(OH)^2$:

$$C^6H^3 \left\{ \begin{array}{l} CO^2H \\ OH \\ OH \end{array} \right. = CO^2 + C^6H^4 \left\{ \begin{array}{l} OH \\ OH \end{array} \right.$$

Acide protocatéchique.   Acide carbonique.   Pyrocatéchine.

Il est donc tout à la fois acide monobasique et phéno-diatomique; aussi, en remplaçant un ou deux atomes d'hydrogène par des radicaux alcooliques, donne-t-il des corps qui sont encore acides; tel est l'acide méthyl-protocatéchique :

$$C^6H^3 \left\{ \begin{array}{l} CO^2H \\ OCH^3 \\ OH \end{array} \right.$$

A cet acide méthylprotocatéchique, correspondent une aldéhyde et un alcool, comme à l'acide salicylique correspondent l'hydrure de salicyle et la saligénine :

$$C^6H^4 \left\{ \begin{array}{l} CO^2H \\ OH \end{array} \right. \qquad C^6H^4 \left\{ \begin{array}{l} COH \\ OH \end{array} \right. \qquad C^6H^4 \left\{ \begin{array}{l} CH^2\text{-}OH \\ OH \end{array} \right.$$

Acide salicylique.   Aldéhyde salicylique.   Saligénine.

$$C^6H^3 \left\{ \begin{array}{l} CO^2H \\ OCH^3 \\ OH \end{array} \right. \qquad C^6H^3 \left\{ \begin{array}{l} COH \\ OCH^3 \\ OH \end{array} \right. \qquad C^6H^3 \left\{ \begin{array}{l} CH^2\text{-}OH \\ OCH^3 \\ OH \end{array} \right.$$

Acide méthyl-protocatéchique.   Aldéhyde méthyl-protocatéchique.   Alcool méthyl-protocatéchique.

231. L'*aldéhyde méthylprotocatéchique* $C^8H^8O^3$ n'est autre que le principe cristallisé auquel la vanille doit son odeur; elle est désignée sous le nom de *vanilline*.

La constitution de la vanilline a été donnée par ses réactions, car elle fournit de l'acide méthylprotocatéchique quand elle est traitée par les agents d'oxydation.

On retire la vanilline non seulement de la vanille, où elle n'existe qu'en petite quantité, mais encore on l'obtient industriellement au moyen d'un glucoside, qui existe dans la sève des conifères, la coniférine.

La *coniférine* $C^{16}H^{22}O^8$ se dédouble, par l'émulsine, en glucose $C^6H^{12}O^6$ et en un corps $C^{10}H^{12}O^3$ qui, soumis à l'oxydation, fournit de la vanilline et de l'aldéhyde éthylique :

$$C^{10}H^{12}O^3 \quad + \quad O \quad = \quad C^8H^8O^3 \quad + \quad C^2H^4O$$

Dérivé de la coniférine.   Oxygène.   Vanilline.   Aldéhyde éthylique.

La vanilline est un corps cristallisé, blanc, fusible à 80-81°, soluble dans l'eau bouillante, dans l'éther et dans l'alcool. (Tiemann et Haarmann.)

231 *bis*. Acide gallique $C^7H^6O^5+3H^2O$. — L'acide gallique est un acide trioxybenzoïque; il se forme par l'action de la potasse sur l'acide diiodosalicylique.

$$C^6H^2I^2 \left\{ \begin{matrix} CO \\ OH \end{matrix} \right. \quad + \quad 2KHO \quad = \quad 2KI \quad + \quad C^6H^2 \left\{ \begin{matrix} CO^2H \\ (OH)^3 \end{matrix} \right.$$

Acide diiodosalicylique.   Potasse.   Iodure de potassium.   Acide gallique.

L'acide gallique s'obtient ordinairement comme produit du dédoublement du tannin que renferment les noix de galle.

Les noix de galle grossièrement pulvérisées sont humectées d'eau qu'on a soin de renouveler au fur et à mesure de son évaporation, et abandonnées pendant deux ou trois mois à une fermentation spontanée, par laquelle le tannin passe à l'état d'acide gallique. Quand la fermentation est terminée, on exprime fortement la masse pour en chasser un liquide noir, dont elle est imprégnée, et l'on épuise le résidu par l'eau bouillante ; les solutions filtrées déposent de l'acide gallique qu'on achève de purifier par une nouvelle cristallisation.

On prépare plus rapidement l'acide gallique en faisant digérer le tannin pendant quelques heures avec de l'acide sulfurique étendu de 8 ou 10 fois son poids d'eau ; la liqueur concentrée lentement dépose des cristaux d'acide gallique.

L'acide gallique est en aiguilles soyeuses renfermant 3 molécules d'eau de cristallisation, $C^7H^6O^5+3H^2O$, qu'il perd à 100°. Il est inodore, d'une saveur astringente et acide. Soluble dans 3 parties d'eau bouillante et dans 100 parties d'eau froide, très soluble dans l'alcool, moins soluble dans l'éther, il est très oxydable. Sa solution aqueuse se colore et se décompose au contact de l'air ; cette altération est très rapide en présence des alcalis. Elle réduit les sels d'or et d'argent et colore les sels ferriques en bleu ; elle précipite la solution d'émétique, mais ne précipite ni la gélatine, ni les alcalis végétaux, comme le fait la solution de tannin.

L'acide gallique est monobasique et tétratomique ; traité en solution alcoolique par un courant d'acide chlorhydrique, il fournit l'éther monoéthylique neutre, $C^7H^5O^5(C^2H^5)$, cristallisé en primes obliques à base rhombe, fusibles à 158°. (E. Grimaux.)

Soumis à l'action du chlorure d'acétyle, il donne un dérivé tétracétylé $C^7H^2O^5(C^2H^3O^1)^4$.

Il ne distille pas sans altération, mais se décompose en acide carbonique et pyrogallol :

$$C^7H^6O^5 = C^6H^6O^3 + CO^2$$

Acide gallique.   Pyrogallol.   Acide carbonique.

232. Tannin (*acide tannique, acide gallotannique*) $C^{14}H^{10}O^9$. — Longtemps considéré comme une combinaison glucoside de l'acide gallique, et représenté alors par la formule $C^{27}H^{22}O^{17}$, le tannin, d'après les recherches de M. H. Schiff, n'est autre qu'un acide digallique, c'est-à-dire une combinaison de deux molécules d'acide gallique avec élimination d'une molécule d'eau :

$$2C^7H^6O^5 \quad - \quad H^2O \quad = \quad C^{14}H^{10}O^9$$

Acide gallique.   Eau.   Tannin. (Acide digallique.)

Le glucose que renferme le tannin, tel qu'on le prépare habituellement, ne s'y trouve qu'à l'état de mélange.

M. Schiff a, en effet, obtenu le tannin en traitant l'acide gallique par l'oxychlorure de phosphore.

On le retire de la noix de galle, excroissance développée par la piqûre d'un insecte (*Cynips gallæ tinctoriæ*), sur les feuilles et les branches du *Quercus infectoria*.

On introduit les noix de galle réduites en poudre grossière, dans une allonge placée sur une carafe, et dont l'extrémité est bouchée par un tampon de coton ; la poudre de noix de galle doit occuper la moitié de l'allonge, qu'on finit de remplir avec de l'éther du commerce qui renferme 10 p. 100 d'eau. Le lendemain, on trouve dans la carafe deux couches de liquides, l'une supérieure éthérée, l'autre inférieure aqueuse et chargée de tannin ; celui-ci, qui est insoluble dans l'éther, s'est emparé de l'eau que renferme toujours l'éther ordinaire non rectifié, et s'y est dissous. On sépare la couche aqueuse, on l'abandonne dans une étuve à la dessiccation ; le tannin reste sous l'aspect d'une poudre légère, boursouflée, d'une teinte jaunâtre.

Le tannin n'est pas cristallisé, il est inodore, léger, d'une saveur très astringente. Il se dissout facilement dans l'eau, moins dans l'alcool, il est insoluble dans l'éther. Il se, comporte comme un acide énergique, rougit le tournesol, décompose les carbonates alcalins et précipite la plupart des solutions métalliques. Les sels alcalins sont solubles; tous sont amorphes et s'altèrent facilement à l'air en se colorant en brun.

Il précipite les sels ferriques en noir bleuâtre; ce précipité constitue l'encre à écrire; il précipite l'albumine, l'émétique, les alcaloïdes végétaux; aussi doit-on prendre garde, dans les formules médicales, à ne pas l'associer à toutes ces substances incompatibles.

Il précipite la solution de gélatine en se combinant avec elle, le composé est imputrescible; lorsque, dans une solution de tannin, on laisse tremper, pendant quelques heures, un morceau de peau fraîche, il est absorbé en totalité et se fixe sur la membrane animale qui est transformée en cuir : c'est sur cette réaction qu'est fondée l'industrie du tanneur.

Dans un liquide renfermant à la fois du tannin et de l'acide gallique, on reconnaît facilement la présence de ces deux corps de réactions si voisines, en y plongeant un morceau de peau fraîche, qui s'empare du tannin et laisse l'acide gallique dans la solution.

Sous l'influence d'un ferment qui se trouve dans les noix de galle ou par l'ébullition avec de l'acide sulfurique étendu, le tannin absorbe les éléments de l'eau, et passe à l'état d'acide gallique.

Chauffé entre 210° et 215°, il donne de l'acide carbonique, de l'acide pyrogallique et une matière noire.

233. *Usages médicaux.* — Le tannin est le type des astringents végétaux; à ce titre, il est employé dans les hémorrhagies, les diarrhées, les leucorrhées, les

blennorrhées, etc. Précipitant les alcaloïdes végétaux à l'état de combinaisons insolubles, il est un des antidotes de l'empoisonnement causé par ces agents, surtout de l'empoisonnement par l'opium. Quelques tannates ont été préconisés, entre autres le *tannate de bismuth*, comme antidiarrhéique supérieur au sous-azotate. On le prépare en précipitant par la soude de l'azotate neutre de bismuth cristallisé, recueillant le précipité d'hydrate de bismuth, le lavant et le triturant avec du tannin; le magma est desséché à l'étuve et pulvérisé.

Plusieurs médecins emploient le *tannate de plomb* à l'état de bouillie pour combattre les escarres du sacrum dues à un décubitus prolongé; on précipite du sous-acétate de plomb par une solution de tannin, et l'on ajoute au précipité un peu de glycérine pour qu'il ne se dessèche pas. Le *tannate de zinc*, qui est un peu soluble, a été prescrit dans le traitement des écoulements invétérés.

234. TANNINS. — Le nom générique de *tannins* s'applique à un grand nombre de corps mal déterminés et non cristallisés, qui ne fournissent pas d'acide gallique, mais présentent tous la propriété de fonctionner comme acides, de précipiter les solutions de gélatine, de colorer les sels ferriques, en donnant, les uns, un précipité noir bleuâtre, d'autres une coloration verte, et enfin de se fixer sur les membranes animales, en les rendant imputrescibles. Ces tannins se trouvent dans le café, le quinquina, les chênes, le cachou, la racine de ratanhia, etc.

CHAPITRE XVIII

COMPOSÉS AROMATIQUES

Acide phtalique. — Phtaléines. — Éosine. — Composés aromatiques divers. — Indigo. — Tyrosine. — Camphres. — Essence de térébenthine. — Cantharidine, naphtaline, anthracène. — Alizarine.

235. Acide phtalique $C^8H^6O^4 = C^6H^4(CO^2H)^2$. — L'acide benzoïque peut être regardé comme un dérivé substitué de la benzine, dans laquelle un groupe CO^2H a pris la place d'un atome d'hydrogène; ce sont les mêmes relations que présentent l'hydrure de méthyle et l'acide acétique :

<table>
<tr><td>CH^4</td><td>$CH^3\text{-}CO^2H$</td></tr>
<tr><td>Hydrure de méthyle.</td><td>Acide acétique.</td></tr>
<tr><td>C^6H^6</td><td>$C^6H^5\text{-}CO^2H$</td></tr>
<tr><td>Benzine.</td><td>Acide benzoïque.</td></tr>
</table>

Un acide bibasique de la formule $C^8H^6O^4$ pourra de même être rapporté à la benzine dont 2 atomes d'hydrogène seraient remplacés par 2 groupes CO^2H :

$$C^8H^6O^4 = C^6H^4 \begin{cases} CO^2H \\ CO^2H \end{cases}$$

Ce dérivé bisubstitué de la benzine existe donc sous trois modifications isomériques; ce sont l'acide *phtalique*, l'acide *téréphtalique*, l'acide *isophtalique*. L'acide phtalique seul a reçu des applications industrielles.

L'acide phtalique se produit dans l'oxydation d'un hydrocarbure, la naphtaline $C^{10}H^8$. On l'obtient plus facilement, en oxydant, non la naphtaline, mais son tétrachlorure $C^{10}H^8Cl^4$.

L'acide phtalique cristalise en prismes fusibles à 184°, peu solubles dans l'eau froide. Chauffé vers 230°, il se dédouble en eau et anhydride phtalique, fusible à 131° :

$$C^8H^6O^4 \quad = \quad H^2O \quad + \quad C^8H^4O^3$$

Acide phtalique.   Eau.   Anhydride phtalique.

Distillé avec de la chaux, il donne de la benzine et du carbonate :

$$C^8H^6O^4 \quad + \quad 2CaO \quad = \quad C^6H^6 \quad + \quad 2(CO^3Ca)$$

Acide phtalique.   Chaux.   Benzine.   Carbonate de chaux.

M: Bœyer a découvert des dérivés fort importants de l'acide phtalique.

Quand on chauffe l'anhydride phtalique avec des phénols monoatomiques ou polyatomiques, il y a union des deux constituants avec élimination d'eau et production de matières colorantes. On donne à ces corps le nom générique de *phtaléines.*

La *phtaléine du phénol* ordinaire se produit quand on chauffe, à 120-130°, un mélange de 10 p. de phénol, 5 p. d'anhydride phtalique et 4 p. d'acide sulfurique concentré. C'est une poudre blanche, soluble dans l'alcool, et dont la solution alcoolique se colore en rouge vif par de très petites quantités d'alcalis. Elle est plus sensible que la teinture de tournesol et est employée aux mêmes usages.

La phtaléine du phénol prend naissance suivant l'équation :

$$C^8H^4O^3 \quad + \quad 2C^6H^6O \quad = \quad C^{20}H^{14}O^4 \quad + \quad H^2O$$

Anhydride phtalique.   Phénol.   Phtaléine.   Eau.

La phtaléine de la résorcine, appelée *fluorescéine*, renferme $C^{20}H^{12}O^5$. Elle se forme de même par l'action de l'acide sulfurique sur un mélange d'anhydride phtalique et de résorcine :

$$C^8H^4O^3 \quad + \quad 2C^6H^6O^2 \quad = \quad C^{20}H^{12}O^5 \quad + \quad 2H^2O$$

Anhydride phtalique.   Résorcine.   Fluorescéine.   Eau.

La *fluorescéine* $C^{20}H^{12}O^5$ est une poudre d'un rouge brique, insoluble dans l'eau, un peu soluble dans l'alcool. Elle se dissout bien dans l'eau ammoniacale. La solution est très fluorescente; jaune par transparence, elle offre de belles teintes vertes par réflexion.

Traitée par le brome, la fluorescéine se convertit en un dérivé tétrabromé, l'*éosine*, qui est une magnifique matière colorante rouge, se fixant sur laine et sur soie et douée de beaucoup d'éclat. Cette substance est aujourd'hui préparée en grand dans l'industrie.

236. Dérivés aromatiques divers. — Parmi les nombreux composés aromatiques, il en est quelques-uns dont nous devons signaler l'existence sans nous arrêter à leur histoire détaillée.

L'*essence d'anis*, $C^{10}H^{12}O$, retirée par distillation des semences d'anis et du fruit de la badiane, est l'éther méthylique de l'allylphénol :

$$C^6H^4(C^3H^5),OH \qquad\qquad C^6H^4(C^3H^5),OCH^3$$

Allylphénol.   Essence d'anis.

L'essence d'anis est solide ; elle ne diffère que par son aspect physique de ses isomères liquides, l'essence de fenouil et l'essence d'estragon.

L'essence de cumin est un mélange d'un hydrocarbure, le *cymène* $C^{10}H^{14}$, et d'une aldéhyde $C^{10}H^{12}O$, *l'aldéhyde cuminique*, homologue de l'hydrure de benzoyle.

L'aldéhyde cuminique, soumise à l'action des hydrogénants, fournit *l'alcool cuminique* $C^{10}H^{14}O$. Traitée par les agents d'oxydation, elle donne *l'acide cuminique* $C^{10}H^{12}O^2$, homologue de l'acide benzoïque. La série cuminique est analogue à la série benzoïque :

$$C^{10}H^{14}O \qquad C^{10}H^{12}O \qquad C^{10}H^{12}O^2$$

Alcool cuminique.   Aldéhyde cuminique.   Acide cuminique.

L'acide cuminique $C^{10}H^{12}O^2$ cristallise en belles lames incolores, fusibles à 92°. Ingéré dans l'économie, il s'y transforme en *acide cuminurique* ou cuminylglycocolle, de même que l'acide benzoïque passe à l'état d'acide hippurique ou benzoylglycocolle :

$$C^2H^3(AzH^2)O^2$$

Glycocolle.
(Acide amido-acétique).

$$C^2H^3(AzH,C^7H^5O)O^2 \qquad\qquad C^2H^3(AzH,C^{10}H^{11}O)O^2$$

Benzoylglycocolle.   Cuminylglycocolle.
(Acide hippurique.)   (Acide cuminurique.)

L'essence de cannelle est une aldéhyde de la formule C^9H^8O. Par oxydation, elle donne *l'acide cinnamique* $C^9H^8O^2$, cristallisé, fusible à 139°, qui existe en petite quantité dans le baume de Tolu, et qu'on extrait du styrax.

L'essence de thym est constituée par un phénol

$C^{10}H^{14}O$, le *thymol*, mélangé d'un hydrocarbure $C^{10}H^{16}$. Le thymol à l'état de pureté est cristallisé, fusible à 44°. Sa formule montre qu'il est homologue du phénol ordinaire C^6H^6O. On l'emploie comme antiseptique.

237. Indigo. — L'indigo se rattache aux composés aromatiques par la nature de ses produits de décomposition.

On le retire de diverses plantes du genre *indigofera*; il ne s'y trouve pas tout formé, mais se produit dans la fermentation des tiges et des feuilles fraîches des plantes, par le dédoublement d'un principe incolore, analogue aux glucosides, l'*indican*, qui se décompose en indigo et *indiglucine*, matière sucrée se rapprochant du glucose.

On met les plantes fraîches en contact avec de l'eau; après douze ou quinze heures de fermentation, on soutire le liquide et on l'agite en présence de l'air; il bleuit et dépose l'indigo sous forme d'un précipité grenu qu'on exprime et qu'on divise en morceaux cubiques.

L'indigo du commerce renferme 50 à 60 pour 100 de la matière bleue à laquelle il doit ses propriétés tinctoriales, et qui constitue l'indigo pur ou *indigotine*.

L'*indigotine* pure, C^8H^5AzO, s'obtient par sublimation opérée sur de petites quantités, en cristaux microscopiques, d'un bleu foncé avec des reflets cuivrés, insolubles dans l'eau, l'alcool, l'éther, les huiles grasses et essentielles. Soumises en présence des alcalis à l'action des agents réducteurs, c'est-à-dire qui dégagent de l'hydrogène, elle passe à l'état d'indigo blanc soluble dans la liqueur alcaline :

$$2(C^8H^5AzO) + H^2 = C^{16}H^{12}Az^2O^2$$

| Indigotine. | Hydrogène. | Indigo blanc. |

Les solutions d'indigo blanc absorbent l'oxygène de l'air, l'indigo blanc se réoxyde et il se précipite de l'indigo bleu. Tous les procédés de teinture à l'indigo sont basés sur cette réaction; les tissus sont plongés dans des solutions d'indigo blanc, puis abandonnés à l'air. L'indigo blanc, qui a pénétré dans les fibres du tissu, se réoxyde, et l'indigo bleu insoluble se dépose fixé intimement à la fibre.

L'indigo se dissout dans l'acide sulfurique concentré; cette solution, connue sous le nom de *bleu de Saxe*, est employée dans la teinture; on a observé des empoisonnements par le bleu de Saxe, mais l'action toxique est due à l'acide sulfurique concentré.

Sous le nom de *carmin d'indigo*, on désigne le sulfo-indigotate de soude.

L'indigotine, chauffée à 300° avec de la potasse caustique solide, donne de l'acide salicylique $C^7H^6O^2$. Traitée par le chlore en présence de l'eau, elle fournit des dérivés chlorés du phénol (trichlorophénols) et de l'aniline (aniline trichlorée). Ces dernières réactions montrent que l'indigo appartient à la série aromatique.

M. Bœyer a réalisé la synthèse de l'indigotine et en a fait connaître la constitution. L'indigotine C^8H^5AzO donne par oxydation de l'isatine $C^8H^5AzO^2$, et cette isatine, sous l'influence des agents réducteurs, donne un corps qu'on a appelé l'*oxindol* et qui renferme C^8H^7AzO. M. Bœyer a réalisé la synthèse de l'oxyndol, qu'il a obtenu au moyen de l'acide phénylacétique $C^6H^5\text{-}CH^2\text{-}CO^2H$ homologue de l'acide benzoïque : l'oxindol en effet n'est autre que l'anhydride de l'acide amide phénylacétique.

$$C^8H^7(AzH^2)O^2 \quad - \quad H^2O \quad = \quad C^8H^7AzO$$

Acide amide phénylacétique.　　　　　　　　　　　　　　　Oxindol.

Ce fait acquis, M. Bæyer a préparé un dérivé amidé de l'oxindol, et l'a transformé par oxydation en *isatine* $C^8H^5AzO^2$.

L'isatine traitée par le perchlorure de phosphore donne un corps C^8H^4AzClO qui, soumis à l'action de l'hydrogène naissant, se convertit en indigotine C^8H^5AzO. On peut représenter l'indigotine par la formule de constitution suivante, à laquelle mène la synthèse au moyen de l'oxindol :

$$C^6H^4 \left\langle \begin{matrix} CO \\ Az \end{matrix} \right\rangle CH$$

L'indigotine prend aussi naissance quand on chauffe au bain-marie un mélange d'aldéhyde orthonitrobenzoïque, d'acétone et de soude (Bæyer) :

$$C^7H^5(AzO^2)O + C^3H^6O + NaOH = C^8H^5AzO + C^2H^3O^2Na + 2H^2O$$

| Aldéhyde orthonitrobenzoïque. | Acétone. | Soude. | Indigotine. | Acétate de sodium. | Eau. |

238. Tyrosine $C^9H^{11}AzO^3$. — La tyrosine se rattache aux composés benzoïques par une de ses réactions. Fondue avec la potasse, elle fournit un acide [1], *l'acide paraoxybenzoïque* $C^7H^6O^3$, isomère de l'acide salicylique.

Elle se produit en même temps que la leucine, par l'action de l'acide sulfurique étendu ou de la baryte, sur la corne et sur les matières albuminoïdes; on la rencontre avec la leucine dans quelques liquides de l'économie; elle existe toute formée dans la cochenille.

---

1. L'acide paraoxybenzoïque est un des trois acides isomères de la formule $C^7H^6O^3 = C^6H^4 \left\{ \begin{matrix} CO^2H \\ OH \end{matrix} \right.$. Les deux autres sont l'acide salicylique et l'acide oxybenzoïque.

La tyrosine est cristallisée en aiguilles soyeuses groupées en étoiles. Elle est très peu soluble dans l'eau, insoluble dans l'alcool et dans l'éther. Elle se dissout facilement dans les alcalis et dans les acides.

La tyrosine est un acide amide, comme le glycocolle et la leucine. Fondue avec la potasse, elle dégage de l'ammoniaque et se convertit en un mélange d'acide acétique et d'acide paraoxybenzoïque. Soumise à l'action de la chaleur, elle se décompose en perdant de l'acide carbonique et donne une base $C^8H^{11}AzO$. Ce dédoublement est analogue à celui de la leucine, qui se décompose en acide carbonique CO^2 et amylamine $C^3H^{13}Az$:

$$C^6H^{13}AzO^2 \; = \; C^5H^{13}Az \; + \; CO^2$$
Leucine.   Amylamine.   Acide carbonique.

$$C^9H^{11}AzO^3 \; = \; C^8H^{11}AzO \; + \; CO^2$$
Tyrosine.   Base.   Acide carbonique.

Par l'action à chaud d'une solution d'azotate mercurique, la tyrosine se colore en rouge.

239. Les composés suivants n'appartiennent pas, à proprement parler, à la série aromatique, car rien ne prouve qu'ils renferment le noyau benzine, mais comme dans plusieurs réactions ils fournissent des composés aromatiques, c'est à la suite de ceux-ci que vient leur étude.

240. **Camphres.** — Le camphre de Bornéo $C^{10}H^{18}O$, appelé aussi *Bornéol*, s'extrait du *Dryobalanops camphora*. Il se comporte comme un alcool secondaire, se combinant aux acides (acide stéarique et butyrique), en éliminant de l'eau et fournissant des corps neutres qui paraissent être des éthers (Berthelot). Il fond à 108° et bout à 220°. Chauffé avec de l'acide azotique,

il perd deux atomes d'hydrogène et se convertit en camphre ordinaire ou camphre du Japon.

Le *camphre du Japon* ou *camphre des laurinées*, $C^{10}H^{16}O$, se présente donc comme une sorte d'aldéhyde du bornéol, mais ses autres propriétés l'éloignent des aldéhydes, et l'on peut dire que sa fonction n'est pas encore suffisamment déterminée.

Le *camphène* $C^{10}H^{16}$, isomère de l'essence de térébenthine et qui s'obtient par transformation de cet hydrocarbure, fournit du camphre $C^{10}H^{16}O$, quand on l'oxyde au moyen d'un mélange de bichromate de potasse et d'acide sulfurique (Berthelot, Riban).

Le camphre est en masses cristallines, demi-transparentes; son odeur est forte et aromatique, sa saveur chaude, amère et brûlante. Il fond à 172° et bout à 204°. A 0° sa densité est égale à celle de l'eau. Sa tension de vapeur est très grande; à la température ordinaire, il se sublime en tables hexagonales dans les vases où on le conserve.

Lorsqu'on veut le pulvériser, il se ramollit et s'agglomère sous le pilon; on arrive facilement à le réduire en poudre, en l'arrosant préalablement de quelques gouttes d'alcool. Très peu soluble dans l'eau, il se dissout avec facilité dans l'alcool, l'éther, l'acide acétique, les huiles grasses et volatiles. Sa solution alcoolique dévie à droite le plan de polarisation.

Distillé avec de l'anhydride phosphorique, du chlorure de zinc ou du perchlorure de phosphore, il perd les éléments de l'eau, et se convertit en un hydrocarbure, le *cymène* $C^{10}H^{14}$, homologue de la benzine.

Par une ébullition prolongée avec de l'acide azotique concentré, il s'oxyde en fixant 3 atomes d'oxygène, et donnant un acide bibasique, l'*acide camphorique* $C^{10}H^{16}O^4$.

Le camphre est un médicament fort usité; à petites doses, il jouit de propriétés sédatives. Dissous dans l'alcool ou l'huile, il constitue l'alcool camphré, l'huile camphrée, journellement prescrits à l'extérieur contre les douleurs rhumatismales, les névralgies. Le camphre est aussi un antiseptique.

241. Essence de térébenthine $C^{10}H^{16}$. — Elle se relie aux composés de la benzine par diverses réactions. Un de ses produits d'oxydation sous l'influence de l'acide azotique est l'*acide téréphtalique* $C^8H^6O^4$, isomère de l'acide phtalique, qui, distillé avec de la chaux, perd deux molécules d'acide carbonique et fournit de la benzine :

$$C^8H^6O^4 \quad = \quad 2CO^2 \quad + \quad C^6H^6$$

| Acide téréphtalique. | Acide carbonique. | Benzine. |

Traitée à chaud par le brome, elle perd deux atomes d'hydrogène et se convertit en cymène $C^{10}H^{14}$, qui est un des hydrocarbures de la série de la benzine.

Un certain nombre de pins et de sapins, appartenant aux genres *Pinus, Abies, Larix, Picea*, laissent découler, lorsqu'on les incise, une substance molle, odorante, la *térébenthine*, mélange de résines acides et d'une essence $C^{10}H^{16}$. On distille la térébenthine avec de l'eau, l'essence entraînée par les vapeurs aqueuses passe à la distillation et se rend dans le récipient.

Le résidu est une résine appelée *brai sec, colophane* ou *arcanson*.

L'essence de térébenthine est un liquide incolore, mobile, d'une odeur caractéristique; elle bout à 161°, et sa densité est de 0,864 à 16°. Le pouvoir rotatoire de l'essence de térébenthine varie avec son origine; celle de France, retirée du *Pinus maritima*, est lévogyre, on l'a appelée *térébenthène;* l'essence anglaise provenant du *Pinus Australis* et appelée *australène* est dextrogyre. Le point d'ébullition, la densité, les propriétés chimiques de ces deux corps sont identiques.

L'essence de térébenthine dissout le phosphore, le soufre, le caoutchouc, un grand nombre de résines, etc.

Sous l'influence de l'air, elle jaunit et se résinifie en produisant un peu d'acide acétique et d'acide formique. Mélangée avec 1/20 de son poids sulfurique concentré, elle se convertit en un isomère, le *térébène,* qui bout à 156°, et un polymère, le *colophène,* $C^{10}H^{22}$, incolore à la lumière transmise, et présentant des reflets bleu indigo à la lumière réfléchie ; le colophène bout entre 318 et 320°.

Au contact d'un mélange d'eau, d'alcool et d'acide azotique, l'essence de térébenthine fixe deux molécules d'eau, et fournit un hydrate cristallisé, la *terpine,* $C^{10}H^{20}O^2 = C^{10}H^{16}(H^2O)^2$, qui joue le rôle d'une sorte de glycol.

Si l'on dirige un courant d'acide chlorhydrique dans l'essence refroidie, l'essence absorbe l'acide chlorhydrique et donne deux chlorhydrates isomères, $C^{10}H^{16}HCl$; l'un est liquide, l'autre est cristallisé ; son odeur et son aspect ont fait désigner ce dernier sous le nom de *camphre artificiel.*

Chauffé avec de la potasse alcoolique à 180° pendant quelques jours, le chlorhydrate se décompose, et l'on obtient un hydrocarbure solide, isomère de l'essence de térébenthine, le *camphène,* fusible entre 45 et 48°, distillant à 160°. Le camphène se convertit par oxydation en camphre des laurinées $C^{10}H^{16}O$.

L'essence de térébenthine, abandonnée pendant un mois avec de l'acide chlorhydrique concentré, fixe deux molécules d'acide chlorhydrique en donnant le bichlorhydrate $C^{10}H^{16}(HCl)^2$, qui est solide, cristallisé et fusible à 50°.

Un grand nombre de substances, comme les essences de citron, d'orange, de bergamote, de sabine, etc., renferment des hydrocarbures de la formule $C^{10}H^{16}$, différant de l'essence de térébenthine par le point d'ébullition, la densité, le pouvoir rotatoire, l'odeur, la nature des combinaisons qu'ils forment avec l'acide chlorhydrique.

L'essence de térébenthine, outre ses usages industriels dans la peinture, la fabrication des vernis, est employée en médecine comme stimulant énergique à l'extérieur et à l'intérieur contre les névralgies, la sciatique, etc. Des expériences de M. Personne, il résulterait que l'essence de térébenthine combat avantageusement les phénomènes de l'empoisonnement par le phosphore.

242. Cantharidine $C^{10}H^{12}O^4$. — Elle se retire de la càntharide (*cantharis vesicatoria*), dont elle représente les propriétés actives. Par ses dédoublements, elle se rattache aux produits d'addition de la série aromatique; en effet, quand on la distille avec de la chaux sodée, elle donne de l'acide carbonique et un hydrocarbure, le cantharène C^8H^{12}, qui paraît être un dihydrure d'orthoxylène C^8H^{10} :

$$C^{10}H^{12}O^4 \quad = \quad C^8H^{12} \quad + \quad CO^2$$

Cantharidine.   Cantharène.   Acide carbonique.

Une partie du cantharène se dédouble en même temps en orthoxylène C^8H^{10} et en hydrogène.

La cantharidine cristallise en petites tables rhomboïdales, blanches et inodores, insolubles dans l'eau et dans le sulfure de carbone, solubles dans le chloro-forme, l'éther, l'alcool et les huiles grasses et volatiles. Elle fond à 210° et se sublime en aiguilles. Un kilogramme de cantharides fournit environ 5 grammes de cantharidine.

Elle est excessivement vésicante, un demi-milligramme placé sur la langue y détermine une large phlyctène. Elle est toxique à la dose de 5 centigrammes. Elle amène de l'engourdissement, du délire et un priapisme excessivement douloureux.

243. Naphtaline $C^{10}H^8$. — La naphtaline s'obtient en grande quantité par la distillation du goudron de houille et se rencontre dans les produits qui passent à une température élevée; on la purifie par sublimation.

La naphtaline est sous forme de lames légères et brillantes, fusibles à 79°, bouillant à 218°, mais se sublimant à une température inférieure et distillant avec les vapeurs d'eau. Insoluble dans l'eau, assez soluble dans l'alcool bouillant, elle est très soluble dans l'éther. Avec le chlore, le brome, elle fournit des produits extrêmement stables, comparables aux dérivés chlorés et bromés de la benzine; avec l'acide azotique fumant, elle donne la nitronaphtaline $C^{10}H^7(AzO^4)$, qui, réduite par l'acide acétique et le fer, se transforme en une base, la naphthylamine $C^{10}H^7(AzH^2)$. Celle-ci, dans les mêmes conditions que l'aniline, produit des matières colorantes artificielles, douées de moins d'éclat que celles de l'aniline et qui jusqu'à présent ne sont pas employées.

Le naphtaline donne avec l'acide sulfurique concentré deux acides isomères, acides naphtalino-sulfureux $C^{10}H^7=SO^3H$, qui, fondus avec la potasse, donnent chacun un phénol, $C^{10}H^7\text{-}OH$, appelés l'un α naphtol, l'autre β naphtol.

L'α naphtol est cristallisé en aiguilles fusibles à 94°; traité par l'acide azotique, il donne un dérivé dinitré; doué d'un grand pouvoir colorant, employé dans la teinture sous le nom de jaune d'or.

Le β naphtol est en lamelles fusibles à 225°. Quand on le traite par l'acide sulfurique concentré, on obtient un dérivé sulfoconjugué, $C^{10}H^6 \Big\langle \begin{matrix} SO^3H \\ OH \end{matrix}$, qui traité par le chlorhydrate de xylidine $C^8H^9AzH^2$, en présence d'azotite de sodium s'unit à la xylidine pour donner une magnifique couleur ponceau, employée dans la teinture de la laine.

Le β naphtol est aussi recommandé comme un antiseptique puissant.

La naphtaline a été conseillée dans le traitement de quelques affections des bronches; Dupasquier l'a considérée comme un expectorant à placer à côté du baume de Tolu. On l'a aussi prescrite dans quelques maladies de la peau, le psoriasis, la lèpre, etc. Jusqu'à présent, elle n'a été guère usitée.

244. Anthracène $C^{14}H^{10}$ et Alizarine $C^{14}H^8O^4$. — L'anthracène se retire par distillation des parties du goudron de houille qui passent à une température élevée; il est cristallisé, fond à 213° et bout au-dessus de 360°. Ce carbure a pris une grande importance depuis qu'on est parvenu à le transformer en alizarine $C^{14}H^8O^4$, qui est une des matières colorantes de la garance (Graebe et Liebermann).

On chauffe l'anthracène avec l'acide sulfurique, et on l'oxyde en y ajoutant du peroxyde de manganèse; la solution acide étant décantée est saturée par la chaux; puis la combinaison calcaire est chauffée sous pression avec de la soude additionnée d'un peu d'eau. Le liquide renferme alors de l'alizarine en solution dans la soude, on le précipite par l'acide chlorhydrique.

L'alizarine est en prismes brillants, jaunes, se sublimant entre 215-225°, en longues aiguilles d'un beau rouge. Elle est un peu soluble dans l'eau bouillante, très soluble dans l'alcool, l'éther et le sulfure de carbone; ses solutions sont jaunes. Elle se-dissout dans les alcalis avec une couleur pourpre.

L'alizarine teint en rouge les étoffes mordancées avec de l'alumine, en violet celles qui sont mordancées avec de l'oxyde de fer.

Elle peut remplacer la garance dans le plus grand nombre de ses applications, mais non dans toutes, car cette racine renferme un autre principe colorant, la *purpurine* $C^{14}H^8O^5$.

On transforme l'alizarine en purpurine en la chauffant vers 150-160° avec un mélange d'acide sulfurique concentré et de bioxyde de manganèse (F. de Lalande).

CHAPITRE XIX

ALCALOIDES NATURELS. — SÉRIE PYRIDIQUE

Pyridine. — Quinoléine. — Dioxyméthyl-quinizine. — Ptomaïnes. — Alcaloïdes de la ciguë, du tabac, des quinquinas,
de l'opium, de la belladone.

244. Alcaloïdes naturels. — Les alcaloïdes naturels
sont des composés azotés, extraits des végétaux, capa-
bles de s'unir aux acides à la façon de l'ammoniaque,
en donnant des sels parfaitement définis.

La découverte de la classe des alcaloïdes est due à
Sertuerner, qui isola la morphine, en étudia les réactions et en démontra la nature alcaline. Dès lors, on
s'empressa de rechercher les principes actifs de divers
végétaux, Quinquinas, Solanées, Strychnées, etc., et
en quelques années la science fut dotée de nombreux
alcaloïdes. Parmi les savants qui ont le plus contribué
à leur étude, il faut citer d'abord Pelletier et Caventou,
puis Robiquet, Laurent, Dumas, Liebig, Regnault, Bouchardat, qui ont fait connaître, par de rigoureuses
analyses, la composition exacte des alcaloïdes, et ont
ajouté des faits importants à leur histoire.

Les alcaloïdes se divisent en deux classes, suivant
qu'outre le carbone, l'hydrogène et l'azote, ils renferment ou non de l'oxygène au nombre de leurs éléments.
Les alcaloïdes non oxygénés sont liquides, volatils, se

rapprochant par leur aspect extérieur des ammoniaques composées, comme l'aniline ; ils ne comprennent que la nicotine et la conicine, dont nous parlerons plus loin.

Les alcaloïdes oxygénés sont solides, incolores, fixes, à l'exception de la cinchonine, qui se volatilise à une température peu élevée ; les uns sont amorphes, les autres cristallisent avec une grande régularité. En général ils ont, ainsi que leurs sels, une saveur très amère ; peu ou point solubles dans l'eau, ils se dissolvent facilement dans l'alcool. Leur solubilité dans l'éther et dans le chloroforme est différente ; la cinchonine, la morphine, la strychnine, la brucine sont insolubles dans l'éther ; la quinine, la brucine, la strychnine se dissolvent abondamment dans le chloroforme. Dans la benzine sont solubles la quinine, la strychnine, la morphine et non la cinchonine.

Les bases organiques naturelles sont peu solubles dans les huiles, et comme on peut avoir besoin, pour l'usage, de les dissoudre dans les corps gras, on y arrive en les combinant à l'acide oléique, les oléates se dissolvant en toutes proportions dans les matières grasses et dans l'alcool ; à cet effet, on triture l'alcaloïde bien desséché avec de l'acide oléique, et l'on abandonne pendant quelque temps le mélange à une douce chaleur. (Attfield.)

Les alcaloïdes ramènent au bleu le papier de tournesol, et verdissent le sirop de violettes (la narcotine fait exception, elle n'agit pas sur les couleurs végétales).

Ils sont précipités de leurs solutions par la potasse, la soude, l'ammoniaque, la chaux, la baryte, l'iodure ioduré de potassium, le phosphomolybdate de soude, le tannin et l'infusion de noix de galle ; ces derniers forment, avec les alcaloïdes, des tannates insolubles.

Ils exercent tous une action sur la lumière polarisée et sont lévogyres, à l'exception de la cinchonine et de la quinidine; A. Bouchardat a déterminé le pouvoir rotatoire spécifique des alcaloïdes.

Distillés avec de la potasse, ils se décomposent et dégagent des bases volatiles non oxygénées (*méthylamine, quinoléine, lutidine*, etc.).

Avec le chlore et le brome, ils fournissent des produits de substitution qui ont gardé leurs caractères de bases, et donnent des sels cristallisés. (Laurent.)

L'iode se combine aux alcaloïdes en s'y ajoutant simplement, et donnant des iodobases, les unes amorphes, les autres cristallisées, peu solubles dans l'eau, facilement solubles dans l'alcool, décomposables par la potasse et la soude. Quelques-unes sont détruites par les acides; d'autres s'y combinent et fournissent des sels cristallisés. On obtient les iodobases en broyant les alcaloïdes avec de l'iode, et dissolvant la masse dans l'alcool bouillant.

La plupart des alcaloïdes naturels sont des bases tertiaires; les iodures alcooliques, comme l'iodure de méthyle, d'éthyle, s'y combinent, comme ils le font avec les ammoniaques tertiaires, la triméthylamine, par exemple, en donnant un iodure d'ammonium composé :

$$(CH^3)^3Az \quad + \quad CH^3I \quad = \quad (CH^3)^4AzI$$

<table>
<tr><td>Triméthyl-
amine.</td><td>Iodure
de méthyle.</td><td>Iodure
de tétraméthyl-
ammonium.</td></tr>
</table>

$$C^{17}H^{19}AzO^3 \quad + \quad CH^3I \quad = \quad C^{17}H^{19}AzO^3, CH^3I$$

<table>
<tr><td>Morphine.</td><td>Iodure
de méthyle.</td><td>Iodure de méthyl-
morphammonium.</td></tr>
</table>

Et ces iodures se comportent exactement comme les iodures de tétrammoniums; traités par l'oxyde d'argent humide, ils se convertissent en hydrates d'ammoniums composés :

$$C^{17}H^{19}AzO^3,CH^3I \ + \ AgOH \ = \ C^{17}H^{19}AzO^3,CH^3,OH \ + \ AgI$$

Iodure de méthyl-morphammonium.   Hydrate d'argent.   Hydrate de méthyl-morphammonium.   Iodure d'argent.

D'autres alcaloïdes naturels se comportent comme des hydrates d'ammoniums quaternaires, tels sont la choline ou névrine, la bétaïne, la muscarine. Quant à la conicine, c'est une base secondaire.

245. *Constitution.* — La plupart des alcaloïdes naturels sont encore à sérier; leur place dans la classification n'est pas déterminée, et on ne sait pas de quels carbures générateurs ils dérivent. Et si l'on fait aujourd'hui une classe des alcaloïdes naturels, c'est qu'en ne sachant comment les placer dans la série des corps, on les réunit en raison de leur caractère basique; à mesure qu'on les connaît mieux, ils viennent se ranger à la suite des corps dont ils dérivent. C'est ainsi que la choline, la bétaïne, la muscarine sont des hydrates d'ammoniums quaternaires dérivés de la triméthyl-amine et d'un résidu du glycol ou de l'acide acétique; que la créatine et la créatinine, alcaloïdes retirés de la chair des animaux, dérivent de la cyanamide; que la caféine et la théobromine, retirées la première du café et du thé, la seconde du cacao, appartiennent incontestablement à la série de l'acide urique.

Quant aux alcaloïdes les plus importants qu'on retire des végétaux, quinine, strychnine, morphine, atropine, etc., leur constitution n'est pas encore dévoilée; mais, depuis quelques années, de nombreux travaux ont été faits sur les dédoublements et les transformations de ces bases. Ces recherches ont montré qu'un grand nombre d'alcaloïdes végétaux, la nicotine du

tabac, la cicutine, la quinine, la cinchonine, la strychnine, l'atropine extraite de la belladone, ont un noyau
commun, azoté, qui est à ces alcaloïdes ce que la benzine est aux dérivés aromatiques. Ce noyau est une
base appelée *pyridine.*

246. *Pyridine* C^5H^5Az. — La pyridine a été isolée
pour la première fois des produits de la distillation
sèche de la gélatine. C'est un liquide incolore, d'une
odeur forte, désagréable, bouillant à $116°$, très soluble
dans l'eau. Elle peut être dérivée de plusieurs bases naturelles. Ainsi l'alcaloïde du tabac, la nicotine $C^{10}H^{14}Az^2$,
oxydée par le bichromate de potasse, donne un acide
$C^6H^5AzO^2$, l'acide nicotianique ou carbopyridique, qui,
distillé avec de la chaux, se dédouble en acide carbonique et en pyridine, de la même façon que l'acide benzoïque se dédouble en acide carbonique et en benzine :

$$C^7H^5AzO^2 \quad = \quad CO^2 \quad + \quad C^5H^5Az$$
Acide   Pyridine.
nicotianique.

$$C^7H^6O^2 \quad = \quad CO^2 \quad + \quad C^6H^6$$
Acide benzoïque.   Benzine.

Cette analogie de réactions et la comparaison des
formules de la benzine et de la pyridine ont permis
de considérer la pyridine comme de la benzine dont
un groupe trivalent CH serait remplacé par un atome
d'azote :

$$C^6H^6 = C^5H^5(CH) \qquad\qquad C^5H^5Az$$
Benzine.   Pyridine.

et de même qu'il y a des dérivés de la benzine par
substitution de radicaux alcooliques, comme le toluène
$C^6H^5\text{-}CH^3$, la diméthyl-benzine $C^6H^4(CH^3)^2$, de même il
existe un grand nombre de bases, qui sont des méthyl-

pyridines $C^5H^4Az(CH^3)$, des triméthyl-pyridines C^5H^2Az $(CH^3)^3$. Il y a là toute une série de corps très nombreuse, et qui par sa complexité est comparable à la série des dérivés de la benzine.

247. *Quinoléine.* — La quinine, la cinchonine, la strychnine se rattachent également à la pyridine. Quand on les distille avec de la potasse, elles fournissent une base liquide, la quinoléine C^9H^7Az, bouillant à 256°, et qui peut fournir de la pyridine de la façon suivante.

La quinoléine présente avec la naphtaline les mêmes relations que la pyridine avec la benzine, c'est-à-dire qu'on peut la regarder comme de la naphtaline qui, au lieu d'un groupe CH, renferme un atome d'azote :

$$C^{10}H^8 \qquad\qquad C^9H^7Az$$

Naphtaline.   Quinoléine.

Or nous avons dit que la naphtaline par oxydation fournit de l'acide phtalique qui, en perdant $2CO^2$ par distillation avec la chaux, donne de la benzine : de même la quinoléine oxydée donne un acide dicarbopyridique qui, en perdant $2CO^2$, donne de la pyridine :

$$C^8H^6O^4 \;=\; 2CO^2 \;+\; C^6H^6$$

Acide phtalique.   Benzine.

$$C^7H^5AzO^4 \;=\; 2CO^2 \;+\; C^5H^5Az$$

Acide di-carbo-pyridique.   Pyridine.

La pyridine est donc le noyau de la série quinoléique, comme la benzine est celle de la série naphtalique.

La quinoléine a acquis une très grande importance, car c'est le groupe central que renferme la quinine ; par l'étude de ses dérivés, il y a lieu d'espérer qu'on parviendra bientôt à la connaissance des autres groupes qui s'y unissent pour former la quinine, par conséquent à dévoiler la constitution de celle-ci et à la reproduire par synthèse. Déjà un pas important a été fait dans cette voie.

La quinoléine, comme la benzine et la naphtaline, peut remplacer de l'hydrogène par des groupes OH et donner des corps de fonction mixte, tout à la fois base quinoléique et phénol; telle est l'oxyquinoléine $C^9H^{10}(OH)Az$, et cet hydrogène phénolique peut être remplacé par un radical alcoolique; on connaît ainsi le dérivé méthylé $C^9H^{10}(OCH^3)Az$; en traitant ce corps par l'hydrogène naissant, on en a fixé 4 atomes et l'on a obtenu le corps $C^9H^{14}(OCH^3)Az$, la *tétrahydroxyméthylquinoléine*, qu'on désigne sous le nom plus simple de kairine et qui a été découverte par M. O. Fisher. Ce corps, qui est une base cristallisée, donnant des sels parfaitement définis, possède des propriétés physiologiques très prononcées, il est fébrifuge comme la quinine; il n'est pas encore démontré qu'il puisse remplacer celle-ci dans ses applications médicales, mais il y a là une découverte importante qui fait espérer la découverte prochaine de la constitution et de la synthèse de la quinine.

Les recherches sont du reste hérissées de difficultés à cause des nombreux cas d'isomérie de position, qui sont ici plus nombreux qu'avec la benzine.

Ajoutons enfin que la synthèse totale de la quinoléine a été réalisée par M. Skraup, qui l'a obtenue en chauffant un mélange de glycérine, d'aniline, d'acide sulfurique :

$$C^3H^8O^3 + C^6H^7Az = C^9H^7Az + 3H^2O + H^2$$

Glycérine.   Aniline.   Quinoléine.

248. Dioxyméthylquinizine $C^{11}H^{12}Az^2O$. — Cette base, découverte par M. Knorr et appelée par lui *antipyrine*, est désignée en France sous le nom d'*analgésine*. On la prépare au moyen de deux corps, l'*éther acétyl-acétique* et la *phényl-hydrazine*. L'*éther acétyl-acétique* s'obtient par l'action du sodium sur l'éther acétique; il représente de l'éther acétique dont un atome d'hydrogène est remplacé par le radical acétyle CH^3-CO, et doit être écrit :

$$CH^3\text{-}CO\text{-}CH^3\text{-}CO^2H^5 = C^6H^{10}O^9$$
Éther acétyl-acétique.

La *phényl-hydrazine*, découverte par M. E. Fischer, renferme $C^6H^8Az^2$; elle se forme par la réduction au moyen du zinc et de l'acide acétique du *diazo-amidobenzol* $C^{12}H^{11}Az^3$, qui prend naissance lui-même dans l'action de l'acide azoteux sur la solution alcoolique d'aniline.

M. Knorr, en chauffant la phényl-hydrazine et l'éther acétyl-acétique, a obtenu une base qu'il a appelée *oxyméthylquinizine* $C^{10}H^{10}Az^2O$.

$$C^6H^{10}O^3 + C^6H^8Az^2 = H^2O + C^2H^6O + C^{10}H^{10}Az^2O$$
Éther   Phényl-   Eau.   Alcool.   Oxyméthyl-
acétyl-acétique.   hydrazine.   quinizine.

L'oxyméthyl-quinizine, chauffée à 100° avec de l'iodure de méthyle et de l'alcool méthylique, se transforme en un dérivé méthylé, la *dioxyméthyl-quinizine*, *antipyrine* ou *analgésine* $C^{11}H^{12}Az^2$.

C'est un corps solide, en lamelles brillantes, fondant à 113°; il est très soluble dans l'eau, l'alcool, la benzine; peu soluble dans l'éther et dans la ligroïne. Le chlorure ferrique le colore en rouge. Cette substance est très employée sous le nom d'*antipyrine* comme analgésique; aussi les médecins français le désignent mieux sous le nom d'*analgésine*, qui indique ses propriétés : on l'administre soit en injections, soit par l'estomac, à la dose de 1 gramme répété 5 à 6 fois dans les vingt-quatre heures, dans le traitement des affections douloureuses. C'est surtout contre la migraine que l'analgésine a donné de meilleurs résultats.

249. PTOMAÏNES. — En 1872 et 1874, Selmi, chimiste italien, reconnut dans l'estomac des cadavres la présence de corps possédant les propriétés chimiques et toxiques de certains alcaloïdes végétaux, et montra que ces alcaloïdes étaient des produits constants de la putréfaction. Il donna à ces alcaloïdes le nom de *ptomaïnes*, c'est-à-dire bases cadavériques. Cette découverte importante au point de vue physiologique et toxicologique a été confirmée par un grand nombre de savants.

Les ptomaïnes ont été surtout étudiées par M. Gautier, qui, en collaboration avec M. Étard, a retiré plusieurs ptomaïnes des produits de la putréfaction de la viande des mammifères et des poissons.

Du mélange de ces ptomaïnes, on a pu retirer des espèces définies, et on a reconnu ainsi que les alcaloïdes cadavériques appartiennent à des séries différentes : aussi le nom de *ptomaïnes*, qui indique l'origine cadavérique de ces corps, ne peut servir à une classification chimique, pas plus que celui d'*essence* et d'*alcaloïdes naturels*, et, à mesure que la nature et la constitution de ces alcaloïdes se sont mieux connues, chacun s'en va prendre place dans la série à laquelle il appartient. Aussi la base appelée *cadavérine* par M. Briegher n'est autre que la *pentaméthylène-diamine* C^5H^{12}, Az^2H^4, et par conséquent se rattache aux ammoniaques composées dérivant des glycols, comme l'*éthy-*

lène-diamine C^4H^4,Az^2H^4. Une des bases isolée par MM. Gautier et Étard appartient à la série de la pyridine; c'est l'*hydrocollidine* $C^8H^{13}Az^2$, et la *collidine* elle-même $C^8H^{11}Az$ est une propyl-pyridine $C^5H^4 (C^3H^7)Az$.

Les ptomaïnes se présentent sous l'aspect de liquides huileux, incolores, très alcalins, très oxydables et très instables. Elles réduisent l'acide chromique, le chlorure d'or, le chlorure ferrique. L'acide sulfurique les colore en rouge violacé; tous les réactifs généraux des alcaloïdes les précipitent. Elles donnent des chlorhydrates et des chloroplatinates cristallisables, mais se résinifiant facilement. Elles sont très toxiques et amènent rapidement la mort.

M. Pouchet et M. Gautier ont montré de plus que des alcaloïdes toxiques analogues aux ptomaïnes se forment dans l'économie pendant la vie et sont éliminés avec l'urine. M. Gautier donne le nom de *leucomaïnes* aux ptomaïnes produites dans l'organisme. M. Villiers admet que la présence des ptomaïnes urinaires est due à un trouble dans la nutrition, à un état pathologique même très faible. Il les a rencontrées dans toutes les urines d'individus malades, mais rarement dans celle d'individus sains. On comprend que la formation d'alcaloïdes toxiques dans l'organisme joue un rôle important dans les phénomènes pathologiques. Si, par une cause quelconque, l'élimination de ces alcaloïdes par l'urine est entravée, leur action toxique ne tardera pas à se faire sentir par l'apparition de symptômes graves.

250. *Extraction des alcaloïdes.* — Les alcaloïdes existent dans les végétaux à l'état de combinaisons, soit avec l'acide malique ou l'acide acétique, soit avec certains acides particuliers, comme l'acide méconique dans l'opium, soit avec des tannins. Il existe des procédés généraux d'extraction des bases organiques qui varient suivant que la base est volatile ou qu'elle est fixe.

Si la base est volatile, on distille la plante avec de la soude tant que le produit de la distillation est alcalin; on sature le liquide par l'acide sulfurique étendu, on évapore à consistance sirupeuse, et l'on reprend le résidu par un mélange d'alcool et d'éther, qui dissout le sulfate de la base et non le sulfate d'ammoniaque. L'alcool et l'éther étant évaporés, on chauffe le sulfate avec une solution concentrée de soude, et la base distille avec un peu d'eau qu'elle surnage; on la décante, on la déshydrate sur des fragments de potasse caustique, et on la rectifie par une distillation. C'est ainsi qu'on retire la conicine ou cicutine.

Lorsque la base est solide, on traite le végétal qui la contient par de l'eau aiguisée d'acide chlorhydrique; on précipite la solution par de la chaux ou de la magnésie, et l'on épuise le précipité par de l'alcool bouillant.

251. Conicine ou cicutine $C^8H^{17}Az$. — Elle fut découverte en 1827 par Giseke; elle se rencontre dans tous les organes et surtout dans les fruits de la grande ciguë (*Conium maculatum*). Les fruits desséchés en donnent 5 grammes par kilogramme, tandis que 50 kilogrammes de feuilles en fournissent à peine 4 grammes. Nous avons dit plus haut comment on extrait cette base.

La conicine est un liquide incolore, oléagineux, moins dense que l'eau, doué d'une odeur pénétrante et désagréable; elle distille à 210°. Elle est peu soluble dans l'eau et s'y dissout mieux à froid qu'à la température de l'ébullition; l'alcool la dissout en toutes proportions, l'éther en dissout 1/6° de son poids.

Sa réaction est fortement alcaline; elle précipite un grand nombre d'oxydes métalliques de leurs combinaisons; elle se combine aux acides pour donner des sels neutres; la plupart sont amorphes; le chlorhydrate cristallise en grosses lames incolores, très déliquescentes; sa solution évaporée au contact de l'air se colore en rouge, puis en bleu foncé.

La conicine est très altérable au contact de l'air, elle se colore et finit par se résinifier; soumise à l'action des réactifs oxydants, elle est vivement attaquée et fournit de l'acide butyrique; traitée par l'iodure de méthyle, elle s'y combine en donnant l'iodhydrate de méthylconicine :

$$C^8H^{16}AzH \quad + \quad CH^3I \quad = \quad C^8H^{16}AzCH^3$$

$$\text{Conicine.} \qquad \text{Iodure} \qquad \text{Iodhydrate}$$
$$\text{de méthyle.} \qquad \text{de méthylconicine.}$$

La méthylconicine, qui se produit dans cette réaction, se rencontre également dans la ciguë, et s'obtient en même temps que la conicine, dont on la sépare par distillation fractionnée.

La conicine est très vénéneuse; c'est un poison narcotique qui peut donner la mort à la dose de 10 centigrammes. Elle produit la paralysie des muscles volontaires, puis des muscles respiratoires, et amène ainsi la mort par asphyxie.

M. Hofmann a reconnu dernièrement que la cicutine est un produit d'hydrogénation de l'orthopropyl-pyridine :

$$C^5H^4(C^3H^7)Az \quad + \quad H^6 \quad = \quad C^8H^{17}Az$$

$$\text{Orthopropyl-} \qquad\qquad\qquad \text{Hexahydro-}$$
$$\text{pyridine.} \qquad\qquad\qquad \text{orthopropyl-pyridine.}$$
$$\text{(Conicine.)}$$

et M. Ladenburgh en a réalisé la synthèse totale.

252. Nicotine $C^{10}H^{14}Az^2$. — Cet alcaloïde se rencontre dans le tabac. Les tabacs de diverses provenances en contiennent des proportions variables : tandis que le tabac de Havane en contient moins de 2 pour 100, le tabac d'Alsace en contient plus de 3,21, et celui du Lot près de 8 pour 100. La nicotine existe dans la fumée de tabac ; le liquide excessivement âcre et d'une odeur repoussante, qui s'accumule dans les réservoirs dont sont munies les pipes allemandes, est très riche en nicotine ; après la combustion de 4 kil. et demi de tabac, Melsens a pu retirer de ce liquide 30 grammes de nicotine.

La nicotine est liquide, oléagineuse, incolore, transparente et assez fluide ; elle est plus dense que l'eau (1,033 à 4°) ; elle jaunit, puis brunit à l'air et finit par s'épaissir en absorbant de l'oxygène. Elle est très soluble dans l'eau, l'alcool, les huiles essentielles, l'éther ; elle est très hygrométrique, et absorbe rapidement l'humidité de l'air. Elle bout à 250° ; ses vapeurs sont excessivement irritantes, et l'on a peine à respirer dans une pièce où l'on a répandu une goutte de nicotine.

Elle est très alcaline ; elle précipite les oxydes métalliques de leurs sels, et redissout l'oxyde de cuivre comme le fait l'ammoniaque. Elle se combine directement avec les acides en dégageant de la chaleur ; les sels qu'elle forme sont très solubles, difficilement cristallisables et même déliquescents. Le chlorhydrate $C^{10}H^{14}Az^2,2HCl$ cristallise en longues fibres anhydres.

, Chauffée avec de l'acide chlorhydrique, la nicotine se colore en violet ; avec l'acide azotique, à une douce chaleur, elle se colore en jaune orangé. Sa solution aqueuse, même très étendue, se colore en jaune, puis en cramoisi, lorsqu'on la mêle avec de la teinture d'iode.

La nicotine ne renferme point d'hydrogène remplaçable par un radical alcoolique; c'est une base tertiaire.

La nicotine est un poison extrêmement violent;
comme elle est très soluble dans l'eau, elle agit avec
rapidité; une ou deux gouttes suffisent pour tuer un
chien presque instantanément. La nicotine agit à peu
près comme la conicine; elle détermine de violentes
convulsions, suivies d'une paralysie générale.

ALCALOÏDES DE L'OPIUM

253. Le suc épaissi des capsules de pavot, l'opium,
est un mélange très complexe, qui, outre différents
alcaloïdes, renferme de l'acide méconique, de l'acide
lactique, des matières résineuses, de la gomme et des
débris végétaux.

Quand on le traite par l'eau, il abandonne à ce dissolvant 50 pour 100 environ de matières solubles;
l'extrait aqueux a donc une richesse en alcaloïdes
double de celle de l'opium brut. L'opium contient un
grand nombre d'alcaloïdes; les seuls qui soient usités
sont la morphine, la codéine et la narcéine.

254. **Morphine** $C^{17}H^{19}AzO^3 + H^2O$. — Elle fut découverte au commencement du siècle par Sertuerner; on
la retire de l'opium par le procédé suivant, dû à Ro-
bertson et Grégory, procédé qui permet en même
temps de recueillir la codéine.

On épuise 1 kilogramme d'opium bien divisé par
trois fois son poids d'eau froide, puis, à deux ou trois
reprises, par le double de son poids d'eau; on ajoute à
la solution 100 grammes de marbre pulvérisé, et l'on
évapore au bain-marie à consistance sirupeuse. Le
résidu refroidi est dissous dans 3 kilogrammes d'eau,
la solution est filtrée pour séparer le méconate de

chaux, réduite par l'évaporation au quart de son volume, et additionnée de 50 grammes de chlorure de calcium et de 8 grammes d'acide chlorhydrique dissous dans 100 grammes d'eau. Le mélange est abandonné à lui-même pendant 25 jours ; au bout de ce temps, il est pris en une masse cristallisée imprégnée d'eaux mères colorées. On exprime fortement cette masse dans un linge, on la dissout dans l'eau bouillante en présence de noir animal, on filtre et l'on obtient une solution de chlorhydrate de morphine et de chlorhydrate de codéine. L'addition d'ammoniaque à cette liqueur en précipite de la morphine, tandis que la codéine reste en solution. Le bon opium de Smyrne fournit 10 à 15 pour 100 de morphine.

La morphine ainsi obtenue est souvent mélangée de narcotine ; on enlève celle-ci en lavant la morphine avec du chloroforme ou de l'éther, qui dissolvent facilement la narcotine.

La morphine cristallise en prismes incolores, transparents, inodores et d'une saveur amère persistante. Elle ne se dissout que dans 500 fois son poids d'eau bouillante, elle est insoluble dans l'éther, le chloroforme, les huiles essentielles ; elle se dissout dans 13 parties d'alcool bouillant d'une densité de 0,82 ; elle est moins soluble dans l'alcool absolu.

Elle renferme une molécule d'eau de cristallisation qu'elle perd à 120°.

La morphine et ses sels sont très sensibles à l'action des corps oxydants. Ils réduisent l'acide iodique, même en solution étendue, avec mise en liberté d'iode qui colore le mélange : le chlorure d'or colore la solution de morphine en bleu, l'acide azotique concentré en jaune orangé qui passe peu à peu au jaune. Une réaction caractéristique de la morphine est celle qu'elle présente au contact des sels ferriques ; lorsqu'on jette de la morphine en poudre dans une solution concentrée et peu acide de sulfate ferrique, elle prend une coloration bleu foncé.

La morphine en outre est soluble dans la potasse. Quand on chauffe sa dissolution dans la soude ou la potasse alcoolique avec de l'iodure de méthyle, elle donne un dérivé méthylé qui est identique avec la codéine. En remplaçant l'iodure de méthyle par d'autres iodures alcooliques, on obtient de nouvelles bases formées par synthèse, telle est la *codéthyline* ou *éthylmorphine* $C^{17}H^{18}AzO^3(C^2H^5)$ [E. Grimaux].

Les sels de morphine sont généralement cristallisables, fort solubles dans l'eau et l'alcool, insolubles dans l'éther ; leur saveur est amère, l'ammoniaque et les carbonates alcalins en séparent de la morphine.

Le *chlorhydrate* $C^{17}H^{19}AzO^3,HCl + 3H^2O$ est en fibres soyeuses, solubles dans 16 à 20 p. d'eau froide, dans moins de 1 p. d'eau bouillante, encore plus solubles dans l'alcool. L'*acétate* est cristallisé en aiguilles très solubles dans l'eau, et dont la solution se décompose par l'évaporation. Le chlorhydrate est le sel de morphine employé en médecine ; on a aussi prescrit l'acétate, mais le chlorhydrate plus stable doit lui être préféré.

255. APOMORPHINE $C^{17}H^{17}AzO^2$. — La morphine chauffée pendant 2 à 3 heures avec de l'acide chlorhydrique en excès, à 140-150°, se transforme en une nouvelle base, l'*apomorphine*, qui constitue un précipité blanc, non cristallin. Le *chlorhydrate* $C^{17}H^{17}AzO^2,HCl$ est en cristaux peu solubles dans l'eau froide. (Matthiessen.)

L'action de l'apomorphine sur l'économie est très différente de celle de la morphine : c'est un vomitif puissant qui agit à très faibles doses ($0^g,003$ à $0^g,011$), et qui peut être administré en injections sous-cutanées.

256. Codéine $C^{18}H^{21}AzO^3 + H^2O$. — Elle fut découverte par Robiquet. On la retire de la solution d'où l'on a précipité la morphine par l'ammoniaque, en évaporant cette solution au bain-marie pour chasser l'excès d'ammoniaque; la morphine encore dissoute à la faveur de l'ammoniaque se précipite. On décante la liqueur, on la concentre et l'on y ajoute de la potasse caustique, la codéine insoluble dans une solution de potasse se sépare; on lave le précipité, on le sèche et on le dissout dans l'éther, qui dépose en s'évaporant de la codéine cristallisée.

La codéine hydratée se sépare de l'éther aqueux en gros cristaux appartenant au système rhombique; dans l'éther anhydre, elle se sépare sans eau de cristallisation sous forme d'octaèdres à base rectangulaire, fusibles à 150°.

La morphine chauffée avec de la soude et de l'iodure de méthyle se transforme en codéine, qui est par conséquent de la méthyl-morphine (E. Grimaux) :

$$C^{17}H^{19}AzO^3 \qquad\qquad C^{17}H^{18}(CH^3)O^3$$

Morphine.   Méthyl-morphine.
(Codéine.)

La codéine se dissout dans quatre-vingts fois son poids d'eau à 15°, elle est plus soluble dans l'eau bouillante, facilement soluble dans l'éther et l'alcool.

C'est une base énergique qui précipite de leurs solutions les oxydes métalliques, et ramène au bleu le papier de tournesol rougi par les acides. Lorsqu'on dissout dans une très petite quantité d'alcool des poids égaux d'iode et de codéine, qu'on mélange les solutions, il se dépose au bout de quelques heures des cristaux d'iodocodéine sous forme de tables triangulaires, d'un beau rouge rubis par transmission et d'un violet foncé par réflexion.

Le chlore et le brome convertissent la codéine en produits de substitution; en versant de l'eau bromée sur de la codéine en poudre, il se forme un précipité jaune de codéine tribromée.

La codéine chauffée avec de l'acide chlorhydrique à 140-150° donne du chlorure de méthyle et de l'apomorphine :

$$C^{18}H^{21}AzO^3 \quad + \quad HCl \quad = \quad CH^3Cl \quad + \quad H^2O \quad + \quad C^{17}H^{17}AzO^2$$

<table>
<tr><td>Codéine.</td><td>Acide</td><td>Chlorure de</td><td>Eau.</td><td>Apomorphine.</td></tr>
<tr><td></td><td>chlorhydrique.</td><td>méthyle.</td><td></td><td></td></tr>
</table>

257. Narcéine $C^{23}H^{19}AzO^9$. — La narcéine, découverte par Pelletier, s'extrait des eaux mères incristallisables, d'où se séparent les chlorhydrates de morphine et de codéine dans la préparation de ces bases. On ajoute à ces eaux mères de l'ammoniaque, on filtre, et à la solution filtrée qui renferme toute la narcéine, on ajoute une solution d'acétate de plomb qui précipite les matières colorantes. On filtre de nouveau, on neutralise par l'ammoniaque, et l'on évapore à une douce chaleur jusqu'à ce qu'une pellicule se forme à la surface du liquide. Il se dépose par le refroidissement de la narcéine, qu'on purifie par une nouvelle cristallisation.

La narcéine se présente sous la forme d'une matière blanche, soyeuse, composée d'aiguilles fines allongées, peu solubles dans l'eau froide, facilement solubles dans l'eau bouillante et dans l'alcool, insolubles dans l'éther. Elle fond à 92°; à 110°, elle jaunit et se décompose à une température plus élevée. L'acide azotique étendu et bouillant la colore en jaune; l'iode se combine avec elle en produisant un composé bleu foncé, qui est détruit par l'eau bouillante et les alcalis.

Les sels de narcéine sont cristallisés.

L'opium fournit encore de la narcotine, de la thébaïne, de la papavérine et de la cryptopine.

258. ACTION PHYSIOLOGIQUE DES ALCALOÏDES DE L'OPIUM. — On sait que l'opium, à faible dose, agit comme sédatif et soporifique; à dose élevée, il agit comme poison narcotique. Il amène alors des phénomènes complexes, comme l'ivresse, le trouble des sens, les hallucinations, quelquefois des convulsions, puis un coma profond auquel succède la mort. La diversité de ces phénomènes est due aux nombreux alcaloïdes que renferme l'opium. Claude Bernard a constaté que les propriétés physiologiques des alcaloïdes de l'opium sont différentes, et que la puissance toxique n'est pas en raison de l'action narcotique.

Ainsi, la morphine, la codéine et la narcéine sont les seules qui amènent le sommeil; la thébaïne, qui n'est pas narcotique, est la plus toxique des bases de l'opium, et la plus convulsive. La codéine, moins narcotique que la morphine, est cependant plus toxique. M. Claude Bernard a rangé dans l'ordre suivant les différentes bases de l'opium, suivant leur pouvoir soporifique, toxique ou convulsif :

Pouvoir soporifique.	Pouvoir toxique.	Pouvoir convulsif.
Narcéine.	Thébaïne.	Thébaïne
Morphine.	Codéine.	Papavérine.
Codéine.	Papavérine.	Narcotine.
	Narcéine.	Codéine.
	Morphine.	Morphine.
	Narcotine.	Narcéine

ALCALOIDES DES QUINQUINAS

259. Les quinquinas renferment plusieurs alcaloïdes : la quinine et ses isomères, la quinidine et la quinicine, la cinchonine et ses isomères, cinchonidine et cinchonicine, la cinchonamine et la cinchovatine ou aricine.

260. **Quinine** $C^{20}H^{24}Az^2O^2$. — La quinine a été isolée en 1820 par Pelletier et Caventou. On l'extrait des quinquinas par le procédé suivant :

Le quinquina réduit en poudre est soumis à l'ébullition pendant une heure au moins avec huit ou dix fois son poids d'eau, additionnée de 25 pour 100 d'acide chlorhydrique. On passe la décoction à travers une toile et l'on soumet le résidu à une seconde et à une troisième ébullition, en employant des liqueurs acides plus étendues. On enlève ainsi les alcaloïdes à l'état de chlorhydrates solubles; on ajoute aux liqueurs du lait de chaux par petites portions en léger excès, et l'on recueille un précipité qu'on laisse égoutter, et qu'on comprime fortement; les eaux mères qui s'écoulent, abandonnées au repos, donnent à la longue un dépôt d'alcaloïdes impurs. Quant au tourteau formé par les alcaloïdes mêlés de chaux, on le dessèche, puis on le met digérer en vases clos, au bain-marie, avec de l'alcool qui s'empare des alcalis.

A la solution alcoolique on ajoute de l'acide sulfurique étendu, de manière à lui communiquer une réaction légèrement acide, et l'on chasse l'alcool par la distillation. Par le refroidissement, le résidu se prend en une masse cristallisée de sulfate de quinine; les eaux mères renferment du sulfate de cinchonine beaucoup plus soluble, ainsi qu'un peu de sulfate de quinine qu'elles retiennent en dissolution. On précipite ces eaux mères par le carbonate de soude, on convertit les alcaloïdes en sulfates, et l'on en retire de nouveau du sulfate de quinine par cristallisation.

Pour isoler la quinine elle-même, on ajoute de l'ammoniaque à la solution du sulfate.

Ainsi obtenue, la quinine se présente sous la forme d'une masse blanche et caillebotée, poreuse et friable à l'état sec. Elle peut être obtenue cristallisée à l'état d'hydrate. L'hydrate $C^{10}H^{24}Az^2O^2,H^2O$ se forme, lorsqu'on abandonne au contact de l'air de la quinine récemment précipitée et bien lavée, et qu'on l'humecte de temps en temps. On connaît un autre hydrate cristallisé, $C^{20}H^{24}Az^2O^2,3H^2O$.

La quinine est sans odeur, très amère et ramène au bleu le papier de tournesol rougi; elle est très soluble dans l'alcool, bien plus soluble dans l'éther que la cinchonine, elle se dissout également dans le chloroforme, les huiles essentielles et les huiles grasses; l'eau n'en dissout qu'un 400e de son poids.

Oxydée, elle donne un acide qui, distillé avec de la chaux, fournit de la quinoléine.

L'hydrate à 3 molécules d'eau fond à 120° en un liquide oléagineux, en perdant son eau de cristallisation; la matière fondue se prend par le refroidissement en une masse résineuse; par une plus forte chaleur, la quinine se détruit en dégageant des liquides alcalins et laissant un résidu de charbon.

Les acides dilués la dissolvent facilement, l'acide sulfurique concentré la dissout à froid sans la colorer.

On reconnaît la quinine aux réactions suivantes :

1° Elle se dissout dans un excès d'acide sulfurique dilué, en donnant une solution dichroïque à reflets bleus;

2° Lorsqu'on ajoute à un sel de quinine quelques

gouttes d'eau chlorée, puis de l'ammoniaque, la solution se colore en vert;

3° Si après avoir versé de l'eau chlorée concentrée dans une solution de sulfate de quinine, on y ajoute ensuite du ferrocyanure de potassium en poudre fine, elle se colore en rose clair, puis en rouge foncé.

261. SELS DE QUININE. — La quinine est une base diacide, c'est-à-dire qu'elle se combine, pour se saturer, avec deux molécules d'un acide monobasique ou une molécule d'acide dibasique; elle donne donc des sels neutres ou des sels basiques.

Le *sulfate de quinine basique* $(C^{20}H^{24}Az^2O^2)^2SO^4H^2 + 7H^2O$ s'obtient comme nous l'avons dit plus haut en parlant de l'extraction de la quinine; il se présente sous la forme d'aiguilles minces, longues, flexibles, d'un éclat nacré, très légères. Il est efflorescent et perd 6 molécules d'eau de cristallisation; chauffé à 120°, il devient anhydre. Il est peu soluble dans l'eau, car il exige pour se dissoudre trente parties d'eau bouillante et quarante parties d'eau froide; presque insoluble dans l'alcool bouillant, il se dissout dans soixante parties d'alcool d'une densité de 0,85, à la température ordinaire.

Chauffé à 100°, il devient lumineux; à une température plus élevée, il fond, puis se colore en rouge et se détruit en se charbonnant. Dissous dans l'eau acidulée d'acide sulfurique, il passe à l'état de sulfate neutre (improprement appelé sulfate acide), et la solution présente des reflets bleus, qui sont encore sensibles dans une liqueur très étendue.

Le sulfate de quinine dissous dans l'acide acétique, et ajouté goutte à goutte à une solution alcoolique d'iode, fournit au bout de quelques heures de larges plaques, ordinairement rectangulaires, de sulfate d'iodoquinine.

Les cristaux vus par réflexion ont une couleur vert émeraude presque métallique; vus par transmission, ils semblent presque incolores, mais si l'on superpose deux de ces cristaux de manière que leurs plus grandes dimensions se coupent à angle droit, ils ne laissent passer aucune lumière; le phénomène s'observe avec des cristaux n'ayant qu'un vingtième de millimètre d'épaisseur; le sulfate d'iodoquinine se comporte donc comme la tourmaline. (Herapath.)

262. *Essai du sulfate de quinine.* — Le sulfate de quinine étant très employé, et d'un prix assez élevé, est souvent l'objet de falsifications; on y a mêlé du sulfate de chaux cristallisé, de l'acide stéarique, de l'amidon, du sucre, de la mannite, de la salicine et du sulfate de cinchonine.

L'addition des matières minérales se reconnaît par la calcination. La salicine est immédiatement décelée par la couleur rouge qu'elle prend par l'acide sulfurique. Les matières solubles dans l'eau, comme la mannite, le sucre, sont découvertes de la manière suivante : on prend par l'eau le sulfate de quinine suspect, on additionne la solution d'eau de baryte pour précipiter la petite quantité de sulfate de quinine dissoute, on sépare l'excès de baryte par un courant de gaz carbonique, on porte à l'ébullition, et l'on filtre. La liqueur filtrée ne doit donner aucun résidu par l'évaporation, si le sulfate est pur; dans le cas d'une falsification par des substances solubles dans l'eau, on les retrouve dans cette solution.

Quant à l'amidon, à la magnésie, aux sels minéraux, ils restent à l'état de résidu insoluble lorsqu'on prend le sulfate de quinine suspect par l'alcool bouillant.

Pour déceler les acides gras, comme l'acide stéarique, on dissout le sulfate dans de l'eau acidulée d'acide sulfurique; les acides gras ne se dissolvent pas dans ces conditions.

Le sulfate de quinine du commerce renferme 2 ou 3 pour 100 de sulfate de cinchonine, provenant d'une purification imparfaite; une plus grande porportion de sulfate de cinchonine serait due à la fraude. On décèle celui-ci très rapidement en mettant à profit la différence de solubilité de la quinine et de la cinchonine dans l'éther; on met un gramme de sulfate de quinine dans un tube fermé à un bout, on y ajoute une douzaine de grammes d'éther, puis 1 à 2 grammes d'ammoniaque, et l'on agite vivement. Si le sulfate est pur, on a deux couches limpides, l'une d'eau, l'autre d'éther renfermant la quinine en solution. S'il renferme de la cinchonine, celle-ci forme un précipité qui reste en suspension à la surface de la couche aqueuse.

Le sulfate de quinine du commerce non fraudé donne une très faible couche chatoyante de cinchonine; on peut néanmoins le considérer comme pur.

263. ACTION PHYSIOLOGIQUE DE LA QUININE ET DE SES SELS. — La quinine et ses sels, lorsqu'ils sont administrés à doses très faibles, ne donnent lieu qu'à des phénomènes physiologiques peu marqués; mais, avec une dose plus élevée, 1 gramme de sulfate de quinine, par exemple, administré à un adulte, on observe les phénomènes suivants. Au bout d'une heure ou deux, il se produit une légère ivresse, marquée par des vertiges, des bourdonnements d'oreilles, la chaleur de la peau, la coloration de la face, la fréquence et la dureté du pouls. Cette période d'excitation disparaît bientôt et fait place à une période de sédation marquée par le ralentissement et la faiblesse du pouls.

Dans le cas où le sulfate de quinine a été pris à dose

toxique, le malade tombe dans un état de prostration complète, dans un coma profond auquel il succombe souvent; on a observé des empoisonnements mortels par l'administration de 40 grammes de sulfate de quinine en deux jours, mais il n'est pas besoin de doses si élevées pour déterminer des accidents, car, suivant Briquet, le sulfate de quinine à la dose de 4 grammes, surtout quand il est administré à cette dose plusieurs jours de suite, peut amener la mort d'un homme adulte.

Le sulfate de quinine n'a pas d'action irritante sur les organes de la digestion. Sous son influence, on voit la rate hypérémiée diminuer rapidement de volume.

La quinine et ses préparations sont des antipériodiques précieux; on les emploie non seulement contre la fièvre intermittente, mais encore contre toutes les névralgies qui offrent le caractère de l'intermittence, et qui sont si fréquentes dans les pays de marais. On les prescrit aussi avec succès contre le rhumatisme articulaire aigu.

De toutes les préparations de quinine, le sulfate est le plus employé, à doses variant de 0,20 à 1,50, suivant les indications.

La quinine est éliminée par les urines, où l'on constate sa présence par la formation du précipité brun marron qu'elle donne avec l'iodure ioduré de potassium.

204. QUINIDINE ET QUINICINE. — On connaît deux bases isomériques de la quinine. L'une d'elles, la *quinidine*, se trouve dans la matière résineuse qu'on avait appelée quinoïdine, et qui se précipite par l'addition du carbonate de soude aux dernières eaux mères d'où a cristallisé le sulfate de quinine. La quinidine est un produit d'altération de la quinine sous l'influence des rayons solaires (Pasteur). Elle est cristallisée en

gros prismes rhomboïdaux renfermant deux molécules d'eau de cristallisation ; elle présente avec l'eau chlorée et l'ammoniaque la même réaction que la quinine.

La *quinicine* est une masse résineuse, demi-fluide ; elle provient d'une transposition moléculaire de la quinine sous l'influence de la chaleur, le sulfate de quinine, chauffé pendant trois ou quatre heures entre 120 et 130°, avec un peu d'eau et d'acide sulfurique, se transforme en sulfate de quinicine.

265. Cinchonine $C^{19}H^{22}Az^2O$. — Cet alcali se trouve à l'état de sulfate dans les liqueurs d'où l'on a retiré le sulfate de quinine par cristallisation. On en sépare la cinchonine en ajoutant de l'ammoniaque à la solution ; le précipité, qui renferme aussi de la quinine, est repris par l'alcool ; la cinchonine, moins soluble, cristallise la première.

La cinchonine se présente en prismes quadrilatères ou en aiguilles déliées, incolores, brillantes, ne se dissolvant que dans 2500 parties d'eau bouillante, presque insoluble dans l'éther, très peu solubles dans le chloroforme, les huiles essentielles et les huiles grasses. L'alcool concentré en dissout 3 p. 100 seulement. Elle fond à 257° en un liquide incolore qui devient cristallin par le refroidissement ; elle se sublime en prismes brillants dans un courant d'hydrogène. Sa saveur est amère, et elle agit comme fébrifuge, mais elle est moins active que la quinine. Elle n'est pas usitée en France.

Elle se combine aux acides en donnant des sels cristallisés qui ressemblent aux sels de quinine, mais qui sont plus solubles dans l'alcool.

On connaît deux bases isomériques de la cinchonine, la *cinchonidine* et la *cinchonicine*, qui correspondent à la quinidine et à la quinicine.

La *cinchovatine* ou *aricine* est un alcaloïde retiré de divers quinquinas ; elle renferme $C^{23}H^{26}Az^2O^4$; elle n'est pas usitée.

265 *bis*. **Cinchonamine** $C^{19}H^{24}Az^2O$. — Cette base a été retirée par M. Arnaud du *Remijia purdania*. Elle est cristallisée, soluble dans l'alcool et dans l'éther. Ses sels sont cristallins, peu solubles dans l'eau. L'azotate est insoluble dans une eau acidulée. L'insolubilité de ce sel est utilisé pour déceler dans l'analyse la présence de l'acide azotique et des azotates.

ALCALOÏDES DES STRYCHNOS

266. Diverses plantes du genre strychnos renferment deux alcaloïdes, la brucine et la strychnine, qui ont été découverts par Pelletier et Caventou. Ce sont : la noix vomique, semence du *Strychnos nux vomica*, l'écorce du vomiquier ou de fausse angusture, provenant de la même plante, la fève de Saint-Ignace, semences du *Strychnos Ignatii*, le bois de couleuvre, racine du *Strychnos colubrina*, et l'écorce du *Strychnos tieuté*, qui sert à préparer l'*upas tieuté*, poison dont les naturels des îles de la Sonde se servent pour enduire les pointes de leurs flèches.

267. **Strychnine** $C^{21}H^{22}Az^2O^2$. — Différents modes opératoires sont employés pour l'obtention de la strychnine : le suivant, dû à Henry fils, est à peu près le procédé général d'extraction des alcalis végétaux.

Les noix vomiques réduites en poudre assez fine, soit au pilon, soit au moulin, sont traitées au bain-marie par quatre ou cinq fois leur poids d'alcool aiguisé d'acide sulfurique ; on ajoute aux liqueurs alcooliques de la chaux vive en excès ; la chaux s'empare de tous les acides et des matières colorantes, et la strychnine reste en solution dans l'alcool. On lave avec de l'alcool le dépôt calcaire, on filtre et l'on distille les liquides alcooliques dans un alambic. Le résidu est un mélange de strychnine et de brucine fortement coloré; on redissout dans un acide et l'on précipite à froid par l'ammoniaque.

On sépare la brucine de la strychnine; en mettant le précipité en digestion avec de l'alcool faible qui dissout la première; le résidu est repris par l'alcool concentré et bouillant, puis la solution est traitée par le noir animal et filtrée; la strychnine cristallise par le refroidissement. Un kilogramme de noix vomique fournit près de 2 grammes de strychnine.

La strychnine est en octaèdres à base rectangulaire, incolores, inodores, d'une amertume excessive; elle ne se dissout que dans 2500 fois son poids d'eau bouillante. Elle est insoluble dans l'éther, les huiles grasses, facilement soluble dans l'alcool ordinaire bouillant, dans le chloroforme et dans les huiles volatiles.

Pure, elle n'est pas colorée par l'acide azotique, mais lorsqu'elle renferme une trace de brucine, elle développe une coloration rouge.

La réaction suivante est caractéristique pour la strychnine; lorsqu'on la triture avec un peu de peroxyde de plomb (oxyde puce de plomb) en présence de l'acide sulfurique très concentré, elle se colore en bleu passant rapidement au violet, puis au rouge, et au bout de quelques heures au jaune serin.

L'action du chlore permet également de reconnaître la strychnine; dès qu'une bulle de chlore arrive dans une solution, même très étendue, de cet alcali, il se forme un nuage blanc qui s'étend peu à peu dans tout le liquide, et qui est dû à la production de strychnine trichlorée.

268. ACTION DE LA STRYCHNINE SUR L'ÉCONOMIE. — La strychnine est un poison tétanique des plus terribles. Elle éteint l'action des nerfs sensitifs, en excitant violemment les nerfs moteurs. Elle peut amener la mort, même à la dose de 2 centigrammes, et quelquefois d'une manière soudaine. Lorsque la mort ne survient pas immédiatement, on observe des vertiges, de la raideur dans les muscles, puis des convulsions tétaniques excessivement violentes. Après une ou deux minutes, les symptômes disparaissent pour revenir bientôt, avec une violence plus grande; les accès se succèdent rapidement, et le malade succombe pendant un de ces accès ou tombe dans le collapsus et ne tarde pas à mourir.

On emploie les sels de strychnine en médecine pour combattre certaines paralysies; c'est un médicament auquel l'organisme ne s'habitue pas et qu'on doit ne prescrire qu'à très petite dose.

269. Brucine $C^{23}H^{26}Az^2O^4 + 4H^2O$. — Dans les eaux mères alcooliques d'où la strychnine s'est déposée, se trouve la brucine. On sature ces eaux mères par de l'acide oxalique, on évapore, et l'on recueille les cristaux d'oxalate de brucine. Ce sel étant dissous dans l'eau, on le précipite par la magnésie, et l'on reprend le dépôt par l'alcool; celui-ci en s'évaporant abandonne la brucine cristallisée.

La brucine est en prismes rhomboïdaux obliques, s'effleurissant rapidement à l'air, solubles dans 500 parties d'eau bouillante, insolubles dans l'éther, facilement solubles dans l'alcool; chauffée doucement avec de l'acide azotique étendu, elle se convertit en strychnine.

Ses sels sont cristallisables, d'une saveur amère comme la brucine elle-même, ils se colorent en rouge par l'acide azotique.

La brucine agit sur l'économie de la même manière que la strychnine, mais à dose beaucoup plus élevée. Elle n'est pas usitée.

ALCALOIDE DE LA BELLADONE

270. Atropine $C^{17}H^{23}AzO^3$. — L'atropine a été retirée de la belladone en 1833. (Geiger et Hess, Mein.)

Elle cristallise en aiguilles soyeuses, inodores, incolores, d'une saveur âcre et amère. Elle fond à 113°,5 et se volatilise à 140° en se décomposant en grande partie; très soluble dans l'alcool, elle se dissout dans 35 parties d'éther froid, 6 parties d'éther bouillant, 200 parties d'eau froide et 54 parties d'eau bouillante.

Par les agents oxydants, elle donne de l'acide benzoïque et de l'hydrure de benzoyle; chauffée avec de l'eau de baryte à 180°, elle se dédouble en une nouvelle base, appelée *tropine* $C^8H^{15}AzO$, et un acide, l'acide tropique $C^9H^{10}O^3$.

$$C^{17}H^{23}AzO^3 \;+\; H^2O \;=\; C^8H^{15}AzO \;+\; C^9H^{10}O^3$$

Atropine.   Eau.   Tropine.   Acide tropique.

L'acide tropique est un acide de la série aromatique, monobasique et diatomique; il perd facilement de l'eau pour se convertir en un acide $C^9H^8O^2$, *l'acide atropique*, isomère de l'acide cinnamique. (Lossen, Kraut.)

Le tropate de tropine, traité au bain-marie par l'acide chlorhydrique étendu, perd les éléments de l'eau et régénère l'atropine. (Ladenburg.) Cette réaction ramène la synthèse de l'atropine à celle de l'acide tropique et de la base *tropine*.

Le *sulfate d'atropine*, très employé en médecine pour amener la dilatation de la pupille, est en aiguilles déliées, insolubles dans l'éther, très solubles dans l'eau et dans l'alcool; on le prépare en ajoutant une solution de dix parties d'atropine dans l'éther pur et sec, à un mélange de 1 partie d'acide sulfurique et 10 parties d'alcool.

271. On emploie en thérapeutique les injections sous-cutanées de sulfate d'atropine pour calmer les douleurs nerveuses. Mais c'est surtout pour dilater la pupille qu'on a recours au sulfate d'atropine. On se sert d'une solution de 20 centigrammes de ce sel pour 32 grammes d'eau distillée; une seule goutte de cette solution, placée au contact de la cornée et de la conjonctive pendant quelques instants, suffit pour amener en vingt ou vingt-cinq minutes une dilatation complète avec immobilité de la pupille.

En chauffant la base *tropine* $C^8H^{15}AzO$ avec des acides aromatiques (acide salicylique, acide oxytoluique, acide phtalique), en présence d'acide chlorhydrique étendu, M. Ladenburg a obtenu une série de bases agissant sur la pupille comme l'atropine et auxquelles il donne le nom générique de *tropéines*.

272. L'*hyoscyamine* $C^{17}H^{23}AzO^3$ est isomérique avec l'atropine; elle se dédouble de la même façon par l'action de l'eau de baryte, en donnant de la tropine et de l'acide tropique, qui, chauffés avec de l'acide chlorhydrique étendu, reproduisent l'atropine. On réalise donc ainsi la transformation de l'hyoscyamine en atropine.

L'hyoscyamine est en aiguilles soyeuses, fusibles à 108°,5; elle est identique avec les bases désignées sous le nom de *daturine* et de *duboisine*. (Ladenburg.) Elle s'extrait des semences de jusquiame (*Hyoscyamus niger*, Solanées).

273. L'*ésérine* ou *physostigmine* $C^{15}H^{21}Az^3O^2$ est le principe actif de la fève de Calabar (*Physostigma vene-*

nosum, légumineuses). Elle est l'antagoniste de la belladone et amène la contraction de la pupille.

274. Cocaïne $C^{17}H^{21}AzO^4$. — Cet alcaloïde a été retiré par Niemann des feuilles de *coca* (*Erytroxylum coca*); elle cristallise en prismes incolores, solubles dans l'eau, dans l'alcool et dans l'éther, d'une saveur faiblement amère. Wolher et Lossen ont étudié son dédoublement par l'acide chlorhydrique, qui la décompose en une base nouvelle, cristallisée, l'ecgnonine $C^9H^{15}AzO^3$, en acide benzoïque et en alcool méthylique :

$$C^{17}H^{21}AzO^4 + 2H^2O = C^9H^{15}AzO^3 + C^7H^6O^2 + CH^4O$$

Ecgnonine.   Acide   Alcool
benzoïque.   méthylique.

Le chlorhydrate de cocaïne cristallise en prismes à quatre pans.

La cocaïne est un anesthésique local puissant, mais dont l'action est de peu de durée. On l'emploie en applications directes et en injections sous-cutanées dans le traitement des affections des yeux et pour abolir la douleur dans l'avulsion des dents.

275. Pelletiérine $C^8H^{13}AzO$. — C'est le principe actif de la racine de l'écorce de grenadier, d'où elle a été isolée par M. Tanret. Elle est liquide, soluble dans 20 parties d'eau, et bout à 195°; elle se résinifie à l'air. On l'administre à l'état de tannate comme vermifuge.

276. RECHERCHE DES ALCALOÏDES DANS LES CAS D'EMPOISONNEMENT. — M. Stas a donné un procédé général propre à la recherche des alcaloïdes dans les cas d'empoisonnement. Ce procédé repose : 1° sur la solubilité dans l'eau et l'alcool des sels que forment les alcaloïdes avec un excès d'acide tartrique; 2° sur la décomposition de ces sels acides en solution, par le bicarbonate de potasse ou de soude, et la mise en liberté des alcaloïdes; 3° sur la propriété que possède l'éther employé en quantité suffisante, d'enlever à la liqueur aqueuse les alcaloïdes mis en liberté.

Voici comment on opère : On divise les organes, foie, cœur, poumons; on les additionne du double de leur poids d'alcool pur et concentré, on chauffe le tout dans un ballon au bain-marie entre 70° et 75°, après y avoir ajouté 1 gramme à 2 grammes d'acide tartrique. On laisse refroidir, on jette la masse sur un filtre, on lave la partie insoluble avec de l'alcool concentré; on évapore les liqueurs alcooliques à une basse température (35°) ou mieux dans le vide, si l'on peut. Dans le cas où pendant l'évaporation il se sépare des matières insolubles, on filtre sur un filtre mouillé, on lave celui-ci avec un peu d'eau, et l'on évapore à siccité sous une cloche, en présence de l'acide sulfurique concentré ou dans le vide. L'extrait acide est ensuite dissous dans un peu d'eau, et introduit dans un petit flacon où on l'additionne peu à peu de bicarbonate de soude pur jusqu'à ce qu'il n'y ait plus effervescence. On ajoute alors à la solution 4 ou 5 fois son volume d'éther pur, et quand, par le repos, le tout s'est séparé en deux couches, on décante une petite partie de la couche éthérée et on l'abandonne à l'évaporation spontanée dans une capsule de verre; le résidu constitue l'alcaloïde cherché : il peut être liquide ou solide.

Quand l'alcaloïde est liquide et volatil, on voit sur les parois de la capsule, après l'évaporation de l'éther, des stries liquides qui se réunissent au fond du vase, et qui, à la chaleur seule de la main, développent une odeur âcre et désagréable; dans ce cas on ajoute à la solution éthérée 1 ou 2 centimètres cubes de potasse en solution concentrée; on agite vivement, on décante la solution éthérée, on reprend le résidu à plusieurs reprises par l'éther; et toutes les solutions éthérées étant réunies, on y ajoute 1 à 2 centimètres cubes d'eau distillée additionnée de 1/5 d'acide sulfurique pur. L'alcaloïde passe à l'état de sulfate, insoluble dans l'éther, soluble dans l'eau; on décante l'éther, et l'on a l'alcaloïde à l'état de sulfate en solution dans l'eau; de cette manière, les matières animales que l'éther pouvait tenir en solution sont séparées du sulfate de la base. Pour en isoler la base, on ajoute à cette solution aqueuse un excès de soude, on agite avec de l'éther pur, qui s'empare de l'alcaloïde et qui par l'évaporation l'abandonne à l'état de pureté.

Quand l'alcaloïde est solide, on peut ne pas obtenir de suite un résidu par l'évaporation de l'éther, quelques alcalis pouvant se trouver à l'état de sels non décomposables par le bicarbonate de soude. Quoi qu'il en soit, qu'il y·ait un résidu ou non par l'évaporation d'une petite quantité d'éther, on ajoute dans le flacon où l'on a déjà mis du carbonate de soude, une solution de potasse concentrée et l'on agite vivement avec l'éther. Celui-ci s'empare de l'alcaloïde devenu libre : on laisse alors évaporer la solution éthérée; il reste ordinairement un résidu composé d'un liquide incolore, laiteux, tenant un corps en suspension, bleuissant le papier rouge de tournesol, d'une odeur animale, mais non pas âcre et piquante comme celle d'un alcaloïde volatil.

Pour reconnaître la nature de l'alcaloïde, il faut l'isoler à l'état de pureté; à cet effet, on projette dans la capsule quelques gouttes d'eau faiblement acidulée d'acide sulfurique; la base se dissout, tandis que les matières grasses restent insolubles. Le liquide aqueux est limpide, on le décante, on lave de nouveau avec de l'eau acide, et les solutions acides sont évaporées dans le vide. On mêle ensuite le résidu avec une solution très concentrée de carbonate de potasse pur, et l'on reprend le tout par l'alcool absolu. Celui-ci par l'évaporation abandonne l'alcaloïde à l'état de pureté; il ne reste plus qu'à en déterminer la nature par l'examen de ses caractères physiques et de ses propriétés chimiques.

CHAPITRE XX

Santonine, digitaline. — Matières albuminoïdes : albumine, caséine, fibrine. — Matières collagènes : osséine, gélatine.

277. Santonine $C^{15}H^{16}O^3$. — C'est une substance neutre, cristallisée en prismes incolores, dépourvue de saveur, peu soluble dans l'eau, assez soluble dans l'alcool, fondant à 170° et se colorant en rouge sous l'influence de la lumière. L'acide sulfurique la dissout en se colorant en rouge. On extrait la santonine du *semen-contra*, qui constitue les bourgeons floraux de diverses plantes du genre *Artemisia*, de la famille des composées.

Elle est très employée comme vermifuge; elle réussit très bien contre les lombricoïdes. Comme elle est à peu près insipide, on la préfère aux autres vermifuges dans la médecine des enfants.

278. Digitaline. — Sous le nom de digitaline, on emploia une substance amorphe retirée de la digitale par Homolle et Quévenne, se présentant sous la forme de flocons blanchâtres, non cristallisés, solubles dans l'eau et dans l'alcool, inodores, d'une amertume excessive. Cette matière ne paraît être qu'un mélange, car dans le commerce on trouve deux sortes de digitaline, l'une soluble dans l'eau, l'autre insoluble.

Plus récemment, Homolle d'une part, et Nativelle de l'autre, ont retiré de la digitale une *digitaline* cristallisée en aiguilles courtes et déliées, insoluble dans l'eau et se colorant en vert émeraude par l'acide chlorhydrique concentré. Outre ces substances, on a extrait de la digitale des matières encore mal connues, les unes amorphes, les autres cristallisées (*digitaléine, digitalose, acide digitalique*, etc.).

La digitaline est un poison redoutable qui peut amener des accidents à la dose de 6 milligrammes. Elle exerce son action sur le cœur, dont elle ralentit les mouvements; aussi l'emploie-t-on à la dose de 1 à 5 milligrammes, en granules, dans le traitement des affections du cœur.

279. Matières albuminoïdes. — Sous ce nom, on désigne un groupe de matières azotées, renfermant du carbone, de l'hydrogène, de l'oxygène, de l'azote et du soufre, présentant un ensemble de propriétés communes, une composition centésimale presque' identique, et se rapprochant de l'albumine par leurs caractères physico-chimiques et physiologiques.

Les matières albuminoïdes sont solides, amorphes, excepté l'hémoglobine, qui est cristallisée; leur odeur est nulle, leur saveur faible. Elles sont insolubles dans l'alcool, l'éther et tous les liquides neutres d'origine organique; leur solubilité dans l'eau est variable, et souvent résulte de la présence des acides, des alcalis ou des sels minéraux. Elles agissent sur la lumière polarisée, et dévient vers la gauche le plan de polarisation de la lumière. Elles ne sont pas dialysables.

Leur composition centésimale, abstraction faite des sels minéraux, dont il est très difficile de les séparer, paraît être la même; les analyses des matières albuminoïdes fournissent les mêmes chiffres que l'albumine du blanc d'œufs, qui a donné à Dumas et Cahours les chiffres suivants :

```
Carbone...........................  54,3
Hydrogène.........................   7,1
Azote.............................  15,8
Soufre............................   1,8
Oxygène...........................  21,0
                                   ─────
                                   100,0
```

Soumises à l'action de la chaleur, elles se boursouflent et se décomposent en fournissant des produits variés et nombreux ; il se dégage de l'acide carbonique, de l'ammoniaque, des ammoniaques composées, des hydrocarbures et des produits oxygénés mal connus, tandis qu'il reste un charbon volumineux et riche en azote.

Elles se dissolvent à froid dans la potasse caustique. Elles sont décomposées par les solutions alcalines concentrées et bouillantes, en fournissant, comme principaux produits : de l'acide formique, de l'acide carbonique, du glycocolle, de la leucine, de la tyrosine et un sulfure alcalin. Il se forme également de la leucine et de la tyrosine par l'ébullition prolongée des matières albuminoïdes avec l'acide sulfurique étendu.

M. Schützenberger a étudié avec beaucoup de soin la nature du dédoublement que subissent les matières albuminoïdes sous l'influence de la baryte, et est arrivé à des résultats des plus remarquables. Il a constaté que les matières albuminoïdes, chauffées à 150° avec de la baryte, se convertissent intégralement en corps cristallisés, en même temps qu'il se produit de l'ammoniaque, de l'acide carbonique, de l'acide oxalique, de l'acide acétique et de l'acide sulfureux. Les produits cristallisés sont tous des acides amidés; les uns appartiennent à la série des acides gras amidés, $C^nH^{2n-1}AzO^2$, homologues du glycocolle; ce sont l'alanine, la butalanine, la leucine, l'acide amido-butyrique, l'acide amido-œnanthylique. D'autres appartiennent à la série de l'acide aspartique $C^nH^{2n-1}AzO^4$, enfin un grand nombre sont des dérivés amidés d'acides homologues de l'acide acrylique $C^3H^4O^3$ et par conséquent de la formule générale $C^nH^{2n-1}AzO^2$. En outre, on obtient de la tyrosine, qui est un acide amidé de la série aromatique, et une petite quantité de dextrine.

Dans cette action de l'eau de baryte, les matières albuminoïdes fixent de l'eau, 9 à 18 p. 100; les produits de transformation fournissent 96 p. 100 de l'albumine employée en résidu fixe, et 13 à 17 p. 100 seulement en ammoniaque et en acide carbonique, acide acétique et acide oxalique.

Toute la molécule albuminoïde est donc dédoublée en principes simples et cristallisables.

Comme il n'y a environ que 3 p. 100 de tyrosine formée, si l'on admet que l'albumine est un corps unique, on trouve que, pour cette quantité de tyrosine, l'albumine devrait être représentée par la formule compliquée $C^{210}H^{392}Az^{75}O^{73}S^2$, mais rien ne le prouve, il est bien plus probable que l'albumine est un mélange de corps tellement voisins par leur solubilité et leurs réactions qu'on ne peut les séparer, et que tous les produits de dédoublement observés par M. Schützenberger proviennent de plusieurs molécules de substances très voisines et se dédoublant chacune à sa manière.

Nous voyons néanmoins, d'après ce beau travail de M. Schützenberger, que, quel que soit le poids moléculaire des albuminoïdes, ces substances sont formées par l'union d'acides amidés à l'urée et à l'oxamide avec perte d'eau; en effet l'acide carbonique et l'ammoniaque provenant de l'action des alcalis peuvent être rapportés à un dédoublement de l'urée.

Voilà tout ce que l'analyse nous apprend sur la constitution des albuminoïdes et elle ne peut rien nous apprendre de plus.

Néanmoins, on peut considérer les albuminoïdes comme constitués par un groupement moléculaire complexe résultant de l'union de plusieurs molécules d'acides amidés avec perte d'eau, et substitué à l'hydrogène de plusieurs molécules d'urée.

En tenant compte de leur caractère colloïdal et de la nature de leur dédoublement, on peut définir les matières albuminoïdes et leurs congénères :

Des colloïdes azotés, se caractérisant par leur dédoublement, avec fixation d'eau, en acide carbonique, ammoniaque et acides amidés de diverses séries.

L'azotate acide de mercure [1] colore les matières albuminoïdes en rouge très intense; cette réaction, qui est très sensible, peut accuser dans l'eau la présence de 1/1000000e d'albumine.

L'acide chlorhydrique les dissout en leur communiquant une couleur bleue ou violette; cette coloration ne s'effectue qu'au contact de l'air. L'acide azotique les colore en jaune; la teinte passe à l'orangé sous l'influence de l'ammoniaque.

Additionnées de sulfate de cuivre, puis de potasse,

---

1. On désigne ordinairement l'azotate acide de mercure, employé pour déceler les substances albuminoïdes, sous le nom de *réactif de Millon*. On prépare le réactif de Millon en chauffant doucement des poids égaux de mercure et d'acide azotique concentré, jusqu'à ce que le mercure soit dissous. On ajoute à la solution son volume d'eau, et on laisse déposer le précipité volumineux qui se forme; le liquide décanté constitue le réactif de Millon.

elles empêchent la précipitation de l'oxyde de cuivre et la solution se colore en violet.

Les matières albuminoïdes se détruisent dans l'acte de la *putréfaction* sous l'influence de *ferments figurés*, dont les germes peuvent exister dans l'air ou dans les eaux.

Lorsqu'on abandonne à une température de 40° des matières albuminoïdes mélangées de 12 à 20 fois leur poids d'eau, on voit s'y développer des vibrions et des bactéridies de diverses formes, qui vivent au-dessous du liquide, c'est-à-dire, suivant l'expression de M. Pasteur, qui sont anaérobies ; puis les albuminoïdes entrent en dissolution en dégageant une odeur putride et se décomposant avec production d'acide carbonique, d'ammoniaque, d'acide acétique, de leucine, d'acide valérique, de phénols et enfin de deux corps d'une odeur infecte, l'indol et le scatol, qu'on a également retirés des excréments humains.

280. M. Hoppe-Seyler a classé les matières albuminoïdes de la façon suivante :

ALBUMINE. — Soluble dans l'eau pure, coagulable par la chaleur.

GLOBULINES. — Comprenant la *vitelline*, la *paraglobuline* et la *myosine*.

Insolubles dans l'eau, solubles dans le sel marin au 10ᵉ, ces solutions sont coagulables par la chaleur.

ALBUMINOSES. — Comprennent la syntonine et la caséine. Insolubles dans l'eau, dans le sel marin, très solubles dans les acides étendus et les carbonates alcalins : les solutions ne se coagulent pas par la chaleur.

FIBRINE. — Insoluble dans l'eau et les sels : soluble difficilement dans les alcalis.

PEPTONES. — Solubles dans l'eau, la solution n'est précipitée ni par les acides, ni par les alcalis, ni par l'action de la chaleur.

Traitées par les agents d'oxydation, comme le peroxyde de manganèse et l'acide sulfurique, ou l'acide chromique, elles fournissent de nombreux produits, les acides acétique, propionique, butyrique, valérique, caproïque, les aldéhydes et les nitriles correspondants, l'hydrure de benzoyle, l'acide benzoïque, etc.

Suivant Béchamp et Ritter, les matières albuminoïdes oxydées par le permanganate de potasse fourniraient de l'urée, mais le fait a été contesté par divers expérimentateurs, et il faudrait de nouvelles expériences, plus précises, pour le mettre hors de doute.

Sous l'influence du suc gastrique naturel ou artificiel, elles se transforment en peptone ou albuminose.

Les matières albuminoïdes les mieux définies et les plus importantes sont : l'albumine, la fibrine, la caséine. On a signalé, en outre, une grande quantité de matières albuminoïdes se rapprochant plus ou moins des précédentes et dont quelques-unes semblent être des mélanges.

281. Albumine. — L'albumine est connue sous deux états bien distincts, en solution comme dans le blanc d'œuf, ou bien coagulée par la chaleur. L'albumine soluble se rencontre dans presque tous les liquides de l'organisme, dans la lymphe, le chyle, le sérum du sang, dans le liquide amniotique de la femme avant la délivrance. L'urine normale n'en renferme pas, mais l'albumine s'y trouve en grande quantité dans certains états pathologiques. A proprement parler, ce n'est pas de l'albumine pure que contiennent les organes de l'économie, mais de l'albumine mélangée ou combinée à des alcalis ou à des sels minéraux; de là certaines différences de propriétés observées dans l'albumine d'origines différentes.

L'albumine végétale possède les réactions caractéristiques de l'albumine du blanc d'œuf.

L'albumine du blanc d'œuf y est mélangée de sel marin et de phosphate de chaux. Wurtz l'isole à l'état de pureté, de la manière suivante : on délaye le blanc d'œuf dans deux fois son volume d'eau, on passe à travers un linge, et l'on ajoute à la liqueur filtrée une solution de sous-acétate de plomb, qui amène la formation d'un précipité abondant. Après avoir lavé ce précipité, on le délaye dans l'eau et l'on y fait passer un courant d'acide carbonique. L'albuminate de plomb est décomposé et l'albumine pure reste en solution; on la filtre sur du papier lavé à l'acide, pour séparer le carbonate de plomb. La liqueur albumineuse renferme encore des traces de plomb, on l'additionne de quelques gouttes d'hydrogène sulfuré, et l'on chauffe lentement jusqu'à 60°, de manière à déterminer un trouble; il se coagule quelques flocons d'albumine, qui entraînent tout le sulfure de plomb. La liqueur filtrée est évaporée à une température inférieure à 40°; le résidu est de l'albumine soluble et pure.

L'albumine soluble est une masse transparente, amorphe, incolore, inodore; ses solutions se troublent à 60° et se coagulent à 75°. L'alcool concentré, l'aniline, la créosote, les acides minéraux concentrés amènent la coagulation de l'albumine; l'acide phosphorique ordinaire, l'acide acétique, l'acide tartrique et la plupart des acides organiques ne précipitent pas la solution d'albumine.

L'albumine coagulée est insoluble dans l'eau; l'acide chlorhydrique la dissout en la transformant en une nouvelle substance, la syntonine.

Les alcalis s'y combinent en donnant, suivant la concentration de la liqueur alcaline, des solutions ou des

masses gélatineuses qui présentent tous les caractères
de la caséine en solution ou de la caséine précipitée.
Avec les terres alcalines, baryte, chaux, strontiane,
elle forme des combinaisons insolubles qui durcissent
promptement à l'air; on se sert dans les laboratoires
d'un mélange de blanc d'œuf et de chaux, pour obtenir
un lut très dur et très résistant.

Le bichlorure de mercure précipite complètement
les solutions d'albumine, à l'état d'albuminate de mercure; la formation de ce précipité tout à fait insoluble
explique l'emploi du blanc d'œuf comme contrepoison
dans les empoisonnements par les sels de mercure.

282. *Recherche et dosage de l'albumine.* — C'est un
des principes dont le médecin est souvent appelé à
constater la présence dans l'urine; on y arrive facilement en chauffant l'urine jusqu'à l'ébullition; si l'urine
est acide, l'albumine se précipite en flocons; si elle est
neutre ou alcaline, on y ajoute après l'ébullition quelques gouttes d'acide azotique, qui déterminent alors la
précipitation de l'albumine. L'addition de l'acide azotique a un autre avantage : dans les urines faiblement
acides, on obtient souvent par l'ébullition un précipité
floconneux que l'on confondrait avec l'albumine, et
qui est dû à la séparation de phosphates terreux; en
versant un peu d'acide azotique dans l'urine bouillie,
on voit disparaître le précipité des phosphates qui se
dissolvent, tandis que le précipité d'albumine persiste.

On dose l'albumine en recueillant le précipité sur un
filtre taré, lavant à l'eau, à l'alcool et à l'éther, séchant
à 120°, et pesant après que le précipité s'est refroidi,
à l'abri de l'humidité. Il est bon de rechercher ensuite
sur ce précipité les caractères généraux des matières
albuminoïdes (action du nitrate acide de mercure,
action de l'acide chlorhydrique concentré).

283. Les matières albuminoïdes les plus voisines de l'albumine sont la *vitelline*, qu'on extrait du jaune d'œuf en lavant celui-ci à l'éther, mais qui ne paraît être qu'un mélange d'albumine et de caséine.

La *globuline* ou matière azotée des globules du sang, présentant la plupart des propriétés de l'albumine, s'en distinguant en ce qu'elle est précipitée par un courant de gaz carbonique.

L'*hydropisine*, trouvée dans le liquide de l'ascite; elle ne diffère de l'albumine que par son insolubilité dans l'eau chargée de sulfate de magnésie.

La *pancréatine*, extraite du suc pancréatique; elle est colorée en rouge par l'eau de chlore, et possède la propriété de transformer l'amidon, les graisses et les substances albuminoïdes en produits assimilables.

La *paralbumine*, trouvée dans les kystes de l'ovaire; elle se précipite à chaud par l'acide acétique et par le ferrocyanure de potassium.

La *métalbumine*, trouvée dans des exsudations hydropiques; elle se distingue de la paralbumine en ce qu'elle n'est pas précipitée par le ferrocyanure et ne donne qu'un léger trouble avec l'acide acétique.

284. Caséine. — Cette substance albuminoïde existe en solution dans le lait; elle s'en sépare à l'état solide sous l'influence de divers agents. La coagulation du lait et la séparation de la caséine ont lieu par l'action de la présure, des fleurs d'artichaut, par l'addition des acides (excepté l'acide tartrique, l'acide cyanhydrique), par la production spontanée d'acide lactique, et par un grand nombre de sels neutres qui agissent mieux à chaud qu'à froid. Il est à remarquer que l'acide acétique, l'acide phosphorique ordinaire, l'acide tartrique peuvent être ajoutés au lait de manière à lui donner une réaction franchement acide sans le coaguler. Le phénomène de la coagulation n'a lieu qu'avec un excès de ces acides : par un très grand excès d'acide acétique, la caséine se redissout. La non-coagulation du lait dans un milieu déjà sensiblement acide est due à la présence des phosphates terreux.

La caséine est une combinaison d'albumine et d'alcali, un albuminate alcalin. En effet, si l'on ajoute goutte à goutte une solution de potasse concentrée à du blanc d'œuf battu avec son volume d'eau, et réduit, par l'évaporation à la température de 40°, à la moitié de son volume, le liquide se prend en gelée; cette gelée étant lavée à grande eau pour enlever l'excès d'alcali, puis dissoute dans l'eau tiède, donne une solution qui est précipitée par l'acide acétique. Le précipité présente tous les caractères de la caséine coagulée.

La caséine coagulée est sans odeur ni saveur; elle est amorphe, blanche, très soluble dans les alcalis, les carbonates alcalins, le chlorhydrate d'ammoniaque, l'azotate de potasse et le phosphate de soude. Elle présente les réactions des matières albuminoïdes.

La *légumine*, qu'on trouve dans les végétaux, a les mêmes réactions que la caséine ; on la désigne sous le nom de caséine végétale.

285. Peptone. — Les matières albuminoïdes se dissolvent par l'action du suc gastrique et se convertissent en *peptone* ou *albuminose*. (Lehmann, Mialhe.) La peptone, qu'elle provienne de la digestion de l'albumine, de la caséine ou de la fibrine, présente les mêmes réactions chimiques; mais elle diffère par le pouvoir rotatoire.

La peptone est blanche, amorphe, soluble dans l'eau, insoluble dans l'alcool absolu. Elle renferme 0,5 à 1 p. 100 de carbone de moins que les matières albuminoïdes. Ses solutions sont faiblement endosmotiques; la chaleur ne les trouble point; l'alcool absolu la précipite en flocons que l'eau redissout facilement. Henninger considère la peptone comme un produit d'hydratation des matières albuminoïdes : en effet, en la soumettant à l'action déshydratante de l'acide acétique anhydre, il l'a transformée en une matière albuminoïde, présentant presque toutes les réactions de la syntonine.

286. Fibrine. — Lorsque le sang sort de la veine, il se coagule sous forme d'une masse presque gélatineuse, qui se contracte par expression du sérum et est formée d'un réseau de filaments élastiques; cette coagulation est due à la production de fibrine; en battant le sang avec des baguettes, on isole la fibrine en filaments blancs et élastiques qui s'attachent aux baguettes.

Par la dessiccation, la fibrine devient dure, cassante, très hygrométrique; plongée dans l'eau, la fibrine sèche reprend son apparence et son poids primitifs. Elle est insoluble dans l'eau, soluble dans les alcalis caustiques étendus et dans l'ammoniaque avec production d'albuminate alcalin; l'acide chlorhydrique au millième la dissout à l'état de syntonine, comme les autres matières albuminoïdes. Elle se dissout vers 40° dans les solutions de salpêtre, de sulfate de soude, et de sel marin au dixième; ces solutions se coagulent par la chaleur.

Un caractère important de la fibrine est son action sur l'eau oxygénée, qu'elle décompose par le seul contact. Chauffée à 72°, elle perd son action sur l'eau oxygénée.

287. Myosine. — Le liquide musculaire séparé des muscles à la température de 0° est un liquide lactescent, épais, qui se coagule spontanément en masses gélatineuses constituant la myosine. La myosine, insoluble dans l'eau, soluble dans les acides et les alcalis étendus, se dissout dans la solution de chlorure de sodium à moins d'un dixième, et en est précipitée par l'addition de l'eau ou de sel marin pulvérisé. Aussi peut-on isoler la myosine en broyant la chair avec de l'eau renfermant moins d'un dixième de chlorure de sodium, laissant en contact vingt-quatre heures, filtrant et précipitant par l'eau.

La myosine décompose l'eau oxygénée. Ses solutions dans le sel marin se coagulent à 66°. C'est à elle qu'on doit réellement donner le nom de *fibrine musculaire* que porte la syntonine. (Denis, qui a isolé le premier la myosine, la considérait comme identique avec la matière albuminoïde (globuline) du cristallin.)

288. SYNTONINE (*musculine*). — L'albumine et la fibrine, traitées par l'acide chlorhydrique fumant ou soumises à l'influence de l'acide chlorhydrique dilué au millième, donnent des solutions qui, neutralisées exactement par le carbonate sodique, précipitent la syntonine sous forme de gelées floconneuses.

La syntonine est complètement insoluble dans l'eau, mais de très petites quantités d'un acide ou de carbonates alcalins la dissolvent facilement; ces solutions ne se coagulent pas par la chaleur, mais elles sont précipitées par l'eau, par le sulfate de soude, de magnésie, le chlorure de sodium, etc. La syntonine ne décompose pas l'eau oxygénée. Soumis à l'action de l'acide sulfurique dilué, elle donne de la leucine et du sulfate d'ammoniaque.

La syntonine paraît être le premier produit de l'action du suc gastrique sur les matières albuminoïdes; elle a été décrite sous le nom de parapeptone.

289. GLUTEN. — Lorsqu'on mélange de la farine avec la moitié de son poids d'eau et qu'on malaxe la pâte

dans le creux de la main, sous un filet d'eau, l'amidon et les autres principes de la farine sont entraînés, et il reste une masse molle, homogène, élastique, d'une odeur fade, qui constitue le gluten.

Le gluten n'est pas un principe défini, mais en le traitant par l'alcool bouillant à plusieurs reprises, on le sépare en deux principes, l'un, la *fibrine végétale*, insoluble dans tous les solvants et ressemblant à la fibrine, l'autre, la *glutine*, se distinguant de la fibrine végétale par sa solubilité dans l'alcool bouillant.

Le gluten est la substance azotée du pain : la farine renferme, pour 100 parties, de 8 à 20 de gluten, 55 à 65 d'amidon et 13 à 15 d'eau; on y trouve, en outre, de l'albumine végétale, de la dextrine et des matières azotées solubles.

Le gluten abandonné à lui-même se décompose, et dans les premières phases de sa décomposition agit comme ferment, transformant l'amidon en dextrine et en sucre et développant de l'acide carbonique; c'est la raison de l'emploi du levain dans la fabrication du pain.

Le levain n'est autre qu'une portion de pâte abandonnée à elle-même pendant quelques heures, et dans laquelle le gluten a subi ce commencement de décomposition qui le rend propre à agir comme ferment. Par l'addition du levain, le glucose et l'amidon de la farine subissent une légère fermentation qui développe de l'acide carbonique; celui-ci reste emprisonné dans la pâte, la gonfle, la rend poreuse et légère : sans levain, la pâte obtenue en pétrissant la farine avec de l'eau ne fournirait à la cuisson qu'un pain lourd et compact.

290. Congénères des albuminoïdes. — Il est un groupe de substances qui se rapprochent des matières albuminoïdes par leurs principales réactions. Elles se colorent en violet par l'acide chlorhydrique concentré, mais se distinguent des substances albuminoïdes par une composition centésimale différente; moins riches en carbone, elles sont plus riches en azote; elles donnent à l'analyse :

Carbone..........................	50,0
Hydrogène.........................	6,6
Azote.............................	16,8
Oxygène..........................	26,6
	100,0

On comprend dans ce groupe, qui n'a pas de caractères communs bien tranchés :

L'*osséine*, que l'ébullition transforme en gélatine.

Le *chondrogène*, que l'ébullition transforme en chondrine; il constitue la substance fondamentale des cartilages.

Les *productions épidermiques* (*édidermose, kératine*), qui se dissolvent dans l'eau chauffée sous pression, mais dont la solution ne se prend pas en gelée par le refroidissement; il en est de même de l'*élastine*, matière du tissu élastique, et de la *fibroïne*, qui compose la fibre de la soie.

201. Osséine. — L'osséine est transformée en gélatine par l'ébullition avec l'eau. On l'isole en traitant les os par de l'acide chlorhydrique au dixième, les laissant en contact pendant quelques jours avec la solution acide; lorsque l'os est entièrement débarrassé des matières minérales, l'osséine reste sous l'aspect d'une substance molle, élastique, gardant la forme de l'os. (Frémy.) L'osséine se rencontre dans tous les tissus qui fournissent de la gélatine par l'ébullition avec l'eau, comme les membranes séreuses, le tissu cellulaire, le derme, les os, la corne de cerf, etc.

L'osséine abandonnée à elle-même se putréfie très

promptement, mais, combinée avec le tannin ou avec certains sels métalliques, comme l'alun, le sulfate d'alumine, elle résiste à la putréfaction ; c'est sur ces propriétés que sont fondés l'art du tanneur et celui du mégissier. En traitant les peaux par des matières riches en tannin ou par des sels d'alumine, on les rend imputrescibles et propres aux usages économiques.

M. Scheurer-Kestner a découvert dans des ossements fossiles une osséine soluble, qui fournit également de la gélatine.

292. Gélatine. — Toutes les matières qui renferment de l'osséine soumise à une ébullition prolongée avec l'eau fournissent une solution qui se prend en gelée par le refroidissement ; cette gelée constitue la gélatine.

La gélatine sèche est incolore ou jaunâtre, transparente, vitreuse, assez cassante, inodore, limpide, inaltérable à l'air, se gonflant dans l'eau froide et se dissolvant dans l'eau chaude. Par une ébullition trop prolongée avec l'eau, elle se modifie et perd la propriété de se prendre en gelée par le refroidissement.

La gélatine traitée par les agents d'oxydation fournit les mêmes produits que les matières albuminoïdes.

Les tannins la précipitent de ses solutions ; ces combinaisons de tannin et de la gélatine sont si peu solubles que l'infusion de noix de galle amène un précipité dans une solution ne contenant que 1/5000° de gélatine ; elle est également précipitée par le bichlorure de mercure ; les autres sels sont sans action.

La gélatine se prépare en grandes quantités dans l'industrie ; elle constitue la colle forte ; la gélatine la plus pure est la colle de poisson ou ichthyocolle, obtenue avec la vessie natatoire de plusieurs espèces d'esturgeons communes dans les fleuves de la Russie.

293. Chondrine. — La chondrine se prépare par

l'ébullition, avec l'eau, des cartilages costaux; elle présente les caractères de la gélatine, mais s'en distingue en ce que la plupart des acides organiques et plusieurs sels métalliques précipitent ses solutions. La chondrine traitée par l'acide sulfurique concentré donne de la leucine, mais cette réaction ne fournit pas de glycocolle.

CHAPITRE XXI

LIQUIDES DE L'ÉCONOMIE

Salive. — Suc gastrique. — Suc pancréatique. — Bile : acides biliaires, cholestérine. — Sang ; oxyhémoglobine. — Urine. — Lait.

294. Salive. — La salive est le liquide qui humecte la cavité buccale ; elle est produite par diverses salives particulières, et ces diverses salives constituent par leur mélange la salive buccale ou salive mixte.

La salive mixte est un liquide incolore, moussant facilement, d'une réaction faiblement alcaline ; elle renferme de 5 à 6 p. 100 de parties solides, formées principalement de chlorures de potassium et de sodium et de matières organiques, parmi lesquelles se trouve la *ptyaline* ou *diastase* salivaire, qui forme 1 1/2 à 2 p. 100 de la salive totale.

La ptyaline est un ferment soluble analogue à la diastase ; c'est une matière amorphe, insoluble dans l'alcool, dont la solution aqueuse convertit rapidement l'amidon en glucose. Dans l'acte de la mastication, les matières amylacées s'imprègnent de salive et la digestion de l'amidon commence par sa transformation en glucose, sous l'influence de la ptyaline. La salive du chien, animal carnivore et qui normalement ne se nourrit pas de matières amylacées, ne renferme pas de ptyaline.

On trouve encore dans la salive une très petite quantité d'urée et de sulfocyanure de potassium.

295. Suc gastrique. — Le suc gastrique est l'agent de la digestion stomacale ; il est sécrété par de petites glandes répandues sur toute la muqueuse de l'estomac.

Les physiologistes ont pu se procurer le suc gastrique, soit par des fistules gastriques observées chez l'homme à la suite de blessures, soit en pratiquant chez le chien une fistule à l'estomac.

Le suc gastrique est un liquide très fluide, presque incolore, d'une saveur acide ; sa réaction est fortement acide. L'acidité du suc gastrique est due à l'acide chlorhydrique ; pendant la digestion, il se forme en outre de l'acide lactique. Chez l'homme, la quantité d'acide chlorhydrique, pour 100 grammes, est de 20 centigrammes.

Le suc gastrique renferme en outre un ferment soluble, qui est l'agent principal de la digestion stomacale, la *pepsine*.

Sous l'influence de la pepsine, les matières albuminoïdes sont dissoutes et passent à l'état de peptone ; mais elle n'agit qu'en présence des acides faibles ; en solution neutre, elle est sans action.

La pepsine, ferment soluble dans l'eau, insoluble dans l'alcool, présentant l'aspect amorphe des diastases, peut être extraite du suc gastrique, et quand on la met en contact avec de la fibrine et de l'eau renfermant un millième d'acide chlorhydrique, à une température de 30 à 35°, la dissout facilement et la transforme en peptone ; on opère ainsi ce qu'on appelle la digestion artificielle.

A côté de la pepsine, le suc gastrique, surtout celui du veau et du mouton, renferme un ferment très voisin qui a la propriété de coaguler le lait même en solution neutre. Ce ferment est le principe actif de la présure, liquide acide que l'on obtient en raclant l'estomac des veaux et mettant le produit en digestion dans l'eau. La présure est employée dans les fromageries pour coaguler le lait. Longtemps on a considéré ce ferment comme identique avec la pepsine, mais il en diffère en ce que sa solution n'est pas précipitée par l'acétate neutre de plomb.

296. Suc pancréatique. — Le pancréas est une glande volumineuse située dans l'abdomen et qui sécrète un suc, versé dans l'intestin et remplissant un côté important dans les phénomènes de la digestion; la sécrétion du sucre pancréatique n'est point continue, elle commence après le repas, augmente peu à peu, puis diminue et devient nulle de seize à dix-huit heures après l'ingestion des aliments.

Le suc pancréatique frais est un liquide incolore, épais, filant, d'une réaction alcaline; il renferme plusieurs ferments :

1° Un ferment diastasique analogue à la ptyaline ou ferment salivaire, découvert par Claude Bernard et qui transforme l'amidon en glucose;

2° Un ferment qui n'a pas été isolé, mais dont on connaît les effets, car le suc pancréatique émulsionne les corps gras, c'est-à-dire les met en suspension dans l'eau, puis les dédouble en acides gras et en glycérine : le suc pancréatique est un des agents de la digestion des corps gras; c'est encore à Claude Bernard qu'on doit cette importante découverte;

3° Un ferment, la pancréatine de Claude Bernard, qui agit sur les albuminoïdes, comme la pepsine, mais qui agit en solution alcaline.

Le suc pancrétique joue donc un rôle des plus importants dans la digestion, puisqu'il agit sur tous les aliments, corps gras, substances amylacées et substances albuminoïdes. Quand la digestion des substances albuminoïdes se fait en l'absence de l'air, on n'observe que la production de peptone pancréatique et des produits de dédoublement, comme la leucine et la tyrosine; mais si elle se fait au conctact de l'air, de manière que les ferments figurés de l'atmosphère puissent s'y développer, il se fait une fermentation putride dans laquelle apparaissent des corps comme l'indol et le scatol, qui ont l'odeur infecte des excréments humains. Cet indol et ce scatol, qui se trouvent également dans les excréments, se produisent aussi dans les intestins; il y a également dans celui-ci des fermentations putrides.

Le suc intestinal et la bile ne jouent qu'un rôle secondaire et mal connu dans les réactions chimiques de la digestion. D'après les propriétés du suc salivaire, du suc gastrique et du suc pancréatique qui, dans les voies digestives, se trouvent au contact des aliments, nous voyons comment ceux-ci disparaissent pour se transformer en principes assimilables par l'organisme, dialysables, c'est-à-dire pouvant passer au travers des membranes.

L'amidon et ses congénères sont transformés en glucose par le suc salivaire et le suc pancréatique, les matières grasses sont transformées en acides gras et en glycérine par le suc pancréatique, enfin les matières albuminoïdes sont converties en peptones par le suc gastrique et le suc pancréatique.

Ces divers matériaux sont enlevés par le sang et servent à reconstituer nos tissus, et, par leur oxydation dans l'organisme, produisent la chaleur, source de la force et de la vie. Les produits d'oxydation ou de désassimilation sont l'acide carbonique rejeté par les poumons, et des matériaux solides, l'acide urique et surtout l'urée, rejetés par les urines. D'autres produits de désassimilation sont la leucine, la tyrosine, la créatine, etc., que l'on trouve dans les muscles et dans certaines glandes et qui sont entraînés peu à peu soit par l'urine, soit avec les excréments.

Ceux-ci, qui se forment dans le gros intestin, renferment, outre les matériaux de nos aliments non utilisés, comme la cellulose des fruits, des légumes, des matières grasses non digérées, des acides gras, les produits de sécrétion du foie dont nous parlerons avec la bile. On y trouve en outre des acides gras volatils, de l'indol et du scatol, auxquels ils doivent leur odeur infecte.

297. Bile. — La bile est sécrétée par le foie, elle se rassemble dans la vésicule biliaire et de là est conduite dans l'intestin. C'est un liquide clair, non filant, brunâtre, d'une saveur très amère. Sa composition est très complexe, elle a été étudiée par Thénard, Berzélius, L. Gmelin, Horace Demarçay et Strecker.

Elle renferme comme produits principaux des acides spéciaux non classés, les acides biliaires, qui s'y trouvent à l'état de sels alcalins solubles, des matières grasses, un peu d'urée, des sels minéraux, et une matière cristallisable, la cholestérine.

Leur rôle dans la digestion est peu connu. On sait que la bile a la propriété d'émulsionner les graisses et la doit à la présence des sels des acides biliaires qui se comportent comme des savons; la bile paraît donc favoriser l'absorption par l'intestin des corps gras émulsionnés.

Les acides de la bile de l'homme et de divers animaux sont l'acide taurocholique $C^{26}H^{45}AzO^7S$ et l'acide glycocholique $C^{26}H^{40}AO^6$, qui résultent de la combi-

naison d'un même acide non sérié, l'acide cholalique
$C^{24}H^{40}O^5$, le premier avec la taurine, le second avec le
glycocolle.

L'*acide taurocholique* $C^{26}H^{45}AzO^7S$ se rencontre dans
la bile du bœuf, dans celle du chien, qui ne renferme
pas d'autre acide biliaire, et dans celle de l'homme, qui
en est très riche et ne contient que peu d'acide glycocholique.

L'acide taurocholique n'est pas cristallisé; son caractère principal est de s'assimiler les éléments de l'eau
par l'ébullition avec les alcalis ou avec l'acide sulfurique étendu, et de fournir ainsi de l'acide cholalique et
de la taurine :

$$C^{26}H^{45}AzO^7S \quad + \quad H^2O \quad = \quad C^{24}H^{40}O^5 \quad + \quad C^2H^7AzO^3S$$

| Acide
taurocholique. | Eau. | Acide
cholalique. | Taurine. |

L'*acide glycocholique* $C^{26}H^{43}AzO^6$ n'existe qu'en petite quantité dans la bile de l'homme; il se trouve principalement dans celle des herbivores; celle des carnivores n'en contient pas. Il est cristallisé, très peu
soluble dans l'eau, soluble dans l'alcool bouillant.

Par l'ébullition avec les alcalis ou avec les acides, il
fixe de l'eau et se dédouble en acide cholalique et en
glycocolle :

$$C^{26}H^{43}AzO^6 \quad + \quad H^2O \quad = \quad C^{24}H^{40}O^5 \quad + \quad C^2H^5AzO^2$$

| Acide
glycocholique. | Eau. | Acide
cholalique. | Glycocolle. |

L'*acide cholalique*, $C^{24}H^{40}O^5$, terme commun du dédoublement des acides de la bile humaine, cristallise
en tétraèdres par le refroidissement de sa solution
alcoolique bouillante. Les cristaux sont inodores, peu
solubles dans l'eau, assez solubles dans l'éther. Leur

saveur est amère avec un arrière-goût sucré. On ne connaît encore rien de la constitution de l'acide cholalique et de ses relations avec les autres corps de la chimie organique.

L'acide cholalique, l'acide taurocholique et l'acide glycocholique ont tous les trois la propriété de donner, avec le sucre et l'acide sulfurique, une couleur rouge violacé, qui disparaît par l'addition de l'eau. Cette réaction permet de reconnaître la présence de la bile dans un extrait aqueux ou un liquide de l'économie animale; à cet effet, on opère de la manière suivante :

Le liquide est précipité par l'acétate de plomb, le précipité est lavé, puis bouilli avec de l'alcool, et le liquide filtré bouillant est évaporé avec du carbonate de soude. Le sel de soude est épuisé par l'alcool, la solution évaporée à siccité, et le résidu dissous dans l'eau. A 3 centimètres cubes de cette solution, on ajoute 2 centimètres cubes d'acide sulfurique, puis une goutte d'une solution renfermant 10 p. 100 de sucre; on chauffe vers 70°; la couleur violette apparaît et indique la présence d'un acide biliaire. On peut ainsi déceler les acides de la bile dans une liqueur qui n'en renferme qu'un quatre-centième. La réaction est encore plus sensible et décèle un millième d'acide biliaire, si l'on mélange dans un verre de montre une goutte du liquide à essayer avec une goutte d'acide sulfurique et une trace de sucre, et qu'on évapore à siccité.

Pour rechercher les acides biliaires dans l'urine, on évapore celle-ci à consistance de sirop, on traite par l'alcool, on filtre, on évapore de nouveau, on reprend le résidu par l'eau, on précipite la solution aqueuse par l'acétate de plomb, et l'on finit d'opérer comme il est dit plus haut.

297 bis. Dans la bile de porc et dans celle de l'oie, on trouve des acides biliaires qui sont particuliers à ces animaux ; ces acides fournissent par leur dédoublement, les uns du glycocolle, les autres de la taurine, mais ils donnent en même temps des acides différents de l'acide cholalique, quoique assez rapprochés de celui-ci par leurs propriétés.

La bile de porc renferme :

L'acide hyocholique, qui se dédouble en acide hyocholalique, $C^{25}H^{40}O^4$, et en glycocolle.

L'acide hyotaurocholique, qui se dédouble en acide hyocholalique et en taurine.

La bile d'oie renferme :

L'acide chénotaurocholique, qui se dédouble en acide chénocholalique, $C^{27}H^{44}O^4$, et en taurine.

Tous ces corps se colorent en violet en présence de l'acide sulfurique et du sucre.

298. CHOLESTÉRINE $C^{26}H^{44}O + H^2O$. — Cette substance, qui constitue la plus grande partie des calculs biliaires, se trouve dans la bile, dans le cerveau, dans le sérum et dans les globules du sang. Elle paraît être un produit de désassimilation du tissu nerveux, car le sang de la carotide n'en renferme pas, tandis que le sang de la veine jugulaire en contient toujours.

On extrait la cholestérine des calculs biliaires en les pulvérisant et les traitant par l'alcool bouillant. La cholestérine se sépare sous forme de lamelles nacrées, incolores, inodores, fusibles à 137°. Elle est plus légère que l'eau, dans laquelle elle est insoluble. La cholestérine se combine aux acides avec élimination d'eau en donnant des éthers, mais elle ne s'oxyde pas comme les alcools normaux, en donnant un acide renfermant le même nombre d'atomes de carbone. On doit donc la considérer comme un alcool secondaire, appartenant à une série $C^nH^{2n-8}O$.

La cholestérine, évaporée à une douce chaleur avec de l'acide azotique concentré, laisse une tache jaune, qui se colore en rouge par l'addition de l'ammoniaque.

299. MATIÈRES COLORANTES DE LA BILE. — La bile renferme diverses matières colorantes, qu'on extrait des calculs biliaires en les traitant successivement par l'éther, l'eau, le chloroforme et l'acide chlorhydrique étendu. Ces pigments sont : la *bilirubine* $C^{16}H^{18}Az^2O^2$, poudre cristalline, rouge foncé, très peu soluble dans l'alcool et l'éther, très soluble dans le chloroforme, la benzine, l'essence de térébenthine; sa solution dans un excès de soude, étant agitée au contact de l'air, se colore en vert et, par l'addition d'acide chlorhydrique, précipite une substance verte insoluble dans le chloroforme, la *biliverdine* $C^{16}H^{20}Az^2O^3$.

La *bilifuscine* $C^{16}H^{20}Az^2O^4$, poudre bleu foncé, insoluble dans l'éther et le chloroforme, soluble dans l'alcool.

La *biliprasine* $C^{16}H^{22}Az^2O^6$, qui se présente en masses cassantes, d'un vert noir, insoluble dans l'eau, l'éther, le chloroforme, soluble dans l'alcool.

La *bilihumine*, insoluble dans tous les solvants.

Il est à remarquer que les matières colorantes de la bile présentent une grande analogie de composition; elles renferment toutes le même nombre d'atomes de carbone, et ne diffèrent que par les éléments de l'eau et un ou deux atomes d'oxygène.

Les pigments de la bile se rencontrent souvent dans d'autres liquides de l'organisme; il est facile de constater leur présence en mettant à profit l'action de l'acide azotique, qui leur imprime des colorations caractéristiques.

Pour reconnaître les matières colorantes de la bile, on verse dans un petit tube de l'acide azotique chargé de vapeurs nitreuses, et l'on fait arriver à la surface, avec précaution, le liquide à essayer ; on abandonne le tube au repos sans le remuer, et, dans le cas où des pigments biliaires se trouvent dans le liquide, on observe à la zone de séparation des anneaux colorés qui sont de haut en bas : violet bleu, violet rouge, jaune.

300. Calculs biliaires. — Les calculs biliaires sont formés par la cholestérine, les matières colorantes ou les acides de la bile. Ils sont entièrement ou partiellement combustibles. On les reconnaît aux caractères suivants (Gerhardt) :

Le calcul brûle sur une lame de platine avec une flamme blanche éclatante ; il a une texture cristalline, se dissout dans l'alcool bouillant et s'en sépare par le refroidissement sous forme de paillettes nacrées.	*Cholestérine.*
Il est brun, friable, brûle en dégageant l'odeur des matières animales :	
a. Peu soluble dans l'alcool, il donne avec l'acide azotique les changements de coloration des pigments biliaires.	*Matières colorantes de la bile.*
b. Soluble dans l'alcool, la solution se colore en rouge violet par l'acide sulfurique.	*Acides de la bile.*

301. Sang. — Le sang est le liquide qui circule dans les artères et dans les veines.

Il est un peu visqueux, rouge chez les vertébrés, opaque, d'une saveur fade et légèrement salée, d'une odeur particulière variant chez les différents animaux, d'une densité de 1,055 en moyenne chez l'homme, d'une réaction alcaline.

Il est formé de globules disséminés dans un liquide incolore, constituant le *plasma* sanguin : les globules sont de deux sortes, les globules rouges ou *hématies*, et les globules blancs ou *leucocytes*.

Les globules rouges se présentent, chez l'homme et

presque tous les mammifères, sous la forme de disques circulaires d'un diamètre moyen de 6 à 8 millièmes de millimètre; leur nombre est immense, car on en compte environ 500 000 dans un millimètre cube de sang. D'après leur nombre dans le sang total, leur super- ficie est de 2816 mètres carrés; c'est la surface par laquelle le sang absorbe l'oxygène dans l'acte de la respiration.

Pour 1000 parties de sang, on compte environ en poids 320 parties de globules humides et 670 parties de plasma. Quant aux globules blancs ou leucocytes, ce sont des cellules de 8 à 9 millièmes de millimètre; il en existe 1 à 2 par 1000 globules rouges.

Quand le sang sort de la veine, il se coagule et se sépare en 2 portions, un caillot renfermant de la fibrine, produite par la transformation de la matière fibrinogène du plasma, fibrine qui englobe dans ses mailles les globules rouges et les globules blancs; le caillot se contracte et se sépare du *serum*, liquide incolore qui renferme tous les éléments du plasma, moins la ma- tière fibrinogène convertie en fibrine.

Ce phénomène de la coagulation spontanée du sang est encore obscur, bien des explications en ont été données qui ont été abandonnées; on admet aujourd'hui que cette production de fibrine est due à un ferment sécrété par les globules blancs, quand ils sont hors des vaisseaux.

Le sang est donc essentiellement formé de plasma et de globules. On peut les isoler et empêcher la coa- gulation du sang, en faisant, suivant les indications de M. Gautier, couler goutte à goutte le sang dans le tiers de son volume d'une solution refroidie de chlo- rure de calcium au 25e et agitant doucement pour mé- langer les deux liquides : au bout de quelques heures, les globules sont précipités et, par décantation, on sépare le plasma.

Le *plasma* renferme de la paraglobuline, insoluble dans l'eau, soluble dans les solutions salées, au 10°, une matière albuminoïde appelée *fibrinogène* qui se convertit en fibrine pendant la coagulation, de l'albumine du sang ou *sérine*, un peu de caséine, de matières grasses, d'urée, de glucose, de cholestérine, d'acide urique, et des matières minérales : chlorure de sodium, phosphates alcalino-terreux, bicarbonate de soude, etc.

Les *globules rouges* ou hématies sont surtout formés d'une matière azotée rouge, cristallisable, désignée sous le nom de cristaux du sang ou d'*oxyhémoglobine*, qui en constitue les neuf dixièmes.

L'oxyhémoglobine ou hémato-cristalline n'est pas une matière albuminoïde, mais une combinaison d'une substance colorante, l'*hématine*, avec une matière albuminoïde. Elle renferme du fer en quantité notable, car l'oxyhémoglobine du sang du cochon d'Inde a fourni à Lehmann 28 0/0 d'oxyde de fer.

Pour l'extraire, on mélange du sang de chien défibriné avec son égal volume d'eau, puis on additionne d'alcool et on abandonne le tout à une température inférieure à 0°; au bout de vingt-quatre heures, on recueille les cristaux sur un filtre, on les dissout dans une très petite quantité d'eau, on ajoute de l'alcool et on abandonne à une basse température.

Les cristaux obtenus sont microscopiques; séchés à une température inférieure à 0°, ils ont l'aspect d'une poudre rouge brique. Vus au microscope, ils présentent des formes différentes suivant l'animal qui les a fournis. Ceux du sang veineux de l'homme sont des prismes à 4 pans, il en est de même de ceux du chien. Les cristaux du sang d'écureuil ont l'aspect de tables hexagonales; ceux du rat, du cochon d'Inde sont en tétraèdres ou en octaèdres orthorhombiques.

La solution aqueuse d'oxyhémoglobine se coagule à 64° : l'air, les acides, les alcalis l'altèrent très promptement en la dédoublant en une matière albuminoïde, la paraglobuline, et une matière colorante rouge, l'hématine. Les cristaux du sang contiennent de l'oxygène faiblement combiné, oxygène qu'ils perdent dans le vide ou par la dessiccation à 0°; une fois privés de cet oxygène, ils s'y combinent facilement à froid; il suffit en effet d'introduire des cristaux desséchés dans un tube plein d'oxygène, renfermant un peu d'eau distillée préalablement bouillie, et placé sur la cuve à mercure, pour voir se produire une absorption d'oxygène.

C'est dans cet état d'oxyhémoglobine que la matière colorante des globules se trouve dans le sang artériel; 100 grammes d'oxyhémoglobine supposée sèche abandonnent dans le vide 211 centimètres cubes d'oxygène. L'oxyhémoglobine privée d'oxygène porte le nom d'*hémoglobine réduite*. On enlève de même l'oxygène à l'oxyhémoglobine en ajoutant à ses solutions un agent réducteur comme le sulfhydrate d'ammoniaque, qui la transforme alors en hémoglobine réduite; dans le sang veineux on trouve tout à la fois de l'hémoglobine réduite et de l'oxyhémoglobine. Si l'on agite au contact de l'air l'hémoglobine réduite, elle absorbe de nouveau de l'oxygène.

Toutes ces réactions, qui ont lieu aussi bien avec le sang qu'avec l'hémoglobine isolée, se constatent rapidement par les propriétés optiques de l'hémoglobine. On sait qu'un rayon de lumière blanche, passant à travers un prisme, se décompose et donne les sept couleurs du spectre; si l'on place entre la lumière et le prisme une solution étendue d'oxyhémoglobine ou tout simplement du sang étendu d'eau, on ne voit plus le spectre intact, mais il présente entre les raies D et E du spectre deux bandes noires; l'une plus nette, plus sombre, près de la raie D, l'autre plus large et plus pâle, près de la raie E. Ces deux bandes noires sont caractéristiques de la présence de l'oxyhémoglobine, qui a ainsi deux bandes d'absorption, par lesquelles ne passe pas la lumière.

Si alors on verse dans le sang quelques gouttes de sulfhydrate d'ammoniaque, et qu'on chauffe à 30 ou 40°, l'oxyhémoglobine se réduit, et, au lieu des deux bandes noires de l'oxyhémoglobine, on voit dans le spectre une seule bande plus large que les premières, et intermédiaire à l'endroit qu'occupaient celles-ci; cette bande caractérise l'hémoglobine réduite. Qu'on agite alors le sang au contact de l'air, en secouant vivement le tube pendant quelques instants, l'hémoglobine s'oxyde et présente de nouveau dans le spectre les deux bandes de l'oxyhémoglobine.

Ces réactions très sensibles permettent de constater la présence de petites quantités de sang et pourront être utilisées en médecine légale.

L'oxygène de l'oxyhémoglobine est si faiblement combiné qu'il peut être enlevé par des gaz inertes, comme l'hydrogène et l'azote qui ne s'y combinent pas et chassent simplement l'oxygène.

L'hémoglobine se combine aussi à l'oxyde de carbone, à l'acide cyanhydrique; ces combinaisons présentent dans le spectre des bandes d'absorption qui leur sont propres.

302. HÉMATINE. — L'hématine est le produit de décomposition de l'hémoglobine. On l'extrait en agitant le sang défibriné avec de l'éther, ajoutant de l'acide

acétique qui dédouble l'hémoglobine, agitant quelque temps, décantant et filtrant la solution éthérée; on laisse reposer, on recueille le précipité et on le lave avec de l'alcool et de l'éther.

L'hématine est amorphe, brun rouge, insoluble dans l'acide acétique : on l'a représentée par la formule $C^{34}H^{24}Az^4FeO^5$.

En solution acidulée par l'acide acétique, elle présente une large bande d'absorption à la place de la raie C du spectre; ses solutions alcalines se reconnaissent à deux raies d'absorption entre D et E. On fait facilement apparaître ces bandes d'absorption en ajoutant quelques gouttes d'acide acétique ou d'un alcali à du sang dans lequel on vient de constater au spectroscope les caractères de l'oxyhémoglobine.

Lorsqu'à de l'hématine ou à une goutte de sang placée sur le champ du microscope, on ajoute de l'acide acétique et un peu de chlorure de sodium, on voit apparaître de petits cristaux, sous forme de tables rhomboïdales, aplaties, à angles aigus. Ces cristaux constituent l'*hémine*, que les uns regardent comme de l'hématine cristallisée, d'autres comme un chlorhydrate d'hématine.

L'*hémine* cristallisée est brune, insoluble dans l'eau, l'alcool, l'éther, soluble dans les solutions alcalines concentrées; la solution est précipitée par les acides, les sels alcalins et terreux : traitée par l'acide sulfurique, elle dégage de l'acide chlorhydrique.

On rencontre quelquefois dans les épanchements sanguins un produit de transformation de l'hématine, l'*hématoïdine*, qui se présente sous l'aspect d'une matière rouge, cristalline, ne renfermant pas de fer.

303. RESPIRATION. — Lavoisier a montré le premier que la respiration est une combustion lente, qui s'ac-

complit par absorption d'oxygène et avec dégagement d'acide carbonique et de vapeur d'eau.

L'oxygène introduit dans l'organisme par le poumon se fixe sur les globules d'hémoglobine réduite, et circule dans le sang artériel à l'état d'oxyhémoglobine, qui est ainsi le véhicule de l'oxygène.

Comme nous l'avons vu, l'oxyhémoglobine perd son oxygène dans le vide ; ceci explique les effets des pressions réduites sur les phénomènes respiratoires, effets si bien étudiés par Paul Bert. Lorsqu'on fait respirer un animal sous une pression réduite, en ayant soin d'enlever l'acide carbonique formé, la mort peut arriver par défaut d'oxygène fixé sur les globules, quoique cet oxygène soit en quantité suffisante dans l'atmosphère donnée, si la tension partielle de cet oxygène n'est pas suffisante. Ainsi un petit oiseau meurt subitement dans une atmosphère renfermant 19° pour 100 d'oxygène, mais à une pression de 17 centimètres seulement.

En multipliant la proportion d'oxygène 19,6 par la pression exprimée en atmosphère $\frac{17}{76}$, on trouve le chiffre de 4,6 qui représente la tension de l'oxygène dans ce milieu.

Pour d'autres animaux cette tension minimum a une autre valeur : elle est de 3,8 pour des lapins, de 3,0 pour le chien.

Dans une atmosphère d'oxygène pur, la pression barométrique peut s'abaisser à 8 centimètres sans que la mort arrive chez les oiseaux ; la tension de l'oxygène étant :

$$100 \times \frac{8}{75} = 10.$$

L'acide carbonique formé par la combustion est entraîné dans le sang veineux et amené dans les poumons, où il est exhalé par diffusion; la plus grande partie s'y trouve à l'état de dissolution, mais un douzième environ s'y trouve à l'état de combinaison, de bicarbonate de soude, le sang étant un liquide alcalin.

304. Lait. — Le lait est le liquide sécrété par les glandes mammaires des femelles des mammifères et destiné à la nourriture de l'animal dans les premiers temps de son existence.

Il se présente sous l'aspect d'un liquide blanc, opaque, d'une saveur sucrée, un peu plus dense que l'eau.

C'est une solution de caséine, d'albumine, d'un sucre particulier, le lactose, et de sels minéraux, renfermant en suspension des globules d'une matière grasse qui, réunis par battage, constituent le beurre.

Le lait de vache renferme en moyenne sur 100 parties 3 de caséine, 1 d'albumine, 3,25 de beurre, 4,30 de lactose et moins de 1 0/0 de sels minéraux, consistant surtout en phosphate de soude. La somme des matériaux solides est de douze pour cent. Les autres laits présentent des proportions différentes de ces différents principes; le plus riche en caséine et en beurre est le lait de brebis; le lait de femme, pauvre en caséine, est surtout riche en sucre de lait; le lait d'ânesse se rapproche beaucoup de celui de la femme.

Quand le lait est abandonné dans un lieu frais, il se sépare en deux couches, l'une plus légère, jaune, onctueuse, qui est la crème; la couche inférieure ou lait écrémé est un liquide d'un blanc bleuâtre, plus dense.

La crème est d'autant plus abondante que le lait est de meilleure qualité; elle est formée par la matière grasse, mélangée de caséine et d'eau. Par le battage, les globules de la matière grasse se réunissent en donnant une substance solide, opaque, le *beurre*.

Le beurre brut renferme 77 pour cent de matière

grasse; le reste est du sérum et de la caséine inter-
posés, qui communiquent au beurre une saveur agréable, mais contribuent à le faire rancir plus vite. Aussi
pour le conserver on est obligé de le fondre ou de le
saler fortement : on lui enlève ainsi la saveur qui
caractérise le bon beurre frais.

Le lait écrémé renferme la caséine, que l'on sépare
en coagulant le lait au moyen de la présure : après que
la caséine est séparée, le liquide qui reste est le sérum
ou petit-lait, solution des matières animales du lait et
de la lactose. C'est du petit-lait provenant de la fabrication des fromages qu'on extrait le lactose ou sucre
de lait.

Quand on chauffe le lait, il se forme à la surface une
pellicule constituée par de la caséine devenue insoluble.

A l'air, au bout d'un temps variable suivant la température, le lait se coagule ; la coagulation est due à la
fermentation lactique du sucre de lait et à la production d'acide lactique, qui détermine la séparation de la
caséine.

D'autres substances ont également la propriété de
faire coaguler le lait, comme les acides, l'alcool et
différents sels. Il en est de même du ferment appelé
présure retiré de l'estomac des jeunes veaux ; les fleurs
d'artichaut et de la plupart des chardons amènent
également la coagulation du lait.

Le lait caillé spontanément, abandonné à une température de 25 à 30°, subit la fermentation alcoolique ;
c'est par la fermentation du lait de leurs juments que
les peuplades nomades de l'Asie préparent une bois-
son alcoolique, le koumys.

La facile altération du lait rend sa conservation difficile pendant les chaleurs de l'été ; les laitiers des environs de Paris le maintiennent dans l'eau froide ou

même dans la glace depuis le moment de la traite jusqu'au moment du transport.

On peut retarder de beaucoup son altération en l'additionnant de bicarbonate de soude, qui a l'avantage de neutraliser l'acide lactique au fur et à mesure de sa production, mais l'addition de bicarbonate de soude présente des inconvénients quand le lait est destiné à la nourriture des petits enfants.

On prépare une solution renfermant 95 grammes de bicarbonate de soude par litre, et on ajoute 1 décilitre de cette solution à 20 litres de lait.

Enfin on a fait, pour les transports, des conserves de lait appelées *lait condensé*, en évaporant le lait fortement additionné de sucre au 5ᵉ de son volume primitif; le produit est une masse crémeuse, que l'on introduit dans des vases de fer-blanc, qui, après avoir été soudés, sont chauffés pendant 30 minutes à 105° pour détruire les germes. Ce procédé de conservation est dû à M. Martin de Lignac.

305. **Urine.** — L'urine est le liquide sécrété par le rein et qui s'accumule dans la vessie, d'où il est ensuite expulsé. L'urine est un liquide limpide, d'une couleur jaune, d'une odeur caractéristique, dite *odeur urineuse*, d'une saveur amère et saline. Sa densité normale est de 1,015 à 1,025. L'homme sain en excrète en moyenne 1250 à 1350 centimètres cubes dans les vingt-quatre heures.

L'urine renferme près de 5 0/0 de son poids de matériaux solides, formés de substances minérales et de substances organiques. Les premières consistent surtout én chlorure de sodium, sulfates alcalins, phosphates alcalins, phosphates de chaux et de magnésie.

Les substances organiques, dont il y a 3,2 pour 100 environ, sont l'urée, l'acide urique, l'acide hippurique, la créatine, la créatinine, ainsi que des matières colorantes peu connues. Le plus important de ces principes est l'urée. dont l'homme excrète en moyenne 25 grammes par jour. Quand l'urine est abandonnée à elle-même, elle perd sa réaction acide et devient ammoniacale, par suite d'une fermentation qui transforme l'urée en bicarbonate d'ammoniaque et ammoniaque. (Voy. *Urée*, § 126).

L'acide hippurique n'existe qu'en petite quantité dans l'urine de l'homme, à peine 1 gramme pour mille. Il en est de même de l'acide urique. (Voy. *Acide urique*, § 171). — Aux articles *Urée*, *Acide urique*, *Glucose*, on a indiqué les procédés employés pour doser les principes les plus importants de l'urine normale ou pathologique.

FIN

TABLE DES MATIÈRES

FIN DE LA TABLE DES MATIÈRES

INDEX ALPHABÉTIQUE

FIN DE L'INDEX ALPHABÉTIQUE

ANCIENNE LIBRAIRIE GERMER BAILLIÈRE ET Cⁱᵉ

FÉLIX ALCAN, ÉDITEUR

108, Boulevard Saint-Germain, 108, PARIS

EXTRAIT DU CATALOGUE
Sciences — Médecine

I. — BIBLIOTHÈQUE SCIENTIFIQUE INTERNATIONALE

PUBLIÉE SOUS LA DIRECTION DE M. ÉM. ALGLAVE

Volumes in-8, reliés en toile anglaise. — Prix : 6 fr.

Les mêmes, en demi-reliure d'amateur : 10 fr.

65 VOLUMES PARUS

1. J. TYNDALL. Les glaciers et les transformat. de l'eau, 5ᵉ éd.
2. W. BAGEHOT. Lois scientifiques du développement des nations, 5ᵉ édition.
3. J. MAREY. La machine animale, locomotion terrestre et aérienne, 4ᵉ édition, illustré.
4. A. BAIN. L'esprit et le corps considérés au point de vue de leurs relations, 4ᵉ édition.
5. PETTIGREW. La locomotion chez les animaux, 2ᵉ éd., ill.
6. HERBERT SPENCER. Introd. à la science sociale, 9ᵉ édit.
7. OSCAR SCHMIDT. Descendance et darwinisme, 5ᵉ édition.
8. H. MAUDSLEY. Le crime et la folie, 5ᵉ édition.
9. VAN BENEDEN. Les commensaux et les parasites dans le règne animal, 3ᵉ édition, illustré.
10. BALFOUR STEWART. La conservation de l'énergie, suivie d'une étude sur LA NATURE DE LA FORCE, par *P. de Saint-Robert*, 4ᵉ édition, illustré.
11. DRAPER. Les conflits de la science et de la religion, 8ᵉ éd.
12. Léon DUMONT. Théorie scientifique de la sensibilité, 3ᵉ éd.
13. SCHÜTZENBERGER. Les fermentations, 5ᵉ édition, illustré.
14. WHITNEY. La vie du langage, 3ᵉ édition.
15. COOKE et BERKELEY. Les champignons, 4ᵉ éd., illustré
16. BERNSTEIN. Les sens, 4ᵉ édition, illustré.
17. BERTHELOT. La synthèse chimique, 6ᵉ édition.
18. VOGEL. La photographie et la chimie de la lumière, 4ᵉ éd.
19. LUYS. Le cerveau et ses fonctions, 6ᵉ édition, illustré.

20. W. STANLEY JEVONS. **La monnaie et le mécanisme de l'échange**, 4e édition.
21. FUCHS. **Les volcans et les tremblements de terre**, 5e éd.
22. GÉNÉRAL BRIALMONT. **La défense des États et les camps retranchés**, 3e édition avec fig. et 2 pl. hors texte.
23. A. DE QUATREFAGES. **L'espèce humaine**, 9e édition.
24. BLASERNA et HELMHOLTZ. **Le son et la musique**, 4e éd.
25. ROSENTHAL. **Les muscles et les nerfs**, 3e édition, illustré.
26. BRUCKE et HELMHOLTZ. **Principes scientifiques des beaux-arts**, 3e édition, illustré.
27. WURTZ. **La théorie atomique**, 5e édition, avec préface de M. Ch. Friedel.
28, 29. SECCHI (Le Père). **Les étoiles**, 2e édition, illustré.
30. N. JOLY. **L'homme avant les métaux**, 4e édit., illustré.
31. A. BAIN. **La science de l'éducation**, 6e édition.
32, 33. THURSTON et HIRSCH. **Hist. de la machine à vapeur.** 3e éd.
34. R. HARTMANN. **Les peuples de l'Afrique**, 2e édit., illustré.
35. HERBERT SPENCER. **Les bases de la morale évolutionniste**, 4e édition.
36. Th.-H. HUXLEY. **L'écrevisse**, introduction à l'étude de la zoologie, illustré.
37. DE ROBERTY. **La sociologie**, 2e édition.
38. O.-N. ROOD. **Théorie scientifique des couleurs et leurs applications à l'art et à l'industrie**, avec fig. et pl. hors texte.
39. DE SAPORTA et MARION. **L'évolution du règne végétal.** *Les cryptogames*, illustré.
40, 41. CHARLTON-BASTIAN. **Le système nerveux et la pensée.** 2 vol. illustrés.
42. JAMES SULLY. **Les illusions des sens et de l'esprit**, ill. 2e éd.
43. A. DE CANDOLLE. **Origine des plantes cultivées**, 3e édit.
44. YOUNG. **Le Soleil**, illustré.
45, 46. J. LUBBOCK. **Les Fourmis, les Abeilles et les Guêpes.**
47. Ed. PERRIER. **La philos. zoologique avant Darwin**, 2e éd.
48. STALLO. **La matière et la physique moderne.**
49. MANTEGAZZA. **La physion. et l'expression des sentiments.**
50. DE MEYER. **Les organes de la parole**, illustré.
51. DE LANESSAN. **Introduction à la botanique.** *Le sapin.*
52, 53. DE SAPORTA et MARION. **L'évolution du règne végétal.** *Les phanérogames.* 2 volumes illustrés.
54. TROUESSART. **Les microbes, les ferments et les moisissures**, illustré.

55. HARTMANN. **Les singes anthropoïdes**, illustré.
56. SCHMIDT. **Les mammifères dans leurs rapports avec leurs ancêtres géologiques**, illustré.
57. BINET et FÉRÉ. **Le magnétisme animal**, 2e éd., illustré.
58, 59. ROMANES. **L'intelligence des animaux.** 2 vol., illustré.
60. DREYFUS (Camille). **L'évolution des mondes et des sociétés.**
61. F. LAGRANGE. **Physiologie des exercices du corps.**
62. DAUBRÉE. **Les régions invisibles du globe et des espaces célestes**, illustré.
63-64. SIR JOHN LUBBOCK. **L'homme préhistorique**, 3e édition, 2 volumes illustrés.
65. RICHET (Ch.). **La chaleur animale**, illustré.

II. — MÉDECINE ET SCIENCES.
A. — Pathologie médicale.

AXENFELD et HUCHARD. **Traité des névroses.** 2e édition, augmentée de 700 pages, par HENRI HUCHARD, médecin des hôpitaux. 1 fort vol. in-8. 20 fr.

BARTELS. **Les maladies des reins**, traduit de l'allemand par le docteur EDELMANN; avec préface et notes de M. le professeur LÉPINE. 1 vol. in-8, avec fig. 15 fr.

BOUCHARDAT. **De la glycosurie ou diabète sucré**, son traitement hygiénique, 1883, 2e édition. 1 vol. grand in-8, suivi de notes et documents sur la nature et le traitement de la goutte, la gravelle urique, sur l'oligurie, le diabète insipide avec excès d'urée, l'hippurie, la pimélorrhée, etc. 15 fr.

BOUCHUT. **Diagnostic des maladies du système nerveux par l'ophthalmoscopie.** 1 vol. in-8, avec atlas col. 9 fr.

BOUCHUT et DESPRÉS. **Dictionnaire de médecine et de thérapeutique médicales et chirurgicales**, comprenant le résumé de la médecine et de la chirurgie, les indications thérapeutiques de chaque maladie, la médecine opératoire, les accouchements, l'oculistique, l'odontotechnie, les maladies d'oreilles, l'électrisation, la matière médicale, les eaux minérales, et un formulaire spécial pour chaque maladie. 5e édition, très augmentée. 1 vol. in-4, avec 918 fig. dans le texte et 3 cartes. Br. 25 fr.; cart. 27 fr. 50; relié. 29 fr.

CORNIL et BRAULT. **Études sur la pathologie du rein.** 1 vol. in-8, avec 16 planches lithographiées hors texte, 1884. 12 fr.

CORNIL et BABES. **Les bactéries et leur rôle dans l'anatomie et l'histologie pathologiques des maladies infectieuses.** 1 fort vol. in-8, avec 350 figures dans le texte en noir et en couleur et 4 planches en chromolithographie hors texte, 3e édit. (*sous presse*).

**DAMASCHINO. Leçons sur les maladies des voies diges-
tives.** 1 vol. in-8, 3e tirage, 1888.   14 fr.

DESPRÉS. Traité théorique et pratique de la syphilis, ou
infection purulente syphilitique. 1 vol. in-8.   7 fr.

DURAND-FARDEL. Traité des eaux minérales de la France
et de l'étranger, et de leur emploi dans les maladies chroniques,
3e édition, 1883. 1 vol. in-8.   10 fr.

**DURAND-FARDEL. Traité pratique des maladies des
vieillards,** 2e édition. 1 fort vol. gr. in-8.   14 fr.

FERRIER. De la localisation des maladies cérébrales.
Traduit de l'anglais par H.-C. DE VARIGNY, suivi d'un mémoire de
MM. CHARCOT et PITRES sur les *Localisations motrices dans les
hémisphères de l'écorce du cerveau.* 1 vol. in-8 avec 67 fig. dans le
texte.   6 fr.

**GARNIER. Dictionnaire annuel des progrès des sciences
et institutions médicales,** suite et complément de tous les
dictionnaires. 1 vol. in-12 de 600 pages. 22e année, 1886.   7 fr.

**GINTRAC. Traité théorique et pratique des maladies
de l'appareil nerveux.** 4 vol. gr. in-8.   28 fr.

GOUBERT. Manuel de l'art des autopsies cadavériques,
surtout dans ses applications à l'anat. pathol. In-18, avec 145 fig.
                                                               6 fr.

HÉRARD, CORNIL et HANOT. De la phthisie pulmonaire.
1 vol. in-8, avec figures dans le texte et planches coloriées.
2e édition.   20 fr.

KUNZE. Manuel de médecine pratique, traduit de l'allemand par M. KNOERI. 1 vol. in-18.   4 fr. 50

**LANCEREAUX. Traité historique et pratique de la syphi-
lis.** 2e édition. 1 vol. gr. in-8, avec fig. et planches color. 17 fr.

MARTINEAU. Traité clinique des affections de l'utérus.
1 fort vol. gr. in-8.   14 fr.

MAUDSLEY. Le crime et la folie. 1 vol. in-8. 5e édit.   6 fr.

MAUDSLEY. La pathologie de l'esprit. 1 vol. in-8.   10 fr.

MURCHISON. De la fièvre typhoïde, avec notes et introduction du docteur H. GUENEAU DE MUSSY. 1 vol. in-8, avec figures
dans le texte et planches hors texte.   10 fr.

**NIEMEYER. Éléments de pathologie interne et de théra-
peutique,** traduit de l'allemand, annoté par M. CORNIL. 3e édit.
franç., augmentée de notes nouvelles. 2 vol. gr. in-8.   14 fr.

ONIMUS et LEGROS. Traité d'électricité médicale. 1 fort
vol. in-8, avec 275 figures dans le texte. 2e édition.   17 fr.

**RILLIET et BARTHEZ. Traité clinique et pathologique
des maladies des enfants,** 3e édit., refondue et augmentée,
par BARTHEZ et A. SANNÉ. Tome I, 1 fort vol. gr. in-8. 1884. 16 fr.
Tome II, fort vol. gr. in-8. 1887.   14 fr.
Tome III, terminant l'ouvrage (*sous presse*).

TARDIEU. **Manuel de pathologie et de clinique médicales.** 4ᵉ édition, corrigée et augmentée. 1 vol. gr. in-18. 8 fr.

TAYLOR. **Traité de médecine légale,** traduit sur la 7ᵉ édition anglaise, par le Dʳ HENRI COUTAGNE. 1 vol. gr. in-8. 15 fr.

B. — Pathologie chirurgicale.

ANGER (Benjamin). **Traité iconographique des fractures et luxations,** précédé d'une introduction par M. le professeur Velpeau. 1 fort volume in-4, avec 100 planches hors texte, coloriées, contenant 254 figures, et 127 bois intercalés dans le texte. 2ᵉ tirage, 1886. Relié. 150 fr.

BILLROTH. **Traité de pathologie chirurgicale générale,** traduit de l'allemand, précédé d'une introd. par M. le prof. VERNEUIL. 1880, 3ᵉ tirage. 1 fort vol. gr. in-8, avec 100 fig. dans le texte. 14 fr.

Congrès français de chirurgie. Mémoires et discussions, publiés par M. Pozzi, secrétaire général.
    1ʳᵉ session : 1885, 1 fort vol. gr. in-8. 14 fr.
    2ᵉ session : 1886, 1 fort vol. gr. in-8, avec fig. 14 fr.
    3ᵒ session : 1887, 1 fort vol. gr. in-8. 14 fr.

DE ARLT. **Des blessures de l'œil,** considérées au point de vue pratique et médico-légal. 1 vol. in-18. 3 fr. 50

DELORME. **Traité de chirurgie de guerre.** 2 vol. gr. in-8ᵒ, avec fig. dans le texte (*sous presse*).

GALEZOWSKI. **Des cataractes et de leur traitement.** 1ᵉʳ fascicule, 1 vol. in-8. 3 fr. 50

JAMAIN ET TERRIER. **Manuel de petite chirurgie.** 6ᵉ édit., refondue. 1 vol. gr. in-18 de 1000 pages, avec 450 fig. 9 fr.

JAMAIN ET TERRIER. **Manuel de pathologie et de clinique chirurgicales.** 3ᵉ édition. Tome I, 1 fort vol. in-18. 8 fr.
    Tome II, 1 vol. in-18. 8 fr.
    Tome III, 1 vol. in-18. 8 fr.
    Tome IV, terminant l'ouvrage (*sous presse*).

LE FORT. **La chirurgie militaire** et les Sociétés de secours en France et à l'étranger. 1 vol. gr. in-8, avec fig. 10 fr.

LIEBREICH. **Atlas d'ophtalmoscopie,** représentant l'état normal et les modifications pathologiques du fond de l'œil vues à l'ophtalmoscope. 3ᵉ édition, 1885, atlas in-fᵒ de 12 planches, 59 figures en couleurs. 40 fr.

MAC CORMAC. **Manuel de chirurgie antiseptique,** traduit de l'anglais par M. le docteur LUTAUD. 1 fort vol. in-8. 6 fr.

MALGAIGNE. **Manuel de médecine opératoire.** 9ᵉ édition, publiée par M. le professeur LÉON LE FORT. 2 vol. grand in-18, avec nombreuses fig. dans le texte. 16 fr.

MAUNOURY et SALMON. **Manuel de l'art des accouche-**

ments, à l'usage des élèves en médecine et des élèves sages-
femmes. 3e édit. 1 vol. in-18, avec 115 grav. 7 fr.

NÉLATON. **Éléments de pathologie chirurgicale,** par M.
A. NÉLATON, membre de l'Institut, professeur de clinique à la
Faculté de médecine, etc. Ouvrage complet en 6 volumes.

Seconde édition, complètement remaniée, revue par les Drs JAMAIN,
PÉAN, DESPRÉS, GILLETTE et HORTELOUP, chirurgiens des hôpitaux.
6 forts vol. gr. in-8, avec 793 figures dans le texte. 82 fr.

PAGET (sir James). **Leçons de clinique chirurgicale,** traduites
de l'anglais par le docteur L.-H. PETIT, et précédées d'une introduction de M. le professeur VERNEUIL. 1 vol. grand in-8. 8 fr.

PÉAN. **Leçons de clinique chirurgicale, professées à
l'hôpital Saint-Louis.** De 1875 à 1880. Tomes I à IV, 4 vol.
in-8, avec fig. et pl. coloriées. Chaque vol. séparément. 20 fr.

Tomes V et VI, années 1881-82-83-84. 2 vol. in-8. chacun 25 fr.

PHILLIPS. **Traité des maladies des voies urinaires.**
1 fort vol. in-8, avec 97 fig. intercalées dans le texte. 10 fr.

RICHARD. **Pratique journalière de la chirurgie.** 1 vol.
gr. in-8, avec 215 fig. dans le texte. 2e édit., augmentée de chapitres inédits de l'auteur, et revue par le Dr J. CRAUK. 16 fr.

ROTTENSTEIN. **Traité d'anesthésie chirurgicale,** contenant
la description et les applications de la méthode anesthésique de
M. PAUL BERT. 1 vol. in-8, avec figures. 10 fr.

SCHWEIGGER. **Leçons d'ophthalmoscopie,** avec 3 planches
lith. et des figures dans le texte. In-8 de 144 pages. 3 fr. 50

SOELBERG-WELLS. **Traité pratique des maladies des
yeux.** 1 fort vol. gr. in-8, avec figures. 15 fr.

TERRIER. **Éléments de pathologie chirurgicale générale.**
1er fascicule : *Lésions traumatiques et leurs complications.* 1 vol.
in-8. 7 fr.

2º fascicule : *Complications des lésions traumatiques. Lésions inflammatoires.* 1 vol. in-8, 1886. 6 fr.

Le 3e et dernier fascicule paraîtra en 1889.

TRUC. **Du traitement chirurgical de la péritonite.**
1 vol. in-8. 4 fr.

VIRCHOW. **Pathologie des tumeurs,** cours professé à l'université de Berlin, traduit de l'allemand par le docteur ARONSSOHN.

Tome Ier, 1 vol. gr. in-8, avec 106 fig. 12 fr.
Tome II, 1 vol. gr. in-8, avec 74 fig. 12 fr.
Tome III, 1 vol. gr. in-8, avec 49 fig. 12 fr.
Tome IV (1 fascicule), 1 vol. gr. in-8, avec figures. 4 fr. 50

YVERT. **Traité pratique et clinique des blessures du
globe de l'œil,** 1 vol. gr. in-8. 12 fr.

C. — Thérapeutique. Pharmacie. Hygiène.

BINZ. Abrégé de matière médicale et de thérapeutique, 1 vol. in-12, de 335 pages.   2 fr. 50

BOUCHARDAT. Nouveau formulaire magistral, précédé d'une Notice sur les hôpitaux de Paris, de généralités sur l'art de formuler, suivi d'un Précis sur les eaux minérales naturelles et artificielles, d'un Mémorial thérapeutique, de notions sur l'emploi des contrepoisons et sur les secours à donner aux empoisonnés et aux asphyxiés. 1888, 27e édition, revue, corrigée. 1 vol. in-18, broché, 3 fr. 50 ; cartonné, 4 fr. ; relié.   4 fr. 50

BOUCHARDAT et VIGNARDOU. Formulaire vétérinaire, contenant le mode d'action, l'emploi et les doses des médicaments simples et composés prescrits aux animaux domestiques par les médecins vétérinaires français et étrangers, et suivi d'un Mémorial thérapeutique. 3e édit. 1 vol. in-18, br. 3 fr. 50, cart. 4 fr., rel. 4 fr. 50.

BOUCHARDAT. Manuel de matière médicale, de thérapeutique comparée et de pharmacie. 5e édition. 2 vol. gr. in-18.   16 fr.

BOUCHARDAT. Annuaire de thérapeutique, de matière médicale et de pharmacie pour 1886, contenant le résumé des travaux thérapeutiques et toxicologiques publiés pendant l'année 1885, suivi de notes sur le *traitement hygiénique du mal de Bright* et sur les *difficultés de l'hygiène.* 1 vol. gr. in-32. 46e année.   1 fr. 50

BOUCHARDAT. De la glycosurie ou diabète sucré, son traitement hygiénique. 1883, 2e édition. 1 vol. grand in-8, suivi de notes et documents sur la nature et le traitement de la goutte, la gravelle urique, sur l'oligurie, le diabète insipide avec excès d'urée, l'hippurie, la pimélorrhée, etc.   15 fr.

BOUCHARDAT. Traité d'hygiène publique et privée, basée sur l'étiologie. 1 fort vol. gr. in-8. 3e édition, 1887.   18 fr.

CORNIL. Leçons élémentaires d'hygiène privée, rédigées d'après le programme du Ministère de l'instruction publique pour les établissements d'instruction secondaire. 1 vol. in-18, avec figures.   2 fr. 50

DURAND-FARDEL. Les eaux minérales et les maladies chroniques. 1 vol. in-18. 2e édition, 1885.   3 fr. 50

MAURIN. Formulaire des maladies des enfants. 1 vol. in-18. 2e édition.   3 fr. 50

WEBER. Climatothérapie, traduit de l'allemand par les docteurs Doyon et Spillmann. 1 vol. in-8, 1886.   6 fr.

D. — Anatomie. Physiologie. Histologie.

ALAVOINE. Tableaux du système nerveux. Deux grands tableaux, avec figures.   5 fr.

BAIN (Al.). **Les sens et l'intelligence,** traduit de l'anglais par M. Cazelles. 4 vol. in-8. 10 fr.

BASTIAN (Charlton). **Le cerveau, organe de la pensée,** chez l'homme et chez les animaux. 2 vol. in-8, avec 184 figures dans le texte. 1882. 12 fr.

BELZUNG. **Anatomie et physiologie animales.** 1 fort vol. in-8 avec 500 gravures dans le texte. 6 fr.

BÉRAUD (B.-J.). **Atlas complet d'anatomie chirurgicale topographique,** pouvant servir de complément à tous les ouvrages d'anatomie chirurgicale, composé de 109 planches représentant plus de 200 gravures dessinées d'après nature par M. BION, et avec texte explicatif. 1 fort vol. in-4.

Prix : fig. noires, relié, 60 fr. — Fig. coloriées, relié, 120 fr. Toutes les pièces, disséquées dans l'amphithéâtre des hôpitaux, ont été reproduites d'après nature par M. BION, et ensuite gravées sur acier par les meilleurs artistes.

BERNARD (Claude). **Leçons sur les propriétés des tissus vivants,** avec 94 fig. dans le texte. 1 vol. in-8. 8 fr.

BERNSTEIN. **Les sens.** 1 vol. in-8, avec fig. 3e édit., cart. 6 fr.

BURDON-SANDERSON, FOSTER et BRUNTON. **Manuel du laboratoire de physiologie,** traduit de l'anglais par M. MOQUIN TANDON. 1 vol. in-8, avec 184 figures dans le texte, 1883. 14 fr.

FAU. **Anatomie des formes du corps humain,** à l'usage des peintres et des sculpteurs. 1 atlas in-folio de 25 planches. Prix : fig. noires, 15 fr. — Fig. coloriées. 30 fr.

CORNIL et RANVIER. **Manuel d'histologie pathologique.** 2e édition. 2 vol. in-8, avec nombreuses figures dans le texte. 30 fr.

FERRIER. **Les fonctions du cerveau.** 1 vol. in-8, avec 68 figures. 10 fr.

AMAIN. **Nouveau traité élémentaire d'anatomie descriptive et de préparations anatomiques.** 3e édition, 1 vol. grand in-18 de 900 pages, avec 223 fig. intercalées dans le texte. 12 fr. — Avec figures coloriées. 40 fr.

LEYDIG. **Traité d'histologie comparée de l'homme et des animaux.** 1 fort vol. in-8, avec 200 figures. 15 fr.

LONGET. **Traité de physiologie.** 3e édition, 3 vol. gr. in-8, avec figures. 36 fr.

MAREY. **Du mouvement dans les fonctions de la vie.** 1 vol. in-8, avec 200 figures dans le texte. 10 fr.

PREYER. **Éléments de physiologie générale.** Traduit de l'allemand par M. J. Soury. 1 vol. in-8. 5 fr.

PREYER. **Physiologie spéciale de l'embryon.** Trad. de l'allemand par M. le Dr WIET. 1 vol. in-8 avec fig. et 9 pl. hors texte. 16 fr.

RICHET (Charles). **Physiologie des muscles et des nerfs.** 1 fort vol. in-8. 1882. 15 fr.

VULPIAN. Leçons sur l'appareil vaso-moteur (physiologie et pathologie), recueillies par le Dr H. CARVILLE. 2 vol. in-8.   18 fr.

E. — Physique. Chimie. Histoire naturelle.

AGASSIZ. De l'espèce et des classifications en zoologie. 1 vol. in-8.   5 fr.

BERTHELOT. La synthèse chimique. 1 vol. in-8 de la *Bibliothèque scientifique internationale*. 4e édit., cart.   6 fr.

COOKE ET BERKELEY. Les champignons, avec 110 figures dans le texte. 1 vol. in-8. 3e édition.   6 fr.

DARWIN. Les récifs de corail, leur structure et leur distribution. 1 vol. in-8, avec 3 planches hors texte, traduit de l'anglais par M. Cosserat.   8 fr.

DAUBRÉE. Les régions invisibles du globe et des espaces célestes. 1 vol. in-8 avec gravures.   6 fr.

EVANS (John). Les âges de la pierre. 1 beau vol. gr. in-8, avec 467 figures dans le texte.   15 fr.

EVANS (John). L'âge du bronze. 1 fort vol. in-8, avec 540 figures dans le texte.   15 fr.

GRÉHANT. Manuel de physique médicale. 1 vol. in-18, avec 469 figures dans le texte.   7 fr.

GRIMAUX. Chimie organique élémentaire. 5e édit. 1 vol. in-18, avec figures.   5 fr.

GRIMAUX. Chimie inorganique élémentaire. 5e édit., 1889. 1 vol. in-18, avec figures.   5 fr.

HERBERT SPENCER. Principes de biologie, traduit de l'anglais par M. C. CAZELLES. 2 vol. in-8.   20 fr.

HUXLEY. La physiographie, introduction à l'étude de la nature. 1 vol. in-8 avec 128 figures dans le texte et 2 planches hors texte. 1882.   8 fr.

LUBBOCK. Origines de la civilisation, état primitif de l'homme et mœurs des sauvages modernes, traduit de l'anglais. 3e édition. 1 vol. in-8, avec fig. Broché, 15 fr. — Relié.   18 fr.

LUBBOCK. L'homme préhistorique, 2 vol. in-8 avec 228 gravures dans le texte.   12 fr.

PISANI (F.). Traité pratique d'analyse chimique qualitative et quantitative, à l'usage des laboratoires de chimie, 1 vol. in-12. 3e édit., augmentée d'un traité d'*analyse au chalumeau*, 1888.   3 fr. 50

PISANI ET DIRVELL. La chimie du laboratoire. 1 vol. in-12.   4 fr.

QUATREFAGES (DE). Charles Darwin et ses précurseurs français. Étude sur le transformisme. 1 vol. in-8.   5 fr.

Coulommiers. — Imp. P. BRODARD et GALLOIS.

— DÉCEMBRE 1887 —

ANCIENNE LIBRAIRIE GERMER BAILLIÈRE ET Cie
FÉLIX ALCAN, ÉDITEUR
108, Boulevard Saint-Germain, 108, PARIS

EXTRAIT DU CATALOGUE
SCIENCES — MÉDECINE — HISTOIRE — PHILOSOPHIE

I. — BIBLIOTHÈQUE SCIENTIFIQUE INTERNATIONALE

PUBLIÉE SOUS LA DIRECTION DE **M. ÉM. ALGLAVE**

Volumes in-8, reliés en toile anglaise. — Prix : 6 fr.

Les mêmes, en demi-reliure d'amateur : 10 fr.

59 VOLUMES PARUS

1. **J. TYNDALL.** Les glaciers et les transformat. de l'eau, 5e éd.
2. **W. BAGEHOT.** Lois scientifiques du développement des nations, 4e édition.
3. **J. MAREY.** La machine animale, locomotion terrestre et aérienne, 4e édition, illustré.
4. **A. BAIN.** L'esprit et le corps considérés au point de vue de leurs relations, 4e édition.
5. **PETTIGREW.** La locomotion chez les animaux, 2e éd., ill.
6. **HERBERT SPENCER.** Introd. à la science sociale, 8e édit.
7. **OSCAR SCHMIDT.** Descendance et darwinisme, 5e édition.
8. **H. MAUDSLEY.** Le crime et la folie, 5e édition.
9. **VAN BENEDEN.** Les commensaux et les parasites dans le règne animal, 3e édition, illustré.
10. **BALFOUR STEWART.** La conservation de l'énergie, suivie d'une étude sur LA NATURE DE LA FORCE, par *P. de Saint-Robert*, 4e édition, illustré.
11. **DRAPER.** Les conflits de la science et de la religion, 7e éd.
12. **LÉON DUMONT.** Théorie scientifique de la sensibilité, 3e éd.
13. **SCHUTZENBERGER.** Les fermentations, 4e édition, illustré.
14. **WHITNEY.** La vie du langage, 3e édition.
15. **COOKE** et **BERKELEY.** Les champignons, 3e éd., illustré.
16. **BERNSTEIN.** Les sens, 4e édition, illustré.

17. BERTHELOT. **La synthèse chimique, 6ᵉ édition.**

18 VOGEL. **La photographie et la chimie de la lumière, 4ᵉ éd.**

19. LUYS. **Le cerveau et ses fonctions, 5ᵉ édition, illustré.**

20. W. STANLEY JEVONS. **La monnaie et le mécanisme de l'échange, 4ᵉ édition.**

21. FUCHS. **Les volcans et les tremblements de terre, 5ᵉ éd.**

22. GÉNÉRAL BRIALMONT. **La défense des États et les camps retranchés, 3ᵉ édition avec fig. et 2 pl. hors texte.**

23. A. DE QUATREFAGES. **L'espèce humaine, 9ᵉ édition.**

24. BLASERNA et HELMHOLTZ. **Le son et la musique, 4ᵉ éd.**

25. ROSENTHAL. **Les muscles et les nerfs, 3ᵉ édition, illustré.**

26. BRUCKE et HELMHOLTZ. **Principes scientifiques des beaux-arts, 3ᵉ édition, illustré.**

27. WURTZ. **La théorie atomique, 4ᵉ édition, avec préface de M. Ch. Friedel.**

28, 29. SECCHI (Le Père). **Les étoiles, 2ᵉ édition, illustré.**

30. N. JOLY. **L'homme avant les métaux, 4ᵉ édit., illustré.**

31. A. BAIN. **La science de l'éducation, 6ᵉ édition.**

32, 33. THURSTON et HIRSCH. **Hist. de la machine à vapeur. 2ᵉ éd.**

34. R. HARTMANN. **Les peuples de l'Afrique, 2ᵉ édit., illustré.**

35. HERBERT SPENCER. **Les bases de la morale évolutionniste, 3ᵉ édition.**

36. Th.-H. HUXLEY. **L'écrevisse, introduction à l'étude de la zoologie, illustré.**

37. DE ROBERTY. **La sociologie, 2ᵉ édition.**

38. O.-N. ROOD. **Théorie scientifique des couleurs et leurs applications à l'art et à l'industrie, avec fig. et pl. hors texte.**

39. DE SAPORTA et MARION. **L'évolution du règne végétal. *Les cryptogames*, illustré.**

40, 41. CHARLTON-BASTIAN. **Le système nerveux et la pensée. 2 vol. illustrés.**

42. JAMES SULLY. **Les illusions des sens et de l'esprit, illustré.**

43. A. DE CANDOLLE. **Origine des plantes cultivées, 3ᵉ édit.**

44. YOUNG. **Le Soleil, illustré.**

45, 46. J. LUBBOCK. **Les Fourmis, les Abeilles et les Guêpes.**

47. Ed. PERRIER. **La philos. zoologique avant Darwin. 2ᵉ éd.**

48. STALLO. **La matière et la physique moderne.**

49. MANTEGAZZA. **La physion. et l'expression des sentiments.**

50. DE MEYER. **Les organes de la parole, illustré.**

51. DE LANESSAN. Introduction à la botanique. *Le sapin.*

52, 53. DE SAPORTA et MARION. L'évolution du règne végétal. *Les phanérogames.* 2 volumes illustrés.

54. TROUESSART. **Les microbes, les ferments et les moisissures,** illustré.

55. HARTMANN. **Les singes anthropoïdes,** illustré.

56. SCHMIDT. **Les mammifères dans leurs rapports avec leurs ancêtres géologiques,** illustré.

57. BINET et FÉRÉ. **Le magnétisme animal,** 2e éd., illustré.

58, 59. ROMANES. **L'intelligence des animaux.** 2 vol., illustré.

II. — MÉDECINE ET SCIENCES.

A. — Pathologie médicale.

AXENFELD et HUCHARD. **Traité des névroses.** 2e édition, augmentée de 700 pages, par HENRI HUCHARD, médecin des hôpitaux. 1 fort vol. in-8. 20 fr.

BARTELS. **Les maladies des reins,** traduit de l'allemand par le docteur EDELMANN; avec préface et notes de M. le professeur LÉPINE. 1 vol. in-8, avec fig. 15 fr.

BOUCHARDAT. **De la glycosurie ou diabète sucré,** son traitement hygiénique, 1883, 2e édition. 1 vol grand in-8, suivi de notes et documents sur la nature et le traitement de la goutte, la gravelle urique, sur l'oligurie, le diabète insipide avec excès d'urée, l'hippurie, la pimélorrhée, etc. 15 fr.

BOUCHUT. **Diagnostic des maladies du système nerveux par l'ophthalmoscopie.** 1 vol. in-8, avec atlas colorié. 9 fr.

BOUCHUT et DESPRÉS. **Dictionnaire de médecine et de thérapeutique médicales et chirurgicales,** comprenant le résumé de la médecine et de la chirurgie, les indications thérapeutiques de chaque maladie, la médecine opératoire, les accouchements, l'oculistique, l'odontotechnie, les maladies d'oreilles, l'électrisation, la matière médicale, les eaux minérales, et un formulaire spécial pour chaque maladie. 4e édition, très augmentée. 1 vol. in-4, avec 918 fig. dans le texte et 3 cartes. Br. 25 fr.; cart. 27 fr. 50; relié. 29 fr.

CORNIL et BRAULT. **Études sur la pathologie du rein.** 1 vol. in-8, avec 16 planches lithographiées hors texte, 1884. 12 fr.

CORNIL et BABES. **Les bactéries et leur rôle dans l'anatomie et l'histologie pathologiques des maladies infectieuses.** 1 fort vol. in-8, avec 350 figures dans le texte en noir et en couleur et 4 planches en chromolithographie hors texte, 3e édit. (*sous presse*).

DAMASCHINO. **Leçons sur les maladies des voies digestives.** 1 vol. in-8, 2e tirage, 1885.   14 fr.

DESPRÉS. **Traité théorique et pratique de la syphilis,** ou
infection purulente syphilitique. 1 vol. in-8.   7 fr.

DURAND-FARDEL. **Traité des eaux minérales** de la France
et de l'étranger, et de leur emploi dans les maladies chroniques,
3e édition, 1883. 1 vol. in-8.   10 fr.

DURAND-FARDEL. **Traité pratique des maladies des
vieillards,** 2e édition. 1 fort vol. gr. in-8.   14 fr.

FERRIER. **De la localisation des maladies cérébrales.**
Traduit de l'anglais par H.-C. DE VARIGNY, suivi d'un mémoire de
MM. CHARCOT et PITRES sur les *Localisations motrices dans les
hémisphères de l'écorce du cerveau.* 1 vol. in-8 avec 67 fig. dans le
texte.   6 fr.

GARNIER. **Dictionnaire annuel des progrès des sciences
et institutions médicales,** suite et complément de tous les
dictionnaires. 1 vol. in-12 de 600 pages. 22e année, 1886.   7 fr.

GINTRAC. **Traité théorique et pratique des maladies
de l'appareil nerveux.** 4 vol. gr. in-8.   28 fr.

GOUBERT. **Manuel de l'art des autopsies cadavériques,**
surtout dans ses applications à l'anat. pathol. In-18, avec 145 fig.
                                                         6 fr.

HÉRARD, CORNIL et HANOT. **De la phthisie pulmonaire.**
1 vol. in-8, avec figures dans le texte et planches coloriées:
2e édition (*sous presse, pour paraître en janvier 1888*).

KUNZE. **Manuel de médecine pratique,** traduit de l'allemand par M. KNOERI. 1 vol. in-18.   4 fr. 50

LANCEREAUX. **Traité historique et pratique de la syphilis.** 2e édition. 1 vol. gr. in-8, avec fig. et planches color. 17 fr.

MARTINEAU. **Traité clinique des affections de l'utérus.**
1 fort vol. gr. in-8.   14 fr.

MAUDSLEY. **Le crime et la folie.** 1 vol. in-8. 5e édit.   6 fr.

MAUDSLEY. **La pathologie de l'esprit.** 1 vol. in-8.   10 fr.

MURCHISON. **De la fièvre typhoïde,** avec notes et introduction du docteur H. GUENEAU DE MUSSY. 1 vol. in-8, avec figures
dans le texte et planches hors texte.   10 fr.

NIEMEYER. **Éléments de pathologie interne et de thérapeutique,** traduit de l'allemand, annoté par M. CORNIL. 3e édit.
franç., augmentée de notes nouvelles. 2 vol. gr. in-8.   14 fr.

ONIMUS et LEGROS. **Traité d'électricité médicale.** 1 fort
vol. in-8, avec 275 figures dans le texte. 2e édition.   17 fr.

RILLIET et BARTHEZ. **Traité clinique et pathologique
des maladies des enfants.** 3e édit. refondue et augmentée,
par BARTHEZ et A. SANNÉ. Tome I, 1 fort vol. gr. in-8. 1884. 16 fr.
    Tome II, fort vol. gr. in-8. 1887.   14 fr.
    Tome III (terminant l'ouvrage, *sous presse*).

TARDIEU. Manuel de pathologie et de clinique médicales. 4e édition, corrigée et augmentée. 1 vol. gr. in-18. 8 fr.

TAYLOR. Traité de médecine légale, traduit sur la 7e édition anglaise, par le Dr HENRI COUTAGNE. 1 vol. gr. in-8.   15 fr.

B. — Pathologie chirurgicale.

ANGER (Benjamin). Traité iconographique des fractures et luxations, précédé d'une introduction par M. le professeur Velpeau. 1 fort volume in-4, avec 100 planches hors texte, coloriées, contenant 254 figures, et 127 bois intercalés dans le texte. 2e tirage, 1886. Relié.   150 fr.

BILLROTH. Traité de pathologie chirurgicale générale, traduit de l'allemand, précédé d'une introd. par M. le prof. VERNEUIL. 1880, 3e tirage. 1 fort vol. gr. in-8, avec 100 fig. dans le texte.   14 fr.

Congrès français de chirurgie. 1re session : 1885. Mémoires et discussions, publiés par M. POZZI, secrétaire général. 1 fort vol. grand in-8.   14 fr.
   2e session : 1886, 1 fort vol. gr. in-8, avec fig.   14 fr.

DE ARLT. Des blessures de l'œil, considérées au point de vue pratique et médico-légal. 1 vol. in-18.   3 fr. 50

DELORME. Traité de chirurgie de guerre. 2 vol. gr. in-8°, avec fig. dans le texte (*sous presse*).

GALEZOWSKI. Des cataractes et de leur traitement. 1er fascicule, 1 vol. in-8.   3 fr. 50

JAMAIN et TERRIER. Manuel de petite chirurgie. 6e édit., refondue 1 vol. gr. in-18 de 1000 pages, avec 450 fig.   9 fr.

JAMAIN et TERRIER. Manuel de pathologie et de clinique chirurgicales. 3e édition. Tome I, 1 fort vol. in-18.   8 fr.
   Tome II, 1 vol. in-18.   8 fr.
   Tome III, 1 vol. in-18.   8 fr.
   Tome IV terminant l'ouvrage (*sous presse*).

LE FORT. La chirurgie militaire et les Sociétés de secours en France et à l'étranger. 1 vol. gr. in-8, avec fig.   10 fr.

LIEBREICH. Atlas d'ophtalmoscopie, représentant l'état normal et les modifications pathologiques du fond de l'œil vues à l'ophtalmoscope. 3e édition, 1885, atlas in-f° de 12 planches, 59 figures en couleurs.   40 fr.

MAC CORMAC. Manuel de chirurgie antiseptique, traduit de l'anglais par M. le docteur LUTAUD. 1 fort vol. in-8.   6 fr.

MALGAIGNE. Manuel de médecine opératoire. 9e édition, publiée par M. le professeur LÉON LE FORT. 2 vol. grand in-18, avec nombreuses fig. dans le texte.   16 fr.
   La première partie : *Opérations générales,* est en distribution. 1 vol. in-18, avec 250 fig. (Le tome II, terminant l'ouvrage, sera remis aux souscripteurs en 1888.)

MAUNOURY et SALMON. Manuel de l'art des accouche-

ments, à l'usage des élèves en médecine et des élèves sages-femmes. 3ᵉ édit. 1 vol. in-18, avec 115 grav.   7 fr.

NÉLATON. **Éléments de pathologie chirurgicale**, par M. A. NÉLATON, membre de l'Institut, professeur de clinique à la Faculté de médecine, etc. Ouvrage complet en 6 volumes.

Seconde édition, complètement remaniée, revue par les Dʳˢ JAMAIN, PÉAN, DESPRÉS, GILLETTE et HORTELOUP, chirurgiens des hôpitaux. 6 forts vol. gr. in-8, avec 795 figures dans le texte.   82 fr.

PAGET (sir James). **Leçons de clinique chirurgicale**, traduites de l'anglais par le docteur L.-H. PETIT, et précédées d'une introduction de M. le professeur VERNEUIL. 1 vol. grand in-8.   8 fr.

PÉAN. **Leçons de clinique chirurgicale, professées à l'hôpital Saint-Louis**. De 1875 à 1880. Tomes I à IV, 4 vol. in-8, avec fig. et pl. coloriées. Chaque vol. séparément.   20 fr.

Tome V, années 1881-1882. 1 vol. in-8.   25 fr.

PHILLIPS. **Traité des maladies des voies urinaires.** 1 fort vol. in-8, avec 97 fig. intercalées dans le texte.   10 fr.

RICHARD. **Pratique journalière de la chirurgie.** 1 vol. gr. in-8, avec 215 fig. dans le texte. 2ᵉ édit., augmentée de chapitres inédits de l'auteur, et revue par le Dʳ J. CRAUK.   16 fr.

ROTTENSTEIN. **Traité d'anesthésie chirurgicale**, contenant la description et les applications de la méthode anesthésique de M. PAUL BERT. 1 vol. in-8, avec figures.   10 fr.

SCHWEIGGER. **Leçons d'ophthalmoscopie**, avec 3 planches lith. et des figures dans le texte. In-8 de 114 pages.   3 fr. 50

SOELBERG-WELLS. **Traité pratique des maladies des yeux.** 1 fort vol. gr. in-8, avec figures.   15 fr.

TERRIER. **Éléments de pathologie chirurgicale générale.** 1ᵉʳ fascicule : *Lésions traumatiques et leurs complications.* 1 vol. in-8.   7 fr.

2ᵉ fascicule : *Complications des lésions traumatiques. Lésions inflammatoires.* 1 vol. in-8, 1886.   6 fr.

Le 3ᵉ et dernier fascicule paraîtra en 1888.

TRUC. **Du traitement chirurgical de la péritonite.** 1 vol. in-8.   4 fr.

VIRCHOW. **Pathologie des tumeurs**, cours professé à l'université de Berlin, traduit de l'allemand par le docteur ARONSSOHN.

Tome Iᵉʳ, 1 vol. gr. in-8, avec 106 fig.   12 fr.
Tome II, 1 vol. gr. in-8, avec 74 fig.   12 fr.
Tome III, 1 vol. gr. in-8, avec 49 fig.   12 fr.
Tome IV (1 fascicule), 1 vol. gr. in-8, avec figures.   4 fr. 50

YVERT. **Traité pratique et clinique des blessures du globe de l'œil**, 1 vol. gr. in-8.   12 fr.

C. — Thérapeutique. Pharmacie. Hygiène.

BINZ. Abrégé de matière médicale et de thérapeutique, 1 vol. in-12, de 335 pages.   2 fr. 50

BOUCHARDAT. Nouveau formulaire magistral, précédé d'une Notice sur les hôpitaux de Paris, de généralités sur l'art de formuler, suivi d'un Précis sur les eaux minérales naturelles et artificielles, d'un Mémorial thérapeutique, de notions sur l'emploi des contrepoisons et sur les secours à donner aux empoisonnés et aux asphyxiés. 1886, 26ᵉ édition, revue, corrigée. 1 vol. in-18, broché, 3 fr. 50 ; cartonné, 4 fr. ; relié.   4 fr. 50

BOUCHARDAT et VIGNARDOU. Formulaire vétérinaire, contenant le mode d'action, l'emploi et les doses des médicaments simples et composés prescrits aux animaux domestiques par les médecins vétérinaires français et étrangers, et suivi d'un Mémorial thérapeutique. 3ᵉ édit. 1 vol. in-18, br. 3 fr. 50. cart. 4 fr. rel. 4 fr. 50.

BOUCHARDAT. Manuel de matière médicale, de thérapeutique comparée et de pharmacie. 5ᵉ édition. 2 vol. gr. in-18.   16 fr.

BOUCHARDAT. Annuaire de thérapeutique, de matière médicale et de pharmacie pour 1886, contenant le résumé des travaux thérapeutiques et toxicologiques publiés pendant l'année 1885, suivi de notes sur le *traitement hygiénique du mal de Bright* et sur les *difficultés de l'hygiène.* 1 vol. gr. in-32. 46ᵉ année.   1 fr. 50

BOUCHARDAT. De la glycosurie ou diabète sucré, son traitement hygiénique. 1883, 2ᵉ édition. 1 vol. grand in-8, suivi de notes et documents sur la nature et le traitement de la goutte, la gravelle urique, sur l'oligurie, le diabète insipide avec excès d'urée, l'hippurie, la pimélorrhée, etc.   15 fr.

BOUCHARDAT. Traité d'hygiène publique et privée, basée sur l'étiologie. 1 fort vol. gr. in-8. 3ᵉ édition, 1887.   18 fr.

CORNIL. Leçons élémentaires d'hygiène privée, rédigées d'après le programme du Ministère de l'instruction publique pour les établissements d'instruction secondaire. 1 vol. in-18, avec figures.   2 fr. 50

DURAND-FARDEL. Les eaux minérales et les maladies chroniques. 1 vol. in-18. 2ᵉ édition, 1883.   3 fr. 50

MAURIN. Formulaire des maladies des enfants. 1 vol. in-18. 2ᵉ édition.   3 fr. 50.

WEBER. Climatothérapie, traduit de l'allemand par les docteurs DOYON et SPILLMANN. 1 vol. in-8, 1886.   6 fr.

D. — Anatomie. Physiologie. Histologie.

ALAVOINE. Tableaux du système nerveux. Deux grands tableaux, avec figures.   5 fr.

BAIN (Al.). **Les sens et l'intelligence,** traduit de l'anglais par M. Cazelles. 1 vol. in-8. 10 fr.

BASTIAN (Charlton). **Le cerveau, organe de la pensée,** chez l'homme et chez les animaux. 2 vol. in-8, avec 184 figures dans le texte. 1882. 12 fr.

BÉRAUD (B.-J.). **Atlas complet d'anatomie chirurgicale topographique,** pouvant servir de complément à tous les ouvrages d'anatomie chirurgicale, composé de 109 planches représentant plus de 200 gravures dessinées d'après nature par M. BION, et avec texte explicatif. 1 fort vol. in-4.
   Prix : fig. noires, relié, 60 fr. — Fig. coloriées, relié, 120 fr. Toutes les pièces, disséquées dans l'amphithéâtre des hôpitaux ont été reproduites d'après nature par M. BION, et ensuite gravées sur acier par les meilleurs artistes.

BÉRAUD (B.-J.) et VELPEAU. **Manuel d'anatomie chirurgicale générale et topographique.** 2e éd. 1 vol. in-18. 7 fr.

BERNARD (Claude). **Leçons sur les propriétés des tissus vivants,** avec 94 fig. dans le texte. 1 vol. in-8. 8 fr.

BERNSTEIN. **Les sens.** 1 vol. in-8, avec fig. 3e édit., cart. 6 fr.

BURDON-SANDERSON, FOSTER et BRUNTON. **Manuel du laboratoire de physiologie,** traduit de l'anglais par M. MOQUIN TANDON. 1 vol. in-8, avec 184 figures dans le texte, 1883. 14 fr.

FAU. **Anatomie des formes du corps humain,** à l'usage des peintres et des sculpteurs. 1 atlas in-folio de 25 planches. Prix : fig. noires, 15 fr. — Fig. coloriées. 30 fr.

CORNIL et RANVIER. **Manuel d'histologie pathologique.** 2e édition. 2 vol. in-8, avec nombreuses figures dans le texte. 30 fr.

FERRIER. **Les fonctions du cerveau.** 1 vol. in-8, avec 68 figures. 10 fr.

JAMAIN. **Nouveau traité élémentaire d'anatomie descriptive et de préparations anatomiques.** 3e édition, 1 vol. grand in-18 de 900 pages, avec 223 fig. intercalées dans le texte. 12 fr. — Avec figures coloriées. 40 fr.

LEYDIG. **Traité d'histologie comparée de l'homme et des animaux.** 1 fort vol. in-8, avec 200 figures. 15 fr.

LONGET. **Traité de physiologie.** 3e édition, 3 vol. gr. in-8, avec figures. 36 fr.

MAREY. **Du mouvement dans les fonctions de la vie.** 1 vol. in-8, avec 200 figures dans le texte. 10 fr.

PREYER. **Éléments de physiologie générale.** Traduit de l'allemand par M. J. SOURY. 1 vol. in-8. 5 fr.

PREYER. **Physiologie spéciale de l'embryon.** Trad. de l'allemand par M. le Dr WIET. 1 vol. in-8 avec fig. et 9 pl. hors texte. 16 fr.

RICHET (Charles). **Physiologie des muscles et des nerfs.** 1 fort vol. in-8. 1882. 15 fr.

VULPIAN. **Leçons sur l'appareil vaso-moteur** (physiologie et pathologie), recueillies par le Dr H. CARVILLE. 2 vol. in-8.   18 fr.

E. — Physique. Chimie. Histoire naturelle.

AGASSIZ. **De l'espèce et des classifications en zoologie.** 1 vol. in-8.   5 fr.

BERTHELOT. **La synthèse chimique.** 1 vol. in-8 de la *Bibliothèque scientifique internationale*. 4e édit., cart.   6 fr.

BLANCHARD. **Les métamorphoses, les mœurs et les instincts des insectes,** par M. Emile Blanchard, de l'Institut, professeur au Muséum d'histoire naturelle. 1 magnifique vol. in-8 jésus, avec 160 fig. dans le texte et 40 grandes planches hors texte. 2e édit. Prix : broché, 25 fr.; relié.   30 fr.

BOCQUILLON. **Manuel d'histoire naturelle médicale.** 1 vol. in-18 avec 415 fig. dans le texte.   14 fr.

COOKE ET BERKELEY. **Les champignons,** avec 110 figures dans le texte. 1 vol. in-8. 3e édition.   6 fr.

DARWIN. **Les récifs de corail,** leur structure et leur distribution. 1 vol. in-8, avec 3 planches hors texte, traduit de l'anglais par M. Cosserat.   8 fr.

EVANS (John). **Les âges de la pierre.** 1 beau vol. gr. in-8, avec 467 figures dans le texte.   15 fr.

EVANS (John). **L'âge du bronze.** 1 fort vol. in-8, avec 540 figures dans le texte.   15 fr.

GRÉHANT. **Manuel de physique médicale.** 1 vol. in-18, avec 469 figures dans le texte.   7 fr.

GRIMAUX. **Chimie organique élémentaire.** 4e édit. 1 vol. in-18, avec figures.   5 fr.

GRIMAUX. **Chimie inorganique élémentaire.** 4e édit., 1885, 1 vol. in-18, avec figures.   5 fr.

HERBERT SPENCER. **Principes de biologie,** traduit de l'anglais par M. C. CAZELLES. 2 vol. in-8.   20 fr.

HUXLEY. **La physiographie,** introduction à l'étude de la nature, 1 vol. in-8 avec 128 figures dans le texte et 2 planches hors texte. 1882.   8 fr.

LUBBOCK. **Origines de la civilisation,** état primitif de l'homme et mœurs des sauvages modernes, traduit de l'anglais. 3e édition. 1 vol. in-8, avec fig. Broché, 15 fr. — Relié.   18 fr.

PISANI (F.). **Traité pratique d'analyse chimique qualitative et quantitative,** à l'usage des laboratoires de chimie, 1 vol. in-12. 2e édit., augmentée d'un traité d'*analyse au chalumeau*, 1885.   3 fr. 50

PISANI ET DIRVELL. **La chimie du laboratoire.** 1 vol. in-12.   4 fr.

QUATREFAGES (DE). **Charles Darwin et ses précurseurs français.** Étude sur le transformisme. 1 vol. in-8.   5 fr.

III. — BIBLIOTHÈQUE D'HISTOIRE CONTEMPORAINE

Volumes in-18 à 3 fr. 50. — Volumes in 8 à 5, 7 et 12 francs. Cartonnage toile, 50 c. en plus par vol. in-18, 1 fr. par vol. in-8.

EUROPE

HISTOIRE DE L'EUROPE PENDANT LA RÉVOLUTION FRANÇAISE, par *H. de Sybel*. Traduit de l'allemand par Mlle Dosquet. 6 vol. in-8 . . 12 fr.

FRANCE

HISTOIRE DE LA RÉVOLUTION FRANÇAISE, par *Carlyle*. 3 vol. in-18. 10 50
LA RÉVOLUTION FRANÇAISE, par *H. Carnot*. 1 vol. in-12. Nouv. édit.. 3 50
HISTOIRE DE LA RESTAURATION, par *de Rochau*. 1 vol. in-18. . . . 3 50
HISTOIRE DE DIX ANS, par *Louis Blanc*. 5 vol. in-8. . . . . 25 »
HISTOIRE DE HUIT ANS (1840-1848), par *Elias Regnault*. 3 vol. in-8. 15 »
HISTOIRE DU SECOND EMPIRE (1848 1870), par *Taxile Delord*. 6 volumes in-8 . . . . 42 fr.
LA GUERRE DE 1870-1871, par *Boert*. 1 vol. in-18. . . . . 3 50
LA FRANCE POLITIQUE ET SOCIALE, par *Aug. Langel*. 1 volume in-8. 5 fr.
HISTOIRE DES COLONIES FRANÇAISES, par *P. Gaffarel*. 1 vol. in-8. 3ᵉ éd. . . . . 5 fr.
L'EXPANSION COLONIALE DE LA FRANCE, étude économique, politique et géographique sur les établissements français d'outre-mer, par *J. L. de Lanessan*. 1 vol. in-8 avec 19 cartes hors texte. . . . . 12 fr.
LA TUNISIE, par *J. L. de Lanessan*. 1 vol. in-8 avec une carte en couleurs 5 fr.
L'INDO-CHINE FRANÇAISE, par *J. de Lanessan*, 1 vol. in-8, avec carte (sous presse).
L'ALGÉRIE, par *M. Wahl*. 1 vol. in-8 . . . . 5 fr.

ANGLETERRE

HISTOIRE GOUVERNEMENTALE DE L'ANGLETERRE, DEPUIS 1770 JUSQU'A 1830. par sir *G. Cornewal Lewis*. 1 vol in-8, traduit de l'anglais . . . 7 fr.
HISTOIRE CONTEMPORAINE DE L'ANGLETERRE, depuis la mort de la reine Anne jusqu'à nos jours, par *H. Reynald*. 1 vol. in-18. 2ᵉ éd. . 3 50
LES QUATRE GEORGE, par *Thackeray*. 1 vol. in-18 . . . . 3 50
LOMBART-STREET, le marché financier en Angleterre, par *W. Bagehot*. 1 vol. in-18 . . . . 3 50
LORD PALMERSTON ET LORD RUSSEL, par *Aug. Langel*. 1 vol. in-18. 3 50
QUESTIONS CONSTITUTIONNELLES (1873 1878), par *E.-W. Gladstone*, précédées d'une introduction par *Albert Gigot*. 1 vol. in-8. . . . . 5 fr.

ALLEMAGNE

HISTOIRE DE LA PRUSSE, depuis la mort de Frédéric II jusqu'à la bataille de Sadowa, par *Eug. Véron*. 1 vol. in-18. 4ᵉ éd. 3 50
HISTOIRE DE L'ALLEMAGNE, depuis la bataille de Sadowa jusqu'à nos jours, par *Eug. Véron*. 1 vol. in-18, 2ᵉ éd. 3 50
L'ALLEMAGNE CONTEMPORAINE, par *Ed. Bourloton*. 1 vol. in-18. . . 3 50

AUTRICHE-HONGRIE

HISTOIRE DE L'AUTRICHE, depuis la mort de Marie-Thérèse jusqu'à nos jours, par *L. Asseline*. 1 vol. in-18. 2e éd. 3 50
HISTOIRE DES HONGROIS et de leur littérature politique, de 1790 à 1815, par *Ed. Sayous*. 1 vol. in-18 . . . .   3 50

ESPAGNE

HISTOIRE DE L'ESPAGNE, depuis la mort de Charles III jusqu'à nos jours, par *H. Reynald*. 1 vol. in-18 . . . .   3 50

RUSSIE

LA RUSSIE CONTEMPORAINE, par *Herbert Barry*. 1 vol. in-18. . . .   3 50
HISTOIRE CONTEMPORAINE DE LA RUSSIE, par *M. Créhange*. 1 vol. in-18 . . . .   3 50

SUISSE

LA SUISSE CONTEMPORAINE, par *H. Dixon*. 1 vol. in-18. . . . . . .   3 50
HISTOIRE DU PEUPLE SUISSE, par *Daendliker*, précédée d'une Introduction de M. *Jules Favre*. 1 vol. in-18. . . . .   5 fr.

AMÉRIQUE

HISTOIRE DE L'AMÉRIQUE DU SUD, par *Alf. Deberle*. 1 vol. in-18. 2e éd.   3 50
LES ETATS-UNIS PENDANT LA GUERRE, par *Aug. Laugel*. 1 vol. in-18.   3 50

ITALIE

HISTOIRE DE L'ITALIE, depuis 1815 jusqu'à la mort de Victor-Emmanuel, par *E. Sorin*. 1 vol. in-18 . . . .   3 50

Jules Barni. HISTOIRE DES IDÉES MORALES ET POLITIQUES EN FRANCE AU XVIIIe SIÈCLE. 2 vol. in-18, chaque volume 3 50
— LES MORALISTES FRANÇAIS AU XVIIIe SIÈCLE. 1 vol. in-18. . . .   3 50
Émile Beaussire. LA GUERRE ÉTRANGÈRE ET LA GUERRE CIVILE. 1 vol. in-18 . . . .   3 50
E. de Laveleye. LE SOCIALISME CONTEMPORAIN. 1 vol. in-18. 3e éd.   3 50
E. Despois. LE VANDALISME RÉVOLUTIONNAIRE. 1 vol. in-18. 2e éd.   3 50
M. Pellet. VARIÉTÉS RÉVOLUTIONNAIRES, avec une Préface de *A. Ranc*. 2 vol. in-18. chaque vol. 3 50
Eug. Spuller. FIGURES DISPARUES, portraits contemporains, littéraires et politiques. 2e édit. 1 vol. in-18. . . . .   3 fr. 50

IV. — BIBLIOTHÈQUE DE PHILOSOPHIE CONTEMPORAINE

Volumes in-18. Br., 2 fr. 50; cart. à l'angl., 3 fr.; reliés, 4 fr.

H. Taine.

L'Idéalisme anglais, étude sur Carlyle.
Philosophie de l'art dans les Pays-Bas. 2ᵉ édition.
Philosophie de l'art en Grèce. 2ᵉ édit.

Paul Janet.

Le Matérialisme contemp. 4ᵉ édit.
La Crise philosophique. Taine, Renan, Vacherot, Littré.
Philosophie de la Révolution française.
Le Saint-Simonisme.
Dieu, l'homme et la béatitude.
(*Œuvre inédite de Spinoza.*)
Origines du socialisme contemporain.

Odysse Barrot.

Philosophie de l'histoire.

Alaux.

Philosophie de M. Cousin.

Ad. Franck.

Philosophie du droit pénal. 2ᵉ édit.
Des rapports de la religion et de l'État. 2ᵉ édit.
La philosophie mystique en France au XVIIIᵉ siècle.

Beaussire.

Antécédents de l'hégélianisme dans la philosophie française.

Bost.

Le Protestantisme libéral.

Ed. Auber.

Philosophie de la médecine.

Leblais.

Matérialisme et spiritualisme.

Charles de Rémusat.

Philosophie religieuse.

Charles Lévêque.

Le Spiritualisme dans l'art.
La Science de l'invisible.

Émile Saisset.

L'âme et la vie, suivi d'une étude sur l'Esthétique française.

Critique et histoire de la philosophie (frag. et disc.).

Auguste Laugel.

L'Optique et les Arts.
Les problèmes de la nature.
Les problèmes de la vie.
Les problèmes de l'âme.

Challemel-Lacour.

La philosophie individualiste.

Albert Lemoine.

Le Vitalisme et l'Animisme.
De la Physionomie et de la Parole.
L'Habitude et l'Instinct.

Milsand.

L'Esthétique anglaise.

A. Véra.

Philosophie hégélienne.

Ad. Garnier.

De la morale dans l'antiquité.

Schœbel.

Philosophie de la raison pure.

Ath. Coquerel fils.

Premières transformations historiques du christianisme.
La Conscience et la Foi.
Histoire du Credo.

Jules Levallois.

Déisme et Christianisme.

Camille Selden.

La Musique en Allemagne.

Fontanès.

Le Christianisme moderne.

Stuart Mill.

Auguste Comte et la philosophie positive. 3ᵉ édition.
L'Utilitarisme.

Mariano.

La Philosophie contemp. en Italie.

Salgey.

La Physique moderne. 2ᵉ tirage.

E. Faivre.

De la variabilité des espèces.

Ernest Bersot.
Libre philosophie.
Albert Réville.
Histoire du dogme de la divinité de Jésus-Christ.
W. de Fonvielle.
L'astronomie moderne.
C. Coignet.
La morale indépendante.
Et. Vacherot.
La Science et la Conscience.
E. Boutmy.
Philosophie de l'architecture en Grèce.
Herbert Spencer.
Classification des sciences. 2ᵉ édit.
L'individu contre l'Etat.
Gauckler.
Le Beau et son histoire.
Max Müller.
La science de la religion.
Bertauld.
L'ordre social et l'ordre moral.
De la philosophie sociale.
Th. Ribot.
La philosophie de Schopenhauer, 2ᵉ édition.
Les maladies de la mémoire. 4ᵉ édit.
Les maladies de la volonté. 4ᵉ édit.
Les maladies de la personnalité. 2ᵉ éd.
Bentham et Grote.
La religion naturelle.
Hartmann.
La Religion de l'avenir. 2ᵉ édition.
Le Darwinisme. 3ᵉ édition.
H. Lotze.
Psychologie physiologique.
Schopenhauer.
Le libre arbitre. 3ᵉ éditi n.
Le fondement de la morale. 2ᵉ édit.
Pensées et fragments, 5ᵉ édition.
Liard.
Les Logiciens anglais contemporains. 2ᵉ édition.
Les définitions géométriques, et les définitions empiriques.
Marion.
J. Locke, sa vie, son œuvre.

O. Schmidt.
Les sciences naturelles et la philosophie de l'Inconscient.
Hæckel.
Les preuves du transformisme.
Psychologie cellulaire.
Pi y Margall.
Les nationalités.
Barthélemy Saint-Hilaire.
De la métaphysique.
A. Espinas.
Philosophie expérim. en Italie.
P. Siciliani.
Psychogénie moderne.
Leopardi.
Opuscules et Pensées.
A. Lévy.
Morceaux choisis des philosophes allemands.
Roisel.
De la substance.
Zeller.
Christian Baur et l'école de Tubingue.
Stricker.
Du langage et de la musique.
Coste.
Les conditions sociales du bonheur et de la force. 3ᵉ édition.
Binet.
La psychologie du raisonnement.
G. Ballet.
Le langage intérieur et l'aphasie.
Mosso.
La peur.
Tarde.
La criminalité comparée.
Paulhan.
Les phénomènes affectifs.
Ch. Richet.
Essai de psychologie générale.
Ch. Féré.
Sensation et mouvement.
Dégénérescence et criminalité.
Vianna de Lima.
L'homme selon le transformisme.

— 14 —

Volumes in-8. Br. à 5, 7 50 et 10 fr.; cart. angl., 1 fr. de plus
par vol.; rel., 2 fr.

BARNI

La morale dans la démocratie. 1 vol. in-8, 2ᵉ édit.   5 fr.

AGASSIZ

De l'espèce et des classifications. 1 vol. in-8.   5 fr.

STUART MILL

La philosophie de Hamilton. 1 fort vol. in-8.   10 fr.
Mes mémoires. 1 vol. in-8.   5 fr.
Système de logique déductive et inductive. 2 vol. in-8. 20 fr.
Essais sur la Religion. 1 vol. in-8, 2ᵉ édit.   5 fr.

DE QUATREFAGES

Ch. Darwin et ses précurseurs français. 1 vol. in-8.   5 fr.

HERBERT SPENCER

Les premiers principes. 1 fort vol. in-8. 2ᵉ édit.   10 fr.
Principes de psychologie, 2 vol. in-8.   20 fr.
Principes de biologie. 2 vol. in-8.   20 fr.
Principes de sociologie. 4 vol. in-8.   36 fr. 25
Essais sur le progrès. 1 vol. in-8, 2ᵉ édit.   7 fr. 50
Essais de politique. 1 vol. in-8, 2ᵉ édit.   7 fr. 50
Essais scientifiques. 1 vol. in-8   7 fr. 50
De l'éducation physique, intellectuelle et morale. 1 volume
   in-8, 5ᵉ édition.   5 fr.
Introduction à la science sociale. 1 vol. in-8, 6ᵉ édit.   6 fr.
Les bases de la morale évolutionniste. 1 vol. in-8, 3ᵉ éd.   6 fr.
Classification des sciences. 1 vol. in-18, 2ᵉ édition.   2 fr. 50
L'individu contre l'État, 1 vol. in-18. 2ᵉ édit.   2 fr. 50

AUGUSTE LAUGEL

Les problèmes (les problèmes de la nature, problèmes de la
   vie, problèmes de l'âme). 1 fort vol. in-8.   7 fr. 50

ÉMILE SAIGEY

Les sciences au XVIIIᵉ siècle. La physique de Voltaire.
   1 vol. in-8.   5 fr.

PAUL JANET

Les causes finales. 1 vol. in-8, 2ᵉ édition.   10 fr.
Histoire de la science politique dans ses rapports avec la morale, 3ᵉ édit., 2 vol. in-8.   20 fr.

TH. RIBOT

L'hérédité psychologique. 1 vol. in-8, 3ᵉ édition.   7 fr. 50
La psychologie anglaise contemporaine. 1 vol., 3ᵉ éd. 7 fr. 50
La psychologie allemande contemporaine. 1 vol., 2ᵉ éd. 7 fr. 50

ALF. FOUILLÉE

La liberté et le déterminisme. 1 vol. in-8, 2ᵉ édit.   7 fr. 50

Critique des systèmes de morale contemporains. 1 vol. in-8. 2ᵉ éd. ... 7 50

DE LAVELEYE
De la propriété et de ses formes primitives. 1 vol. in-8. 7 fr. 50

BAIN (ALEX.)
La logique inductive et déductive. 2 vol. in-8, 2ᵉ édit. ... 20 fr.
Les sens et l'intelligence. 1 vol. in-8. ... 10 fr.
L'esprit et le corps. 1 vol. in-8, 4ᵉ édit. ... 6 fr.
La science de l'éducation. 1 vol. in-8, 6ᵃ édit. ... 6 fr.
Les émotions et la volonté. 1 fort vol. ... 10 fr.

MATTHEW ARNOLD
La crise religieuse. 1 vol. in-8. ... 7 fr. 50

BARDOUX
Les légistes, leur influence sur la société française. 1 vol. 5 fr.

ESPINAS (ALF.)
Des sociétés animales. 1 vol. in-8, 2ᵉ édition. ... 7 fr. 50

FLINT
La philosophie de l'histoire en France. 1 vol. in-8. ... 7 fr. 50
La philosophie de l'histoire en Allemagne. 1 vol. in-8. 7 fr. 50

LIARD
La science positive et la métaphysique. 1 vol. in-8. ... 7 fr. 50
Descartes. 1 vol. in-8. ... 5 fr.

GUYAU
La morale anglaise contemporaine. 1 vol. in-8, 2ᵉ éd. 7 fr 50
Les problèmes de l'esthétique contemporaine. 1 vol. in-8. 5 fr.
Esquisse d'une morale sans obligation ni sanction. In-8. 5 fr.
L'irréligion de l'avenir. 1 vol. in-8. 2ᵉ éd. ... 7 fr. 50

HUXLEY
Hume, sa vie, sa philosophie. 1 vol. in-8. ... 5 fr.

E. NAVILLE
La logique de l'hypothèse. 1 vol. in-8. ... 5 fr.

ÉT. VACHEROT
Essais de philosophie critique. 1 vol. in-8. ... 7 fr. 50
La religion. 1 vol. in-8. ... 7 fr. 50

MARION
La solidarité morale. 1 vol. in-8, 2ᵉ édit. ... 5 fr.

SCHOPENHAUER
Aphorismes sur la sagesse dans la vie. 1 vol. in-8. 2ᵉ édit. 5 fr.
De la quadruple racine du principe de la raison suffisante. 1 vol. in-8. ... 5 fr.

Le monde comme volonté et représentation, 3 vol. in-8.
Tome I, 1 vol. in-8°.   7 fr. 50

BERTRAND (A.)

L'aperception du corps humain par la conscience. 1 vol.
in-8.   5 fr.

JAMES SULLY

Le pessimisme. 1 vol. in-8.   7 fr. 50

BUCHNER

Science et nature. 1 vol. in-8, 2ᵉ édition.   7 fr. 50

EGGER (V.)

La parole intérieure. 1 vol. in-8.   5 fr.

LOUIS FERRI

La psychologie de l'association, depuis Hobbes jusqu'à nos
jours. 1 vol. in-8.   7 fr. 50

MAUDSLEY

La pathologie de l'esprit. 1 vol. in-8.   10 fr.

SÉAILLES

Essai sur le génie dans l'art. 1 vol. in-8.   5 fr.

CH. RICHET

L'homme et l'intelligence. 2ᵉ édit. 1 vol. in-8.   10 fr.

PREYER

Éléments de physiologie. 1 vol. in-8.   5 fr.
L'âme de l'enfant. 1 vol. in-8.   10 fr.

WUNDT

Éléments de psychologie physiologique. 2 vol. in-8, avec fig. 20 fr.

E. BEAUSSIRE

Les principes de la morale. 1 vol. in-8.   5 fr.
Les principes du droit. 1 vol. in-8°.   7 fr. 50

A. FRANCK.

La philosophie du droit civil. 1 vol. in-8.   5 fr.

CLAY

L'alternative. Contribution à la psychologie, trad. de l'anglais
par A. Burdeau. 1 vol. in-8.   10 fr.

BERNARD PÉREZ

Les trois premières années de l'enfant. 1 vol. in-8, 3ᵉ édit. 5 fr.
L'enfant de trois à sept ans. 1 vol. in-8.   5 fr.
L'éducation morale dès le berceau. 1 vol. in-8.   5 fr.

LOMBROSO.

L'homme criminel. 1 vol. in-8.   10 fr.

SERGI.

La psychologie physiologique. 1 vol. in-8 avec 40 fig. 7 fr. 50

LUDOV. CARRAU.

La philosophie religieuse en Angleterre, depuis Locke jusqu'à
nos jours. 1 vol. in-8.   5 fr.

Coulommiers. — Imp. P. BRODARD et GALLOIS.